计算机技术开发与应用丛书

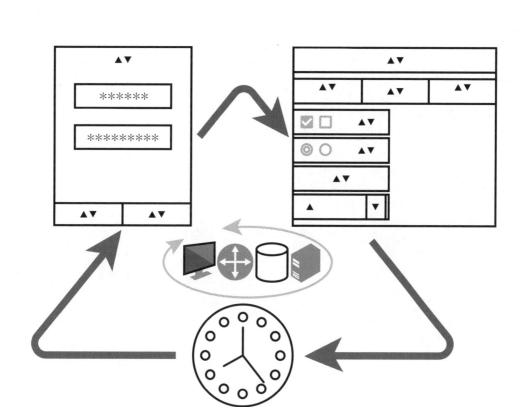

Octave GUI开发实战

于红博◎编著

清華大学出版社

北京

内 容 简 介

Octave 为 GNU 项目下的开源软件,旨在解决线性和非线性数值计算问题。本书由浅入深,全面讲解基于 Octave 软件编写 GUI 应用的开发技术,帮助读者尽快掌握 Octave GUI 应用的技巧。

本书共 8 章,层次分明,将 GUI 与面向对象相结合,从基础到实战,内容循序渐进。本书提供了大量实战内容,从经典 GUI 应用设计实战到系统设计实战,配合在项目中的开发方式,将大型 GUI 应用的开发过程化繁为简。

本书适合各层次的读者,没有接触过 GUI 应用开发的读者可以通过本书快速入门,接触过 GUI 应用开发的读者可以通过本书提升 GUI 应用的开发能力。

图书在版编目(CIP)数据

Octave GUI 开发实战/于红博编著. —北京:清华大学出版社,2023.8
(计算机技术开发与应用丛书)
ISBN 978-7-302-62697-8

Ⅰ. ①O… Ⅱ. ①于… Ⅲ. ①程序设计 Ⅳ. ①TP311.1

中国国家版本馆 CIP 数据核字(2023)第 026847 号

责任编辑:赵佳霓
封面设计:吴 刚
责任校对:时翠兰
责任印制:沈 露

出版发行:清华大学出版社
   网 址:http://www.tup.com.cn,http://www.wqbook.com
   地 址:北京清华大学学研大厦 A 座   邮 编:100084
   社 总 机:010-83470000   邮 购:010-62786544
   投稿与读者服务:010-62776969,c-service@tup.tsinghua.edu.cn
   质量反馈:010-62772015,zhiliang@tup.tsinghua.edu.cn
   课件下载:http://www.tup.com.cn,010-83470236
印 装 者:北京嘉实印刷有限公司
经 销:全国新华书店
开 本:186mm×240mm 印 张:30.5   字 数:724 千字
版 次:2023 年 8 月第 1 版   印 次:2023 年 8 月第 1 次印刷
印 数:1~2000
定 价:119.00 元

产品编号:098275-01

前言
PREFACE

Octave 作为一款先进的、开源的科学计算软件,可开发的应用适用于非常多的场景。在实际应用中,除了有以命令行方式操作的 CLI 应用外,还有以 GUI 方式操作的 GUI 应用。GUI 应用拥有图形用户界面,可供用户通过可视化的交互操作控制应用运行,例如在 CLI 应用中输入的命令可以在 GUI 应用中用单击按钮的方式代替,因此 GUI 应用拥有操作方便和界面美观等优点,所以学会开发 GUI 应用对于软件开发者而言有非常重要的意义。

本书基于 Octave 软件编写 GUI 应用的开发技术,并突出编写开发的实战部分,使读者可以边学边练,更轻松地学会 Octave GUI 应用开发技术。本书适合各层次的读者,既涉及 GUI 设计的理念等入门内容,又涉及多种难度的、Octave GUI 应用开发的实战内容,相信读者在阅读本书后可以学习、巩固并提高 Octave GUI 应用开发技术。

本书共 8 章,主要内容如下:

第 1 章讲解 Octave 在 GUI 应用开发方面的相关内容。

第 2 章讲解 GUI 的基本设计原理、面向对象设计理念、如何使用面向对象设计的思想设计 GUI 应用及老式类和新式类的技术要点。本章对于 GUI 设计具有前导作用,带领读者快速领会 GUI 设计的基本概念和基于 Octave 的 GUI 设计的实施方法。

第 3 章讲解通用句柄操作、和句柄组相关的函数及如何判断绘图句柄。

第 4 章讲解 Octave 的图形对象与句柄的内在联系、创建和查询句柄、图形对象的概念、图形对象的默认属性及如何对默认属性进行修改。Octave 可以通过句柄将代码对 GUI 做出的改动传递到图形对象上,进而影响图形对象在屏幕上呈现的效果等不同行为。在理解可以修改的属性后,读者可以灵活地在 GUI 上设计图形对象的显示效果、单击动作等,以丰富 GUI 的功能,并改进 GUI,使其更加美观、大气并符合用户的操作习惯。

第 5 章讲解不同用途的 GUI 功能函数,包括用于生成特定功能的 GUI 窗口的功能函数及 GUI 应用的运行控制函数。GUI 功能函数不限于和使用句柄控制的图形对象相关的函数,而更贴近于在 Octave 和操作系统之间直接进行 GUI 操作。本章要求读者对操作系统有一定程度的理解。

第 6 章讲解 5 个经典 GUI 应用的实战内容,包括计算器、记事本、日历、PDF 阅读器及天气预报客户端,带领读者在经典中学习一般难度的 GUI 的设计与实现方法。这 5 个应用的实战内容在设计方法上各具代表性,每个应用需要注意的设计难点各有不同,因此它们没有严格的先后顺序,读者也可以按照自己需要的顺序进行阅读。

第 7 章讲解 1 个大型 GUI 应用的实战内容,在项目中带领读者将最终的 GUI 应用进行分块开发,理解在开发过程中的抽象概念并落地。

第 8 章讲解 1 个以多个 GUI 应用为客户端的分布式系统解决方案实战内容,在项目中带领读者学习现代系统的设计与实现、在多个 GUI 应用之间协同的数据处理和如何用 GUI 应用对接服务器端。GUI 在现代系统中有着至关重要的作用,而现代系统在配合 GUI 后更可以简化用户的操作并改善使用体验。本章将重点放在系统的设计与实现上,目的是让读者更容易感受到在 GUI 背后的系统组件,进而更容易理解 GUI 操作的实际意义。

本书的实战内容配有丰富的代码,并包含几百个代码文件,还包含笔者编写的一部分底层代码文件。读者在理解代码后,扫描下方二维码可下载这部分代码文件,并根据需要在日后的 Octave GUI 应用开发过程中使用这部分代码文件。

本书源代码

限于本人的水平和经验,书中难免存在疏漏之处,恳请专家与读者批评指正。

于红博

2023 年 5 月于长沙

目 录
CONTENTS

第 1 章

绪　　论

GUI 应用具有广泛的使用场景,例如计算器应用就通过不同的按钮接收用户要运算的内容,然后计算出结果,最后将结果显示出来。Octave 支持开发 GUI 应用,用户可以在已有的 Octave 应用的基础上继续开发 GUI 部分并对接已有的 Octave 应用,而无须再学习其他编程语言即可开发出新的 GUI 应用,因此,开发者使用 Octave 开发 GUI 应用可以加快开发进度,还可以配合 Octave 先进的算法设计出更高效的 GUI 应用。

由于 GUI 应用的显示内容和功能存在差异,在 GUI 设计时要注意不同的 GUI 控件的属性。Octave 支持 20 余种图形对象,每种控件拥有独特的属性,最终可以在 GUI 应用中产生不同的效果。例如,菜单对象会在窗口中生成菜单项,而按钮组对象会将几个独立的按钮组织在一起并实现单选效果。本书对 Octave 支持的图形对象有详细的讲解,并且使用表格方式列举每种图形对象的属性,读者可以查表即用。

GUI 应用根据功能的不同也有着不同的外观和交互方式,例如计算器应用以按钮和鼠标单击为主,而记事本应用以文本和文本输入为主,所以如果要设计 GUI 应用,则建议先设计界面的外观,再设计功能函数。设计界面的外观也就是原型设计,而设计功能函数又可以根据视图、属性、回调函数等的使用实施不同的设计步骤。本书无论是在经典 GUI 应用实例当中,还是在更复杂的 GUI 应用实例当中均使用了类似的设计步骤。掌握设计步骤可以提升 GUI 应用开发的质量。

在 GUI 应用和 GUI 应用之间也可以协同处理数据,例如在商店项目中,商家可以在商店后台管理系统中查看并管理与自己销售的商品相关的订单,而为顾客生成订单的操作却是在商店中完成的,这两种操作不是在同一个客户端中完成的。通过系统的概念,在一个系统中设计多个客户端,并加入数据库等组件,即可在 GUI 应用和 GUI 应用之间协同处理数据。本书有商店项目这一章,专门讲解系统的设计与实现,再配合 GUI 的设计与实现,可帮助读者进一步提升 GUI 应用的开发能力。

在继续阅读本书之前,必须先了解以下相关内容。

1. Octave 使用的编程语言

Octave 使用的编程语言叫作 MATLAB 语言。MATLAB 语言主要被用于 MATLAB 软件的程序编写。虽然 Octave 使用了 MATLAB 语言进行程序编写,但 Octave 和 MATLAB 软件对于 MATLAB 语言上的解释规则有所不同,所以对于学习过 MATLAB 语言或者

MATLAB 软件的读者而言,学习 Octave 的难度要降低很多,但是不能套用已有的 MATLAB 中的经验,因为那些经验有些是不适用的。

此外,Octave 还支持其他编程语言的接口,例如 C 语言、Java 语言、Perl 语言和 Python 语言。通过调用接口的方式,还可以使用其他编程语言进行混合编程。

2. Octave 版本

本书使用的 Octave 版本为 6.4.0。Octave 的某些特性会根据 Octave 版本的变化而相应地改变。

3. 交叉学科中的名词混用

Octave 是一款面向数学及其他学科的科学计算工具,在编程当中无法避免交叉学科中的名词混用情况。例如因为"矩阵"一词代表数学当中的纵横排列的表格,而"向量"一词代表沿一个方向排列的表格,所以"向量"也属于"矩阵",而"数组"一词代表计算机中按规则排列的一组数据,并且 Octave 使用"数组"类型的数据描述矩阵,所以"数组"在 Octave 中等价于"矩阵"。于是,有时在可以使用"向量"一词的场合中,"向量"一词也可以使用"矩阵""行数为 1 的矩阵"和"列数为 1 的矩阵"等名词进行替代;有时在可以使用"矩阵"一词的场合中,"矩阵"一词也可以使用"数组"等名词进行替代。

4. 函数的记法

本书将同时出现两种函数的记法:

(1) 在记录函数名时加上圆括号。

(2) 在记录函数名时不加圆括号。

这两种记法存在区别。根据约定俗成的做法,Octave 在涉及常用圆括号传入参数的函数时,在函数名的后面加上圆括号,而在涉及不常用圆括号传入参数的函数时,在函数名的后面不加圆括号。

例如,对于 hold 函数而言,常用的调用方式如下:

```
>> hold on
```

此时 hold 函数不使用圆括号传入参数。虽然这行代码等效于:

```
>> hold('on')
```

但用户一般不用圆括号传入参数,所以将此函数记为"hold 函数"。

对于 fprintf() 函数而言,常用的调用方式如下:

```
>> fprintf('output')
```

此时 fprintf() 函数使用圆括号传入参数。虽然这行代码等效于:

```
>> fprintf output
```

但用户一般用圆括号传入参数,所以将此函数记为"fprintf() 函数"。

5. 命令提示符

因为 Octave 支持交互操作,所以用户可以直接在 Octave 的命令行窗口中输入命令,但 Octave 的命令行窗口和终端都有着一个相同的特点:输入和输出都打印在一起,如果本书不对输入命令和输出内容加以区分,则有可能导致读者阅读困难。

为解决这一问题,本书在代码部分严格引入命令提示符。只要看到命令提示符,就意味着需要将命令提示符所在行后面的内容当作一条命令输入 Octave 的命令行窗口或终端、其他软件的终端或操作系统的终端当中。

在下面的代码中,每行都代表着一种命令提示符。本书中使用的命令提示符包括但不限于以下种类的命令提示符:

```
>>
octave:1 >
 $
 #
(su) #
PS >
postgres = #
postgres - #
```

6. 命令提示符的灵活解释

有时,命令提示符会和其他符号含义冲突,此时则需要根据书中的具体场景,对符号的含义进行具体分析。

7. 表例与表格内容记法

本书中的表格涉及不同格式的内容,表例如表 1-1 所示。

表 1-1　表例

编　　号	内　　容	编　　号	内　　容
（1）	abc	（8）	字符串－
（2）	a/b/c	（9）	＋/－/＊
（3）	＋/－/＊/"/"/\	（10）	＋/字符串－/＊
（4）	""	（11）	字符串 nan
（5）	" "	（12）	nan 字符串
（6）	空格	（13）	1
（7）	－		

表格内容记法如下:

(1) 若单元格中的内容或内容元素不被其他记法所规定,则单元格内的文字就是这个内容或内容元素。例如表例(1)的内容代表 abc。

(2) 若一个单元格内含有多个内容元素,则将每两个相邻的内容元素用正斜杠(/)连接,然后单元格内的文字就代表连接后的所有内容元素,它们共同组成这个单元格中的内容。这种表示方法不限定每个内容元素之间的逻辑关系,因此可能需要根据实际的上下文来判断内容元素之间的逻辑关系。例如表例(2)的内容代表 a 和/或 b 和/或 c。

(3) 使用一对双引号加上正斜杠("/")代表正斜杠(/)。例如表例(3)的内容代表加号和/或减号和/或星号和/或正斜杠和/或反斜杠。

(4) 使用一对双引号("")代表空字符串。详见表例(4)。

(5) 可能使用一对双引号加上空格(" ")代表空格。详见表例(5)。

（6）可能使用"空格"字样代表空格。详见表例（6）。

（7）可能使用"空格"字样代表"空格"字样（"空格"）。详见表例（6）。

（8）使用—（—）内容元素代表某个单元格代表的内容没有意义、意义不明、留空、不允许和其他的单元格的内容进行匹配、内容无须赘述或暂未实现。详见表例（7）。

（9）若一个单元格内只涉及减号这一内容元素，则使用"字符串—"代表减号（—）。详见表例（8）。

（10）若一个单元格内除了减号这一内容元素，还包含其他的内容元素，则可能使用"字符串—"代表减号（—），也可能直接用减号（—）代表减号（—）。例如表例（9）和表例（10）的内容均代表加号和/或减号和/或星号。

（11）用"字符串"字样和内容或内容元素进行组合的方式，而不使用一对双引号（""）括上内容的方式来表示单元格中的内容或内容元素为字符串类型。例如表例（11）和表例（12）的内容均代表字符串 nan，而不是 Octave 中的数字 nan。

（12）若单元格中没有体现内容或内容元素的类型，则可能需要根据实际的程序来判断内容或内容元素的类型。例如表例（13）的内容可能代表字符串 1，也有可能代表数字 1，还有可能代表 int8 型数字 1 等。

（13）单元格不会留空（特指没有任何文字，和表格内容记法（8）中的留空不同）。如果单元格留空，就说明这是一处疏漏。

8. 数据库版本

本书使用的数据库为 PostgreSQL，其版本为 12.10 或 13.4。数据库的某些特性会根据数据库的版本变化而相应地改变。

第 2 章

GUI 与面向对象

2.1 GUI 设计原理

2.1.1 GUI 分类

GUI 从界面数量上可分为单界面 GUI 和多界面 GUI,区别如下:

(1) 单界面 GUI 仅仅由 1 个界面组成。

(2) 多界面 GUI 由两个或两个以上的界面组成。

GUI 从控件数量上可分为单控件 GUI 和多控件 GUI,区别如下:

(1) 单控件 GUI 在 1 个界面上只有 1 个控件。

(2) 多控件 GUI 在 1 个界面上有两个或两个以上的控件。

2.1.2 GUI 控件

GUI 控件是集显示和功能为一体的可视部件。在实际的 GUI 中,用户可以通过 GUI 控件操作来控制实际应用的运行步骤,这些操作包括单击鼠标、按下键盘按键、选择菜单选项等。

2.1.3 原型设计

在设计 GUI 时,通常要对所设计的应用进行原型设计,大致地设计出 GUI 对用户呈现的状态。原型设计的目标是尽可能地在设计阶段就模拟出 GUI 最后的呈现效果。原型设计的设计方法不做严格的限制,可以用画板工具、专门的原型设计工具等,甚至可以通过手绘的方式完成原型设计。一个简单的计算器界面的原型设计如图 2-1 所示。

一般而言,建议对每个不同的界面都进行原型设计,然而,由于不同界面的相似程度不同,不同的界面可能高度相似。此时,在原型设计时可以对这些相似的界面进行合并设计,使用单个原型设计同时描述多个界面。

由于每个界面的复杂程度不同,在设计原型时可能需要对一个界面做出一个或多个原型的设计。对于控件状态变化复杂的界面而言,单独使用一个原型设计可能无法囊括界面中所有的呈现效果。此时可以考虑在一个界面上设计多个原型,使每种状态都可以在原型中呈现,有利于消除代码实现上的歧义。

图 2-1 计算器界面的原型设计图

2.2 面向对象设计理念

GUI 中的每个元素都由 Octave 的句柄中的键-值对来定义。Octave 通过读取句柄中的内容来决定 GUI 的绘制效果,从而影响最终呈现的界面效果。

将 GUI 中的所有元素按照不同的粒度进行分组,将句柄中的键-值对存放到对象中,那么只需通过操作元素对象,再配合重绘操作,便可以改变最终的 GUI 效果。

此外,元素对象还可以在其中包含若干方法,方便地对句柄中的键-值对进行批量修改,这样又增加了代码的可读性和可维护性,从而提升开发效率、降低代码维护成本。

另外,面向对象的设计方式也不限于 GUI 中的元素。在进行面向对象设计时,还可以设计其他的工具类、业务类等,相对于 Octave 常用的脚本开发方式,可以实现一个类被用到多处代码中,不需要在脚本中插入过多的重复代码,从而提高代码的复用性。

特别地,Octave 的新式类使用结构体来存放字段,其设计思想和句柄非常类似,因此,使用 Octave 的新式类可以方便地存放句柄中的关键内容,在设计数据结构时,可以直接套用句柄的键-值对格式,从而简化设计过程。

此外,Octave 的对象支持持久化特性。GUI 本身的状态多变,而且每个控件都具有独立的句柄描述,如果用通常的递归方式完成持久化,则需要设计大量分支条件代码,对于大型应用甚至要考虑时间复杂度因素而舍弃一些东西,而如果使用对象完成持久化,则可以在需要的场合及时地将内存中的对象保存到外部存储中。如果使用对象保存 GUI 信息,则无论实际的句柄有多复杂,也不会影响对象持久化的效率,从而可以提高整个应用的响应速度。

有时会在一个应用中同时用到多个控件,如果使用类描述一种控件,则由于 Octave 的类支持复用,所以只需在构造方法中设计若干字段,然后通过初始化的方式或者重新赋值的方式更改字段的值,这样便可以方便地描述多个同类型的控件。

在面向对象设计应用时,还可以利用类的继承特性和聚合特性。从控件角度而言,有时会在一个应用中同时用到多个控件,如果使用类描述多种控件,则只需设计一个控件的基类,然后在基类的基础上继承,设计出不同的派生类,便可以避免控件之间的重复描述,降低代码的问题排查难度。从应用角度而言,一个 GUI 应用可以从画布开始抽象,作为 GUI 应用的基类,然后设计布局类用于存放控件布局、设计绘制类用于绘制控件,再根据需求设计其他类,最后和基类进行聚合,即可完成整体应用的架构,达到分块设计、分块实现的效果。

2.3 老式类

在 Octave 中有一种类使用的是 classdef 定义方式。这种类的定义使用 classdef 关键字开始,使用 endclassdef 关键字或 end 关键字结束,代码如下:

```
#!/usr/bin/octave
#第 2 章/ClassdefEmpty.m
classdef ClassdefEmpty
endclassdef

>> cd = ClassdefEmpty;
```

这种类也称为老式类。随着 Octave 的不断完善，Octave 正在弱化对 classdef 类的支持，并推荐使用一种新式的类编写方法。出于程序性能和代码可维护性的考虑，本书推荐使用新式类进行类的编写。

2.4 新式类

与老式类不同，新式类将类中的方法储存在文件夹名为以@符号开头，并拼接类名的文件夹中。每种方法均被写在单独的 m 文件中。

由于新式类的性能更加优秀，并且更加符合 Octave 的编程习惯，所以在本书中不再讲解和老式类相关的特性。在本书中若无特殊说明，"类"通常指代新式类。

2.4.1 类文件夹

在 Octave 中，可通过用@开头的文件夹来存放一个类的方法，代码如下：

```
＃第 2 章/@EmptyClass/
```

💡 **注意**：这是一个文件夹，并且该文件夹是空的。

在@符号之后的部分文件夹名被视为类名。在上面的代码中，文件夹名为@EmptyClass，类名为 EmptyClass。

2.4.2 初始化一个类

在 Octave 中，类必须含有构造方法才能被初始化。如果一个类不含有构造方法，则这个类被初始化时将失败，并且 Octave 会报错，代码如下：

```
>> EmptyClass
error: 'EmptyClass' undefined near line 1, column 1
```

代码中的 EmptyClass 不含有构造方法，在初始化时报错，提示 EmptyClass 未定义。

2.4.3 构造方法

在 Octave 中，一个类必须包含一个构造方法。构造方法的方法名必须和类名完全相同。

例如，一个类名为 EmptyClass 的类必须包含一种方法名为 EmptyClass 的构造方法。下面的代码是一个无参的、NoArgInClass 类的构造方法：

```
#!/usr/bin/octave
＃第 2 章/@NoArgInClass/NoArgInClass.m
function NoArgInClass()
    fprintf('Class initialized.\n')
endfunction

>> NoArgInClass
Class initialized.
```

下面的代码是一个有参的、SingleArgInClass 的构造方法：

```
#!/usr/bin/octave
#第2章/@SingleArgInClass/SingleArgInClass.m
function SingleArgInClass(a)
    fprintf('Class initialized with argin "%s".\n', a)
endfunction

>> SingleArgInClass("aaa")
Class initialized with argin "aaa".
```

理论上，即使在调用构造方法时没有参数，初始化过程也应该正确完成。尝试对 SingleArgInClass 类进行无参初始化，代码如下：

```
>> SingleArgInClass
error: 'a' undefined near line 4, column 4
error: called from
    SingleArgInClass at line 4 column 5
```

虽然上面的代码报错了，但这个报错不是因为 Octave 没有进入类的初始化流程，而是因为类中用到了特定的参数。

为了避免类在初始化时由于参数原因报错，可以对构造方法做某些优化，以提高程序的健壮性。对于构造方法而言，常见的优化方式如下：

（1）加入异常处理逻辑。

（2）编写帮助文本。

（3）使用可变参数列表，并进行入参个数判断。

在构造方法中加入 try_catch 异常处理逻辑的代码如下：

```
#!/usr/bin/octave
#第2章/@SingleArgInClassWithTryCatch/SingleArgInClassWithTryCatch.m
function SingleArgInClassWithTryCatch(a)
    try
        fprintf('Class initialized with argin "%s".\n', a)
    catch
        fprintf('Class initialization incompleted. Need one argin.\n')
    end_try_catch
endfunction

>> SingleArgInClassWithTryCatch
Class initialization incompleted. Need one argin.
>> SingleArgInClassWithTryCatch('a')
Class initialized with argin "a".
```

加入 try_catch 异常处理逻辑后，有参初始化结果正确，无参初始化给出了一个友好的提示。

在构造方法中加入帮助文本的代码如下：

```
#!/usr/bin/octave
#第2章/@SingleArgInClassWithHelpText/SingleArgInClassWithHelpText.m
function SingleArgInClassWithHelpText(a)
    ## -*- texinfo -*-
```

```
    ## @deftypefn {} {} SingleArgInClassWithHelpText (@var{a})
    ## 本段代码展示一段友好的帮助文本
    ##
    ## @example
    ## param: a
    ##
    ## return: -
    ## @end example
    ##
    ## @noindent
    ## 帮助文本可以使用 TeX 语法,这种语法使帮助文本格式化的样式更加美观。
    ## @end deftypefn
    fprintf('Class initialized with argin " % s".\n', a)
endfunction

>> help SingleArgInClassWithHelpText
'SingleArgInClassWithHelpText ' is a function from the file 第 2 章/@ SingleArgInClassWithHelpText/
SingleArgInClassWithHelpText.m

 -- SingleArgInClassWithHelpText (A)
    本段代码展示一段友好的帮助文本

        param: a

        return: -

    帮助文本可以使用 TeX 语法,这种语法使帮助文本格式化的样式更加美观.

Additional help for built - in functions and operators is
available in the online version of the manual. Use the command
'doc < topic >' to search the manual index.

Help and information about Octave is also available on the WWW
at https://www.octave.org and via the help@octave.org
mailing list.
```

加入帮助文本后,即可通过调用 help 函数的方式,获取该类的正确用法。

在构造方法中对入参个数进行判断的代码如下:

```
#!/usr/bin/octave
# 第 2 章/@SingleArgInClassWithNArgIn/SingleArgInClassWithNArgIn.m
function SingleArgInClassWithNArgIn(a)
    if (nargin < 1)
        fprintf('Class initialization incompleted. Need one argin.\n')
    else
        fprintf('Class initialized with argin " % s".\n', a)
    endif
endfunction

>> SingleArgInClassWithNArgIn
Class initialization incompleted. Need one argin.
>> SingleArgInClassWithNArgIn('a')
Class initialized with argin "a".
```

在构造方法中使用可变参数列表,并对入参个数进行判断的代码如下:

```
#!/usr/bin/octave
#第2章/@SingleArgInClassWithVarArgIn/SingleArgInClassWithVarArgIn.m
function SingleArgInClassWithVarArgIn(varargin)
    a_matrix = [varargin{:}];
    if (length(a_matrix) < 1)
        fprintf('Class initialization incompleted. Need one argin.\n')
    else
        fprintf('Class initialized with argin "%s".\n', a_matrix(1))
    endif
endfunction

>> SingleArgInClassWithVarArgIn
Class initialization incompleted. Need one argin.
>> SingleArgInClassWithVarArgIn('a')
Class initialized with argin "a".
```

无论是单纯地进行入参个数判断,或者既使用可变参数列表,又进行入参个数判断,无参初始化均能够给出一个友好的提示,并且不会触发 Octave 内部异常,从而避免了异常处理。

💡 注意:在编程时,应尽量避免异常处理,以提高程序运行效率。

2.4.4 构造方法的返回值

在编写构造方法时,推荐编写一个返回值,并且将返回值设计为类自身的一个实例,代码如下:

```
#!/usr/bin/octave
#第2章/@SingleArgInClassWithR/SingleArgInClassWithR.m
function ret = SingleArgInClassWithR(a)
    ret = class(struct("a", a), "SingleArgInClassWithR");
endfunction

>> a = SingleArgInClassWithR(1)
a =

    <class SingleArgInClassWithR>
```

在上面的代码中,SingleArgInClassWithR 类的构造方法通过调用 class() 函数将结构体视为实例变量,并包装为一个 SingleArgInClassWithR 类型的对象(自身类型的一个对象),从而返回自身的一个实例。

```
scalar structure containing the fields:

    a = a
```

在构造方法当中,如果不编写返回值,则不能使用赋值运算符将类的初始化结果赋值到其他的变量上。当然,有些类的构造方法不返回任何值也能满足需求(例如上文中的 NoArgInClass 类的代码片段);有些类则需要特殊的设计,只有构造方法不返回任何值才能满足需求。这些情况需要具体问题具体分析。

2.4.5 类方法

在类中,除构造方法之外的方法都是类方法,因此,类方法也可以称为普通方法。

类方法在一个类的实例的基础上才能生效。Octave规定:如果方法含有参数列表,则参数列表中的第1个参数被视为是自身实例。设计SingleArgInClassWithR类的my_method()方法,该方法输出一行"my method"字符串,并且输出第1个参数的disp()结果,代码如下:

```
#!/usr/bin/octave
# 第2章/@SingleArgInClassWithR/my_method.m

function my_method(this)
    fprintf('my method\n')
    disp(this)
endfunction

>> a = SingleArgInClassWithR('a')
a =

    < class SingleArgInClassWithR >

>> my_method(a)
my method
    < class SingleArgInClassWithR >
```

上面的代码生成了一个SingleArgInClassWithR类型的a对象,并调用了a对象的my_method()方法。从上面的代码中,可以验证参数列表中的第1个参数就是自身实例。

另外,类方法也可以不含有参数列表,这种类方法也可以调用成功,只不过不能依赖外部参数。设计SingleArgInClassWithR类的no_argin_method()方法,该方法输出一行"no argin method"字符串,代码如下:

```
#!/usr/bin/octave
# 第2章/@SingleArgInClassWithR/no_argin_method.m
function no_argin_method()
    fprintf('no argin method\n')
endfunction

>> a = SingleArgInClassWithR('a')
a =

    < class SingleArgInClassWithR >

>> no_argin_method(a)
no argin method
```

2.4.6 继承

Octave的类的继承关系无须运算符进行标识(例如"classdef BClass < AClass"这种写法),而是通过构造方法完成父类和子类的初始化。

设计一个父类BaseClass和子类DerivedClass,二者均支持无参构造,代码如下:

```
#!/usr/bin/octave
#第2章/@BaseClass/BaseClass.m
function ret = BaseClass()
    a = struct;
    ret = class(a, "BaseClass");
    fprintf('Base class initialized.\n')
endfunction

#!/usr/bin/octave
#第2章/@DerivedClass/DerivedClass.m
function ret = DerivedClass()
    a = struct;
    b = @BaseClass();
    ret = class(a, "DerivedClass", b);
    fprintf('Derived class initialized.\n')
endfunction

>> b = DerivedClass
Base class initialized.
Derived class initialized.
b =

    <class DerivedClass>
```

上面的代码生成了一个 DerivedClass 类型的对象。Octave 通过 class()方法的第 3 个参数传入 BaseClass 类的无参构造方法,再配合 DerivedClass 类的其他属性,从而完成 BaseClass 类与 DerivedClass 类的初始化过程。在这个初始化过程中,BaseClass 类被视为继承关系的父类,而 DerivedClass 类被视为继承关系的子类。从构造方法的输出可以发现初始化的顺序:在初始化一个含有继承关系的子类时,先完成父类的初始化,然后完成子类的初始化。

此外,子类还允许再继承,从而创建孙子类。设计一个孙子类 DerivedDerivedClass,支持无参构造,代码如下:

```
#!/usr/bin/octave
#第2章/@DerivedDerivedClass/DerivedDerivedClass.m
function ret = DerivedDerivedClass()
    a = struct;
    b = @DerivedClass();
    ret = class(a, "DerivedDerivedClass", b);
    fprintf('Derived derived class initialized.\n')
endfunction

>> c = DerivedDerivedClass
Base class initialized.
Derived class initialized.
Derived derived class initialized.
c =

    <class DerivedDerivedClass>
```

在上面的代码中,BaseClass、DerivedClass 和 DerivedDerivedClass 这 3 个类之间构成继承链,初始化的顺序完全按照继承的顺序:先初始化父类,再初始化子类,最后初始化孙子类。

程序有时会需要另一个类同时继承多个类,这种情况被称为多重继承。Octave 允许多重继承。先设计一个 DerivedClass 的兄弟类 AnotherDerivedClass,再设计一个多重继承类 MultipleInheritanceClass 同时继承 DerivedClass 类和 AnotherDerivedClass 类,均支持无参构造,代码如下:

```
#!/usr/bin/octave
# 第 2 章/@AnotherDerivedClass/AnotherDerivedClass.m
function ret = AnotherDerivedClass()
    a = struct;
    b = @BaseClass();
    ret = class(a, "AnotherDerivedClass", b);
    fprintf('Another derived class initialized.\n')
endfunction

#!/usr/bin/octave
# 第 2 章/@MultipleInheritanceClass/MultipleInheritanceClass.m
function ret = MultipleInheritanceClass()
    a = struct;
    b = @DerivedClass();
    c = @AnotherDerivedClass();
    ret = class(a, "MultipleInheritanceClass", b, c);
    fprintf('Multiple inheritance class initialized.\n')
endfunction

>> e = MultipleInheritanceClass
Base class initialized.
Derived class initialized.
Base class initialized.
Another derived class initialized.
Multiple inheritance class initialized.
e =

    <class MultipleInheritanceClass >
```

在上面的代码中,BaseClass、DerivedClass、AnotherDerivedClass 和 MultipleInheritanceClass 这 4 个类之间构成继承链,初始化的顺序在父类和子类之间按照继承的顺序:先初始化父类,再初始化子类和兄弟类,最后初始化孙子类,但是,Octave 对 DerivedClass 和 AnotherDerivedClass 这两个兄弟类之间的初始化顺序没有规定,因此需要注意以下两点:

(1) Octave 不一定先初始化哪一个类。

(2) 其他的 Octave 版本不能保证类的初始化顺序与此版本 Octave 一致。

另外,Octave 允许在继承关系间的几个类的结构体中含有同名字段。如设计 RedSwitch 类和 BlueSwitch 类,代表"红色开关"和"蓝色开关",并且要求 BlueSwitch 类继承 RedSwitch 类。由于两个类都被设计为"开关",所以两个类按道理而言都要包含 status 字段,因此设计出两个类的代码如下:

```
#!/usr/bin/octave
# 第 2 章/@RedSwitch/RedSwitch.m
function ret = RedSwitch(status)
```

```
    #status 取值: on 或 off
    a = struct('status', 'off');
    ret = class(a, "RedSwitch");
    fprintf('Red switch class initialized.\n')
endfunction

#!/usr/bin/octave
#第 2 章/@BlueSwitch/BlueSwitch.m
function ret = BlueSwitch(status)
    #status 取值: on 或 off
    a = struct('status', 'on');
    b = @RedSwitch(status);
    ret = class(a, "BlueSwitch", b);
    fprintf('Blue switch class initialized.\n')
endfunction
```

由于 RedSwitch 类和 BlueSwitch 类的结构体中含有同名字段(这个字段是 status),所以 Octave 在初始化 BlueSwitch 类时,将把同名字段重载成子类构造方法中的赋值结果,代码如下:

```
>> a = BlueSwitch('on')
Red switch class initialized.
Blue switch class initialized.
a =

    < class BlueSwitch >

>> b = struct(a)
b =

    scalar structure containing the fields:

        status = on
        RedSwitch =

          < class RedSwitch >


>> c = struct(a).RedSwitch
c =

    < class RedSwitch >

>> d = struct(c)
d =

    scalar structure containing the fields:

        status = on
```

从上面的代码中可以看出,无论是 BlueSwitch 实例还是 RedSwitch 实例均包含 status 字段,并且 status 字段的结果和子类构造方法初始化后的结果相同。

2.4.7 实例变量中的字段

Octave 以结构体的方式管理类的实例变量。

通过调用 struct()函数的方式可以取出一个实例的结构体,进而取出所有字段的值。设计一个 Switch 类,作为一个"开关"的用途,在构造方法中放置 status 字段来指示"开关"的状态,状态的取值为 on 或 off,代码如下:

```
#!/usr/bin/octave
#第 2 章/@Switch/Switch.m
function ret = Switch(status)
    #status 取值: on 或 off
    a = struct('status', 'off');
    if nargin > 0 && isa(status, 'char') && (strcmp(status, 'on') || strcmp(status, 'off'))
        a = struct('status', status);
    endif
    ret = class(a, "Switch");
    fprintf('Switch class initialized.\n')
endfunction
```

然后,实例化一个 Switch 类的对象 red_switch,代表一个"红色开关",代码如下:

```
>> red_switch = Switch
Switch class initialized.
red_switch =

  < class Switch >
```

对一个对象调用 struct()函数可以将这个对象转换为定义它的结构体,从而借由结构体取出实例变量中的字段的值。如果想要取出红色开关中的所有字段的值,则最简单的办法就是直接调用 struct()函数,代码如下:

```
>> struct(red_switch)
ans =

    scalar structure containing the fields:

      status = off
```

2.4.8 字段索引

一次性取出所有字段的值并不是一种优雅的做法。如果想取出特定的字段,则需要使用索引方式。重载 subsref()函数允许 Switch 类的对象通过点号、花括号或圆括号索引的方式取出 status 字段的值,代码如下:

```
#!/usr/bin/octave
#第 2 章/@Switch/subsref.m
function ret = subsref(this, x)
    switch (x.type)
        case "()"
            fld = x.subs{1};
            if (!strcmp (fld, "status"))
                error ('Invalid field: %s\n', fld);
```

```
            else
                ret = this.status;
            endif
        case "{}"
            fld = x.subs{1};
            if (!strcmp (fld, "status"))
                error ('Invalid field: %s\n', fld);
            else
                ret = this.status;
            endif
        case "."
            fld = x.subs;
            if (!strcmp (fld, "status"))
                error ('Invalid field: %s\n', fld);
            else
                ret = this.status;
            endif
        otherwise
            error("@Switch/subsref: invalid subscript type for Switch");
    endswitch
endfunction
```

实例化一个 Switch 类的对象 red_switch，代表一个"红色开关"，将红色开关通过点号、花括号或圆括号索引的方式取出开关的 status 字段的值，代码如下：

```
>> red_switch = Switch
Switch class initialized.
red_switch =

  <class Switch>

>> red_switch{'status'}
ans = off
>> red_switch{'statuss'}
error: Invalid field: statuss
>> red_switch('status')
ans = off
>> red_switch('statuss')
error: Invalid field: statuss
>> red_switch.status
ans = off
>> red_switch.statuss
error: Invalid field: statuss
```

💡 **注意**：如果想要使用符号索引获取字段的值，则必须重载 subsref() 函数。如果不重载 subsref() 函数，则会因为 Octave 中的方法不提供默认的索引方式而导致索引失败，所报的错误提示如下。

error：invalid index for class。

2.4.9　字段赋值

重载 subsasgn() 函数，允许 Switch 类的对象通过字段重新赋值，代码如下：

```octave
#!/usr/bin/octave
# 第 2 章/@Switch/subsasgn.m
function ret = subsasgn(this, x, new_status)
    # status 取值: on 或 off
    switch (x.type)
        case "()"
            fld = x.subs{1};
            if (!strcmp (fld, "status"))
                error ('Invalid field: % s\n', fld);
            else
                if strcmp(new_status, "on") || strcmp(new_status, "off")
                    this.status = new_status;
                    ret = this;
                else
                    error ('Invalid value: % s\n', new_status);
                endif
            endif
        case "."
            fld = x.subs;
            if (!strcmp (fld, "status"))
                error ('Invalid field: % s\n', fld);
            else
                if strcmp(new_status, "on") || strcmp(new_status, "off")
                    this.status = new_status;
                    ret = this;
                else
                    error ('Invalid value: % s\n', new_status);
                endif
            endif
        otherwise
            error("@Switch/subsref: invalid assignment type for Switch");
    endswitch
endfunction
```

实例化一个 Switch 类的对象 red_switch，代表一个"红色开关"，将红色开关通过点号或圆括号索引的方式对开关的状态重新赋值，代码如下：

```octave
>> red_switch = Switch
Switch class initialized.
red_switch =

  < class Switch >

>> red_switch.status = 'on'
red_switch =

  < class Switch >

>> red_switch.status = 'onn'
```

```
error: Invalid value: onn
>> red_switch.statuss = 'onn'
error: Invalid field: statuss

>> red_switch('status') = 'on'
red_switch =

  <class Switch>

>> red_switch('status') = 'onn'
error: Invalid value: onn
>> red_switch('statuss') = 'onn'
error: Invalid field: statuss
```

💡 **注意**：Octave 默认支持用点号索引的方式赋值字段，但是，如果想要使用圆括号索引赋值字段的值，则必须重载 subsasgn() 函数。如果不重载 subsasgn() 函数，则会因为 Octave 中的方法不提供默认的圆括号索引方式而导致赋值失败，所报的错误提示如下。

error：invalid class assignment。

2.4.10　下标索引

除了可用字段索引类中的属性之外，有时可能不需要特定的字段，而需要直接用下标对类进行索引。重载 subsindex() 方法可以使一个类支持下标索引，代码如下：

```
#!/usr/bin/octave
#第 2 章/@InputContainer/InputContainer.m
function ret = InputContainer(mat)
    ret = class(struct("mat", mat), "InputContainer");
    fprintf('InputContainer class initialized.\n')
endfunction

#!/usr/bin/octave
#第 2 章/@InputContainer/subsindex.m
function ret = subsindex(this)
    ret = double(this.mat) - 1;
endfunction

>> input_container = InputContainer([1 2 3 4]);
InputContainer class initialized.
>> b = 1:10;
>> b(input_container)
ans =

    1 2 3 4
```

上面的代码起到了一个数值容器的作用，只用于按顺序存放输入的参数，并且参数之间没有实际意义，因此不应该使用字段进行数值的索引。在这种用法之下，上面的代码使用了下标索引，直接按照下标 1：10 取出存放在容器中的数据，避免了取值时加上无用字段的行为，增强了代码的可读性。

2.4.11　方法重载

只要一个类继承了其他类,这个类就可以进行方法重载。例如 B 类继承 A 类,A 类含有方法 c,那么就可以在 B 类中加入同名方法 c,此时调用 B 类实例的 c 方法即实现了方法重载。设计 YellowSwitch 类和 OrangeSwitch 类,其中 OrangeSwitch 类继承 YellowSwitch 类,并且重载 YellowSwitch 类的 type() 方法,代码如下:

```octave
#!/usr/bin/octave
#第2章/@YellowSwitch/YellowSwitch.m
function ret = YellowSwitch(status)
    #status 取值: on 或 off
    a = struct;
    b = @Switch(status);
    ret = class(a, "YellowSwitch", b);
    fprintf('Yellow switch class initialized.\n')
endfunction


#!/usr/bin/octave
#第2章/@YellowSwitch/subsasgn.m
function ret = subsasgn(this, x, new_status)
    #status 取值: on 或 off
    switch (x.type)
        case "()"
            fld = x.subs{1};
            if (!strcmp (fld, "status"))
                error ('Invalid field: %s\n', fld);
            else
                if strcmp(new_status, "on") || strcmp(new_status, "off")
                    this.status = new_status;
                    ret = this;
                else
                    error ('Invalid value: %s\n', new_status);
                endif
            endif
        case "."
            fld = x.subs;
            if (!strcmp (fld, "status"))
                error ('Invalid field: %s\n', fld);
            else
                if strcmp(new_status, "on") || strcmp(new_status, "off")
                    this.status = new_status;
                    ret = this;
                else
                    error ('Invalid value: %s\n', new_status);
                endif
            endif
        otherwise
            error("@Switch/subsref: invalid assignment type for YellowSwitch");
    endswitch
endfunction

#!/usr/bin/octave
```

```octave
#第 2 章/@YellowSwitch/subsref.m
function ret = subsref(this, x)
    switch (x.type)
        case "()"
            fld = x.subs{1};
            if (!strcmp (fld, "status"))
                error ('Invalid field: % s\n', fld);
            else
                ret = this.status;
            endif
        case "{}"
            fld = x.subs{1};
            if (!strcmp (fld, "status"))
                error ('Invalid field: % s\n', fld);
            else
                ret = this.status;
            endif
        case "."
            fld = x.subs;
            if (!strcmp (fld, "status"))
                error ('Invalid field: % s\n', fld);
            else
                ret = this.status;
            endif
        otherwise
            error("@Switch/subsref: invalid subscript type for YellowSwitch");
    endswitch
endfunction

#!/usr/bin/octave
#第 2 章/@YellowSwitch/type.m
function ret = type(this)
    ret = 'YellowSwitch';
    fprintf('% s\n', ret)
endfunction

#!/usr/bin/octave
#第 2 章/@OrangeSwitch/OrangeSwitch.m
function ret = OrangeSwitch(status)
    #status 取值: on 或 off
    a = struct;
    b = @YellowSwitch(status);
    ret = class(a, "OrangeSwitch", b);
    fprintf('Orange switch class initialized.\n')
endfunction

#!/usr/bin/octave
#第 2 章/@OrangeSwitch/subsasgn.m
function ret = subsasgn(this, x, new_status)
    #status 取值: on 或 off
    switch (x.type)
        case "()"
            fld = x.subs{1};
```

```
                if (!strcmp (fld, "status"))
                    error ('Invalid field: % s\n', fld);
                else
                    if strcmp(new_status, "on") || strcmp(new_status, "off")
                        this.status = new_status;
                        ret = this;
                    else
                        error ('Invalid value: % s\n', new_status);
                    endif
                endif
            case "."
                fld = x.subs;
                if (!strcmp (fld, "status"))
                    error ('Invalid field: % s\n', fld);
                else
                    if strcmp(new_status, "on") || strcmp(new_status, "off")
                        this.status = new_status;
                        ret = this;
                    else
                        error ('Invalid value: % s\n', new_status);
                    endif
                endif
            otherwise
                error("@Switch/subsref: invalid assignment type for OrangeSwitch");
        endswitch
endfunction

#!/usr/bin/octave
#第2章/@OrangeSwitch/subsref.m
function ret = subsref(this, x)
    switch (x.type)
        case "()"
            fld = x.subs{1};
            if (!strcmp (fld, "status"))
                error ('Invalid field: % s\n', fld);
            else
                ret = this.status;
            endif
        case "{}"
            fld = x.subs{1};
            if (!strcmp (fld, "status"))
                error ('Invalid field: % s\n', fld);
            else
                ret = this.status;
            endif
        case "."
            fld = x.subs;
            if (!strcmp (fld, "status"))
                error ('Invalid field: % s\n', fld);
            else
                ret = this.status;
            endif
        otherwise
```

```
                error("@Switch/subsref: invalid subscript type for OrangeSwitch");
        endswitch
endfunction

#!/usr/bin/octave
#第2章/@OrangeSwitch/type.m
function ret = type(this)
        ret = 'OrangeSwitch';
        fprintf('%s\n', ret)
endfunction
```

然后,分别实例化两个类,并调用 type() 方法查看两个实例的类型。由于两个实例的 type() 方法被重载过且重载后的返回值各不相同,所以返回的结果不同,结果如下:

```
>> a = OrangeSwitch('on')
Switch class initialized.
Blue switch class initialized.
Orange switch class initialized.
a =

    <class OrangeSwitch>

>> type(a)
OrangeSwitch
ans = OrangeSwitch
>> b = YellowSwitch('on')
Switch class initialized.
Yellow switch class initialized.
b =

    <class YellowSwitch>

>> type(b)
YellowSwitch
ans = YellowSwitch
```

2.4.12　优先级函数

当两个类调用同名方法时无法确定应该调用哪一个版本的方法,此时,若调用的方法版本不一致,则运算可能返回意料之外的结果。在没有人为指定类的优先级的情况下,Octave 只默认用户定义类的优先级高于内置类的优先级,所以为了防止关于用户定义类的代码出现歧义,推荐在类的构造方法中加入 superiorto() 函数和/或 inferiorto() 函数的调用以便人为指定类的优先级。

1. superiorto()

调用 superiorto() 函数可以将当前构造的对象标记为优先级高于另一个或多个类,并且 superiorto() 函数必须在构造方法中调用才起作用。

2. inferiorto()

调用 inferiorto() 函数可以将当前构造的对象标记为优先级低于另一个或多个类,并且 inferiorto() 函数必须在构造方法中调用才起作用。

3. 优先级函数的用例

优先级是一个较为独特的概念,在其他编程语言中很少涉及这个概念。为了方便理解,下面给出一个用到 superiorto() 函数和 inferiorto() 函数的实例。

设计 Switch 类,代表"普通开关";设计 GoldSwitch 类,代表"金开关",并且"金开关" GoldSwitch 要优于"普通开关"Switch。假如你是一个开关专卖店的老板,有一个购买开关的客户要求:我要买两个开关,其中一个开关必须是金开关;另外一个开关允许是金开关,也允许是普通开关。

先在 Switch 类的基础上增加一个 plus() 方法,以便于加号"+"可被用于 Switch 类的运算当中,代码如下:

```octave
#!/usr/bin/octave
#第 2 章/@Switch/plus.m
function ret = plus(this, another_switch)
    if isa(this, 'Switch') || isa(another_switch, 'Switch')
        fprintf('There are at least one Switch.\n')
        ret = 1;
    else
        fprintf('There are no Switch\n')
        ret = 0;
    endif
endfunction
```

然后,增加 GoldSwitch 类,代码如下:

```octave
#!/usr/bin/octave
#第 2 章/@GoldSwitch/GoldSwitch.m
function ret = GoldSwitch(status)
    #status 取值: on 或 off
    a = struct('status', 'off');
    if nargin > 0 && isa(status, 'char') && (strcmp(status, 'on') || strcmp(status, 'off'))
        a = struct('status', status);
    endif
    ret = class(a, "GoldSwitch");
    superiorto("Switch");
    fprintf('GoldSwitch class initialized.\n')
endfunction

#!/usr/bin/octave
#第 2 章/@GoldSwitch/plus.m
function ret = plus(this, another_switch)
    if isa(this, 'GoldSwitch') || isa(another_switch, 'GoldSwitch')
        fprintf('There are at least one GoldSwitch.\n')
        ret = 1;
    else
        fprintf('There are no GoldSwitch\n')
        ret = 0;
    endif
endfunction

#!/usr/bin/octave
```

```octave
＃第 2 章/@GoldSwitch/subsasgn.m
function ret = subsasgn(this, x, new_status)
    ＃status 取值: on 或 off
    switch (x.type)
        case "()"
            fld = x.subs{1};
            if (!strcmp (fld, "status"))
                error ('Invalid field: % s\n', fld);
            else
                if strcmp(new_status, "on") || strcmp(new_status, "off")
                    this.status = new_status;
                    ret = this;
                else
                    error ('Invalid value: % s\n', new_status);
                endif
            endif
        case "."
            fld = x.subs;
            if (!strcmp (fld, "status"))
                error ('Invalid field: % s\n', fld);
            else
                if strcmp(new_status, "on") || strcmp(new_status, "off")
                    this.status = new_status;
                    ret = this;
                else
                    error ('Invalid value: % s\n', new_status);
                endif
            endif
        otherwise
            error("@Switch/subsref: invalid assignment type for GoldSwitch");
    endswitch
endfunction


＃!/usr/bin/octave
＃第 2 章/@GoldSwitch/subsref.m
function ret = subsref(this, x)
    switch (x.type)
        case "()"
            fld = x.subs{1};
            if (!strcmp (fld, "status"))
                error ('Invalid field: % s\n', fld);
            else
                ret = this.status;
            endif
        case "{}"
            fld = x.subs{1};
            if (!strcmp (fld, "status"))
                error ('Invalid field: % s\n', fld);
            else
                ret = this.status;
            endif
        case "."
            fld = x.subs;
```

```
            if (!strcmp (fld, "status"))
                error ('Invalid field: % s\n', fld);
            else
                ret = this. status;
            endif
        otherwise
            error("@Switch/subsref: invalid subscript type for GoldSwitch");
    endswitch
endfunction
```

💡 **注意**：Switch 类和 GoldSwitch 类之间建议不要设计继承关系，否则在判断类型时要涉及额外的排除步骤。因为在有继承关系的两个类中的父类不是子类，而子类是父类。

最后模拟客户买开关时的场景，从最简单的场景开始：客户买两个金开关。将两个金开关的实例相加，结果输出"至少有一个金开关"，并且返回 1，代表满足客户要求，代码如下：

```
>> GoldSwitch('on') + GoldSwitch('on')
GoldSwitch class initialized.
GoldSwitch class initialized.
There are at least one GoldSwitch.
ans = 1
```

再模拟下一个场景：客户先买一个普通开关，再买一个金开关。将一个普通开关的实例和一个金开关的实例相加，结果输出"至少有一个金开关"，并且返回 1，代表满足客户要求，代码如下：

```
>> Switch('on') + GoldSwitch('on')
Switch class initialized.
GoldSwitch class initialized.
There are at least one GoldSwitch.
ans = 1
```

再模拟最后一个场景：客户先买一个金开关，再买一个普通开关。将一个金开关的实例和一个普通开关的实例相加，结果输出"至少有一个金开关"，并且返回 1，代表满足客户要求，代码如下：

```
>> GoldSwitch('on') + Switch('on')
GoldSwitch class initialized.
Switch class initialized.
There are at least one GoldSwitch.
ans = 1
```

在上面的代码中，GoldSwitch 类的优先级高于 Switch 类，因此无论先运算哪个变量，加法运算都会调用 GoldSwitch 类的 plus()方法。

随着客户消费的增多，他逐渐信赖了你的产品的质量，也逐渐降低了需求。这一次客户要求：我要买两个开关，其中一个开关只要是开关即可，另一个开关无所谓。

于是你发现了商机，并且准备了一种"黑开关"BlackSwitch，这种开关质量要劣于"普通开关"Switch。卖给客户一个黑开关会带来更大利润，并且满足你和客户的约定。此外，你在卖黑开关时,要像卖普通开关一样,客户不应该在输出中看到黑开关的相关描述(这样客户会心有芥蒂),并且你也不能造假,所以不能把黑开关部分的描述直接写成普通开关部分的描述。

增加 BlackSwitch 类,代码如下:

```octave
#!/usr/bin/octave
# 第 2 章/@BlackSwitch/BlackSwitch.m
function ret = BlackSwitch(status)
    # status 取值: on 或 off
    a = struct('status', 'off');
    if nargin > 0 && isa(status, 'char') && (strcmp(status, 'on') || strcmp(status, 'off'))
        a = struct('status', status);
    endif
    ret = class(a, "BlackSwitch");
    inferiorto("Switch", "GoldSwitch");
endfunction


#!/usr/bin/octave
# 第 2 章/@BlackSwitch/plus.m
function ret = plus(this, another_switch)
    if isa(this, 'BlackSwitch') || isa(another_switch, 'BlackSwitch')
        fprintf('There are at least one BlackSwitch. \n')
        ret = 1;
    else
        fprintf('There are no BlackSwitch. \n')
        ret = 0;
    endif
endfunction


#!/usr/bin/octave
# 第 2 章/@BlackSwitch/subsasgn.m
function ret = subsasgn(this, x, new_status)
    # status 取值: on 或 off
    switch (x.type)
        case "()"
            fld = x.subs{1};
            if (!strcmp (fld, "status"))
                error ('Invalid field: % s\n', fld);
            else
                if strcmp(new_status, "on") || strcmp(new_status, "off")
                    this.status = new_status;
                    ret = this;
                else
                    error ('Invalid value: % s\n', new_status);
                endif
            endif
        case "."
            fld = x.subs;
            if (!strcmp (fld, "status"))
                error ('Invalid field: % s\n', fld);
            else
                if strcmp(new_status, "on") || strcmp(new_status, "off")
                    this.status = new_status;
```

```
                    ret = this;
                else
                    error ('Invalid value: % s\n', new_status);
                endif
            endif
        otherwise
            error("@Switch/subsref: invalid assignment type for BlackSwitch");
    endswitch
endfunction

#!/usr/bin/octave
#第2章/@BlackSwitch/subsref.m
function ret = subsref(this, x)
    switch (x.type)
        case "()"
            fld = x.subs{1};
            if (!strcmp (fld, "status"))
                error ('Invalid field: % s\n', fld);
            else
                ret = this.status;
            endif
        case "{}"
            fld = x.subs{1};
            if (!strcmp (fld, "status"))
                error ('Invalid field: % s\n', fld);
            else
                ret = this.status;
            endif
        case "."
            fld = x.subs;
            if (!strcmp (fld, "status"))
                error ('Invalid field: % s\n', fld);
            else
                ret = this.status;
            endif
        otherwise
            error("@Switch/subsref: invalid subscript type for BlackSwitch");
    endswitch
endfunction
```

💡**注意**：superiorto()函数或者 inferiorto()函数可以接收一个类名，也可以接收多个类名，详见上面的代码示例。另外，Switch 类和 BlackSwitch 类之间建议不要设计继承关系，否则在判断类型时要涉及额外的排除步骤。因为在有继承关系的两个类中的父类不是子类，而子类是父类。

最后模拟客户买开关时的场景，从最简单的场景开始：客户买两个普通开关。将两个普通开关的实例相加，结果输出"至少有一个普通开关"，并且返回 1，代表满足客户要求，代码如下：

```
>> Switch('on') + Switch('on')
Switch class initialized.
Switch class initialized.
There are at least one Switch.
ans = 1
```

再模拟下一个场景：客户先买一个普通开关，再买一个黑开关。将一个普通开关的实例和一个黑开关的实例相加，结果输出"至少有一个普通开关"，并且返回1，代表满足客户要求，代码如下：

```
>> Switch('on') + BlackSwitch('on')
Switch class initialized.
There are at least one Switch.
ans = 1
```

再模拟最后一个场景：客户先买一个黑开关，再买一个普通开关。将一个黑开关的实例和一个普通开关的实例相加，结果输出"至少有一个普通开关"，并且返回1，代表满足客户要求，代码如下：

```
>> BlackSwitch('on') + Switch('on')
Switch class initialized.
There are at least one Switch.
ans = 1
```

在上面的代码中，BlackSwitch 类的优先级低于 Switch 类，因此无论先运算哪个变量，加法运算都会调用 Switch 类的 plus() 方法。

此外，在设计多种类的对象的运算时，只要在一边的构造方法中调用 superiorto() 函数或者 inferiorto() 函数指定优先级，即可确定代码最终的运算结果。在上面的代码中，Switch 类从未在构造方法中调用 superiorto() 函数或者 inferiorto() 函数，而加法运算依然没有歧义。

2.4.13 运算符重载

在上文中有对对象进行加法运算的示例。如果想要对对象进行加法运算，则需要重载 plus() 方法。类似地，Octave 还支持其他运算符的重载，以支持对象之间的符号运算。Octave 支持的可以进行重载的运算符如表 2-1 所示。

表 2-1　可以进行重载的运算符

运　算　符	运算函数或运算方法	含　　义
a＋b	plus(a,b)	加
a－b	minus(a,b)	减
＋a	uplus(a)	一元加
－a	uminus(a)	一元减
a.＊b	times(a,b)	按元素乘
a＊b	mtimes(a,b)	按矩阵乘
a./b	rdivide(a,b)	按元素右除
a/b	mrdivide(a,b)	按矩阵右除
a.\b	ldivide(a,b)	按元素左除

续表

运　算　符	运算函数或运算方法	含　义
a\b	mldivide(a,b)	按矩阵左除
a.^b	power(a,b)	按元素乘方
a^b	mpower(a,b)	按矩阵乘方
a<b	lt(a,b)	小于
a<=b	le(a,b)	小于或等于
a>b	gt(a,b)	大于
a>=b	ge(a,b)	大于或等于
a==b	eq(a,b)	等于
a!=b	ne(a,b)	不等于
a&b	and(a,b)	逻辑与
a|b	or(a,b)	逻辑或
!a	not(a)	逻辑非
a'	ctranspose(a)	复共轭转置
a.'	transpose(a)	转置
a:b	colon(a,b)	二元范围
a:b:c	colon(a,b,c)	三元范围
[a,b]	horzcat(a,b)	水平连接
[a;b]	vertcat(a,b)	垂直连接
a(s_1,…,s_n)	subsref(a,s)	下标选择
a(s_1,…,s_n)=b	subsasgn(a,s,b)	下标赋值
b(a)	subsindex(a)	返回对象的索引
disp	disp(a)	输出对象

2.4.14　类的通用工具函数

1. isobject()

调用 isobject() 函数可以判断一个变量是不是对象。向 isobject() 函数中传入一个变量，如果这个变量是对象，则 isobject() 函数返回 1，否则返回 0，代码如下：

```
>> a = Switch
Switch class initialized.
a =

  <class Switch>

>> isobject(a)
ans = 1
>> b = 1
b = 1
>> isobject(b)
ans = 0
```

2. methods()

调用 methods() 函数可以返回一个变量内包含的方法。如果这个变量是对象，则可直接

向 methods()函数中传入变量名,代码如下:

```
>> a = Switch;
Switch class initialized.
>> methods(a)
Methods for class Switch:
Switch subsasgn subsref
```

此外,methods()函数允许用字符串的形式直接传入类名,这样做则无须对象实例即可获取类中的全部方法,代码如下:

```
>> methods('Switch')
Methods for class Switch:
Switch subsasgn subsref
```

在调用 methods()函数时允许追加-full 参数,这样除了会输出全部方法名外,还会输出的内容如下(如果在文档注释中有):

(1)输出类型。

(2)输入参数个数。

(3)输入参数类型。

代码如下:

```
>> methods('Switch', '-full')
Methods for class Switch:
Switch subsasgn subsref
```

3. ismethod()

调用 ismethod()函数可以返回一种方法是否属于一个类。向 ismethod()函数中传入两个参数:第 1 个参数为这个对象,第 2 个参数为方法名。判断对象 a 中是否含有 subsref()方法,代码如下:

```
>> a = Switch;
Switch class initialized.
>> ismethod(a, 'subsref')
ans = 1
```

另外,ismethod()函数也支持如下用法:第 1 个参数为类名,第 2 个参数为方法名。判断 Switch 类中是否含有 subsref()方法,代码如下:

```
>> ismethod('Switch', 'subsref')
ans = 1
```

4. optimize_subsasgn_calls()

调用 optimize_subsasgn_calls()函数可以开启或关闭用户定义类的 subsasgn()优化。optimize_subsasgn_calls()函数允许不带参数而直接调用,此时 optimize_subsasgn_calls()函数将返回当前上下文的 subsasgn()优化的状态,代码如下:

```
>> optimize_subsasgn_calls
ans = 1
```

若 optimize_subsasgn_calls()函数返回 1,则代表当前上下文的 subsasgn()优化是一个开启的状态;若 optimize_subsasgn_calls()函数返回 0,则代表当前上下文的 subsasgn()优化是一个关闭的状态。

此外,还可以向 optimize_subsasgn_calls()函数中至少传入 1 个逻辑值参数,以此来开启或关闭此优化。在开启用户定义类的 subsasgn()优化后,如果对类的字段进行赋值运算,则 Octave 会清除内存中对象的冗余副本,代码如下:

```
>> optimize_subsasgn_calls(true)
```

在关闭用户定义类的 subsasgn()优化后,如果对类的字段进行赋值运算,则 Octave 仍然会保留内存中对象的冗余副本,代码如下:

```
>> optimize_subsasgn_calls(false)
```

此外,optimize_subsasgn_calls()函数还允许追加传入一个额外参数 local,此时 subsasgn()赋值后的变量会被视为本地的变量,而且原版变量的值会被储存到内存当中。当带有 local 的方法退出后,subsasgn()赋值后的变量被舍弃,并且 Octave 将复原变量的原始值,代码如下:

```
>> optimize_subsasgn_calls(true, 'local')
warning: local has no effect outside a function
```

💡 **注意**:local 参数只在函数中才起作用。

5. disp()/display()

重载 disp()/display()方法可以改变一个对象的输出文字。默认对象的输出文字的可读性较差,默认为一对尖括号括起来的类名信息,代码如下:

```
>> a = Switch
Switch class initialized.
a =

  <class Switch>
```

可以通过重载 disp()方法或 display()方法的方式,使对象的输出文字更加友好。

6. saveobj()/loadobj()

向类中添加 saveobj()方法可以改变保存对象的行为,向类中添加 loadobj()方法可以改变加载对象的行为。在调用 save()函数保存对象时,如果重载了 saveobj()方法,则将改为调用 saveobj()方法保存对象,代码如下:

```
#!/usr/bin/octave
#第2章/@SaveAndLoad/SaveAndLoad.m
function ret = SaveAndLoad()
    a = struct;
    ret = class(a, "SaveAndLoad");
endfunction

#!/usr/bin/octave
```

```
# 第 2 章/@SaveAndLoad/saveobj.m
function ret = saveobj(this)
    ret = this;
    if (!isempty(this.field))
        this.field = NaN;
        fprintf('Set field: "field", NaN.\n')
    endif
endfunction
```

此外，在调用 load() 函数保存对象时，如果重载了 loadobj() 方法，则将改为调用 loadobj() 方法保存对象，代码如下：

```
#!/usr/bin/octave
# 第 2 章/@SaveAndLoad/loadobj.m
function ret = loadobj(this)
    ret = this;
    if (isempty(this.field))
        this.field = NaN;
        fprintf('Added field: "field", NaN.\n')
    endif
endfunction
```

7. end

重载 end 函数可以在下标索引的对象中调用 end 函数进行索引。下面是调用 end 函数进行索引的一个实例。对矩阵 [1 2] 调用 end 函数索引的代码如下：

```
>> [1 2](end)
ans = 2
>> [1 2](1:end)
ans =

   1 2
```

一般而言，end 函数的核心代码如下：

```
#!/usr/bin/octave
# 第 2 章/@InputContainer/end.m
function ret = end(this, index_pos, num_indices)
    ret = length(this.mat) - 1;
endfunction
```

💡 **注意**：这里的 end 函数和 end 关键字不同，重载 end 函数不影响 end 关键字的含义。

2.5 老式类和新式类的区别

Octave 的老式类和新式类的区别如下：

（1）一个老式类即便含有多种方法，这些方法也可以在单个 m 文件中定义；一个新式类只要含有了多种方法，则必须将每种方法分别编写到不同的 m 文件中。

（2）老式类支持对不同的属性配置不同的属性访问权限，对不同的方法配置不同的方法访问权限；新式类没有访问权限的概念。

（3）老式类可以不编写构造方法；新式类必须编写构造方法。

（4）老式类支持静态方法；新式类不支持静态方法。

（5）老式类支持句柄类；新式类不支持句柄类。

（6）老式类支持使用@符号访问超类方法；新式类不支持使用@符号访问超类方法。

（7）新式类支持多重继承；老式类不支持多重继承。

（8）新式类支持在有继承关系的类中初始化同名字段；老式类不支持在有继承关系的类中初始化同名字段。

第 3 章

常用句柄操作

Octave 的 GUI 是通过句柄实现的。Octave 使用句柄作为"指针"的用途,根据句柄类型的不同来"指向"不同种类的结构体,而在这些结构体中保存了 GUI 的参数,再根据这些参数即可绘制不同类型的 GUI 控件。

在 Octave 中也设计了基本图形对象,这些对象是专门为初始化结构体而设计的。通过不同的参数可以实例化或者修改不同的基本图形对象,并且对象内部的实例变量会根据参数的不同而产生差异。基本图形对象中的参数和结构体有对应关系,因而在绘制基本类型的图形时,无须处理复杂的结构体,可直接通过基本图形对象进行处理。

在对基本图形对象进行一系列处理后,对象会在低级绘图函数中通过句柄同步到相应的结构体上,实现初始化绘制图形或者刷新图形的功能。

3.1 通用句柄操作

3.1.1 返回句柄

1. 返回根句柄

调用 groot 函数可以返回根句柄。groot 函数不允许带参数调用,代码如下:

```
>> groot
ans = 0
```

在 Octave 中,根句柄默认被识别为 0。

💡**注意**:在特定情况下,根句柄可能变为一个非 0 的值。为避免程序出错,建议在使用根句柄时使用 groot,而不使用 0 来指代根句柄。

---

2. 返回当前图像的句柄

调用 gcf 函数可以返回当前图像的句柄。gcf 函数不允许带参数调用,代码如下:

```
>> gcf
ans = 1
```

3. 返回当前轴的句柄

调用 gca 函数可以返回当前轴的句柄。gca 函数不允许带参数调用,代码如下:

```
>> gca
ans = - 34.638
```

4. 返回当前对象的句柄

调用 gco 函数有两种用法,在 gco 函数不带参数调用时可以返回当前对象的句柄,代码如下:

```
>> gco
ans = [](0x0)
```

若 gco 函数不带参数调用,则函数将返回最后一个用鼠标单击过的图像。此时,如果所有图像均未被鼠标单击过,则函数将返回一个尺寸为 0×0 的矩阵,如上面的代码所示。新绘制一个任意的图像,并且用鼠标单击一下,再不带参数调用 gco 函数,代码如下:

```
>> ezplot(@(x)x + 1);
>> #此时单击一下图像
>> gco
ans = - 34.638
```

此外,gco 函数还允许追加一个额外参数,这个参数为一个特定句柄,此时 gco 函数可以返回带有特定句柄的当前对象的句柄,代码如下:

```
>> h = ezplot(@(x)x + 1);
>> #此时第 1 幅图像绘制完成
>> gco(h)
ans = [](0x0)
>> #此时单击一下第 1 幅图像
>> gco(h)
ans = 2
>> h2 = figure;
>> #此时第 2 幅图像绘制完成
>> gco(h2)
ans = [](0x0)
>> #此时单击一下第 2 幅图像
>> gco(h2)
ans = 2
```

5. 返回祖先句柄

调用 ancestor()函数可以返回当前句柄的类型匹配的第 1 个祖先句柄。ancestor()函数在调用时可以传入两个参数,第 1 个参数是一个特定句柄,第 2 个参数是用于匹配的类型,代码如下:

```
>> ancestor(gcf, 'root')
ans = 0
```

此外,也可以调用 ancestor()函数匹配多种类型,此时第 2 个参数需要传入由多个字符串组成的元胞,代码如下:

```
>> ancestor(gcf, {'root', 'axes'})
ans = 0
```

此外,如果指定的类型包含特定句柄自身的类型,则 ancestor() 函数会直接返回自身句柄,代码如下:

```
>> ancestor(gcf, 'figure')
ans = 1
>> ancestor(gcf, {'figure', 'root'})
ans = 1
>> ancestor(gcf, {'root', 'figure'})
ans = 1
```

此外,ancestor() 函数还允许追加一个额外参数 toplevel,此时 ancestor() 函数将返回最深层的、带有特定句柄的祖先句柄,代码如下:

```
>> ancestor (gcf, {'root', 'figure'}, 'toplevel')
ans = 0
```

6. 返回子句柄

调用 allchild() 函数可以返回当前句柄的所有子句柄,代码如下:

```
>> allchild(gcf)
ans =

   - 45.231
   - 54.719
   - 67.234
   - 73.183
   - 78.674
```

事实上,allchild() 函数等效于用 get() 函数获取一个句柄的 children 键参数,并且还可以额外返回隐藏的句柄。

上面的代码用一个句柄参数返回一组句柄。此外,还可以调用 allchild() 函数同时返回多组句柄,代码如下:

```
>> allchild([gcf, gca])
ans =
{
    [1,1] =

        - 45.231
        - 54.719
        - 67.234
        - 73.183
        - 78.674

    [2,1] =

        - 44.229
        - 41.701
        - 42.317
        - 43.329

}
```

3.1.2　句柄强制类型转换

1. 句柄转结构体

调用 hdl2struct() 函数可以将句柄转换为其指向的结构体。调用 hdl2struct() 函数可以传入一个参数,这个参数被认为是源句柄,代码如下:

```
>> hdl2struct(groot)
>> #以下输出省略
```

2. 结构体转句柄

调用 struct2hdl() 函数可以将句柄转换为其指向的结构体。调用 struct2hdl() 函数可以传入一个参数,这个参数被认为是源结构体,代码如下:

```
>> struct2hdl(s)
>> #以下输出省略
```

💡 注意:如果结构体内的键-值对缺少基本图形对象所描述的字段,则转换将失败。具体地,该结构体必须包含 type、handle、properties、children 和 special 字段。

此外,struct2hdl() 函数还允许追加一个额外参数,这个参数被认为是父句柄,此时 struct2hdl() 函数将把转换后返回的句柄在父句柄之下创建为子句柄,代码如下:

```
>> struct2hdl(s, groot)
>> #以下输出省略
```

此外,struct2hdl() 函数还允许追加第 3 个额外参数。

(1) 如果这个参数为 true,则此时 struct2hdl() 函数转换后返回的句柄将保留监听器(或者叫作回调函数)。

(2) 如果这个参数为 false,则此时 struct2hdl() 函数转换后返回的句柄将丢弃监听器(或者叫作回调函数)。

(3) 这个参数的默认值为 false。

调用 struct2hdl() 函数,将结构体 s 转换为 groot 的子句柄,并且保留监听器(或者叫作回调函数),代码如下:

```
>> struct2hdl(s, groot, 'true')
>> #以下输出省略
```

3.1.3　句柄复制

调用 copyobj() 函数可以复制一个句柄。调用 copyobj() 函数可以传入一个参数,这个参数被认为是源句柄,代码如下:

```
>> copyobj(gca)
>> #以下输出省略
```

此外,copyobj() 函数还允许追加一个额外参数,这个参数被认为是父句柄,此时 copyobj() 函

数将把复制后的句柄在父句柄之下作为子句柄,代码如下:

```
>> copyobj(gca, groot)
>> #以下输出省略
```

上面的代码用一个父句柄参数复制一次句柄。此外,还可以调用 allchild() 函数复制多次句柄,代码如下:

```
>> copyobj(gca, [groot, gcf])
>> #以下输出省略
```

3.1.4　获得句柄

调用 get() 函数可以获取句柄对应的结构体。调用 get() 函数可以传入一个参数,这个参数被认为是源句柄,代码如下:

```
>> get(groot)
>> #以下输出省略
```

此外,get() 函数还允许追加一个额外参数,这个参数被认为是结构体中的键参数,此时 get() 函数将返回该键参数的当前值,代码如下:

```
>> get(groot, 'units')
ans = normalized
```

上面的代码用一组键-值对参数获取一次键参数。此外,还可以调用 get() 函数同时获取多次键参数,代码如下:

```
>> get(groot, {'units', 'fixedwidthfontname'})
ans =
{
    [1,1] = normalized
    [1,2] = Courier
}
```

3.1.5　设置句柄

调用 set() 函数可以获取句柄对应的结构体。调用 set() 函数可以传入一个参数,这个参数被认为是源句柄,此时,set() 函数将返回该句柄所有键参数的可选值和当前值,代码如下:

```
>> set(groot)
>> #以下输出省略
```

set() 函数还允许追加一个额外参数,这个参数被认为是结构体中的键参数,此时 set() 函数将返回该键参数的可选值和当前值,代码如下:

```
>> set(groot, 'units')
[ centimeters | characters | inches | normalized | {pixels} | points ]
```

set() 函数还允许追加第 3 个参数,这个参数被认为是结构体中的值参数,代码如下:

```
>> set(groot, 'units', 'normalized')
```

💡**注意**：不能调用 set() 函数获取或者设置结构体中的只读参数，否则将报错。

```
>> set(groot, 'screendepth')
set: screendepth is read - only
>> set(groot, 'screendepth', 100)
set: screendepth is read - only
```

上面的代码用一组键-值对参数设置一次键参数。此外，还可以调用 set() 函数同时设置多次键参数，代码如下：

```
>> set(groot, 'units', 'normalized', 'hittest', 'on')
>> set(groot, {'units', 'hittest'}, {'normalized', 'on'})
>> set(groot, struct('units', 'normalized', 'hittest', 'on'))
```

3.1.6　查找非隐藏的句柄

调用 findobj() 函数可以获取句柄。如果这个句柄含有子句柄，findobj() 函数则有可能也返回子句柄。

findobj() 函数可以不传入参数而直接调用，此时 findobj() 函数将从根句柄开始依次查找子句柄，再将这些句柄全部返回，代码如下：

```
>> findobj
ans =

    0
    2
    1
```

findobj() 函数还允许传入一个参数，这个参数被认为是源句柄，此时，findobj() 函数将从该句柄开始依次查找子句柄，再将这些句柄全部返回，代码如下：

```
>> findobj(0)
ans =

    0
    2
    1
```

上面的代码用一个句柄参数获取一次句柄。此外，还可以调用 findobj() 函数同时获取多次句柄，代码如下：

```
>> findobj([0 1])
ans =

    0
    1
    2
    1
```

findobj() 函数还允许追加传入一个参数 flat，此时，findobj() 函数将只返回这些句柄，而不返回子句柄，代码如下：

```
>> findobj([0 1], "flat")
ans =

   0
   1
```

findobj()函数还允许追加传入参数-depth 和查找深度,此时,findobj()函数将从该句柄开始依次查找子句柄,直到达到查找深度,或者不存在更多的子句柄为止。再将这些句柄全部返回,代码如下:

```
>> findobj([0 1], "-depth", 0)
ans =

   0
   1
```

findobj()函数还允许以键-值对的形式传入查找的属性,此时,findobj()函数将按照条件先查找句柄,再对初步查找到的句柄进行筛选。筛选方法如下:

(1) 句柄对应的结构体必须含有指定的键参数。

(2) 如果句柄对应的结构体含有指定的键参数,则值参数必须和指定的值参数相等。

最后将满足条件的句柄全部返回,代码如下:

```
>> findobj('units', 'pixels')
ans =

   2
   1
```

此外,findobj()函数还允许在键-值对之间配置逻辑参数"-and""-or""-xor"或"-not",两种逻辑参数的区别如下:

(1) 如果在键-值对之间配置逻辑参数"-and",则代表在对相邻键-值对进行筛选时,相邻的这两对键-值对必须都判定为满足条件,对应的句柄才可能满足条件。

(2) 如果在键-值对之间配置逻辑参数"-or",则代表在对相邻键-值对进行筛选时,至少一对键-值对判定为满足条件,对应的句柄才可能满足条件。

(3) 如果在键-值对之间配置逻辑参数"-xor",则代表在对相邻键-值对进行筛选时,如果一对键-值对判定为满足条件,并且另一对键-值对判定为不满足条件,则对应的句柄才可能满足条件。

(4) 如果在键-值对之间配置逻辑参数"-not",则代表在对相邻键-值对进行筛选时,在参数"-not"之后的那一对键-值对必须判定为不满足条件,对应的句柄才可能满足条件。

最后将满足条件的句柄全部返回,代码如下:

```
>> findobj('units', 'pixels', '-and', 'pointer', 'arrow', '-or', 'resize', 'on')
ans = 1
```

findobj()函数还允许在键-值对之前配置参数"-regexp",此时的值参数被认为是一个正则表达式,通过这个正则表达式进行筛选,代码如下:

```
>> findobj('- regexp', 'units', '[pn]')
ans =

             0
        1.0000
     - 190.0581
```

findobj()函数还允许只传入查找的属性名,此时必须将第1个参数配置为"-property",然后 findobj()函数将按照条件先查找句柄,再筛选出含有指定的键参数的句柄,最后返回这些句柄,代码如下:

```
>> findobj('- property', 'units')
ans =

             0
        1.0000
     - 190.0581
```

3.1.7 查找全部句柄

findall()函数的用法和 findobj()的用法相同,区别在于 findall()函数会额外返回隐藏的句柄,可以查找全部句柄。findall()函数相比于 findobj()函数返回的句柄更多,代码如下:

```
>> findall('- property', 'units')
ans =

             0
        1.0000
     - 190.0581
     - 189.8896
     - 186.9252
     - 187.0560
     - 188.9455

>> findobj('- property', 'units')
ans =

             0
        1.0000
     - 190.0581
```

3.1.8 重置句柄

调用 reset()函数可以将当前句柄重置为默认状态,即将句柄对应的结构体键-值对复原为默认状态。reset()函数允许传入一个参数,这个参数被认为是源句柄,代码如下:

```
>> reset(groot)
```

3.1.9 查找可见的图形

调用 findfigs 函数可以将所有可见的图形,但不在当前屏幕上显示的窗口移动到当前窗

口上,代码如下:

```
>> a = figure;
>> #假如 Octave 的主软件当前显示的屏幕为屏幕 1
>> #那么用 a 句柄首次绘制图形时,对应的窗口也在屏幕 1 上
>> #然后,手动把该图形窗口移动到屏幕 2 上,并保持 Octave 的主软件当前显示的窗口在屏幕 1 上
>> findfigs
>> #此时,该图形窗口会被自动移动到屏幕 1 上
```

3.2 句柄组

3.2.1 创建句柄组

调用 hggroup()函数可以创建句柄组。句柄组用于存放图线对象等的句柄,方便对多个句柄做出批量的属性上的变换,也方便轴对象做出关于子对象的操作。hggroup()函数可以不传入参数而直接调用,此时将在当前的轴对象的基础上创建句柄组,并返回组对象的句柄,代码如下:

```
>> h = hggroup
h =  - 40.136
```

hggroup()函数在调用时可以传入一个参数,这个参数表示组对象的父轴对象。在 axes的基础上创建句柄组的代码如下:

```
>> h = hggroup(axes)
h =  - 48.731
```

hggroup()函数在调用时还可以以键-值对的形式追加传入一对或多对参数,用于初始化句柄组对象的一个或多个属性。

3.2.2 增加句柄键参数

调用 addproperty()函数可以增加句柄键参数。addproperty()函数至少需要传入 3 个参数进行调用,第 1 个参数表示键参数,第 2 个参数表示要增加键参数的句柄,第 3 个参数表示值参数类型。向 gcf 中增加键参数为 aaa、值参数类型为 string 的代码如下:

```
>> addproperty('aaa', gcf, 'string')
```

addproperty()函数支持的值参数类型如表 3-1 所示。

表 3-1　addproperty()函数支持的值参数类型

值参数类型	含　　义	值参数类型	含　　义
string	字符串类型	double	double 类型
any	任意类型	handle	句柄类型
radio	单选项类型	data	数据类型
boolean	布尔类型	color	颜色类型

此外,addproperty()函数允许追加传入第 4 个参数进行调用,这个参数表示值参数。向

gcf 中增加键参数为 aaa、值参数类型为 string、值参数为 bbb 的代码如下：

```
>> addproperty('aaa', gcf, 'string', 'bbb')
```

3.2.3　绑定监听器

调用 addlistener() 函数可以绑定监听器，用于在句柄的某个值参数发生变动时执行监听器函数。addlistener() 函数需要传入 3 个参数进行调用，第 1 个参数表示句柄，第 2 个参数表示键参数，第 3 个参数表示监听器函数。向 gcf 中绑定键参数为 aaa、监听器函数为 add([2,3]) 的代码如下：

```
>> addproperty('aaa', gcf, 'string')
>> addlistener(gcf, 'aaa', {@add, [2, 3]})
```

3.2.4　解绑监听器

调用 dellistener() 函数可以解绑监听器，用于解绑监听器函数。dellistener() 函数需要传入 3 个参数进行调用，第 1 个参数表示句柄，第 2 个参数表示键参数，第 3 个参数表示监听器函数。向 gcf 中解绑键参数为 aaa、监听器函数为 add([2,3]) 的代码如下：

```
>> dellistener(gcf, 'aaa', {@add, [2, 3]})
```

3.2.5　连接句柄键参数

调用 linkprop() 函数可以连接多个句柄的一个或多个键参数，键参数在被连接后，对应的值参数会发生变化。linkprop() 函数需要传入两个参数进行调用，第 1 个参数表示句柄，第 2 个参数表示一个键参数字符串，或多个键参数构成的字符串元胞。连接两个轴对象 a1 和 a2 的字号的代码如下：

```
>> a1 = axes
a1 = -34.057
>> a2 = axes
a2 = -39.331
>> linkprop([a1, a2], 'fontsize')
ans =

onCleanup (@() unlink_linkprop (h, prop))
```

同时连接两个轴对象 a1 和 a2 的字号和字体名的代码如下：

```
>> linkprop([a1, a2], {'fontsize', 'fontname'})
ans =

onCleanup (@() unlink_linkprop (h, prop))
```

在连接句柄键参数成功后，linkprop() 函数会创建一个特殊的对象，专门用于处理建好的链接。

3.2.6　连接轴对象范围

调用 linkaxes() 函数可以连接多个轴对象的范围，轴对象在被连接后，对应的范围会发生变化。linkaxes() 函数至少需要传入一个参数进行调用，这个参数表示不同的轴对象。连接两个轴对象 a1 和 a2 的范围的代码如下：

```
>> linkaxes([a1, a2])
```

linkaxes() 函数还允许追加传入第 2 个参数，这个参数被认为是链接类型。linkaxes() 函数支持的链接类型如表 3-2 所示。

表 3-2　linkaxes() 函数支持的链接类型

链 接 类 型	含　　义	链 接 类 型	含　　义
x	链接 x 轴范围	xy	链接 x 轴范围和 y 轴范围
y	链接 y 轴范围	off	关闭链接

只连接两个轴对象 a1 和 a2 的 x 轴范围的代码如下：

```
>> linkaxes([a1, a2], 'x')
```

3.3　判断绘图句柄

3.3.1　判断图形句柄

调用 ishghandle() 函数可以判断一个变量是不是图形句柄。ishghandle() 函数可以传入一个参数直接调用，代码如下：

```
>> ishghandle(groot)
ans = 1
```

此外，还可以调用 ishghandle() 函数同时判断多个变量是不是图形句柄，代码如下：

```
>> ishghandle([groot gca])
ans =

   1 1
```

3.3.2　通过类型判断图形句柄

调用 isgraphics() 函数也可以判断一个变量是不是图形句柄。

isgraphics() 函数可以传入一个参数直接调用，此时其返回值和 ishghandle() 函数相同，等效于传入一个参数并调用 ishghandle() 函数，代码如下：

```
>> isgraphics(groot)
ans = 1
>> isgraphics([groot gca])
ans =

   1 1
```

isgraphics() 函数还允许追加传入一个参数，这个参数被认为是句柄类型，此时，如果句柄类型和图形句柄中的 type 值参数相同，则那些句柄才会被 isgraphics() 函数返回，代码如下：

```
>> isgraphics([groot gca], 'root')
ans =

   1 0
```

3.3.3　判断图形句柄或 Java 对象

调用 ishandle() 函数可以判断一个变量是不是图形句柄或者 Java 对象。ishandle() 函数可以传入一个参数直接调用,此时若变量是一个图形句柄或者 Java 对象,则返回 1,否则返回 0,代码如下:

```
>> j = javaObject('java.lang.Object')
j =

<Java object: java.lang.Object>

>> ishandle(j)
ans = 1

>> ishandle(groot)
ans = 1
```

此外,还可以调用 ishandle() 函数同时判断多个变量是不是图形句柄,代码如下:

```
>> ishandle([groot groot])
ans =

   1 1
```

💡注意:在默认情况下,ishandle() 函数不能同时判断多个变量是不是 Java 对象,否则代码将报错,所报的错误提示如下:

```
>> ishandle([j j])
error: octave_base_value::resize (): wrong type argument 'octave_java'
```

3.3.4　判断坐标轴句柄

调用 isaxes() 函数可以判断一个变量是不是坐标轴句柄。isaxes() 函数可以传入一个参数而直接调用,此时若变量是一个坐标轴句柄,则返回 1,否则返回 0,代码如下:

```
>> isaxes(gca)
ans = 1
```

此外,还可以调用 isaxes() 函数,以便同时判断多个变量是不是图形句柄,代码如下:

```
>> isaxes([gca gca])
ans =

   1 1
```

3.3.5 判断图像句柄

调用 isfigure() 函数可以判断一个变量是不是图像句柄。isfigure() 函数可以传入一个参数而直接调用,此时若变量是一个图像句柄,则返回 1,否则返回 0,代码如下:

```
>> isfigure(gcf)
ans = 1
```

此外,还可以调用 isfigure() 函数同时判断多个变量是不是图像句柄,代码如下:

```
>> isfigure([gcf gcf])
ans =

   1 1
```

第 4 章

图形对象与句柄

本章将对 Octave 的基本图形对象进行系统地讲解,从对象的特性与构造方法入手,方便理解各个图形对象的作用和最终呈现的效果。本章也将讲解如何获取图形对象的句柄,方便在实际编程过程中的问题排查与键-值对的对照。本章还会对各种基本图形对象的键参数、值参数类型、值参数选项、默认值参数及值参数含义等整理成表格,方便在实际编程中查表取值。

4.1 根对象与句柄

4.1.1 根对象

根对象是所有其他图形对象的超类对象。Octave 不含根对象的构造函数。

4.1.2 根对象句柄

调用 groot 函数可以获得根对象句柄,代码如下:

```
>> groot
ans = 0
```

通过 findobj() 或 findall() 函数的返回值也可以获得根对象句柄,代码如下:

```
>> findobj('type', 'root')
ans = 0
```

4.1.3 默认根对象属性

默认根对象属性如表 4-1 所示。

表 4-1 默认根对象属性

键 参 数	值参数类型	值参数选项	默认值参数	值参数含义	备 注
beingdeleted	字符串	on/off	off	—	在根对象中不使用此参数
busyaction	字符串	cancel/queue	queue	—	在根对象中不使用此参数
buttondownfcn	字符串/函数句柄	—	[ ](0x0)	—	在根对象中不使用此参数
callbackobject	图形句柄	—	[ ](0x0)	在根对象中正在执行的回调函数	只读参数

续表

键 参 数	值参数类型	值参数选项	默认值参数	值参数含义	备 注
children	图形句柄向量	—	[](0x1)	根对象的所有子对象	只读参数
clipping	字符串	on/off	on	—	在根对象中不使用此参数
commandwindowsize	矩阵	—	[0 0]	命令行窗口尺寸	只读参数
createfcn	字符串/函数句柄	—	[](0x0)	—	在根对象中不使用此参数
currentfigure	图形句柄	—	[](0x0)	在当前图像中的图形句柄	—
deletefcn	字符串/函数句柄	—	[](0x0)	—	在根对象中不使用此参数
fixedwidthfontname	字符串	—	Courier	等宽字体	—
handlevisibility	字符串	callback/on/off	on	—	在根对象中不使用此参数
hittest	字符串	on/off	on	—	在根对象中不使用此参数
interruptible	字符串	on/off	on	—	在根对象中不使用此参数
monitorpositions	矩阵	—	—	—	只读参数
parent	图形句柄	—	[](0x0)	根对象的父对象	由于根对象没有父对象,所以这个值一直是空矩阵
pickableparts	字符串	all/none/visible	visible	—	在根对象中不使用此参数
pointerlocation	矩阵	—	[0 0]	—	只读参数
pointerwindow	图形句柄	—	0	—	只读参数
screendepth	double	—	—	屏幕颜色深度	只读参数
screenpixelsperinch	double	—	—	屏幕像素密度	只读参数
screensize	矩阵	—	—	屏幕尺寸	只读参数
selected	字符串	on/off	off	—	在根对象中不使用此参数
selectionhighlight	字符串	on/off	on	—	在根对象中不使用此参数
showhiddenhandles	字符串	on/off	off	如果为 on,则所有图形句柄都会出现在它们父对象的 children 值参数之内,并且无视那些图形句柄的 handlevisibility 值参数设置	—

续表

键　参　数	值参数类型	值参数选项	默认值参数	值参数含义	备　注
tag	字符串	—	""	允许用户自定义的标签参数	—
type	字符串	—	root	根对象的类名	只读参数
uicontextmenu	图形句柄	—	[](0x0)	—	—
units	字符串	centimeters/characters/inches/normalized/pixels/points	pixels	图形尺寸的计量单位	—
userdata	任意类型	—	[](0x0)	允许用户自定义的数据	—
visible	字符串	on/off	on	—	在根对象中不使用此参数

4.2　图像对象与句柄

4.2.1　图像对象

图像对象描述的是一个图像窗口。

调用 figure() 函数可以新建一个图像窗口并构造一个图像对象,代码如下:

```
>> figure
```

4.2.2　图像对象句柄

通过 figure() 函数的返回值可以获得对应图像对象的句柄,代码如下:

```
>> f = figure
f = 1
```

默认的图像对象如图 4-1 所示。

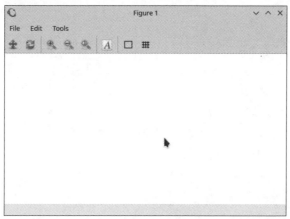

图 4-1　默认的图像对象

每调用一次 figure()函数都会新建一个图像窗口并构造一个图像对象。区分多个图像对象的一个方便的办法是指定多个变量,以便存放图像对象句柄,代码如下:

```
>> f = figure
f = 1
>> f2 = figure
f2 = 2
>> f
f = 1
>> f2
f2 = 2
```

在上面的代码中,f 和 f2 为两个不同的变量,并且各自存放不同的句柄,两句柄确实是不同的。

此外,可以在构造图像对象时自定义句柄的编号。如果传入 figure()函数的第 1 个参数是数字类型,则这个数字被认为是自定义句柄的编号。figure()函数会根据以下步骤执行操作:

(1) 如果自定义句柄的编号已被其他图形句柄占用,则 figure()函数不会重新构造一个图像对象,并会打开已有的且编号和自定义句柄的编号相同的图像窗口。

(2) 如果自定义句柄的编号未被其他图形句柄占用,则 figure()函数会新建一个图像窗口并构造一个图像对象,新图像对象的句柄编号为自定义句柄的编号。

此外,figure()函数还允许追加任意数量的键-值对,以此在构造一个图像对象时就设置结构体。通过追加键-值对的方式来初始化一个 userdata 为 1 且 tag 为 1 的图像对象,代码如下:

```
>> t4 = figure('userdata', 1, 'tag','1')
t4 = 3
```

figure()函数还允许追加任意数量的键-值对,以此修改已有的图像对象的结构体。通过追加键-值对的方式来将一个 tag 为 1 的图像对象的 tag 改为 2,代码如下:

```
>> t4 = figure('userdata', 1, 'tag','1')
t4 = 3
>> #修改前 tag 为 1
>> get(t4, 'tag')
ans = 1
>> figure(t4, 'userdata', 1, 'tag','2')
>> #修改后 tag 为 2
>> get(t4, 'tag')
ans = 2
```

figure()函数还允许追加一个结构体,以此修改已有的图像对象的结构体,此时结构体中的键-值对就相当于传入 figure()函数的键-值对。通过追加结构体的方式来初始化一个 userdata 为 1 且 tag 为 1 的图像对象,代码如下:

```
>> s = struct('userdata', 1, 'tag','1')
s =

  scalar structure containing the fields:
```

```
    userdata = 1
    tag = 1

>> t4 = figure(s)
t4 = 4
>> get(t4, 'tag')
ans = 1
```

调用 gcf 函数可以获得当前图像对象句柄，代码如下：

```
>> gcf
ans = 1
```

通过 findobj()或 findall()函数的返回值可以获得全部图像对象句柄，代码如下：

```
>> findobj('type', 'figure')
ans = 1
```

4.2.3 默认图像对象属性

默认图像对象属性如表 4-2 所示。

表 4-2 默认图像对象属性

键 参 数	值参数类型	值参数选项	默认值参数	值参数含义	备 注
alphamap	64×1，double 矩阵	—	—	—	在图像对象中不使用此参数。只读参数
beingdeleted	字符串	on/off	off	—	—
busyaction	字符串	cancel/queue	queue	如果一个回调函数想要中断这个图像对象，并且这个图像对象的 busyaction 设置为 cancel，则立刻取消这个中断请求；如果一个回调函数想要中断这个图像对象，并且这个图像对象的 busyaction 设置为 queue，则将这个中断请求放入中断队列	该参数只在 interruptible 被设置为 off 时才生效
buttondownfcn	字符串/函数句柄	—	[](0x0)	按下键盘或单击鼠标时调用的回调函数	—
children	图形句柄向量	—	[](0x1)	图像对象的所有子对象	只读参数
clipping	字符串	on/off	on	—	在图像对象中不使用此参数
closerequestfcn	字符串/函数句柄	—	closereq	在图像对象删除时立刻执行的回调函数	—

续表

键　参　数	值参数类型	值参数选项	默认值参数	值参数含义	备　注
color	颜色协议	—	[1 1 1]	此参数表示当前图像对象的颜色	可以使用三元组颜色。三元组颜色规定为一个 1×3 矩阵,矩阵中的每个分量代表颜色的 R、G、B 分量,每个分量的值的范围是一个 0～1 的 double 数字;可以使用字符串表示常用颜色。常用颜色包括 blue、black、cyan、green、magenta、red、white 和 yellow
colormap	n×3 数字矩阵	—	64×3, double 矩阵	此参数表示当前图像对象绘图使用的色谱	—
createfcn	字符串/函数句柄	—	[](0x0)	在图像对象创建完成后立刻执行的回调函数	—
currentaxes	图形句柄	—	[](0x0)	在这个图像对象上的轴句柄	—
currentcharacter	图形句柄	—	""	—	在图像对象中不使用此参数。只读参数
currentobject	图形句柄	—	[](0x0)	—	在图像对象中不使用此参数。只读参数
currentpoint	1×2, double 矩阵	—	[0；0]	用于标识当前点的位置;矩阵中的两个元素代表当前点的 x 分量和 y 分量;当前点的实际位置要在 x 分量和 y 分量的基础上乘以计量单位 unit 的值,并且从当前图像对象的左下角点开始向右增加 x 个计量单位,同时向上增加 y 个计量单位	只读参数
deletefcn	字符串/函数句柄	—	[](0x0)	在图像对象删除前立刻执行的回调函数	—
dockcontrols	字符串	on/off	off	—	在图像对象中不使用此参数

键 参 数	值参数类型	值参数选项	默认值参数	值参数含义	备 注
filename	字符串	—	""	保存图像时的文件名	—
graphicssmoo-thing	字符串	on/off	on	on 表示开启平滑技术,用于抗锯齿; off 表示关闭平滑技术	—
handlevisibility	字符串	callback/ on/off	on	on 表示当前图像对象会出现在它们父对象的 children 值参数之内	—
hittest	字符串	on/off	on	on 表示当前图像对象会将鼠标单击操作传递给父对象进行处理; off 表示当前图像对象会自行处理鼠标单击操作,不传递给父对象进行处理	—
integerhandle	字符串	on/off	on	on 表示下一个自动分配的图像对象的句柄是下一个最小的未被占用的整数; off 表示下一个自动分配的图像对象的句柄不一定是下一个未被占用的整数	—
interruptible	字符串	on/off	on	on 表示当前图像对象的回调函数可被其他回调函数中断; off 表示当前图像对象的回调函数不能被其他回调函数中断	—
inverthardcopy	字符串	on/off	on	on 表示将当前图像对象的背景色打印为白色; off 表示将当前图像对象的背景色打印为原有的颜色	—
keypressfcn	字符串/函数句柄	—	[](0x0)	按下键盘时调用的回调函数; 这个回调函数只在当前图像获得焦点时才被调用; 特别地,可以在调用回调函数时捕获触发回调函数的按键	—
keyreleasefcn	字符串/函数句柄	—	[](0x0)	松开键盘时调用的回调函数; 这个回调函数只在当前图像获得焦点时才被调用; 特别地,可以在调用回调函数时捕获触发回调函数的按键	—

续表

键 参 数	值参数类型	值参数选项	默认值参数	值参数含义	备 注
menubar	字符串	figure/none	figure	figure 表示在当前图像窗口上绘制菜单栏； none 表示在当前图像窗口上隐藏菜单栏	—
name	字符串	—	""	在当前图像窗口的标题栏上显示的名字	—
nextplot	字符串	add/new/replace/replacechildren	add	此参数表示绘图引擎应该如何处理一次新的绘图； new 表示另建一个图像对象，并在新开的窗口上完成绘制； add 表示在当前图像对象已有内容的基础上继续绘制； replacechildren 表示先删除当前图像对象，将 handlevisibility 设置为 on，并且将 nextplot 设置为 add 的子对象，然后完成绘制； replace 表示先删除当前图像对象的所有子对象，然后调用 reset() 函数重置除 position、units、paperposition 和 paperunits 之外的全部属性，然后完成绘制	replacechildren 等于在绘图前额外执行 clf 语句； replace 等于在绘图前额外执行 clf reset 语句
number	—	—	—	—	只读参数
numbertitle	字符串	on/off	on	on 表示在当前图像窗口的标题栏上显示为形如 Figure+句柄值的名字； off 表示在当前图像窗口的标题栏上显示为其他风格的名字	—
outerposition	四元矩阵	—	[−1 −1 −1 −1]	用于描述当前图像对象(包括菜单栏)的位置和大小； 四元矩阵的第 1 个分量代表左下角点的横坐标； 四元矩阵的第 2 个分量代表左下角点的纵坐标； 四元矩阵的第 3 个分量代表宽度； 四元矩阵的第 4 个分量代表高度	—

续表

键 参 数	值参数类型	值参数选项	默认值参数	值参数含义	备 注
paperorientation	字符串	landscape/ portrait	portrait	landscape 表示当前图像对象的绘图操作在水平的图纸上完成； portrait 表示当前图像对象的绘图操作在垂直的图纸上完成	—
paperposition	四元矩阵	—	[1.3422 3.3191 5.8156 4.3617]	用于描述当前图纸的位置和大小； 四元矩阵的第 1 个分量代表左下角点的横坐标； 四元矩阵的第 2 个分量代表左下角点的纵坐标； 四元矩阵的第 3 个分量代表宽度； 四元矩阵的第 4 个分量代表高度	在打印图像时，如果不明确指定用于决定如何渲染在纸面上的位置的格式且图像要输出到纸面上，则这种图像对象将忽略四元矩阵的第 3 个分量和第 4 个分量
paperposition- mode	字符串	auto/ manual	manual	auto 代表自动计算当前图像对象的 paperposition 参数； manual 代表当前图像对象的 paperposition 参数不会自动计算，需要人工设定	auto 的图像对象在打印时将和显示在屏幕上的图像大小相同，并且居中放置在打印出来的页面中；将 paperposition-mode 设置为 auto 不会影响原有的 paperposition 值
papersize	二元矩阵	—	[8.5000 11.0000]	用于描述当前图纸在打印时的纸型尺寸	如果将 papersize 的值修改为一个标准化的纸型尺寸，则不会自动修改 papertype 和 paperorientation 的值；如果将 papersize 的值修改为一个非标的纸型尺寸，则 papertype 会自动改为 custom，并且 paperorientation 的值也会按照 papersize 的宽和高分量自动改为 landscape 或 portrait

续表

键 参 数	值参数类型	值参数选项	默认值参数	值参数含义	备 注
papertype	字符串	自定义纸型/a/a0/a1/a2/a3/a4/a5/arch-a/arch-b/arch-c/arch-d/arch-e/b/b0/b1/b2/b3/b4/b5/c/d/e/tabloid/uslegal/usletter	usletter	用于表示图纸的纸型	修改 papertype 时会自动修改 papersize,而不会自动修改 paperorientation
paperunits	字符串	centimeters/inches/normalized/points	inches	用于表示图纸的位置和大小的计量单位	若 paperunits 为 centimeters 或 inches,则实际图纸的位置和大小需要用到 screenpixelsperinch 进行转换
parent	图形句柄	—	0	图像对象的父对象句柄	—
pickableparts	字符串	all/none/visible	visible	—	—
pointer	字符串	botl/botr/bottom/circle/cross/crosshair/custom/fleur/hand/ibeam/left/right/top/topl/topr/watch	arrow	鼠标指针在移动到当前图像对象中的画布上时显示的形状	若 pointer 为 custom,则实际指标指针形状还需要参考 pointershapecdata;pointer 不能控制鼠标指针在缩放、平移和旋转图像时显示的形状

续表

键 参 数	值参数类型	值参数选项	默认值参数	值参数含义	备 注
pointershapecdata	16×16 或 32×32 数字矩阵	—	16×16, double 矩阵	鼠标指针在移动到当前图像对象中的画布上时显示的自定义形状	矩阵的(1,1)分量为指针的左上角的像素;每个分量的取值如下:若一个分量的取值为1,则代表黑色;若一个分量的取值为 2,则代表白色;若一个分量为其他的值,则代表透明色
pointershapehotspot	二元矩阵	—	[1 1]	鼠标指针在移动到当前图像对象中的画布上时显示的自定义形状的焦点在自定义形状中的像素位置	只在 pointershapecdata 为 custom 时,pointershapehotspot 的值才被认为是鼠标指针的焦点位置
position	四元矩阵	—	[300 200 560 420]	用于描述当前图像对象的画布的位置和大小;四元矩阵的第 1 个分量代表左下角点的横坐标;四元矩阵的第 2 个分量代表左下角点的纵坐标;四元矩阵的第 3 个分量代表宽度;四元矩阵的第 4 个分量代表高度	—
renderer	字符串	opengl/painters	opengl	opengl 表示选用 opengl 作为当前图像对象的画布渲染引擎;painters 表示选用操作系统的默认绘图引擎作为当前图像对象的画布渲染引擎	此参数只有在 renderermode 为 manual 时才生效;修改 renderer 时会自动将 renderermode 修改为 manual
renderermode	字符串	auto/manual	auto	auto 表示自动选取当前图像对象的画布渲染引擎;manual 表示手动选取当前图像对象的画布渲染引擎	—

续表

键　参　数	值参数类型	值参数选项	默认值参数	值参数含义	备　　注
resize	字符串	on/off	on	on 表示允许用鼠标拖曳当前图像对象所在的窗口边缘或者角点的方式改变当前图像对象的尺寸； off 表示不允许用鼠标拖曳当前图像对象所在的窗口边缘或者角点的方式改变当前图像对象的尺寸	如果 resize 为 off，虽然不允许用鼠标拖曳当前图像对象所在的窗口边缘或者角点的方式改变当前图像对象的尺寸，但依然可以通过修改 position 的方式改变当前图像对象的尺寸
resizefcn	字符串/函数句柄	—	[ ] (0x0)	—	resizefcn 已经被弃用，应改用 sizechangedfcn
selected	字符串	on/off	off	—	—
selectionhighlight	字符串	on/off	on	—	—
selectiontype	字符串	alt/ extend/ normal/ open	normal	最后一次鼠标单击的类型； 若 selectiontype 为 normal，则代表最后一次鼠标单击的类型是单击鼠标左键； 若 selectiontype 为 alt，则代表最后一次鼠标单击的类型是右键，或者按下键盘的 Ctrl 键＋单击鼠标左键； 若 selectiontype 为 extend，则代表最后一次鼠标单击的类型是按下键盘的 Shift 键＋单击鼠标左键，或者单击鼠标中键，或者单击鼠标左键＋右键； 若 selectiontype 为 open，则代表最后一次鼠标单击的类型是双击鼠标左键	—
sizechangedfcn	字符串/函数句柄	—	[ ] (0x0)	当前图像对象所在的窗口的尺寸发生改变时调用的回调函数	—
tag	字符串	—	""	允许用户自定义的标签参数	—
toolbar	字符串	auto/ figure/ none	auto	figure 表示显示工具栏； none 表示隐藏工具栏； auto 表示工具栏跟随 menubar 的值来确定是否显示	—

续表

键 参 数	值参数类型	值参数选项	默认值参数	值参数含义	备 注
type	字符串	—	figure	图像对象的类名	只读参数
uicontextmenu	图形句柄	—	[]（0x0）	和当前图像对象有关的 uicontextmenu 类型的图形句柄	—
units	字符串	centimeters/ characters/ inches/ normalized/ pixels/ points	pixels	图像对象尺寸的计量单位	—
userdata	任意类型	—	[]（0x0）	允许用户自定义的数据	—
visible	字符串	on/off	on	on 表示在屏幕上渲染当前图像对象，当前图像对象在屏幕上可见； off 表示在屏幕上不渲染当前图像对象，当前图像对象在屏幕上不可见	—
windowbutton-downfcn	字符串/函数句柄	—	[]（0x0）	单击鼠标时调用的回调函数	在 windowbutton-downfcn 指示的回调函数被调用后，currentpoint 会自动记录鼠标在回调函数被调用的那个时刻的坐标
windowbutton-motionfcn	字符串/函数句柄	—	[]（0x0）	拖曳鼠标时调用的回调函数	在 windowbutton-motionfcn 指示的回调函数被调用后，currentpoint 会自动记录鼠标在回调函数被调用的那个时刻的坐标
windowbutton-upfcn	字符串/函数句柄	—	[]（0x0）	松开鼠标时调用的回调函数	在 windowbutton-upfcn 指示的回调函数被调用后，currentpoint 会自动记录鼠标在回调函数被调用的那个时刻的坐标

续表

键　参　数	值参数类型	值参数选项	默认值参数	值参数含义	备　注
windowkeypre-ssfcn	字符串/函数句柄	—	[]（0x0）	按下键盘时调用的回调函数；这个回调函数只在当前图像获得焦点时才被调用	—
windowkeyre-leasefcn	字符串/函数句柄	—	[]（0x0）	松开键盘时调用的回调函数；这个回调函数只在当前图像获得焦点时才被调用	—
Windowscroll-wheelfcn	字符串/函数句柄	—	[]（0x0）	鼠标指针在移动到当前图像对象上后，滚动鼠标滚轮时调用的回调函数	—
Windowstyle	字符串	docked/modal/normal	normal	modal 表示当前图像对象所在的窗口将显示在其他图像对象所在的窗口顶层；docked 表示当前图像对象所在的窗口将停靠在另一个其他图像对象所在的窗口上；normal 表示当前图像对象所在的窗口既不显示在顶层，也不停靠在其他窗口上	目前，docked 的窗口并不会真正停靠在其他窗口上

4.3　轴对象与句柄

4.3.1　轴对象

轴对象是由一系列的轴经定义后组成的。轴对象的父类必须是一个图像对象。

调用 axes()函数可以构造一个轴对象。

（1）如果当前图像对象所在的窗口已经存在，则调用 axes()函数会在这个图像对象上直接生成一个新的轴对象。

（2）如果当前图像对象所在的窗口不存在，则当调用 axes()函数时会先新建一个图像窗口，然后在这个图像对象上生成一个新的轴对象。

代码如下：

```
>> axes
```

4.3.2　轴对象句柄

通过 axes()函数的返回值可以获得对应轴对象的句柄，代码如下：

```
>> a = axes
a = -11.078
```

如果当前图像对象所在的窗口不存在，Octave 则将新建一个图像窗口，这个窗口上含有默认样式的坐标轴，并且新的轴对象会在这个图像对象上直接生成。默认的轴对象如图 4-2 所示。

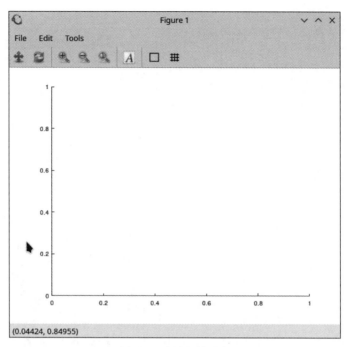

图 4-2　默认的轴对象

通过 findobj() 或 findall() 函数的返回值可以获得全部轴对象句柄,代码如下:

```
>> findobj('type', 'axis')
ans = − 11.078
```

4.3.3　默认轴对象属性

默认轴对象属性如表 4-3 所示。

表 4-3　默认轴对象属性

键　参　数	值参数类型	值参数选项	默认值参数	值参数含义	备　　注
activeposition-property	字符串	outerposit-ion/position	outerposit-ion	outerposition 表示当前轴对象使用 outerposition 的值来描述位置信息; position 表示当前轴对象使用 position 的值来描述位置信息	—
alim	—	—	[0 1]	—	在轴对象中不使用此参数
alimmode	字符串	auto/manual	auto	—	在轴对象中不使用此参数
ambientlightcolor	—	—	[1 1 1]	—	在轴对象中不使用此参数
beingdeleted	字符串	on/off	off	—	—

续表

键 参 数	值参数类型	值参数选项	默认值参数	值参数含义	备 注
box	字符串	on/off	off	on 表示当前轴对象会绘制出将其框起来的盒子； off 表示当前轴对象不会绘制出将其框起来的盒子	不论 box 取值如何，盒子模型总是存在于轴对象中
boxstyle	字符串	back/full	back	back 表示将当前轴对象框起来的盒子只渲染在背面； full 表示将当前轴对象框起来的盒子不只渲染在背面，还渲染在前面，完全包围当前轴对象里面的图形	不论 boxstyle 取值如何，盒子模型总是存在于轴对象中； 该参数只在 box 为 on 时才生效
busyaction	字符串	cancel/queue	queue	如果一个回调函数想要中断这个轴对象，并且将这个轴对象的 busyaction 设置为 cancel，则立刻取消这个中断请求； 如果一个回调函数想要中断这个轴对象，并且将这个轴对象的 busyaction 设置为 queue，则将这个中断请求放入中断队列	该参数只在 interruptible 被设置为 off 时才生效
buttondownfcn	字符串/函数句柄	—	[ ](0x0)	按下键盘或单击鼠标时调用的回调函数	—
cameraposition	三元矩阵	—	[0.5000 0.5000 9.1603]	用于描述相机位置的三维坐标； 矩阵中的第 1 个分量代表三维坐标中的横坐标； 矩阵中的第 2 个分量代表三维坐标中的纵坐标； 矩阵中的第 3 个分量代表三维坐标中的竖坐标	该参数只在 cameraposition-mode 被设置为 auto 时才生效
cameraposition-mode	字符串	auto/manual	auto	auto 表示当前轴对象将自动配置相机位置； manual 表示当前轴对象将按照 cameraposition 的值配置相机位置	—
cameratarget	三元矩阵	—	[0.5000 0.5000 0.5000]	用于描述相机目标点的三维坐标； 矩阵中的第 1 个分量代表三维坐标中的横坐标； 矩阵中的第 2 个分量代表三维坐标中的纵坐标； 矩阵中的第 3 个分量代表三维坐标中的竖坐标	该参数只在 cameratargetmode 被设置为 auto 时才生效

续表

键 参 数	值参数类型	值参数选项	默认值参数	值参数含义	备 注
cameratarget-mode	字符串	auto/manual	auto	auto 表示当前轴对象将自动配置相机目标点; manual 表示当前轴对象将按照 cameratarget 的值配置相机目标点	—
cameraupvector	三元矩阵	—	[0 1 0]	用于描述当前轴对象的哪一个方向是向上的; 如果 cameraupvector 为[1 0 0],则代表 x 轴方向是向上的。此时当前轴对象将对应 y-x 坐标系或 y-z-x 坐标系; 如果 cameraupvector 为[0 1 0],则代表 y 轴方向是向上的。此时当前轴对象将对应 x-y 坐标系或 x-z-y 坐标系; 如果 cameraupvector 为[0 0 1],则代表 z 轴方向是向上的。此时当前轴对象将对应 x-y-z 坐标系、x-y 坐标系、x-z 坐标系、y-x 坐标系、y-z 坐标系、z-x 坐标系或 z-y 坐标系; 将分量 1 改为分量 -1,即表示方向是向下的。此时所有坐标轴将反向	该参数只在 cameraupvector-mode 被设置为 auto 时才生效
cameraupvector-mode	字符串	auto/manual	auto	auto 表示当前轴对象将自动配置当前轴对象的哪一个方向是向上的; manual 表示当前轴对象将按照 cameraupvector 的值配置当前轴对象的哪一个方向是向上的	—
cameraviewangle	数字	—	6.6086	用于描述相机视角	该参数只在 cameraviewangle-mode 被设置为 auto 时才生效
cameraviewangle-mode	字符串	auto/manual	auto	auto 表示当前轴对象将自动配置相机视角; manual 表示当前轴对象将按照 cameraviewangle 的值配置相机视角	—
children	图形句柄向量	—	[](0x1)	轴对象的所有子对象	只读参数

续表

键 参 数	值参数类型	值参数选项	默认值参数	值参数含义	备 注
clim	二元矩阵	—	[0 1]	用于描述当前轴对象的子位图对象的颜色范围	该参数只在 climmode 被设置为 auto 时才生效
climmode	字符串	auto/manual	auto	auto 表示当前轴对象将自动配置子位图对象的颜色范围；manual 表示当前轴对象将按照 clim 的值配置子位图对象的颜色范围	—
clipping	字符串	on/off	on	—	在轴对象中不使用此参数
closerequestfcn	字符串/函数句柄	—	closereq	在图像对象删除时立刻执行的回调函数	—
color	颜色协议	—	[1 1 1]	此参数表示当前轴对象的颜色	可以使用三元组颜色。三元组颜色规定为一个 1×3 矩阵，矩阵中的每个分量代表颜色的 R、G、B 分量，每个分量的值的范围是一个 0~1 的 double 数字；可以使用字符串表示常用颜色。常用颜色包括 blue、black、cyan、green、magenta、red、white 和 yellow
colormap	n×3 数字矩阵	—	64×3，double 矩阵	绘图使用的色谱	—
colororder	n×3 数字矩阵	—	7×3，double 矩阵	画线使用的色谱	—
colororderindex	—	—	1	—	在轴对象中不使用此参数
createfcn	字符串/函数句柄	—	[](0x0)	在轴对象创建完成后立刻执行的回调函数	—
currentpoint	2×3 数字矩阵	—	2×3，double 矩阵	用于表示在轴对象上单击鼠标时鼠标指针的位置坐标；若当前轴对象代表的是三维坐标系,则矩阵的第 1 行代表接近相机的那个点,矩阵的第 2 行代表远离相机的那个点	—

键 参 数	值参数类型	值参数选项	默认值参数	值参数含义	备 注
dataaspectratio	三元矩阵	—	[1 1 1]	用于描述当前轴对象之下的每个轴的渲染长度的比例,例如 dataaspectratio 为[1 2 1]时,代表 x 轴渲染长度:y 轴渲染长度:z 轴渲染长度为1:2:1	该参数只在 dataaspectratiomode 被设置为 auto 时才生效
dataaspectratiomode	字符串	auto/manual	auto	auto 表示当前轴对象将自动配置相机目标点;manual 表示当前轴对象将按照 cameratarget 的值配置相机目标点	—
deletefcn	字符串/函数句柄	—	[](0x0)	在轴对象删除前立刻执行的回调函数	—
fontangle	字符串	italic/normal	normal	normal 表示当前轴对象中的字体不是斜体;italic 表示当前轴对象中的字体是斜体	—
fontname	字符串	—	*	表示当前轴对象中的字体名	*代表任意字体,并且优先考虑 Sans Serif 字体
fontsize	数字	—	10	表示当前轴对象中的字体大小	—
fontsmoothing	字符串	on/off	on	on 表示开启字体抗锯齿;off 表示关闭字体抗锯齿	—
fontunits	字符串	centimeters/inches/normalized/pixels/points	points	字体大小的计量单位	—
fontweight	字符串	bold/normal	normal	normal 表示当前轴对象中的字体不是粗体;bold 表示当前轴对象中的字体是粗体	—
gridalpha	数字	—	0.15	—	在轴对象中不使用此参数
gridalphamode	字符串	auto/manual	auto	—	在轴对象中不使用此参数
gridcolor	三元矩阵	—	[0.1500 0.1500 0.1500]	—	在轴对象中不使用此参数

键　参　数	值参数类型	值参数选项	默认值参数	值参数含义	备　　注
gridcolormode	字符串	auto/manual	auto	—	在轴对象中不使用此参数
gridlinestyle	字符串	—/—　—/—./: /none	字符串—	主网格线的线型	—
handlevisibility	字符串	callback/on/off	on	on 表示当前轴对象会出现在它们父对象的 children 值参数之内	—
hittest	字符串	on/off	on	on 表示当前轴对象会将鼠标单击操作传递给父对象进行处理； off 表示当前轴对象会自行处理鼠标单击操作，不传递给父对象进行处理	—
interruptible	字符串	on/off	on	on 表示当前轴对象的回调函数可被其他回调函数中断； off 表示当前轴对象的回调函数不能被其他回调函数中断	—
layer	字符串	bottom/top	bottom	bottom 表示当前轴对象绘制在其他子图形对象之下； top 表示当前轴对象绘制在其他子图形对象之上	—
linestyleorder	—	—	字符串—	—	在轴对象中不使用此参数
linestyleorder-index	—	—	1	—	在轴对象中不使用此参数
linewidth	数字	—	0.5	轴对象中轴线的宽度	—
minorgridalpha	—	—	0.25	—	在轴对象中不使用此参数
minorgridalpha-mode	字符串	auto/manual	auto	—	在轴对象中不使用此参数
minorgridcolor	三元矩阵	—	[0.1000 0.1000 0.1000]	—	在轴对象中不使用此参数
minorgridcolor-mode	字符串	auto/manual	auto	—	在轴对象中不使用此参数
minorgridline-style	字符串	—/—　—/—./: /none	none	副网格线的线型	—

续表

键　参　数	值参数类型	值参数选项	默认值参数	值参数含义	备　注
nextplot	字符串	add/ replace/ replace- children	replace	此参数表示绘图引擎应该如何处理一次新的绘图。 add 表示在当前轴对象已有内容的基础上继续绘制； replacechildren 表示先删除当前轴对象的 handlevisibility 设置为 on 的子对象，然后完成绘制； replace 表示先删除当前轴对象的所有子对象，然后调用 reset( )函数重置除 position 和 units 之外的全部属性，然后完成绘制	replacechildren 等效于在绘图前额外执行 cla 语句； replace 等效于在绘图前额外执行 cla reset 语句
outerposition	四元矩阵	—	[0 0 1 1]	用于描述当前轴对象(包括菜单栏)的位置和大小。 四元矩阵的第 1 个分量代表左下角点的横坐标； 四元矩阵的第 2 个分量代表左下角点的纵坐标； 四元矩阵的第 3 个分量代表宽度； 四元矩阵的第 4 个分量代表高度	—
parent	图形句柄	—	0	轴对象的父对象句柄	—
pickableparts	字符串	all/ none/ visible	visible	用于描述当前轴对象是否支持鼠标单击。 all 表示当前轴对象可见的部分和不可见的部分均支持鼠标单击； none 表示当前轴对象可见的部分和不可见的部分均不支持鼠标单击； visible 表示只有当前轴对象可见的部分才支持鼠标单击	—
plotboxaspect-ratio	三元矩阵	—	[1 1 1]	用于描述当前轴对象的盒子模型的比例	修改 tickdir 时会自动将 tickdirmode 修改为 manual
plotboxaspect-atiomode	字符串	auto/ manual	auto	auto 表示当前轴对象将自动配置盒子模型的比例； manual 表示当前轴对象将按照 plotboxaspectratio 的值配置盒子模型的比例	—

续表

键 参 数	值参数类型	值参数选项	默认值参数	值参数含义	备 注
position	四元矩阵	—	[0.1300 0.1100 0.7750 0.8150]	用于描述当前轴对象用于绘图的元素的位置和大小。 四元矩阵的第 1 个分量代表左下角点的横坐标； 四元矩阵的第 2 个分量代表左下角点的纵坐标； 四元矩阵的第 3 个分量代表宽度； 四元矩阵的第 4 个分量代表高度	—
projection	字符串	orthographic/ perspective	orthographic	—	在轴对象中不使用此参数
selected	字符串	on/off	off	—	在轴对象中不使用此参数
selectionhigh-light	字符串	on/off	on	—	在轴对象中不使用此参数
sortmethod	字符串	childorder/ depth	depth	—	在轴对象中不使用此参数
tag	字符串	—	""	允许用户自定义的标签参数	—
tickdir	字符串	in/out	in	in 表示当前轴对象的坐标轴的刻度在靠近图线的一侧； out 表示当前轴对象的坐标轴的刻度在远离图线的一侧	修改 tickdir 时会自动将 tickdirmode 修改为 manual
tickdirmode	字符串	auto/ manual	auto	auto 表示当前轴对象将自动配置当前轴对象的坐标轴的刻度在图线的哪一侧； manual 表示当前轴对象将按照 tickdir 的值配置当前轴对象的坐标轴的刻度在图线的哪一侧	—
ticklabelinter-preter	字符串	latex/ none/tex	tex	tex 表示当前轴对象将按照 tex 的部分功能解释当前轴对象的坐标轴的刻度标签； none 或 latex 表示当前轴对象将按照纯文本解释当前轴对象的坐标轴的刻度标签	—
ticklength	二元矩阵	—	[0.010000 0.025000]	用于表示当前轴对象的坐标轴的刻度长度相对于最长的可见坐标轴的相对长度。 矩阵中的第 1 个元素表示二维绘图下的相对长度； 矩阵中的第 2 个元素表示三维绘图下的相对长度	—

续表

键 参 数	值参数类型	值参数选项	默认值参数	值参数含义	备 注
tightinset	四元矩阵	—	—	用于描述当前轴对象用于绘图的包裹了标签和提示文字的位置和大小。 四元矩阵的第 1 个分量代表左侧相对位置； 四元矩阵的第 2 个分量代表底部相对位置； 四元矩阵的第 3 个分量代表右侧相对位置； 四元矩阵的第 4 个分量代表顶部相对位置	只读参数
title	图形句柄	—	—	用于存放当前轴对象的标题文字对象的句柄	—
titlefontsizem-ultiplier	正数	—	1.1	标题文字字号放大的倍数	—
titlefontweight	字符串	bold/normal	bold	normal 表示当前轴对象中的标题的字体不是粗体； bold 表示当前轴对象中的标题的字体是粗体	—
type	字符串	—	axes	轴对象的类名	只读参数
uicontextmenu	图形句柄	—	[](0x0)	和当前轴对象有关的 uicontextmenu 类型的图形句柄	—
units	字符串	centimeters/characters/inches/normalized/pixels/points	pixels	轴对象尺寸的计量单位	—
userdata	任意类型	—	[](0x0)	允许用户自定义的数据	—
view	二元矩阵	—	[0 90]	用于表示观察轴对象的三维绘图的角度。 矩阵中的第 1 个元素表示方位角； 矩阵中的第 2 个元素表示仰角	—
visible	字符串	on/off	on	on 表示在屏幕上渲染当前轴对象，当前轴对象在屏幕上可见； off 表示在屏幕上不渲染当前轴对象，当前轴对象在屏幕上不可见	—

键 参 数	值参数类型	值参数选项	默认值参数	值参数含义	备 注
xaxislocation	字符串	bottom/origin/top	bottom	bottom 表示当前轴对象之下的 x 轴显示在底部； top 表示当前轴对象之下的 x 轴显示在顶部； origin 表示当前轴对象之下的 x 轴显示为原点，而不显示为轴线	—
xcolor	颜色协议	—	[0.1500 0.1500 0.1500]	此参数表示当前轴对象之下的 x 轴的颜色	可以使用三元组颜色。三元组颜色规定为一个 1×3 矩阵，矩阵中的每个分量代表颜色的 R、G、B 分量，每个分量的值的范围是一个 $0\sim1$ 的 double 数字； 可以使用字符串表示常用颜色。常用颜色包括 blue、black、cyan、green、magenta、red、white 和 yellow； 修改 xcolor 时会自动将 xcolormode 修改为 manual
xdir	字符串	normal/reverse	normal	normal 表示当前轴对象之下的 x 轴的刻度方向是从左向右递增的； reverse 表示当前轴对象之下的 x 轴的刻度方向是从右向左递增的	—
xgrid	字符串	on/off	off	on 表示当前轴对象显示当前轴对象之下的 x 轴方向的主网格； off 表示当前轴对象不显示当前轴对象之下的 x 轴方向的主网格	—
xlabel	图形句柄	—	[ ](0x0)	和当前轴对象有关的 x 轴文字类型的图形句柄	—

续表

键　参　数	值参数类型	值参数选项	默认值参数	值参数含义	备　注
xlim	二元矩阵	—	[0 1]	用于表示当前轴对象之下的 x 轴的刻度范围； 矩阵中的第 1 个元素表示范围下界； 矩阵中的第 2 个元素表示范围上界	修改 xlim 时会自动将 xlimmode 修改为 manual
xlimmode	字符串	auto/ manual	auto	auto 表示当前轴对象将自动配置当前轴对象之下的 x 轴的刻度范围； manual 表示当前轴对象将按照 xlim 的值配置当前轴对象之下的 x 轴的刻度范围	—
xminorgrid	字符串	on/off	off	on 表示当前轴对象显示当前轴对象之下的 x 轴方向的副网格； off 表示当前轴对象不显示当前轴对象之下的 x 轴方向的副网格	—
xminortick	字符串	on/off	off	on 表示当前轴对象显示当前轴对象之下的 x 轴方向的副刻度； off 表示当前轴对象不显示当前轴对象之下的 x 轴方向的副刻度	—
xscale	字符串	linear/log	linear	linear 表示当前轴对象之下的 x 轴使用线性刻度； log 表示当前轴对象之下的 x 轴使用对数刻度	—
xtick	向量	—	—	此参数表示当前轴对象之下的 x 轴的每个刻度的位置	修改 xtick 时会自动将 xtickmode 修改为 manual
xticklabel	字符串/字符串元胞	—	1×6 字符串元胞	此参数表示当前轴对象之下的 x 轴的每个刻度的标签	修改 xticklabel 时会自动将 xticklabelmode 修改为 manual
xticklabelmode	字符串	auto/ manual	auto	auto 表示当前轴对象将自动配置当前轴对象之下的 x 轴的每个刻度的标签； manual 表示当前轴对象将按照 xticklabel 的值配置当前轴对象之下的 x 轴的每个刻度的标签	—

键 参 数	值参数类型	值参数选项	默认值参数	值参数含义	备 注
xticklabelrotation	—	—	0	—	在轴对象中不使用此参数
xtickmode	字符串	auto/ manual	auto	auto 表示当前轴对象将自动配置当前轴对象之下的 x 轴的每个刻度的位置；manual 表示当前轴对象将按照 xtick 的值配置当前轴对象之下的 x 轴的每个刻度的位置	—
yaxislocation	字符串	bottom/ origin/top	bottom	bottom 表示当前轴对象之下的 y 轴显示在底部；top 表示当前轴对象之下的 x 轴显示在顶部；origin 表示当前轴对象之下的 y 轴显示为原点,而不显示为轴线	—
ycolor	颜色协议	—	[0.1500 0.1500 0.1500]	此参数表示当前轴对象之下的 y 轴的颜色	可以使用三元组颜色。三元组颜色规定为一个 1×3 矩阵,矩阵中的每个分量代表颜色的 R、G、B 分量,每个分量的值的范围是一个 $0 \sim 1$ 的 double 数字；可以使用字符串表示常用颜色。常用颜色包括 blue、black、cyan、green、magenta、red、white 和 yellow；修改 ycolor 时会自动将 ycolormode 修改为 manual
ydir	字符串	normal/ reverse	normal	normal 表示当前轴对象之下的 y 轴的刻度方向是从左向右递增的；reverse 表示当前轴对象之下的 y 轴的刻度方向是从右向左递增的	—

续表

键 参 数	值参数类型	值参数选项	默认值参数	值参数含义	备 注
ygrid	字符串	on/off	off	on 表示当前轴对象显示当前轴对象之下的 y 轴方向的主网格； off 表示当前轴对象不显示当前轴对象之下的 y 轴方向的主网格	—
ylabel	图形句柄	—	[ ](0x0)	和当前轴对象有关的 y 轴文字类型的图形句柄	—
ylim	二元矩阵	—	[0 1]	用于表示当前轴对象之下的 y 轴的刻度范围； 矩阵中的第 1 个元素表示范围下界； 矩阵中的第 2 个元素表示范围上界	修改 ylim 时会自动将 ylimmode 修改为 manual
ylimmode	字符串	auto/manual	auto	auto 表示当前轴对象将自动配置当前轴对象之下的 y 轴的刻度范围； manual 表示当前轴对象将按照 ylim 的值配置当前轴对象之下的 y 轴的刻度范围	—
yminorgrid	字符串	on/off	off	on 表示当前轴对象显示当前轴对象之下的 y 轴方向的副网格； off 表示当前轴对象不显示当前轴对象之下的 y 轴方向的副网格	—
yminortick	字符串	on/off	off	on 表示当前轴对象显示当前轴对象之下的 y 轴方向的副刻度； off 表示当前轴对象不显示当前轴对象之下的 y 轴方向的副刻度	—
yscale	字符串	linear/log	linear	linear 表示当前轴对象之下的 y 轴使用线性刻度； log 表示当前轴对象之下的 y 轴使用对数刻度	—
ytick	向量	—	—	此参数表示当前轴对象之下的 y 轴的每个刻度的位置	修改 ytick 时会自动将 ytickmode 修改为 manual

键　参　数	值参数类型	值参数选项	默认值参数	值参数含义	备　注
yticklabel	字符串/字符串元胞	—	1×6 字符串元胞	此参数表示当前轴对象之下的 y 轴的每个刻度的标签	修改 yticklabel 时会自动将 yticklabelmode 修改为 manual
yticklabelmode	字符串	auto/manual	auto	auto 表示当前轴对象将自动配置当前轴对象之下的 y 轴的每个刻度的标签；manual 表示当前轴对象将按照 yticklabel 的值配置当前轴对象之下的 y 轴的每个刻度的标签	—
yticklabelrotation	—	—	0	—	在轴对象中不使用此参数
ytickmode	字符串	auto/manual	auto	auto 表示当前轴对象将自动配置当前轴对象之下的 y 轴的每个刻度的位置；manual 表示当前轴对象将按照 ytick 的值配置当前轴对象之下的 y 轴的每个刻度的位置	—.
zcolor	颜色协议	—	[0.1500 0.1500 0.1500]	此参数表示当前轴对象之下的 z 轴的颜色	可以使用三元组颜色。三元组颜色规定为一个 1×3 矩阵,矩阵中的每个分量代表颜色的 R、G、B 分量,每个分量的值的范围是一个 0~1 的 double 数字；可以使用字符串表示常用颜色。常用颜色包括 blue、black、cyan、green、magenta、red、white 和 yellow；修改 zcolor 时会自动将 zcolormode 修改为 manual
zdir	字符串	normal/reverse	normal	normal 表示当前轴对象之下的 z 轴的刻度方向是从左向右递增的；reverse 表示当前轴对象之下的 z 轴的刻度方向是从右向左递增的	—

续表

键 参 数	值参数类型	值参数选项	默认值参数	值参数含义	备 注
zgrid	字符串	on/off	off	on 表示当前轴对象显示当前轴对象之下的 z 轴方向的主网格； off 表示当前轴对象不显示当前轴对象之下的 z 轴方向的主网格	—
zlabel	图形句柄	—	[ ](0x0)	和当前轴对象有关的 z 轴文字类型的图形句柄	—
zlim	二元矩阵	—	[0 1]	用于表示当前轴对象之下的 z 轴的刻度范围； 矩阵中的第 1 个元素表示范围下界； 矩阵中的第 2 个元素表示范围上界	修改 zlim 时会自动将 zlimmode 修改为 manual
zlimmode	字符串	auto/manual	auto	auto 表示当前轴对象将自动配置当前轴对象之下的 z 轴的刻度范围； manual 表示当前轴对象将按照 zlim 的值配置当前轴对象之下的 z 轴的刻度范围	—
zminorgrid	字符串	on/off	off	on 表示当前轴对象显示当前轴对象之下的 z 轴方向的副网格； off 表示当前轴对象不显示当前轴对象之下的 z 轴方向的副网格	—
zminortick	字符串	on/off	off	on 表示当前轴对象显示当前轴对象之下的 z 轴方向的副刻度； off 表示当前轴对象不显示当前轴对象之下的 z 轴方向的副刻度	—
zscale	字符串	linear/log	linear	linear 表示当前轴对象之下的 z 轴使用线性刻度； log 表示当前轴对象之下的 z 轴使用对数刻度	—
ztick	向量	—	—	此参数表示当前轴对象之下的 z 轴的每个刻度的位置	修改 ztick 时会自动将 ztickmode 修改为 manual
zticklabel	字符串/字符串元胞	—	1×6 字符串元胞	此参数表示当前轴对象之下的 z 轴的每个刻度的标签	修改 zticklabel 时会自动将 zticklabelmode 修改为 manual

续表

键 参 数	值参数类型	值参数选项	默认值参数	值参数含义	备 注
zticklabelmode	字符串	auto/manual	auto	auto 表示当前轴对象将自动配置当前轴对象之下的 z 轴的每个刻度的标签；manual 表示当前轴对象将按照 zticklabel 的值配置当前轴对象之下的 z 轴的每个刻度的标签	—
zticklabelrotation	—	—	0	—	在轴对象中不使用此参数
ztickmode	字符串	auto/manual	auto	auto 表示当前轴对象将自动配置当前轴对象之下的 z 轴的每个刻度的位置；manual 表示当前轴对象将按照 ztick 的值配置当前轴对象之下的 z 轴的每个刻度的位置	—

4.4 图线对象与句柄

4.4.1 图线对象

图线对象显示在轴对象上，并且作为轴对象的子对象。

调用 line() 函数可以构造一个图线对象。

（1）如果当前图线对象所在的轴对象已经存在，则当调用 line() 函数时会在这个轴对象上直接生成一个新的图线对象。

（2）如果当前图线对象所在的轴对象不存在，则当调用 line() 函数时会先新建一个轴对象，然后在这个轴对象上生成一个新的图线对象。

代码如下：

```
>> line
```

默认的图线对象如图 4-3 所示。

4.4.2 图线对象句柄

通过 line() 函数的返回值可以获得当前图线对象句柄，代码如下：

```
>> a = line
a = -40.527
```

通过 findobj() 或 findall() 函数的返回值可以获得全部图线对象句柄，代码如下：

```
>> findobj('type', 'line')
ans =

  -40.5267
  -1.3540
```

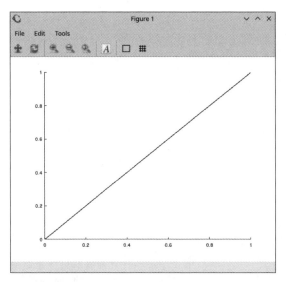

图 4-3　默认的图线对象

4.4.3　默认图线对象属性

默认图线对象属性如表 4-4 所示。

表 4-4　默认图线对象属性

键　参　数	值参数类型	值参数选项	默认值参数	值参数含义	备　注
beingdeleted	字符串	on/off	off	—	—
busyaction	字符串	cancel/queue	queue	如果一个回调函数想要中断这个轴对象，并且将这个轴对象的 busyaction 设置为 cancel，则立刻取消这个中断请求； 如果一个回调函数想要中断这个轴对象，并且将这个轴对象的 busyaction 设置为 queue，则将这个中断请求放入中断队列	该参数只在 interruptible 被设置为 off 时才生效
buttondownfcn	字符串/函数句柄	—	[](0x0)	按下键盘或单击鼠标时调用的回调函数	—
children	图形句柄向量	—	[](0x1)	—	在图线对象中不使用此参数。 只读参数
clipping	字符串	on/off	on	on 表示当前图线对象将被裁剪至当前图线对象的父轴对象的 limit 范围之内； off 表示当前图线对象允许超越当前图线对象的父轴对象的 limit 范围	—

续表

键　参　数	值参数类型	值参数选项	默认值参数	值参数含义	备　　注
color	颜色协议	—	[0 0 0]	此参数表示当前图线对象的颜色	可以使用三元组颜色。三元组颜色规定为一个 1×3 矩阵，矩阵中的每个分量代表颜色的 R、G、B 分量，每个分量的值的范围是一个 0～1 的 double 数字；可以使用字符串表示常用颜色。常用颜色包括 blue、black、cyan、green、magenta、red、white 和 yellow
createfcn	字符串/函数句柄	—	[](0x0)	在图线对象创建完成后立刻执行的回调函数	—
deletefcn	字符串/函数句柄	—	[](0x0)	在图线对象删除前立刻执行的回调函数	—
displayname	字符串/字符串元胞	—	""	表示当前图线对象的图例显示的文本	—
handlevisibility	字符串	callback/on/off	on	on 表示当前图线对象会出现在它们父对象的 children 值参数之内；off 表示当前图线对象不会出现在它们父对象的 children 值参数之内	—
hittest	字符串	on/off	on	on 表示当前图线对象会将鼠标单击操作传递给父对象进行处理；off 表示当前图线对象会自行处理鼠标单击操作，不传递给父对象进行处理	—
interruptible	字符串	on/off	on	on 表示当前图线对象的回调函数可被其他回调函数中断；off 表示当前图线对象的回调函数不能被其他回调函数中断	—
linejoin	字符串	chamfer/miter/round	round	此参数表示当前图线对象如何来连接每个图线部分；chamfer 表示当前图线对象使用平角连接每个图线部分；miter 表示当前图线对象使用尖角连接每个图线部分；round 表示当前图线对象使用圆角连接每个图线部分	—

续表

键　参　数	值参数类型	值参数选项	默认值参数	值参数含义	备　　注
linestyle	字符串	$-/-\ -/$ $-./:/$none	字符串$-$	此参数表示当前图线对象的线型； $-$表示当前图线对象的线型是实线； $--$表示当前图线对象的线型是短画线； $-.$表示当前图线对象的线型是点画线； ：表示当前图线对象的线型是点线； none表示当前图线对象不画线	$-$
linewidth	$-$	$-$	0.5	此参数表示当前图线对象相对于点的相对线宽	$-$
marker	字符串	$*/+/./$ $</>/^/d/$ diamond/ h/ hexagram/ none/o/p/ pentagram/ s/square/ v/x	none	$*$表示当前图线对象的点的形状为星号； $+$表示当前图线对象的点的形状为加号； .表示当前图线对象的点的形状为点； $<$表示当前图线对象的点的形状为向左的三角形； $>$表示当前图线对象的点的形状为向右的三角形； $^$表示当前图线对象的点的形状为向上的三角形； d表示当前图线对象的点的形状为圆圈； diamond表示当前图线对象的点的形状为菱形； h或hexagram表示当前图线对象的点的形状为六角星； none或o表示不使用其他标记来标记点；p或pentagram表示当前图线对象的点的形状为五角星； s或square表示当前图线对象的点的形状为正方形； v表示当前图线对象的点的形状为向下的三角形； x表示当前图线对象的点的形状为叉号	$-$

续表

键　参　数	值参数类型	值参数选项	默认值参数	值参数含义	备　注
markeredgecolor	字符串/颜色协议	auto/none	auto	auto 表示当前图线对象的点的边缘的颜色和当前图线对象的线的颜色相同；none 表示不绘制当前图线对象的点的边缘	markeredgecolor 也可以按颜色协议设置颜色
markerfacecolor	字符串/颜色协议	auto/none	none	auto 表示当前图线对象的点的表面的颜色和当前图线对象的线的颜色相同；none 表示不绘制当前图线对象的点的表面	markerfacecolor 也可以按颜色协议设置颜色
markersize	数字	—	6	表示当前图线对象的点的尺寸	—
parent	图形句柄	—	0	图线对象的父对象句柄	—
pickableparts	字符串	all/none/visible	visible	用于描述当前图线对象是否支持鼠标单击；all 表示当前图线对象的可见的部分和不可见的部分均支持鼠标单击；none 表示当前图线对象的可见的部分和不可见的部分均不支持鼠标单击；visible 表示只有当前图线对象的可见的部分才支持鼠标单击	—
selected	字符串	on/off	off	—	—
selectionhighlight	字符串	on/off	on	—	—
tag	字符串	—	" "	允许用户自定义的标签参数	—
type	字符串	—	axes	图线对象的类名	只读参数
uicontextmenu	图形句柄	—	[ ](0x0)	和当前图线对象有关的 uicontextmenu 类型的图形句柄	—
userdata	任意类型	—	[ ](0x0)	允许用户自定义的数据	—
visible	字符串	on/off	on	on 表示在屏幕上渲染当前图线对象,当前图线对象在屏幕上可见；off 表示在屏幕上不渲染当前图线对象,当前图线对象在屏幕上不可见	—
xdata	向量	—	[0 1]	表示当前图线对象之下的点的 x 坐标数据	—

续表

键　参　数	值参数类型	值参数选项	默认值参数	值参数含义	备　　注
xdatasource	字符串	—	""	表示当前图线对象之下的点的 x 坐标数据名。用这个数据名可以获取对应的数据	—
ydata	向量	—	[0 1]	表示当前图线对象之下的点的 y 坐标数据	—
ydatasource	字符串	—	""	表示当前图线对象之下的点的 y 坐标数据名。用这个数据名可以获取对应的数据	—
zdata	向量	—	[](0x0)	表示当前图线对象之下的点的 z 坐标数据	—
zdatasource	字符串	—	""	表示当前图线对象之下的点的 z 坐标数据名。用这个数据名可以获取对应的数据	—

4.5　图例对象与句柄

4.5.1　图例对象

图例对象作为图线对象的子对象,配合特定的字符串作为图线的标识。

调用 legend()函数可以构造一个图例对象。

(1) 如果当前图例对象所在的图线已经存在,则当调用 legend()函数时会直接生成一个新的图例对象,代码如下:

```
>> line
>> legend
```

(2) 如果当前图例对象所在的图线不存在,则当调用 legend()函数时会报错,报错如下:

```
>> legend
error: legend: no valid object to label
error: called from
    legend > parse_opts at line 762 column 7
    legend at line 206 column 8
```

默认的图例对象如图 4-4 所示。

4.5.2　图例对象句柄

通过 legend()函数的返回值可以获得当前图例对象句柄,代码如下:

```
>> l = legend
l =  - 41.226
```

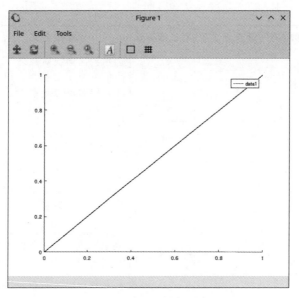

图 4-4 默认的图例对象

另外,还可以通过 legend()函数的返回值获得当前图例对象中的其他图形句柄,代码如下:

```
>> [hlegend, hplot] = legend
hlegend = -41.226
hplot =

    -55.998
    -53.890
    -52.204
    -50.158
```

4.5.3 默认图例对象属性

默认图例对象属性如表 4-5 所示。

表 4-5 默认图例对象属性

键 参 数	值参数类型	值参数选项	默认值参数	值参数含义	备 注
beingdeleted	字符串	on/off	on	on 表示当前图例对象将跟随当前图例对象的父轴对象中的项目增减而增减; off 表示当前图例对象不会跟随当前图例对象的父轴对象中的项目增减而增减	—
box	字符串	on/off	on	on 表示当前轴对象会绘制出将其框起来的盒子; off 表示当前轴对象不会绘制出将其框起来的盒子	不论 box 取值如何,盒子模型总是存在于图例对象中

续表

键 参 数	值参数类型	值参数选项	默认值参数	值参数含义	备 注
color	颜色协议	—	[1 1 1]	此参数表示当前图例对象的图例区域的填充颜色	可以使用三元组颜色。三元组颜色规定为一个1×3矩阵，矩阵中的每个分量代表颜色的 R、G、B 分量，每个分量的值的范围是一个 0~1 的 double 数字；可以使用字符串表示常用颜色。常用颜色包括 blue、black、cyan、green、magenta、red、white 和 yellow
edgecolor	颜色协议	—	[0.1500 0.1500 0.1500]	此参数表示当前图例对象的图例区域的边框颜色	可以使用三元组颜色。三元组颜色规定为一个1×3矩阵，矩阵中的每个分量代表颜色的 R、G、B 分量，每个分量的值的范围是一个 0~1 的 double 数字；可以使用字符串表示常用颜色。常用颜色包括 blue、black、cyan、green、magenta、red、white 和 yellow
fontangle	字符串	italic/ normal	normal	normal 表示当前图例对象中的字体不是斜体；italic 表示当前图例对象中的字体是斜体	—
fontname	字符串	—	*	表示当前图例对象中的字体名	* 代表任意字体，并且优先考虑 Sans Serif 字体
fontsize	数字	—	10	表示当前图例对象中的字体大小	—
fontunits	字符串	centimeters/ inches/ normalized/ pixels/ points	points	字体大小的计量单位	—
fontweight	字符串	bold/ normal	normal	normal 表示当前图例对象中的字体不是粗体；bold 表示当前图例对象中的字体是粗体	—

键 参 数	值参数类型	值参数选项	默认值参数	值参数含义	备 注
location	字符串	best/ bestoutside/ east/ eastoutside/ none/north/ northeast/ northeast-outside/ northoutside/ northwest/ northwest-outside/ south/ southeast/ southeast-outside/ southoutside/ southwest/ southwest-outside/ west/ westoutside	northeast	best 表示当前图例对象中的图例区域的位置是自动决定的,在当前图例对象的父轴对象的盒子模型之内的最好的位置; bestoutside 表示当前图例对象中的图例区域的位置是自动决定的,在当前图例对象的父轴对象的盒子模型之外的最好的位置; east 表示当前图例对象中的图例区域的位置是在当前图例对象的父轴对象的盒子模型之内的右侧中部; eastoutside 表示当前图例对象中的图例区域的位置是在当前图例对象的父轴对象的盒子模型之外的右侧中部; none 表示不指定当前图例对象中的图例区域的位置; north 表示当前图例对象中的图例区域的位置是在当前图例对象的父轴对象的盒子模型之内的上侧中部; northeast 表示当前图例对象中的图例区域的位置是在当前图例对象的父轴对象的盒子模型之内的右上角; northeastoutside 表示当前图例对象中的图例区域的位置是在当前图例对象的父轴对象的盒子模型之外的右上角; northoutside 表示当前图例对象中的图例区域的位置是在当前图例对象的父轴对象的盒子模型之外的上侧中部; northwest 表示当前图例对象中的图例区域的位置是在当前图例对象的父轴对象的盒子模型之内的左上角; northwestoutside 表示当前图例对象中的图例区域的位置是在当前图例对象的父轴对象的盒子模型之外的	

续表

键　参　数	值参数类型	值参数选项	默认值参数	值参数含义	备　　注
location	字符串	best/ bestoutside/ east/ eastoutside/ none/north/ northeast/ northeast- outside/ northoutside/ northwest/ northwest- outside/ south/ southeast/ southeast- outside/ southoutside/ southwest/ southwest- outside/ west/ westoutside	northeast	左上角； south 表示当前图例对象中的图例区域的位置是在当前图例对象的父轴对象的盒子模型之内的下侧中部； southeast 表示当前图例对象中的图例区域的位置是在当前图例对象的父轴对象的盒子模型之内的右下角； southeastoutside 表示当前图例对象中的图例区域的位置是在当前图例对象的父轴对象的盒子模型之外的右下角； southoutside 表示当前图例对象中的图例区域的位置是在当前图例对象的父轴对象的盒子模型之外的下侧中部； southwest 表示当前图例对象中的图例区域的位置是在当前图例对象的父轴对象的盒子模型之内的左下角； southwestoutside 表示当前图例对象中的图例区域的位置是在当前图例对象的父轴对象的盒子模型之外的左下角； west 表示当前图例对象中的图例区域的位置是在当前图例对象的父轴对象的盒子模型之内的左侧中部； westoutside 表示当前图例对象中的图例区域的位置是在当前图例对象的父轴对象的盒子模型之外的左侧中部	—
numcolumns	整数	—	1	用于表示当前图例对象中的项目排列的列数	修改 numcolumns 时会自动将 numcolumnsmode 修改为 manual

续表

键　参　数	值参数类型	值参数选项	默认值参数	值参数含义	备　注
numcolumns-mode	字符串	auto/manual	auto	auto 表示当前图例对象将自动配置项目排列的列数；manual 表示当前图例对象将按照 numcolumns 的值配置项目排列的列数	—
orientation	字符串	horizontal/vertical	vertical	horizontal 表示当前图例对象将横向排列项目；vertical 表示当前图例对象将竖向排列项目	—
position	四元矩阵	—	—	用于描述当前图例对象用于绘图的元素的位置和大小；四元矩阵的第 1 个分量代表左下角点的横坐标；四元矩阵的第 2 个分量代表左下角点的纵坐标；四元矩阵的第 3 个分量代表宽度；四元矩阵的第 4 个分量代表高度	修改 position 时会自动将 location 修改为 none
string	字符串/字符串元胞	—	—	此参数表示当前图例对象的每个项目的标签	—
textcolor	颜色协议	—	[0 0 0]	此参数表示当前图例对象的每个项目的文本的颜色	可以使用三元组颜色。三元组颜色规定为一个 1×3 矩阵，矩阵中的每个分量代表颜色的 R、G、B 分量，每个分量的值的范围是一个 0～1 的 double 数字；可以使用字符串表示常用颜色。常用颜色包括 blue、black、cyan、green、magenta、red、white 和 yellow
title	图形句柄	—	—	用于存放当前图例对象的标题文字对象的句柄	—
units	字符串	centimeters/characters/inches/normalized/pixels/points	pixels	图例对象尺寸的计量单位	—

4.6　文本对象与句柄

4.6.1　文本对象

调用 text()函数可以构造一个文本对象,代码如下:

```
>> text
```

💡注意:默认的文本对象和默认的轴对象从外表看起来是一样的。

4.6.2　文本对象句柄

通过 text()函数的返回值可以获得当前文本对象句柄,代码如下:

```
>> a = text
a = - 40.527
```

通过 findobj()或 findall()函数的返回值可以获得全部文本对象句柄,代码如下:

```
>> findobj('type', 'text')
ans = - 40.527
```

4.6.3　默认文本对象属性

默认文本对象属性如表 4-6 所示。

表 4-6　默认文本对象属性

键　参　数	值参数类型	值参数选项	默认值参数	值参数含义	备　注
backgroundcolor	颜色协议	—	none	此参数表示当前文本对象的背景颜色	可以使用三元组颜色。三元组颜色规定为一个 1×3 矩阵,矩阵中的每个分量代表颜色的 R、G、B 分量,每个分量的值的范围是一个 0~1 的 double 数字;可以使用字符串表示常用颜色。常用颜色包括 blue、black、cyan、green、magenta、red、white 和 yellow
beingdeleted	字符串	on/off	off	在文本对象中不使用此参数	—

键　参　数	值参数类型	值参数选项	默认值参数	值参数含义	备　　注
busyaction	字符串	cancel/queue	queue	如果一个回调函数想要中断这个文本对象,并且这个文本对象的 busyaction 被设置为 cancel,则立刻取消这个中断请求; 如果一个回调函数想要中断这个文本对象,并且这个文本对象的 busyaction 被设置为 queue,则将这个中断请求放入中断队列	该参数只在 interruptible 被设置为 off 时才生效
buttondownfcn	字符串/函数句柄	—	[](0x0)	按下键盘或单击鼠标时调用的回调函数	—
children	图形句柄向量	—	[](0x1)	—	在文本对象中不使用此参数。 只读参数
clipping	字符串	on/off	on	on 表示当前文本对象将被裁剪至当前图线对象的父轴对象的 limit 范围之内; off 表示当前文本对象允许超越当前图线对象的父轴对象的 limit 范围	—
color	颜色协议	—	[0 0 0]	此参数表示当前文本对象的图例区域的填充颜色	可以使用三元组颜色。三元组颜色规定为一个 1×3 矩阵,矩阵中的每个分量代表颜色的 R、G、B 分量,每个分量的值的范围是一个 0～1 的 double 数字; 可以使用字符串表示常用颜色。常用颜色包括 blue、black、cyan、green、magenta、red、white 和 yellow
createfcn	字符串/函数句柄	—	[](0x0)	在当前文本对象创建完成后立刻执行的回调函数	—
deletefcn	字符串/函数句柄	—	[](0x0)	在当前文本对象删除前立刻执行的回调函数	—

续表

键　参　数	值参数类型	值参数选项	默认值参数	值参数含义	备　　注
edgecolor	颜色协议	—	none	此参数表示当前文本对象的图例区域的边框颜色	可以使用三元组颜色。三元组颜色规定为一个 1×3 矩阵，矩阵中的每个分量代表颜色的 R、G、B 分量，每个分量的值的范围是一个 0～1 的 double 数字；可以使用字符串表示常用颜色。常用颜色包括 blue、black、cyan、green、magenta、red、white 和 yellow
editing	字符串	on/off	off	—	—
extent	四元矩阵	—	—	用于描述当前文本对象的位置和大小；四元矩阵的第 1 个分量代表最左上方的文本的左上角点的 x 坐标；四元矩阵的第 2 个分量代表最左上方的文本的左上角点的 x 坐标；四元矩阵的第 3 个分量代表宽度；四元矩阵的第 4 个分量代表高度	只读参数
fontangle	字符串	italic/ normal/ oblique	normal	normal 表示当前文本对象中的字体不是斜体；italic 表示当前文本对象中的字体是斜体；oblique 表示当前文本对象中的字体是另一种斜体	—
fontname	字符串	—	*	表示当前文本对象中的字体名	* 代表任意字体，并且优先考虑 Sans Serif 字体
fontsize	数字	—	10	表示当前文本对象中的字体大小	—
fontsmoothing	字符串	on/off	on	on 表示开启字体抗锯齿；off 表示关闭字体抗锯齿	—

续表

键 参 数	值参数类型	值参数选项	默认值参数	值参数含义	备 注
fontunits	字符串	centimeters/ inches/ normalized/ pixels/ points	points	字体大小的计量单位	—
fontweight	字符串	bold/ normal	normal	normal 表示当前文本对象中的字体不是粗体； bold 表示当前文本对象中的字体是粗体	—
handlevisibility	字符串	callback/ on/off	on	on 表示当前文本对象会出现在它们父对象的 children 值参数之内； off 表示当前文本对象不会出现在它们父对象的 children 值参数之内	—
hittest	字符串	on/off	on	on 表示当前文本对象会将鼠标单击操作传递给父对象进行处理； off 表示当前文本对象会自行处理鼠标单击操作,不传递给父对象进行处理	—
horizontalalignment	字符串	center/ left/right	left	center 表示当前文本对象的水平对齐方式是居中； left 表示当前文本对象的水平对齐方式是左对齐； right 表示当前文本对象的水平对齐方式是右对齐	—
interpreter	字符串	latex/ none/tex	tex	tex 表示当前轴对象将按照 tex 的部分功能解释当前文本对象中的文本； none 或 latex 表示当前轴对象将按照纯文本解释当前文本对象中的文本	—
interruptible	字符串	on/off	on	on 表示当前文本对象的回调函数可被其他回调函数中断； off 表示当前文本对象的回调函数不能被其他回调函数中断	—

续表

键　参　数	值参数类型	值参数选项	默认值参数	值参数含义	备　注
linestyle	字符串	—/— —/—./：/none	字符串—	此参数表示当前文本对象中的文本的轮廓的线型；—表示当前文本对象中的文本的轮廓的线型是实线；——表示当前文本对象中的文本的轮廓的线型是短画线；—表示当前文本对象中的文本的轮廓的线型是点画线；：表示当前文本对象中的文本的轮廓的线型是点线；none表示当前文本对象中的文本不显示轮廓	—
linewidth	数字	—	0.5	此参数表示当前文本对象中的文本的轮廓的线宽	—
margin	数字	—	3	此参数表示当前文本对象中的文本的边界与文本之间的边距	margin在解释边距时，无论 fontunits 的值是什么，都使用像素作为单位
parent	图形句柄	—	—	文本对象的父对象句柄	—
pickableparts	字符串	all/none/visible	visible	用于描述当前文本对象是否支持鼠标单击；all表示当前文本对象的可见的部分和不可见的部分均支持鼠标单击；none表示当前文本对象的可见的部分和不可见的部分均不支持鼠标单击；visible表示只有当前文本对象的可见的部分才支持鼠标单击	—
position	三元矩阵	—	[0 0 0]	用于描述当前文本对象中的文本的锚点；矩阵的第1个分量代表锚点的横坐标；矩阵的第2个分量代表锚点的纵坐标；矩阵的第3个分量代表锚点的竖坐标	修改 verticalalignment 和 horizontalalignment 时也会自动修改 position
rotation	数字	—	0	此参数表示当前文本对象中的文本的旋转角度	—

续表

键 参 数	值参数类型	值参数选项	默认值参数	值参数含义	备 注
selected	字符串	on/off	off	—	在文本对象中不使用此参数
selectionhighlight	字符串	on/off	on	—	在文本对象中不使用此参数
string	字符串	—	" "	此参数表示当前文本对象的文本内容	—
tag	字符串	—	" "	允许用户自定义的标签参数	—
type	字符串	—	text	文本对象的类名	只读参数
uicontextmenu	图形句柄	—	[ ] (0x0)	和当前文本对象有关的uicontextmenu 类型的图形句柄	—
units	字符串	centimeters/ data/ inches/ normalized/ pixels/ points	data	文本对象尺寸的计量单位	—
userdata	任意类型	—	[ ] (0x0)	允许用户自定义的数据	—
verticalalignment	字符串	baseline/ bottom/ cap/ middle/ top	left	baseline 表示当前文本对象的垂直对齐方式是基线对齐；bottom 表示当前文本对象的垂直对齐方式是底部对齐；cap 表示当前文本对象的垂直对齐方式是首字母对齐；middle 表示当前文本对象的垂直对齐方式是中部对齐；top 表示当前文本对象的垂直对齐方式是顶部对齐	—
visible	字符串	on/off	on	on 表示在屏幕上渲染当前图像对象,当前文本对象在屏幕上可见；off 表示在屏幕上不渲染当前图像对象,当前文本对象在屏幕上不可见	—

4.7 位图对象与句柄

4.7.1 位图对象

调用 image()函数可以构造一个位图对象,代码如下:

```
>> image
```

默认的位图对象如图 4-5 所示。

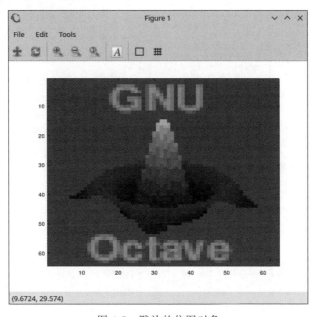

图 4-5 默认的位图对象

4.7.2 位图对象句柄

通过 image()函数的返回值可以获得当前位图对象句柄,代码如下:

```
>> i = image
i = - 5.2290
```

通过 findobj()或 findall()函数的返回值可以获得全部位图对象句柄,代码如下:

```
>> findobj('type', 'image')
ans = - 5.2290
```

4.7.3 默认位图对象属性

默认位图对象属性如表 4-7 所示。

表 4-7 默认位图对象属性

键 参 数	值参数类型	值参数选项	默认值参数	值参数含义	备 注
alphadata	向量/矩阵	—	1	—	在位图对象中不使用此参数

续表

键　参　数	值参数类型	值参数选项	默认值参数	值参数含义	备　注
alphadatamapping	字符串	direct/ none/ scaled	none	—	在位图对象中不使用此参数
beingdeleted	字符串	on/off	off	—	在位图对象中不使用此参数
busyaction	字符串	cancel/ queue	queue	如果一个回调函数想要中断这个位图对象，并且将这个位图对象的 busyaction 设置为 cancel，则立刻取消这个中断请求； 如果一个回调函数想要中断这个位图对象，并且将这个位图对象的 busyaction 设置为 queue，则将这个中断请求放入中断队列	该参数只在 interruptible 被设置为 off 时才生效
buttondownfcn	字符串/函数句柄	—	[](0x0)	按下键盘或单击鼠标时调用的回调函数	—
cdata	矩阵	—	64×64，double 矩阵	表示当前位图对象的位图数据	—
cdatamapping	字符串	direct/ scaled	direct	direct 表示当前位图对象直接渲染位图； scaled 表示当前位图对象按比例渲染位图	—
children	图形句柄向量	—	[](0x1)	位图对象的所有子对象	只读参数
clipping	字符串	on/off	on	on 表示当前位图对象将被裁剪至当前位图对象的父轴对象的 limit 范围之内； off 表示当前位图对象允许超越当前位图对象的父轴对象的 limit 范围	—
createfcn	字符串/函数句柄	—	[](0x0)	在位图对象创建完成后立刻执行的回调函数	—
deletefcn	字符串/函数句柄	—	[](0x0)	在位图对象删除前立刻执行的回调函数	—
handlevisibility	字符串	callback/ on/off	on	on 表示当前位图对象会出现在它们父对象的 children 值参数之内； off 表示当前位图对象不会出现在它们父对象的 children 值参数之内	—

续表

键　参　数	值参数类型	值参数选项	默认值参数	值参数含义	备　注
hittest	字符串	on/off	on	on 表示当前位图对象会将鼠标单击操作传递给父对象进行处理； off 表示当前位图对象会自行处理鼠标单击操作，不传递给父对象进行处理	—
interruptible	字符串	on/off	on	on 表示当前位图对象的回调函数可被其他回调函数中断； off 表示当前位图对象的回调函数不能被其他回调函数中断	—
parent	图形句柄	—	0	位图对象的父对象句柄	—
pickableparts	字符串	all/ none/ visible	visible	用于描述当前位图对象是否支持鼠标单击； all 表示当前位图对象的可见的部分和不可见的部分均支持鼠标单击； none 表示当前位图对象的可见的部分和不可见的部分均不支持鼠标单击； visible 表示只有当前位图对象的可见的部分才支持鼠标单击	—
selected	字符串	on/off	off	—	—
selectionhighlight	字符串	on/off	on	—	—
tag	字符串	—	""	允许用户自定义的标签参数	—
type	字符串	—	image	位图对象的类名	只读参数
uicontextmenu	图形句柄	—	[](0x0)	和当前位图对象有关的 uicontextmenu 类型的图形句柄	—
userdata	任意类型	—	[](0x0)	允许用户自定义的数据	—
visible	字符串	on/off	on	on 表示在屏幕上渲染当前位图对象，当前位图对象在屏幕上可见； off 表示在屏幕上不渲染当前位图对象，当前位图对象在屏幕上不可见	—
xdata	二元矩阵	—	[1 64]	表示当前位图对象之下的点的 x 坐标数据范围； 第 1 个分量代表 x 坐标范围下界； 第 2 个分量代表 x 坐标范围上界	xdata 为[]，则代表图像像素只有1行

续表

键　参　数	值参数类型	值参数选项	默认值参数	值参数含义	备　注
ydata	二元矩阵	—	[1 64]	表示当前位图对象之下的点的 y 坐标数据范围； 第 1 个分量代表 y 坐标范围下界； 第 2 个分量代表 y 坐标范围上界	ydata 为[]，则代表图像像素只有 1 列

4.8　补丁对象与句柄

4.8.1　补丁对象

补丁对象用于描述封闭的多边形，在两个维度之间绘制补丁对象。

补丁对象显示在轴对象上，并且作为轴对象的子对象。

调用 patch() 函数可以构造一个补丁对象。

（1）如果当前补丁对象所在的轴对象已经存在，则当调用 patch() 函数时会在这个轴对象上直接生成一个新的补丁对象。

（2）如果当前补丁对象所在的轴对象不存在，则当调用 patch() 函数时会先新建一个轴对象，然后在这个轴对象上生成一个新的补丁对象。

代码如下：

```
>> patch
```

默认的补丁对象如图 4-6 所示。

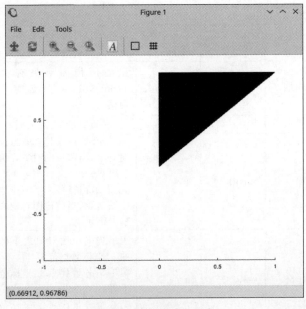

图 4-6　默认的补丁对象

4.8.2　补丁对象句柄

通过 patch()函数的返回值可以获得当前补丁对象句柄,代码如下:

```
>> p = patch
p = − 40.527
```

通过 findobj()或 findall()函数的返回值可以获得全部补丁对象句柄,代码如下:

```
>> findobj('type', 'patch')
ans =

   − 40.5267
   − 1.3540
```

4.8.3　默认补丁对象属性

默认补丁对象属性如表 4-8 所示。

表 4-8　默认补丁对象属性

键　参　数	值参数类型	值参数选项	默认值参数	值参数含义	备　注
alphadatama-pping	字符串	direct/ none/ scaled	none	—	在补丁对象中不使用此参数
ambientstrength	0.0 ~ 1.0 的数字	—	0.3	表示当前补丁对象的背景光的光强	—
backfacelighting	字符串	lit/ reverselit/ unlit	reverselit	lit 表示当前补丁对象的背光源照亮当前补丁对象的多边形; reverselit 表示当前补丁对象的背光源照亮当前补丁对象的多边形的背景; unlit 表示当前补丁对象无背光源	—
beingdeleted	字符串	on/off	off	—	
busyaction	字符串	cancel/ queue	queue	如果一个回调函数想要中断这个补丁对象,并且将这个补丁对象的 busyaction 设置为 cancel,则立刻取消这个中断请求; 如果一个回调函数想要中断这个补丁对象,并且将这个补丁对象的 busyaction 设置为 queue,则将这个中断请求放入中断队列	该参数只在 interruptible 被设置为 off 时才生效
buttondownfcn	字符串/函数句柄	—	[](0x0)	按下键盘或单击鼠标时调用的回调函数	—

键　参　数	值参数类型	值参数选项	默认值参数	值参数含义	备　　注
cdata	矩阵	—	[](0x0)	表示当前补丁对象的多边形数据	—
cdatamapping	字符串	direct/scaled	direct	direct 表示当前补丁对象直接渲染多边形； scaled 表示当前补丁对象按比例渲染多边形	—
children	图形句柄向量	—	[](0x1)	补丁对象的所有子对象	只读参数
clipping	字符串	on/off	on	on 表示当前补丁对象将被裁剪至当前补丁对象的父轴对象的 limit 范围之内； off 表示当前补丁对象允许超越当前补丁对象的父轴对象的 limit 范围	—
createfcn	字符串/函数句柄	—	[](0x0)	在补丁对象创建完成后立刻执行的回调函数	—
deletefcn	字符串/函数句柄	—	[](0x0)	在补丁对象删除前立刻执行的回调函数	—
diffusestrength	数字	—	0.6	表示当前补丁对象的漫反射程度； 值为 0 表示无漫反射； 值为 1 表示最大漫反射； 值为 0~1 表示漫反射程度在无漫反射和最大漫反射之间	—
displayname	字符串/字符串元胞	—	""	表示图例对象传递到当前补丁对象的图例显示的文本	—
edgealpha	数字/数字矩阵	—	1	—	在补丁对象中不使用此参数
edgecolor	颜色协议	—	[0 0 0]	此参数表示当前补丁对象的边的颜色	可以使用三元组颜色。三元组颜色规定为一个 1×3 矩阵，矩阵中的每个分量代表颜色的 R、G、B 分量，每个分量的值的范围是一个 0~1 的 double 数字； 可以使用字符串表示常用颜色。常用颜色包括 blue、black、cyan、green、magenta、red、white 和 yellow

续表

键 参 数	值参数类型	值参数选项	默认值参数	值参数含义	备 注
edgelighting	字符串	flat/gouraud/none/phong	none	flat 表示当前补丁对象的边缘发光效果是多面的；gouraud 或 phong 表示当前补丁对象的边缘发光效果是在顶点之间线性插值的；none 表示当前补丁对象没有边缘发光效果	phong 已经过时，应用 gouraud 替代 phong
facealpha	数字/字符串	flat/interp	1	数字表示当前补丁对象的表面的透明度；若数字是 0,则表示当前补丁对象的表面的透明度为全透明；若数字是 1,则表示当前补丁对象的表面的透明度为全不透明；若数字为 0~1,则表示当前补丁对象的表面的透明度在全透明和全不透明之间；flat 或 interp 将导致当前补丁对象不渲染当前补丁对象的表面	若当前补丁对象的表面不分前面和后面，则 facealpha 可能带来意料之外的渲染效果
facecolor	颜色协议/字符串	none/flat/interp	[0 0 0]	none 表示当前补丁对象的表面不填充颜色；flat 或 interp 将导致当前补丁对象不渲染当前补丁对象的表面	facecolor 也可以按颜色协议设置颜色
facelighting	字符串	flat/gouraud/none/phong	flat	none 表示当前补丁对象没有表面发光效果；flat 表示当前补丁对象的表面发光效果是多面的；gouraud 或 phong 表示当前补丁对象的表面发光效果是在顶点之间线性插值的	phong 已经过时，应用 gouraud 替代 phong
facenormals	矩阵	—	[](0x0)	用于描述当前补丁对象的表面发光效果的分量和当前补丁对象的边缘发光效果的分量	facenormals 只在 edgelighting 或 facelighting 为 flat 时才起作用；修改 facenormals 时会自动将 facenormalsmode 修改为 manual

续表

键　参　数	值参数类型	值参数选项	默认值参数	值参数含义	备　注
facenormalsmode	字符串	auto/ manual	auto	auto 表示当前图例对象将自动配置当前补丁对象的表面发光效果的分量和当前补丁对象的边缘发光效果的分量；manual 表示当前图例对象将按照 facenormals 的值配置当前补丁对象的表面发光效果的分量和当前补丁对象的边缘发光效果的分量	—
faces	向量/矩阵	—	[1 2 3]	—	在补丁对象中不使用此参数
facevertexalpha-data	向量/矩阵	—	[](0x0)	—	在补丁对象中不使用此参数
facevertexcdata	—	—	[](0x0)	—	在补丁对象中不使用此参数
handlevisibility	字符串	callback/ on/off	on	on 表示当前补丁对象会出现在它们父对象的 children 值参数之内；off 表示当前补丁对象不会出现在它们父对象的 children 值参数之内	—
hittest	字符串	on/off	on	on 表示当前补丁对象会将鼠标单击操作传递给父对象进行处理；off 表示当前补丁对象会自行处理鼠标单击操作，不传递给父对象进行处理	—
interruptible	字符串	on/off	on	on 表示当前补丁对象的回调函数可被其他回调函数中断；off 表示当前补丁对象的回调函数不能被其他回调函数中断	—
linestyle	字符串	−/—　−/ −. / : /none	字符串−	此参数表示当前补丁对象的补丁的边缘的线型；− 表示当前补丁对象的补丁的边缘的线型是实线；— 表示当前补丁对象的补丁的边缘的线型是短画线；−. 表示当前补丁对象的补丁的边缘的线型是点画线；: 表示当前补丁对象的补丁的边缘的线型是点线；none 表示当前补丁对象的补丁的边缘不画线	—

续表

键 参 数	值参数类型	值参数选项	默认值参数	值参数含义	备 注
linewidth	—	—	0.5	此参数表示当前补丁的补丁的边缘对象相对于顶点的相对线宽	—
marker	字符串	∗/+/./ ＜/＞/^/d/ diamond/ h/ hexagram/ none/o/p/ pentagram/ s/square/ v/x	none	∗ 表示当前补丁对象的补丁的顶点的形状为星号； ＋表示当前补丁对象的补丁的顶点的形状为加号； . 表示当前补丁对象的补丁的顶点的形状为点； ＜表示当前补丁对象的补丁的顶点的形状为向左的三角形； ＞表示当前补丁对象的补丁的顶点的形状为向右的三角形； ^表示当前补丁对象的补丁的顶点的形状为向上的三角形； d 表示当前补丁对象的补丁的顶点的形状为圆圈； diamond 表示当前补丁对象的补丁的顶点的形状为菱形； h 或 hexagram 表示当前补丁对象的补丁的顶点的形状为六角星； p 或 pentagram 表示当前补丁对象的补丁的顶点的形状为五角星； none 或 o 表示不使用其他标记来标记点； s 或 square 表示当前补丁对象的补丁的顶点的形状为正方形； v 表示当前补丁对象的补丁的顶点的形状为向下的三角形； x 表示当前补丁对象的补丁的顶点的形状为叉号	—

续表

键 参 数	值参数类型	值参数选项	默认值参数	值参数含义	备 注
markeredgecolor	字符串/颜色协议	auto/ flat/none	auto	auto 表示当前补丁对象的补丁的顶点的边缘的颜色和当前补丁对象的补丁的顶点的颜色相同; none 表示当前补丁对象的补丁的顶点的边缘没有颜色; flat 表示当前补丁对象的补丁的顶点的边缘的颜色和当前补丁对象的补丁的顶点的颜色相同,并且不同的补丁的顶点的边缘的颜色也允许不同	markeredgecolor 也可以按颜色协议设置颜色
markerfacecolor	字符串/颜色协议	auto/ flat/none	none	auto 表示当前补丁对象的补丁的顶点的填充颜色和当前补丁对象的补丁的顶点的颜色相同; none 表示当前补丁对象的补丁的顶点没有填充颜色; flat 表示当前补丁对象的补丁的顶点的填充颜色和当前补丁对象的补丁的顶点的颜色相同,并且不同的补丁的顶点的填充颜色也允许不同	markerfacecolor 也可以按颜色协议设置颜色
markersize	数字	—	6	表示当前补丁对象的顶点的尺寸	—
parent	图形句柄	—	0	补丁对象的父对象句柄	—
pickableparts	字符串	all/ none/ visible	visible	用于描述当前补丁对象是否支持鼠标单击; all 表示当前补丁对象的可见的部分和不可见的部分均支持鼠标单击; none 表示当前补丁对象的可见的部分和不可见的部分均不支持鼠标单击; visible 表示只有当前补丁对象的可见的部分才支持鼠标单击	—
selected	字符串	on/off	off	—	—
selectionhighlight	字符串	on/off	on	—	—

续表

键 参 数	值参数类型	值参数选项	默认值参数	值参数含义	备 注
specularcolor-reflectance	数字	—	1	表示当前补丁对象的镜面反射颜色； 值为 0 表示反射底面颜色； 值为 1 表示反射光源颜色； 值为 0~1 表示镜面反射颜色在底面颜色和光源颜色之间	—
specularexponent	数字	—	10	表示当前补丁对象的镜面反射指数	指数越小，则反射出的光线越多，补丁越明亮
specularstrength	数字	—	0.9	表示当前补丁对象的镜面反射强度； 值为 0 表示无镜面反射； 值为 1 表示最大镜面反射； 值为 0~1 表示镜面反射强度在无镜面反射和最大镜面反射之间	—
tag	字符串	—	""	允许用户自定义的标签参数	—
type	字符串	—	patch	补丁对象的类名	只读参数
uicontextmenu	图形句柄	—	[ ](0x0)	和当前补丁对象有关的 uicontextmenu 类型的图形句柄	—
userdata	任意类型	—	[ ](0x0)	允许用户自定义的数据	—
vertexnormals	—	—	[ ](0x0)	用于描述当前补丁对象的表面发光效果的分量和当前补丁对象的边缘发光效果的分量	vertexnormals 只在 edgelighting 或 facelighting 为 gouraud 时才起作用； 修改 vertexnormals 时会自动将 vertexnormalsmode 修改为 manual
vertexnormals-mode	字符串	auto/manual	auto	auto 表示当前图例对象将自动配置当前补丁对象的表面发光效果的分量和当前补丁对象的边缘发光效果的分量；manual 表示当前图例对象将按照 vertexnormals 的值配置当前补丁对象的表面发光效果的分量和当前补丁对象的边缘发光效果的分量	—

键 参 数	值参数类型	值参数选项	默认值参数	值参数含义	备 注
vertices	向量/矩阵	—	3×2, double 矩阵	—	—
visible	字符串	on/off	on	on 表示在屏幕上渲染当前补丁对象,当前补丁对象在屏幕上可见; off 表示在屏幕上不渲染当前补丁对象,当前补丁对象在屏幕上不可见	—
xdata	向量/矩阵	—	[0; 1; 0]	—	—
ydata	向量/矩阵	—	[1; 1; 0]	—	—
zdata	向量/矩阵	—	[](0x0)	—	—

4.9　面对象与句柄

4.9.1　面对象

面对象用于描述三维的面。

面对象显示在轴对象上,并且作为轴对象的子对象。

调用 surface()函数可以构造一个面对象。

(1) 如果当前面对象所在的轴对象已经存在,则当调用 surface()函数时会在这个轴对象上直接生成一个新的面对象。

(2) 如果当前面对象所在的轴对象不存在,则当调用 surface()函数时会先新建一个轴对象,然后在这个轴对象上生成一个新的面对象。

代码如下:

```
>> surface
```

默认的面对象如图 4-7 所示。

4.9.2　面对象句柄

通过 surface()函数的返回值可以获得当前面对象句柄,代码如下:

```
>> s = surface
s = - 1.4401
```

通过 findobj()或 findall()函数的返回值可以获得全部面对象句柄,代码如下:

```
>> findobj('type', 'surface')
ans =

   - 1.4401
   - 2.8292
```

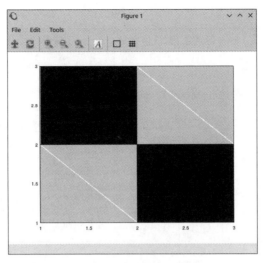

图 4-7 默认的面对象

4.9.3 默认面对象属性

默认面对象属性如表 4-9 所示。

表 4-9 默认面对象属性

键 参 数	值参数类型	值参数选项	默认值参数	值参数含义	备 注
alphadata	向量/矩阵	—	1	—	在面对象中不使用此参数
alphadatamapping	字符串	direct/none/scaled	scaled	—	在面对象中不使用此参数
ambientstrength	0.0~1.0的数字	—	0.3	表示当前面对象的背景光的光强	—
backfacelighting	字符串	lit/reverselit/unlit	reverselit	lit 表示当前面对象的背光源照亮当前面对象的面；reverselit 表示当前面对象的背光源照亮当前面对象的面的反方向；unlit 表示当前面对象无背光源	—
beingdeleted	字符串	on/off	off	—	—
busyaction	字符串	cancel/queue	queue	如果一个回调函数想要中断这个面对象,并且将这个面对象的 busyaction 设置为 cancel,则立刻取消这个中断请求；如果一个回调函数想要中断这个面对象,并且将这个面对象的 busyaction 设置为 queue,则将这个中断请求放入中断队列	该参数只在 interruptible 被设置为 off 时才生效

续表

键 参 数	值参数类型	值参数选项	默认值参数	值参数含义	备 注
buttondownfcn	字符串/函数句柄	—	[](0x0)	按下键盘或单击鼠标时调用的回调函数	—
cdata	矩阵	—	3×3，double 矩阵	表示当前面对象的数据	—
cdatamapping	字符串	direct/scaled	scaled	direct 表示当前面对象直接渲染面；scaled 表示当前面对象按比例渲染面	—
cdatasource	—	—	""	—	—
children	图形句柄向量	—	[](0x1)	—	在面对象中不使用此参数。只读参数
clipping	字符串	on/off	on	on 表示当前面对象将被裁剪至当前面对象的父轴对象的 limit 范围之内；off 表示当前面对象允许超越当前面对象的父轴对象的 limit 范围	
createfcn	字符串/函数句柄	—	[](0x0)	在面对象创建完成后立刻执行的回调函数	—
deletefcn	字符串/函数句柄	—	[](0x0)	在面对象删除前立刻执行的回调函数	—
diffusestrength	数字	—	0.6	表示当前面对象的漫反射程度；值为 0 表示无漫反射；值为 1 表示最大漫反射；值为 0~1 表示漫反射程度在无漫反射和最大漫反射之间	—
displayname	字符串/字符串元胞	—	""	表示图例对象传递到当前面对象的图例显示的文本	—
edgealpha	数字/数字矩阵	—	1	—	在面对象中不使用此参数

续表

键 参 数	值参数类型	值参数选项	默认值参数	值参数含义	备 注
edgecolor	颜色协议	—	[0 0 0]	此参数表示当前面对象的边的颜色	可以使用三元组颜色。三元组颜色规定为一个 1×3 矩阵,矩阵中的每个分量代表颜色的 R、G、B 分量,每个分量的值的范围是一个 0~1 的 double 数字; 可以使用字符串表示常用颜色。常用颜色包括 blue、black、cyan、green、magenta、red、white 和 yellow
edgelighting	字符串	flat/ gouraud/ none/ phong	none	flat 表示当前面对象的边缘发光效果是多面的; gouraud 或 phong 表示当前面对象的边缘发光效果是在顶点之间线性插值的; none 表示当前面对象没有边缘发光效果	phong 已经过时,应用 gouraud 替代 phong
facealpha	数字/ 字符串	flat/ interp/ texturemap	1	数字表示当前面对象的表面的透明度; 若数字是 0,则表示当前面对象的表面的透明度为全透明; 若数字是 1,则表示当前面对象的表面的透明度为全不透明; 若数字为 0~1,则表示当前面对象的表面的透明度在全透明和全不透明之间; flat、interp 或 texturemap 将导致当前面对象不渲染当前面对象的表面	若当前面对象的表面不分前面和后面,则 facealpha 可能带来意料之外的渲染效果
facecolor	颜色协议/ 字符串	none/flat/ interp/ texturemap	[0 0 0]	none 表示当前面对象的表面不填充颜色; flat、interp 或 texturemap 将导致当前面对象不渲染当前面对象的表面	facecolor 也可以按颜色协议设置颜色

键 参 数	值参数类型	值参数选项	默认值参数	值参数含义	备 注
facelighting	字符串	flat/ gouraud/ none/ phong	flat	none 表示当前面对象没有表面发光效果； flat 表示当前面对象的表面发光效果是多面的； gouraud 或 phong 表示当前面对象的表面发光效果是在顶点之间线性插值的	phong 已经过时，应用 gouraud 替代 phong
facenormals	矩阵	—	[ ](0x0)	用于描述当前面对象的表面发光效果的分量和当前面对象的边缘发光效果的分量	facenormals 只在 edgelighting 或 facelighting 为 flat 时才起作用；修改 facenormals 时会自动将 facenormalsmode 修改为 manual
facenormalsmode	字符串	auto/ manual	auto	auto 表示当前图例对象将自动配置当前面对象的表面发光效果的分量和当前面对象的边缘发光效果的分量； manual 表示当前图例对象将按照 facenormals 的值配置当前面对象的表面发光效果的分量和当前面对象的边缘发光效果的分量	—
handlevisibility	字符串	callback/ on/off	on	on 表示当前面对象会出现在它们父对象的 children 值参数之内； off 表示当前面对象不会出现在它们父对象的 children 值参数之内	—
hittest	字符串	on/off	on	on 表示当前面对象会将鼠标单击操作传递给父对象进行处理； off 表示当前面对象会自行处理鼠标单击操作，不传递给父对象进行处理	—
interruptible	字符串	on/off	on	on 表示当前面对象的回调函数可被其他回调函数中断； off 表示当前面对象的回调函数不能被其他回调函数中断	—

续表

键　参　数	值参数类型	值参数选项	默认值参数	值参数含义	备　注
linestyle	字符串	－/－－/ －./： /none	字符串－	此参数表示当前面对象的面的边缘的线型； －表示当前面对象的面的边缘的线型是实线； －－表示当前面对象的面的边缘的线型是短画线； －.表示当前面对象的面的边缘的线型是点画线； ：表示当前面对象的面的边缘的线型是点线； none表示当前面对象的面的边缘不画线	－
linewidth	－	－	0.5	此参数表示当前补丁的面的边缘对象相对于顶点的相对线宽	－
marker	字符串	＊/＋/./ </>/^/d/ diamond/ h/ hexagram/ none/o/p/ pentagram/ s/square/ v/x	none	＊表示当前面对象的面的顶点的形状为星号； ＋表示当前面对象的面的顶点的形状为加号； .表示当前面对象的面的顶点的形状为点； <表示当前面对象的面的顶点的形状为向左的三角形； >表示当前面对象的面的顶点的形状为向右的三角形； ^表示当前面对象的面的顶点的形状为向上的三角形； d表示当前面对象的面的顶点的形状为圆圈； diamond表示当前面对象的面的顶点的形状为菱形； h或hexagram表示当前面对象的面的顶点的形状为六角星； p或pentagram表示当前面对象的面的顶点的形状为五角星； none或o表示不使用其他标记来标记点； s或square表示当前面对象的面的顶点的形状为正方形； v表示当前面对象的面的顶点的形状为向下的三角形； x表示当前面对象的面的顶点的形状为叉号	－

键 参 数	值参数类型	值参数选项	默认值参数	值参数含义	备 注
markeredgecolor	字符串/颜色协议	auto/flat/none	auto	auto 表示当前面对象的面的顶点的边缘的颜色和当前面对象的面的顶点的颜色相同；none 表示当前面对象的面的顶点的边缘没有颜色；flat 表示当前面对象的面的顶点的边缘的颜色和当前面对象的面的顶点的颜色相同，并且不同的面的顶点的边缘的颜色也允许不同	markeredgecolor 也可以按颜色协议设置颜色
markerfacecolor	字符串/颜色协议	auto/flat/none	none	auto 表示当前面对象的面的顶点的填充颜色和当前面对象的面的顶点的颜色相同；none 表示当前面对象的面的顶点没有填充颜色；flat 表示当前面对象的面的顶点的填充颜色和当前面对象的面的顶点的颜色相同，并且不同的面的顶点的填充颜色也允许不同	markerfacecolor 也可以按颜色协议设置颜色
markersize	数字	—	6	表示当前面对象的顶点的尺寸	—
meshstyle	字符串	both/column/row	both	both 表示当前面对象启用横向网格和纵向网格；column 表示当前面对象启用纵向网格；row 表示当前面对象启用横向网格	—
parent	图形句柄	—	0	面对象的父对象句柄	—
pickableparts	字符串	all/none/visible	visible	用于描述当前面对象是否支持鼠标单击；all 表示当前面对象的可见的部分和不可见的部分均支持鼠标单击；none 表示当前面对象的可见的部分和不可见的部分均不支持鼠标单击；visible 表示只有当前面对象的可见的部分才支持鼠标单击	—
selected	字符串	on/off	off	—	—
selectionhighlight	字符串	on/off	on	—	—

键 参 数	值参数类型	值参数选项	默认值参数	值参数含义	备 注
specularcolorr-eflectance	数字	—	1	表示当前面对象的镜面反射颜色； 值为 0 表示反射底面颜色； 值为 1 表示反射光源颜色； 值为 0~1 表示镜面反射颜色在底面颜色和光源颜色之间	—
specularexponent	数字	—	10	表示当前面对象的镜面反射指数	指数越小,则反射出的光线越多,补丁越明亮
specularstrength	数字	—	0.9	表示当前面对象的镜面反射强度； 值为 0 表示无镜面反射； 值为 1 表示最大镜面反射； 值为 0~1 表示镜面反射强度在无镜面反射和最大镜面反射之间	—
tag	字符串	—	""	允许用户自定义的标签参数	—
type	字符串	—	surface	面对象的类名	只读参数
uicontextmenu	图形句柄	—	[](0x0)	和当前面对象有关的 uicontextmenu 类型的图形句柄	—
userdata	任意类型	—	[](0x0)	允许用户自定义的数据	—
vertexnormals	—	—	[](0x0)	用于描述当前面对象的表面发光效果的分量和当前面对象的边缘发光效果的分量	vertexnormals 只在 edgelighting 或 facelighting 为 gouraud 时才起作用； 修改 vertexnor-mals 时会自动将 vertexnormalsmode 修改为manual
vertexnormals-mode	字符串	auto/manual	auto	auto 表示当前图例对象将自动配置当前面对象的表面发光效果的分量和当前面对象的边缘发光效果的分量； manual 表示当前图例对象将按照 vertexnormals 的值配置当前面对象的表面发光效果的分量和当前面对象的边缘发光效果的分量	—

续表

键　参　数	值参数类型	值参数选项	默认值参数	值参数含义	备　注
visible	字符串	on/off	on	on 表示在屏幕上渲染当前面对象,当前面对象在屏幕上可见; off 表示在屏幕上不渲染当前面对象,当前面对象在屏幕上不可见	—
xdata	向量/矩阵		[1 2 3]	—	—
xdatasource	—		""	—	—
ydata	向量/矩阵	—	[1; 2; 3]	—	—
ydatasource	—	—	""	—	—
zdata	向量/矩阵	—	3×3, double 矩阵	—	—
zdatasource	—	—	""	—	—

4.10　光源对象与句柄

4.10.1　光源对象

光源对象用于处理补丁对象和面对象的光效。

光源对象显示在轴对象上,并且作为轴对象的子对象。

调用 light()函数可以构造一个光源对象。

(1) 如果当前光源对象所在的轴对象已经存在,则当调用 light()函数时会在这个轴对象上直接生成一个新的光源对象。

(2) 如果当前光源对象所在的轴对象不存在,则当调用 light()函数时会先新建一个轴对象,然后在这个轴对象上生成一个新的光源对象。

代码如下:

```
>> light
```

💡注意:默认的光源对象和默认的轴对象从外表看起来是一样的。

4.10.2　光源对象句柄

通过 light()函数的返回值可以获得当前光源对象句柄,代码如下:

```
>> l = light
l =  - 40.527
```

通过 findobj()或 findall()函数的返回值可以获得全部光源对象句柄,代码如下:

```
>> findobj('type', 'light')
ans =

    - 40.527
    - 39.771
```

4.10.3　默认光源对象属性

默认光源对象属性如表 4-10 所示。

表 4-10　默认光源对象属性

键 参 数	值参数类型	值参数选项	默认值参数	值参数含义	备 注
beingdeleted	字符串	on/off	off	—	—
busyaction	字符串	cancel/queue	queue	如果一个回调函数想要中断这个光源对象,并且将这个光源对象的 busyaction 设置为 cancel,则立刻取消这个中断请求; 如果一个回调函数想要中断这个光源对象,并且将这个光源对象的 busyaction 设置为 queue,则将这个中断请求放入中断队列	该参数只在 interr-uptible 被设置为 off 时才生效
buttondownfcn	字符串/函数句柄	—	[](0x0)	按下键盘或单击鼠标时调用的回调函数	—
children	图形句柄向量	—	[](0x1)	—	在光源对象中不使用此参数。 只读参数
clipping	字符串	on/off	on	on 表示当前光源对象将被裁剪至当前光源对象的父轴对象的 limit 范围之内; off 表示当前光源对象允许超越当前光源对象的父轴对象的 limit 范围	
color	颜色协议	—	[1 1 1]	此参数表示当前光源对象的图例区域的填充颜色	可以使用三元组颜色。三元组颜色规定为一个 1×3 矩阵,矩阵中的每个分量代表颜色的 R、G、B 分量,每个分量的值的范围是一个 0～1 的 double 数字; 可以使用字符串表示常用颜色。常用颜色包括 blue、black、cyan、green、magenta、red、white 和 yellow

键 参 数	值参数类型	值参数选项	默认值参数	值参数含义	备 注
createfcn	字符串/函数句柄	—	[](0x0)	在光源对象创建完成后立刻执行的回调函数	—
deletefcn	字符串/函数句柄	—	[](0x0)	在光源对象删除前立刻执行的回调函数	—
handlevisibility	字符串	callback/on/off	on	on 表示当前光源对象会出现在它们父对象的 children 值参数之内；off 表示当前光源对象不会出现在它们父对象的 children 值参数之内	—
hittest	字符串	on/off	on	on 表示当前光源对象会将鼠标单击操作传递给父对象进行处理；off 表示当前光源对象会自行处理鼠标单击操作,不传递给父对象进行处理	—
interruptible	字符串	on/off	on	on 表示当前光源对象的回调函数可被其他回调函数中断；off 表示当前光源对象的回调函数不能被其他回调函数中断	—
parent	图形句柄	—	0	光源对象的父对象句柄	—
pickableparts	字符串	all/none/visible	visible	用于描述当前光源对象是否支持鼠标单击；all 表示当前光源对象的可见的部分和不可见的部分均支持鼠标单击；none 表示当前光源对象的可见的部分和不可见的部分均不支持鼠标单击；visible 表示只有当前光源对象的可见的部分才支持鼠标单击	—
position	三元矩阵	—	[1 0 1]	用于描述当前光源的位置；矩阵的第 1 个分量代表位置的横坐标；矩阵的第 2 个分量代表位置的纵坐标；矩阵的第 3 个分量代表位置的竖坐标	—
selected	字符串	on/off	off	—	—
selectionhighlight	字符串	on/off	on	—	—

续表

键 参 数	值参数类型	值参数选项	默认值参数	值参数含义	备 注
style	字符串	infinite/ local	infinite	infinite 表示当前光源的位置在无穷远处; local 表示当前光源的位置在本地的一个点位	—
tag	字符串	—	""	允许用户自定义的标签参数	—
type	字符串	—	light	光源对象的类名	只读参数
uicontextmenu	图形句柄	—	[](0x0)	和当前光源对象有关的 uicontextmenu 类型的图形句柄	—
userdata	任意类型	—	[](0x0)	允许用户自定义的数据	—
visible	字符串	on/off	on	on 表示在屏幕上渲染当前光源对象,当前光源对象在屏幕上可见; off 表示在屏幕上不渲染当前光源对象,当前光源对象在屏幕上不可见	—

4.11　面板对象与句柄

4.11.1　面板对象

面板对象是放置控制对象的容器,调用 uipanel()函数可以构造一个面板对象。

（1）如果当前面板对象所在的父对象已经存在,则当调用 uipanel()函数时会在这个父对象上直接生成一个新的面板对象。

（2）如果当前面板对象所在的图像对象不存在,则当调用 uipanel()函数时会先新建一个图像对象,然后在这个图像对象上生成一个新的面板对象。

代码如下:

```
>> uipanel
```

默认的面板对象如图 4-8 所示。

4.11.2　面板对象句柄

通过 uipanel()函数的返回值可以获得当前面板对象句柄,代码如下:

```
>> u = uipanel
u = -8.7385
```

通过 findobj()或 findall()函数的返回值可以获得全部面板对象句柄,代码如下:

```
>> findobj('type', 'uipanel')
ans = -8.7385
```

图 4-8　默认的面板对象

4.11.3　默认面板对象属性

默认面板对象属性如表 4-11 所示。

表 4-11　默认面板对象属性

键 参 数	值参数类型	值参数选项	默认值参数	值参数含义	备 注
backgroundcolor	颜色协议	—	[0.9400 0.9400 0.9400]	此参数表示当前面板对象的背景颜色	可以使用三元组颜色。三元组颜色规定为一个 1×3 矩阵，矩阵中的每个分量代表颜色的 R、G、B 分量，每个分量的值的范围是一个 0~1 的 double 数字；可以使用字符串表示常用颜色。常用颜色包括 blue、black、cyan、green、magenta、red、white 和 yellow
beingdeleted	字符串	on/off	off	—	—
bordertype	字符串	beveledin/ beveledout/ etchedin/ etchedout/ line/none	etchedin	表示当前面板对象的边框风格	有些桌面程序没有面板边框的概念。考虑到应用跨平台的一致性，不建议使用 bordertype
borderwidth	—	—	1	—	—

续表

键 参 数	值参数类型	值参数选项	默认值参数	值参数含义	备 注
busyaction	字符串	cancel/queue	queue	如果一个回调函数想要中断这个面板对象,并且将这个面板对象的 busyaction 设置为 cancel,则立刻取消这个中断请求; 如果一个回调函数想要中断这个面板对象,并且将这个面板对象的 busyaction 设置为 queue,则将这个中断请求放入中断队列	该参数只在 interruptible 被设置为 off 时才生效
buttondownfcn	字符串/函数句柄	—	[](0x0)	按下键盘或单击鼠标时调用的回调函数	—
children	图形句柄向量	—	[](0x1)	表示当前面板对象的子对象	只读参数
clipping	字符串	on/off	on	on 表示当前面板对象将被裁剪至当前面板对象的父轴对象的 limit 范围之内; off 表示当前面板对象允许超越当前面板对象的父轴对象的 limit 范围	—
createfcn	字符串/函数句柄	—	[](0x0)	在面板对象创建完成后立刻执行的回调函数	—
deletefcn	字符串/函数句柄	—	[](0x0)	在面板对象删除前立刻执行的回调函数	—
fontangle	字符串	italic/normal/oblique	normal	normal 表示当前面板对象中的字体不是斜体; italic 表示当前面板对象中的字体是斜体; oblique 表示当前面板对象中的字体是另一种斜体	—
fontname	字符串	—	*	表示当前面板对象中的字体名	* 代表任意字体,并且优先考虑 Sans Serif 字体; 在 Linux 之外的操作系统上不要修改 fontname 的值,因为在 Linux 之外的操作系统上的字体缓存是在 Octave 软件安装时才建立的; 在 Linux 操作系统上修改 fontname 的值之后,如果要使用新的字体,则需要手动重建字体缓存,新的字体才能正确显示

键 参 数	值参数类型	值参数选项	默认值参数	值参数含义	备 注
fontsize	数字	—	10	表示当前面板对象中的字体大小	—
fontunits	字符串	centimeters/ inches/ normalized/ pixels/ points	points	字体大小的计量单位	—
fontweight	字符串	bold/ normal	normal	normal 表示当前面板对象中的字体不是粗体；bold 表示当前面板对象中的字体是粗体	—
foregroundcolor	颜色协议	—	[0 0 0]	此参数表示当前面板对象的前景颜色	可以使用三元组颜色。三元组颜色规定为一个 1×3 矩阵，矩阵中的每个分量代表颜色的 R、G、B 分量,每个分量的值的范围是一个 0～1 的 double 数字；可以使用字符串表示常用颜色。常用颜色包括 blue、black、cyan、green、magenta、red、white 和 yellow
handlevisibility	字符串	callback/ on/off	on	on 表示当前面板对象会出现在它们父对象的 children 值参数之内；off 表示当前面板对象不会出现在它们父对象的 children 值参数之内	—
highlightcolor	颜色协议	—	[1 1 1]	此参数表示当前面板对象的高亮颜色	可以使用三元组颜色。三元组颜色规定为一个 1×3 矩阵，矩阵中的每个分量代表颜色的 R、G、B 分量,每个分量的值的范围是一个 0～1 的 double 数字；可以使用字符串表示常用颜色。常用颜色包括 blue、black、cyan、green、magenta、red、white 和 yellow

续表

键　参　数	值参数类型	值参数选项	默认值参数	值参数含义	备　　注
hittest	字符串	on/off	on	on 表示当前面板对象会将鼠标单击操作传递给父对象进行处理； off 表示当前面板对象会自行处理鼠标单击操作，不传递给父对象进行处理	—
interruptible	字符串	on/off	on	on 表示当前面板对象的回调函数可被其他回调函数中断； off 表示当前面板对象的回调函数不能被其他回调函数中断	—
parent	图形句柄	—	0	面板对象的父对象句柄	—
pickableparts	字符串	all/ none/ visible	visible	用于描述当前面板对象是否支持鼠标单击； all 表示当前面板对象的可见的部分和不可见的部分均支持鼠标单击； none 表示当前面板对象的可见的部分和不可见的部分均不支持鼠标单击； visible 表示只有当前面板对象的可见的部分才支持鼠标单击	—
position	四元矩阵	—	[0 0 1 1]	用于描述当前面板对象的位置和大小； 四元矩阵的第 1 个分量代表左下角点的横坐标； 四元矩阵的第 2 个分量代表左下角点的纵坐标； 四元矩阵的第 3 个分量代表宽度； 四元矩阵的第 4 个分量代表高度	—
resizefcn	字符串/函数句柄	—	[](0x0)	—	resizefcn 已经被弃用，应改用 sizechangedfcn
selected	字符串	on/off	off	—	—
selectionhighlight	字符串	on/off	on	—	—

键　参　数	值参数类型	值参数选项	默认值参数	值参数含义	备　　注
shadowcolor	颜色协议	—	[0.7000 0.7000 0.7000]	此参数表示当前面板对象的阴影颜色	可以使用三元组颜色。三元组颜色规定为一个 1×3 矩阵,矩阵中的每个分量代表颜色的 R、G、B 分量,每个分量的值的范围是一个 0～1 的 double 数字;可以使用字符串表示常用颜色。常用颜色包括 blue、black、cyan、green、magenta、red、white 和 yellow
tag	字符串	—	""	允许用户自定义的标签参数	—
title	字符串	—	""	用于存放当前面板对象的标题文字	—
titleposition	字符串	centerbottom/ centertop/ leftbottom/ lefttop/ rightbottom/ righttop	lefttop	centerbottom 表示当前面板对象的标题文字显示在底部中心; centertop 表示当前面板对象的标题文字显示在顶部中心; leftbottom 表示当前面板对象的标题文字显示在底部左侧; lefttop 表示当前面板对象的标题文字显示在顶部左侧; rightbottom 表示当前面板对象的标题文字显示在底部右侧; righttop 表示当前面板对象的标题文字显示在顶部右侧	—
type	字符串	—	uipanel	面板对象的类名	只读参数
uicontextmenu	图形句柄	—	[](0x0)	和当前面板对象有关的 uicontextmenu 类型的图形句柄	—

续表

键 参 数	值参数类型	值参数选项	默认值参数	值参数含义	备 注
units	字符串	centimeters/ characters/ inches/ normalized/ pixels/ points	normalized	面板对象尺寸的计量单位	—
userdata	任意类型	—	[](0x0)	允许用户自定义的数据	—
visible	字符串	on/off	on	on 表示在屏幕上渲染当前面板对象,当前面板对象在屏幕上可见; off 表示在屏幕上不渲染当前面板对象,当前面板对象在屏幕上不可见	—

4.12 按钮组对象与句柄

4.12.1 按钮组对象

和面板对象的功能类似,按钮组对象是放置控制对象的容器。此外,按钮组对象可将一个或多个控制对象进行分组。

调用 uibuttongroup()函数可以构造一个按钮组对象。

(1) 如果当前按钮组对象所在的父对象已经存在,则当调用 uibuttongroup()函数时会在这个父对象上直接生成一个新的按钮组对象。

(2) 如果当前按钮组对象所在的图像对象不存在,则当调用 uibuttongroup()函数时会先新建一个图像对象,然后在这个图像对象上生成一个新的按钮组对象。

代码如下:

```
>> uibuttongroup
```

💡注意:默认的按钮组对象和默认的面板对象从外表看起来是一样的。

4.12.2 按钮组对象句柄

通过 uibuttongroup()函数的返回值可以获得当前按钮组对象句柄,代码如下:

```
>> uib = uibuttongroup
uib = - 43.907
```

通过 findobj()或 findall()函数的返回值可以获得全部按钮组对象句柄,代码如下:

```
>> findobj('type', 'uibuttongroup')
ans =

    - 43.9068
```

```
      - 5.6879
      - 6.3540
```

4.12.3 默认按钮组对象属性

默认按钮组对象属性如表 4-12 所示。

表 4-12 默认按钮组对象属性

键 参 数	值参数类型	值参数选项	默认值参数	值参数含义	备 注
backgroundcolor	颜色协议	—	[0.9400 0.9400 0.9400]	此参数表示当前按钮组对象的背景颜色	可以使用三元组颜色。三元组颜色规定为一个 1×3 矩阵，矩阵中的每个分量代表颜色的 R、G、B 分量，每个分量的值的范围是一个 0～1 的 double 数字；可以使用字符串表示常用颜色。常用颜色包括 blue、black、cyan、green、magenta、red、white 和 yellow
beingdeleted	字符串	on/off	off	—	—
bordertype	字符串	beveledin/ beveledout/ etchedin/ etchedout/ line/none	etchedin	表示当前按钮组对象的边框风格	有些桌面程序没有面板边框的概念。考虑到应用跨平台的一致性，不建议使用 bordertype
borderwidth	—	—	1	—	—
busyaction	字符串	cancel/ queue	queue	如果一个回调函数想要中断这个按钮组对象，并且将这个按钮组对象的 busyaction 设置为 cancel，则立刻取消这个中断请求；如果一个回调函数想要中断这个按钮组对象，并且将这个按钮组对象的 busyaction 设置为 queue，则将这个中断请求放入中断队列	该参数只在 interruptible 被设置为 off 时才生效
buttondownfcn	字符串/函数句柄	—	[](0x0)	按下键盘或单击鼠标时调用的回调函数	—
children	图形句柄向量	—	[](0x1)	表示当前按钮组对象的子对象	只读参数

续表

键　参　数	值参数类型	值参数选项	默认值参数	值参数含义	备　　注
clipping	字符串	on/off	on	on 表示当前按钮组对象将被裁剪至当前按钮组对象的父轴对象的 limit 范围之内；off 表示当前按钮组对象允许超越当前按钮组对象的父轴对象的 limit 范围	—
createfcn	字符串/函数句柄	—	[](0x0)	在按钮组对象创建完成后立刻执行的回调函数	—
deletefcn	字符串/函数句柄	—	[](0x0)	在按钮组对象删除前立刻执行的回调函数	—
fontangle	字符串	italic/normal/oblique	normal	normal 表示当前按钮组对象中的字体不是斜体；italic 表示当前按钮组对象中的字体是斜体；oblique 表示当前按钮组对象中的字体是另一种斜体	—
fontname	字符串	—	*	表示当前按钮组对象中的字体名	* 代表任意字体，并且优先考虑 Sans Serif 字体；在 Linux 之外的操作系统上不要修改 fontname 的值，因为在 Linux 之外的操作系统上的字体缓存是在 Octave 软件安装时才建立的；在 Linux 操作系统上修改 fontname 的值之后，如果要使用新的字体，则需要手动重建字体缓存，新的字体才能正确显示
fontsize	数字	—	10	表示当前按钮组对象中的字体大小	—
fontunits	字符串	centimeters/inches/normalized/pixels/points	points	字体大小的计量单位	—

键 参 数	值参数类型	值参数选项	默认值参数	值参数含义	备 注
fontweight	字符串	bold/ normal	normal	normal 表示当前按钮组对象中的字体不是粗体；bold 表示当前按钮组对象中的字体是粗体	—
foregroundcolor	颜色协议	—	[0 0 0]	此参数表示当前按钮组对象的前景颜色	可以使用三元组颜色。三元组颜色规定为一个 1×3 矩阵，矩阵中的每个分量代表颜色的 R、G、B 分量，每个分量的值的范围是一个 0~1 的 double 数字；可以使用字符串表示常用颜色。常用颜色包括 blue、black、cyan、green、magenta、red、white 和 yellow
handlevisibility	字符串	callback/ on/off	on	on 表示当前按钮组对象会出现在它们父对象的 children 值参数之内；off 表示当前按钮组对象不会出现在它们父对象的 children 值参数之内	—
highlightcolor	颜色协议	—	[1 1 1]	此参数表示当前按钮组对象的高亮颜色	可以使用三元组颜色。三元组颜色规定为一个 1×3 矩阵，矩阵中的每个分量代表颜色的 R、G、B 分量，每个分量的值的范围是一个 0~1 的 double 数字；可以使用字符串表示常用颜色。常用颜色包括 blue、black、cyan、green、magenta、red、white 和 yellow
hittest	字符串	on/off	on	on 表示当前按钮组对象会将鼠标单击操作传递给父对象进行处理；off 表示当前按钮组对象会自行处理鼠标单击操作，不传递给父对象进行处理	—

键　参　数	值参数类型	值参数选项	默认值参数	值参数含义	备　注
interruptible	字符串	on/off	on	on 表示当前按钮组对象的回调函数可被其他回调函数中断； off 表示当前按钮组对象的回调函数不能被其他回调函数中断	—
parent	图形句柄	—	0	按钮组对象的父对象句柄	—
pickableparts	字符串	all/ none/ visible	visible	用于描述当前按钮组对象是否支持鼠标单击； all 表示当前按钮组对象的可见的部分和不可见的部分均支持鼠标单击； none 表示当前按钮组对象的可见的部分和不可见的部分均不支持鼠标单击； visible 表示只有当前按钮组对象的可见的部分才支持鼠标单击	—
position	四元矩阵	—	[0 0 1 1]	用于描述当前按钮组对象的位置和大小； 四元矩阵的第 1 个分量代表左下角点的横坐标； 四元矩阵的第 2 个分量代表左下角点的纵坐标； 四元矩阵的第 3 个分量代表宽度； 四元矩阵的第 4 个分量代表高度	—
resizefcn	字符串/函数句柄	—	[](0x0)	—	resizefcn 已经被弃用，应改用 sizechangedfcn
selected	字符串	on/off	off	—	—
selectedobject	矩阵	—	[](0x0)	用于存放当前按钮组对象处于选中状态的控制对象句柄	—
selectionchangedfcn	字符串/函数句柄	—	[](0x0)	用于存放当前按钮组对象的控制对象句柄的选中状态改变时调用的回调函数	—
selectionhighlight	字符串	on/off	on	—	—

键 参 数	值参数类型	值参数选项	默认值参数	值参数含义	备 注
shadowcolor	颜色协议	—	[0.7000 0.7000 0.7000]	此参数表示当前按钮组对象的阴影颜色	可以使用三元组颜色。三元组颜色规定为一个 1×3 矩阵，矩阵中的每个分量代表颜色的 R、G、B 分量，每个分量的值的范围是一个 0～1 的 double 数字；可以使用字符串表示常用颜色。常用颜色包括 blue、black、cyan、green、magenta、red、white 和 yellow
sizechangedfcn	字符串/函数句柄	—	[ ](0x0)	用于存放当前按钮组对象的尺寸改变时调用的回调函数	—
tag	字符串	—	""	允许用户自定义的标签参数	—
title	字符串	—	""	用于存放当前按钮组对象的标题文字	—
titleposition	字符串	centerbottom/centertop/leftbottom/lefttop/rightbottom/righttop	lefttop	centerbottom 表示当前按钮组对象的标题文字显示在底部中心；centertop 表示当前按钮组对象的标题文字显示在顶部中心；leftbottom 表示当前按钮组对象的标题文字显示在底部左侧；lefttop 表示当前按钮组对象的标题文字显示在顶部左侧；rightbottom 表示当前按钮组对象的标题文字显示在底部右侧；righttop 表示当前按钮组对象的标题文字显示在顶部右侧	—
type	字符串	—	uibuttongroup	按钮组对象的类名	只读参数
uicontextmenu	图形句柄	—	[ ](0x0)	和当前按钮组对象有关的 uicontextmenu 类型的图形句柄	—

续表

键 参 数	值参数类型	值参数选项	默认值参数	值参数含义	备 注
units	字符串	centimeters/ characters/ inches/ normalized/ pixels/ points	normalized	按钮组对象尺寸的计量单位	—
userdata	任意类型	—	[](0x0)	允许用户自定义的数据	—
visible	字符串	on/off	on	on 表示在屏幕上渲染当前按钮组对象,当前按钮组对象在屏幕上可见; off 表示在屏幕上不渲染当前按钮组对象,当前按钮组对象在屏幕上不可见	—

4.13 控制对象与句柄

4.13.1 控制对象

控制对象的作用是向用户提供一系列的交互操作。

调用 uicontrol()函数可以构造一个控制对象。

(1) 如果当前控制对象所在的父对象已经存在,则当调用 uicontrol()函数时会在这个父对象上直接生成一个新的控制对象。

(2) 如果当前不存在图像对象,则当调用 uicontrol()函数时会先新建一个图像对象,然后在这个图像对象上生成一个新的控制对象。

代码如下:

```
>> uicontrol
```

4.13.2 控制对象句柄

通过 uicontrol()函数的返回值可以获得当前控制对象句柄,代码如下:

```
>> uic = uicontrol
uic = - 45.126
```

通过 findobj()或 findall()函数的返回值可以获得全部控制对象句柄,代码如下:

```
>> findobj('type', 'uicontrol')
ans =

  - 45.1261
  - 44.1032
  - 7.6400
```

4.13.3 默认控制对象属性

默认控制对象属性如表 4-13 所示。

表 4-13   默认控制对象属性

键 参 数	值参数类型	值参数选项	默认值参数	值参数含义	备 注
backgroundcolor	颜色协议	—	[0.9400 0.9400 0.9400]	此参数表示当前控制对象的背景颜色	可以使用三元组颜色。三元组颜色规定为一个 1×3 矩阵,矩阵中的每个分量代表颜色的 R、G、B 分量,每个分量的值的范围是一个 0~1 的 double 数字;可以使用字符串表示常用颜色。常用颜色包括 blue、black、cyan、green、magenta、red、white 和 yellow
beingdeleted	字符串	on/off	off	—	—
busyaction	字符串	cancel/ queue	queue	如果一个回调函数想要中断这个控制对象,并且将这个控制对象的 busyaction 设置为 cancel,则立刻取消这个中断请求;如果一个回调函数想要中断这个控制对象,并且将这个控制对象的 busyaction 设置为 queue,则将这个中断请求放入中断队列	该 参 数 只 在 interruptible 被设置为 off 时才生效
buttondownfcn	字 符 串/函数句柄	—	[](0x0)	键盘或单击鼠标时调用的回调函数	—
callback	字 符 串/函数句柄	—	[](0x0)	控制对象时调用的回调函数	—
cdata	矩阵	—	[](0x0)	—	—
children	图形句柄向量	—	[](0x1)	表示当前控制对象的子对象	只读参数
clipping	字符串	on/off	on	on 表示当前控制对象将被裁剪至当前控制对象的父轴对象的 limit 范围之内;off 表示当前控制对象允许超越当前控制对象的父轴对象的 limit 范围	—
createfcn	字 符 串/函数句柄	—	[](0x0)	在控制对象创建完成后立刻执行的回调函数	—
deletefcn	字 符 串/函数句柄	—	[](0x0)	在控制对象删除前立刻执行的回调函数	—

续表

键　参　数	值参数类型	值参数选项	默认值参数	值参数含义	备　注
fontangle	字符串	italic/ normal/ oblique	normal	normal 表示当前控制对象中的字体不是斜体；italic 表示当前控制对象中的字体是斜体；oblique 表示当前控制对象中的字体是另一种斜体	—
fontname	字符串	—	*	表示当前控制对象中的字体名	* 代表任意字体，并且优先考虑 Sans Serif 字体；在 Linux 之外的操作系统上不要修改 fontname 的值，因为在 Linux 之外的操作系统上的字体缓存是在 Octave 软件安装时才建立的；在 Linux 操作系统上修改 fontname 的值之后，如果要使用新的字体，则需要手动重建字体缓存，新的字体才能正确显示
fontsize	数字	—	10	表示当前控制对象中的字体大小	—
fontunits	字符串	centimeters/ inches/ normalized/ pixels/ points	points	字体大小的计量单位	—
fontweight	字符串	bold/ normal	normal	normal 表示当前控制对象中的字体不是粗体；bold 表示当前控制对象中的字体是粗体	—
foregroundcolor	颜色协议	—	[0 0 0]	此参数表示当前控制对象的前景颜色	可以使用三元组颜色。三元组颜色规定为一个 1×3 矩阵，矩阵中的每个分量代表颜色的 R、G、B 分量，每个分量的值的范围是一个 0~1 的 double 数字；可以使用字符串表示常用颜色。常用颜色包括 blue、black、cyan、green、magenta、red、white 和 yellow

续表

键 参 数	值参数类型	值参数选项	默认值参数	值参数含义	备 注
handlevisibility	字符串	callback/on/off	on	on 表示当前控制对象会出现在它们父对象的 children 值参数之内； off 表示当前控制对象不会出现.在它们父对象的 children 值参数之内	—
highlightcolor	颜色协议	—	[1 1 1]	此参数表示当前控制对象的高亮颜色	可以使用三元组颜色。三元组颜色规定为一个 1×3 矩阵，矩阵中的每个分量代表颜色的 R、G、B 分量,每个分量的值的范围是一个 0～1 的 double 数字； 可以使用字符串表示常用颜色。常用颜色包括 blue、black、cyan、green、magenta、red、white 和 yellow
hittest	字符串	on/off	on	on 表示当前控制对象会将鼠标单击操作传递给父对象进行处理； off 表示当前控制对象会自行处理鼠标单击操作,不传递给父对象进行处理	—
interruptible	字符串	on/off	on	on 表示当前控制对象的回调函数可被其他回调函数中断； off 表示当前控制对象的回调函数不能被其他回调函数中断	—
parent	图形句柄	—	0	控制对象的父对象句柄	—
pickableparts	字符串	all/none/visible	visible	用于描述当前控制对象是否支持鼠标单击； all 表示当前控制对象的可见的部分和不可见的部分均支持鼠标单击； none 表示当前控制对象的可见的部分和不可见的部分均不支持鼠标单击； visible 表示只有当前控制对象的可见的部分才支持鼠标单击	—

键　参　数	值参数类型	值参数选项	默认值参数	值参数含义	备　　注
position	四元矩阵	—	[0 0 1 1]	用于描述当前控制对象的位置和大小； 四元矩阵的第 1 个分量代表左下角点的横坐标； 四元矩阵的第 2 个分量代表左下角点的纵坐标； 四元矩阵的第 3 个分量代表宽度； 四元矩阵的第 4 个分量代表高度	—
resizefcn	字符串/函数句柄	—	[](0x0)	—	resizefcn 已经被弃用，应改用 sizechangedfcn
selected	字符串	on/off	off	—	—
selectedobject	矩阵	—	[](0x0)	用于存放当前控制对象处于选中状态的控制对象句柄	—
selectionchangedfcn	字符串/函数句柄	—	[](0x0)	用于存放当前控制对象的控制对象句柄的选中状态改变时调用的回调函数	—
selectionhighlight	字符串	on/off	on	—	—
shadowcolor	颜色协议	—	[0.7000 0.7000 0.7000]	此参数表示当前控制对象的阴影颜色	可以使用三元组颜色。三元组颜色规定为一个 1×3 矩阵，矩阵中的每个分量代表颜色的 R、G、B 分量，每个分量的值的范围是一个 0～1 的 double 数字； 可以使用字符串表示常用颜色。常用颜色包括 blue、black、cyan、green、magenta、red、white 和 yellow
sizechangedfcn	字符串/函数句柄	—	[](0x0)	用于存放当前控制对象的尺寸改变时调用的回调函数	—
tag	字符串	—	""	允许用户自定义的标签参数	—
title	字符串	—	""	用于存放当前控制对象的标题文字	—

键　参　数	值参数类型	值参数选项	默认值参数	值参数含义	备　注
titleposition	字符串	centerbo-ttom/centertop/leftbottom/lefttop/rightbo-ttom/righttop	lefttop	centerbottom 表示当前控制对象的标题文字显示在底部中心； centertop 表示当前控制对象的标题文字显示在顶部中心； leftbottom 表示当前控制对象的标题文字显示在底部左侧； lefttop 表示当前控制对象的标题文字显示在顶部左侧； rightbottom 表示当前控制对象的标题文字显示在底部右侧； righttop 表示当前控制对象的标题文字显示在顶部右侧	—
type	字符串	—	uicontrol	控制对象的类名	只读参数
uicontextmenu	图形句柄	—	[](0x0)	和当前控制对象有关的 uicontextmenu 类型的图形句柄	—
units	字符串	centime-ters/chara-cters/inches/normalized/pixels/points	normalized	控制对象尺寸的计量单位	—
userdata	任意类型	—	[](0x0)	允许用户自定义的数据	—
visible	字符串	on/off	on	on 表示在屏幕上渲染当前控制对象，当前控制对象在屏幕上可见； off 表示在屏幕上不渲染当前控制对象，当前控制对象在屏幕上不可见	—

4.14　表格对象与句柄

4.14.1　表格对象

调用 uitable()函数可以构造一个表格对象。

(1) 如果当前表格对象所在的父对象已经存在，则当调用 uitable()函数时会在这个父对象上直接生成一个新的表格对象。

(2) 如果当前不存在图像对象，则当调用 uitable()函数时会先新建一个图像对象，然后在这个图像对象上生成一个新的表格对象。

代码如下：

```
>> uitable
```

默认的表格对象如图 4-9 所示。

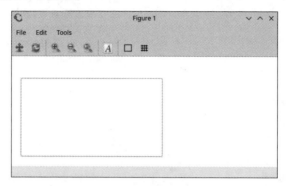

图 4-9　默认的表格对象

4.14.2　表格对象句柄

通过 uitable()函数的返回值可以获得当前表格对象句柄,代码如下:

```
>> uitb = uitable
uitb = - 1.6677
```

通过 findobj()或 findall()函数的返回值可以获得全部表格对象句柄,代码如下:

```
>> findobj('type', 'uitable')
ans = - 1.6677
```

4.14.3　默认表格对象属性

默认表格对象属性如表 4-14 所示。

表 4-14　默认表格对象属性

键 参 数	值参数类型	值参数选项	默认值参数	值参数含义	备 注
backgroundcolor	颜色协议	—	[0.9400 0.9400 0.9400]	此参数表示当前表格对象的背景颜色	可以使用三元组颜色。三元组颜色规定为一个 1×3 矩阵,矩阵中的每个分量代表颜色的 R、G、B 分量,每个分量的值的范围是一个 0~1 的 double 数字;可以使用字符串表示常用颜色。常用颜色包括 blue、black、cyan、green、magenta、red、white 和 yellow

续表

键 参 数	值参数类型	值参数选项	默认值参数	值参数含义	备 注
beingdeleted	字符串	on/off	off	—	—
busyaction	字符串	cancel/queue	queue	如果一个回调函数想要中断这个表格对象，并且将这个表格对象的 busyaction 设置为 cancel，则立刻取消这个中断请求；如果一个回调函数想要中断这个表格对象，并且将这个表格对象的 busyaction 设置为 queue，则将这个中断请求放入中断队列	该参数只在 interruptible 被设置为 off 时才生效
buttondownfcn	字符串/函数句柄	—	[](0x0)	按下键盘或单击鼠标时调用的回调函数	—
celleditcallback	字符串/函数句柄	—	[](0x0)	修改表格对象的单元格时调用的回调函数	—
cellselectioncall-back	字符串/函数句柄	—	[](0x0)	选中表格对象的单元格时调用的回调函数	—
children	图形句柄向量	—	[](0x1)	表示当前表格对象的子对象	只读参数
clipping	字符串	on/off	on	on 表示当前表格对象将被裁剪至当前表格对象的父轴对象的 limit 范围之内；off 表示当前表格对象允许超越当前表格对象的父轴对象的 limit 范围	—
columneditable	逻辑矩阵	—	[](0x0)	表示当前表格对象中的每列是否可以被编辑；如果要指定是否可以被编辑，则表格有多少列矩阵就必须有几个分量，并且矩阵的 true 分量代表当前表格对象中对应的那一列可以被编辑，false 分量代表当前表格对象中对应的那一列不可以被编辑	—
columnformat	矩阵	—	[](0x0)	表示当前表格对象中的每列的数据格式	—

续表

键 参 数	值参数类型	值参数选项	默认值参数	值参数含义	备 注
columnname	字符串/字符串元胞	numbered/其他字符串	numbered	表示当前表格对象中的每列的列名；如果使用字符串元胞指定列名,则此时表格有多少元胞分量就必须有几个分量；特别地,如果使用 numbered 指定列名,则此时表格将把列号作为列名	—
columnwidth	字符串/元胞	auto	auto	表示当前表格对象中的每列的列宽；如果使用 auto 指定列宽,则每列均为自动列宽；如果使用元胞指定列宽,则此时表格有多少列元胞就必须有几个分量；若元胞中的分量均为数字,则代表将当前表格对象中的每列的列宽设置为这些分量表示的像素数量；若元胞中的分量均为 auto,则等效于使用 auto 指定列宽	—
createfcn	字符串/函数句柄	—	[](0x0)	在表格对象创建完成后立刻执行的回调函数	—
data	矩阵/元胞	—	[](0x0)	表示当前表格对象中的按行和列排列的数据	—
deletefcn	字符串/函数句柄	—	[](0x0)	在表格对象删除前立刻执行的回调函数	—
enable	字符串	on/off	on	on 表示当前表格对象处于启用状态；off 表示当前表格对象处于禁用状态	—
extent	—	—	四元矩阵	—	只读参数
fontangle	字符串	italic/normal/oblique	normal	normal 表示当前表格对象中的字体不是斜体；italic 表示当前表格对象中的字体是斜体；oblique 表示当前表格对象中的字体是另一种斜体	—

续表

键 参 数	值参数类型	值参数选项	默认值参数	值参数含义	备 注
fontname	字符串	—	*	表示当前表格对象中的字体名	*代表任意字体,并且优先考虑 Sans Serif 字体;在 Linux 之外的操作系统上不要修改 fontname 的值,因为在 Linux 之外的操作系统上的字体缓存是在 Octave 软件安装时才建立的;在 Linux 操作系统上修改 fontname 的值之后,如果要使用新的字体,则需要手动重建字体缓存,新的字体才能正确显示
fontsize	数字	—	10	表示当前表格对象中的字体大小	—
fontunits	字符串	centimeters/ inches/ normalized/ pixels/ points	points	字体大小的计量单位	—
fontweight	字符串	bold/ normal	normal	normal 表示当前表格对象中的字体不是粗体;bold 表示当前表格对象中的字体是粗体	—
foregroundcolor	颜色协议	—	[0 0 0]	此参数表示当前表格对象的前景颜色	可以使用三元组颜色。三元组颜色规定为一个 1×3 矩阵,矩阵中的每个分量代表颜色的 R、G、B 分量,每个分量的值的范围是一个 0~1 的 double 数字;可以使用字符串表示常用颜色。常用颜色包括 blue、black、cyan、green、magenta、red、white 和 yellow

续表

键 参 数	值参数类型	值参数选项	默认值参数	值参数含义	备 注
handlevisibility	字符串	callback/ on/off	on	on 表示当前表格对象会出现在它们父对象的 children 值参数之内； off 表示当前表格对象不会出现在它们父对象的 children 值参数之内	—
hittest	字符串	on/off	on	on 表示当前表格对象会将鼠标单击操作传递给父对象进行处理； off 表示当前表格对象会自行处理鼠标单击操作,不传递给父对象进行处理	—
interruptible	字符串	on/off	on	on 表示当前表格对象的回调函数可被其他回调函数中断； off 表示当前表格对象的回调函数不能被其他回调函数中断	—
keypressfcn	字符串/函数句柄	—	[](0x0)	按下键盘时调用的回调函数； 特别地,可以在调用回调函数时捕获触发回调函数的按键	—
keyreleasefcn	字符串/函数句柄	—	[](0x0)	松开键盘时调用的回调函数； 特别地,可以在调用回调函数时捕获触发回调函数的按键	—
parent	图形句柄	—	0	表格对象的父对象句柄	—
pickableparts	字符串	all/ none/ visible	visible	用于描述当前表格对象是否支持鼠标单击； all 表示当前表格对象的可见的部分和不可见的部分均支持鼠标单击； none 表示当前表格对象的可见的部分和不可见的部分均不支持鼠标单击； visible 表示只有当前表格对象的可见的部分才支持鼠标单击	—

键　参　数	值参数类型	值参数选项	默认值参数	值参数含义	备　注
position	四元矩阵	—	〔 20　20 300 300〕	用于描述当前表格对象的位置和大小； 四元矩阵的第 1 个分量代表左下角点的横坐标； 四元矩阵的第 2 个分量代表左下角点的纵坐标； 四元矩阵的第 3 个分量代表宽度； 四元矩阵的第 4 个分量代表高度	—
rearrangeablecolumns	字符串	on/off	off	on 表示当前表格对象可以用拖放的方式改变列的顺序； off 表示当前表格对象不可以用拖放的方式改变列的顺序	—
rowname	字符串/字符串元胞	numbered/其他字符串	numbered	表示当前表格对象中的每行的行名； 如果使用字符串元胞指定行名，则此时表格有多少元胞分量就必须有几个分量； 特别地，如果使用 numbered 指定行名，则此时表格将把行号作为行名	—
rowstriping	字符串	on/off	on	on 表示当前表格对象启用行尾修剪； off 表示当前表格对象禁用行尾修剪	—
selected	字符串	on/off	off	—	—
selectionhighlight	字符串	on/off	on	—	—
tag	字符串	—	""	允许用户自定义的标签参数	—
tooltipstring	字符串	—	""	表示当前表格对象的帮助文字	—
type	字符串	—	uitable	表格对象的类名	只读参数
uicontextmenu	图形句柄	—	[ ](0x0)	和当前表格对象有关的 uicontextmenu 类型的图形句柄	—

续表

键　参　数	值参数类型	值参数选项	默认值参数	值参数含义	备　注
units	字符串	centimeters/ characters/ inches/ normalized/ pixels/ points	pixels	表格对象尺寸的计量单位	—
userdata	任意类型	—	[](0x0)	允许用户自定义的数据	—
visible	字符串	on/off	on	on 表示在屏幕上渲染当前表格对象,当前表格对象在屏幕上可见; off 表示在屏幕上不渲染当前表格对象,当前表格对象在屏幕上不可见	—

4.15　菜单对象与句柄

4.15.1　菜单对象

调用 uimenu()函数可以构造一个菜单对象。

(1) 如果当前菜单对象所在的父对象已经存在,则当调用 uimenu()函数时会在这个父对象上直接生成一个新的菜单对象。

(2) 如果当前不存在菜单对象,则当调用 uimenu()函数时会先新建一个图像对象,然后在这个图像对象上生成一个新的菜单对象。

代码如下:

```
>> uimenu
```

💡注意:默认的菜单对象和默认的图像对象从外表看起来是一样的。

4.15.2　菜单对象句柄

通过 uimenu()函数的返回值可以获得当前菜单对象句柄,代码如下:

```
>> uim = uimenu
uim = - 35.524
```

通过 findobj()或 findall()函数的返回值可以获得全部菜单对象句柄,代码如下:

```
>> findobj('type', 'uimenu')
ans = - 35.524
```

4.15.3　默认菜单对象属性

默认菜单对象属性如表 4-15 所示。

表 4-15 默认菜单对象属性

键 参 数	值参数类型	值参数选项	默认值参数	值参数含义	备 注
accelerator	字符串	—	""	表示当前菜单对象的菜单入口的快速执行按键	同时在键盘上按下 Ctrl＋accelerator 指定的按键,可以直接打开此菜单
beingdeleted	字符串	on/off	off	—	—
busyaction	字符串	cancel/queue	queue	如果一个回调函数想要中断这个菜单对象,并且将这个菜单对象的 busyaction 设置为 cancel,则立刻取消这个中断请求; 如果一个回调函数想要中断这个菜单对象,并且将这个菜单对象的 busyaction 设置为 queue,则将这个中断请求放入中断队列	该参数只在 interruptible 被设置为 off 时才生效
buttondownfcn	字符串/函数句柄	—	[ ](0x0)	按下键盘或单击鼠标时调用的回调函数	—
callback	字符串/函数句柄	—	[ ](0x0)	执行当前菜单对象的菜单入口时调用的回调函数	—
checked	字符串	on/off	off	用于标记当前菜单对象的菜单入口的执行状态	—
children	图形句柄向量	—	[ ](0x1)	表示当前菜单对象的子对象	只读参数
clipping	字符串	on/off	on	on 表示当前菜单对象将被裁剪至当前菜单对象的父轴对象的 limit 范围之内; off 表示当前菜单对象允许超越当前菜单对象的父轴对象的 limit 范围	—
createfcn	字符串/函数句柄	—	[ ](0x0)	在菜单对象创建完成后立刻执行的回调函数	—
deletefcn	字符串/函数句柄	—	[ ](0x0)	在菜单对象删除前立刻执行的回调函数	—
enable	字符串	on/off	on	on 表示当前菜单对象处于启用状态; off 表示当前菜单对象处于禁用状态	—

续表

键 参 数	值参数类型	值参数选项	默认值参数	值参数含义	备 注
foregroundcolor	颜色协议	—	[0 0 0]	此参数表示当前菜单对象的前景颜色	可以使用三元组颜色。三元组颜色规定为一个 1×3 矩阵,矩阵中的每个分量代表颜色的 R、G、B 分量,每个分量的值的范围是一个 0~1 的 double 数字;可以使用字符串表示常用颜色。常用颜色包括 blue、black、cyan、green、magenta、red、white 和 yellow
handlevisibility	字符串	callback/on/off	on	on 表示当前菜单对象会出现在它们父对象的 children 值参数之内;off 表示当前菜单对象不会出现在它们父对象的 children 值参数之内	—
hittest	字符串	on/off	on	on 表示当前菜单对象会将鼠标单击操作传递给父对象进行处理;off 表示当前菜单对象会自行处理鼠标单击操作,不传递给父对象进行处理	—
interruptible	字符串	on/off	on	on 表示当前菜单对象的回调函数可被其他回调函数中断;off 表示当前菜单对象的回调函数不能被其他回调函数中断	—
label	字符串	—	""	表示当前菜单对象的菜单入口的标签字符串	可以在 label 的值中放入 & 符号,表示前面的字符串部分是 accelerator 表示的按键
parent	图形句柄	—	0	菜单对象的父对象句柄	—

续表

键　参　数	值参数类型	值参数选项	默认值参数	值参数含义	备　注
pickableparts	字符串	all/ none/ visible	visible	用于描述当前菜单对象是否支持鼠标单击； all 表示当前菜单对象的可见的部分和不可见的部分均支持鼠标单击； none 表示当前菜单对象的可见的部分和不可见的部分均不支持鼠标单击； visible 表示只有当前菜单对象的可见的部分才支持鼠标单击	—
position	数字	—	4	表示当前菜单对象的相对菜单位置	—
selected	字符串	on/off	off	—	—
selectionhighlight	字符串	on/off	on	—	—
separator	字符串	on/off	off	on 表示当前菜单对象的当前位置上方有额外的画线； off 表示当前菜单对象的当前位置上方没有额外的画线	—
tag	字符串	—	""	允许用户自定义的标签参数	—
type	字符串	—	uimenu	菜单对象的类名	只读参数
uicontextmenu	图形句柄	—	[](0x0)	和当前菜单对象有关的 uicontextmenu 类型的图形句柄	—
userdata	任意类型	—	[](0x0)	允许用户自定义的数据	—
visible	字符串	on/off	on	on 表示在屏幕上渲染当前菜单对象，当前菜单对象在屏幕上可见； off 表示在屏幕上不渲染当前菜单对象，当前菜单对象在屏幕上不可见	—

4.16　上下文菜单对象与句柄

4.16.1　上下文菜单对象

调用 uicontextmenu()函数可以构造一个上下文菜单对象。

（1）如果当前上下文菜单对象所在的父对象已经存在，则当调用 uicontextmenu()函数时会在这个父对象上直接生成一个新的上下文菜单对象。

（2）如果当前不存在父对象，则当调用 uicontextmenu()函数时会先新建一个图像对象，然后在这个图像对象上生成一个新的上下文菜单对象。

代码如下：

```
>> uicontextmenu
```

💡 **注意**：默认的上下文菜单对象和默认的菜单对象从外表看起来是一样的。

4.16.2　上下文菜单对象句柄

通过 uicontextmenu()函数的返回值可以获得当前上下文菜单对象句柄，代码如下：

```
>> uicm = uicontextmenu
uicm = - 1.6677
```

通过 findobj()或 findall()函数的返回值可以获得全部上下文菜单对象句柄，代码如下：

```
>> findobj('type', 'uicontextmenu')
ans = - 1.6677
```

4.16.3　默认上下文菜单对象属性

默认上下文菜单对象属性如表 4-16 所示。

表 4-16　默认上下文菜单对象属性

键　参　数	值参数类型	值参数选项	默认值参数	值参数含义	备　注
beingdeleted	字符串	on/off	off	—	—
busyaction	字符串	cancel/ queue	queue	如果一个回调函数想要中断这个上下文菜单对象，并且将这个上下文菜单对象的 busyaction 设置为 cancel，则立刻取消这个中断请求； 如果一个回调函数想要中断这个上下文菜单对象，并且将这个上下文菜单对象的 busyaction 设置为 queue，则将这个中断请求放入中断队列	该参数只在 interruptible 被设置为 off 时才生效
buttondownfcn	字符串/函数句柄	—	[](0x0)	按下键盘或单击鼠标时调用的回调函数	—
callback	字符串/函数句柄	—	[](0x0)	执行当前上下文菜单对象调用的回调函数	—
children	图形句柄向量	—	[](0x1)	表示当前上下文菜单对象的子对象	只读参数

键　参　数	值参数类型	值参数选项	默认值参数	值参数含义	备　注
clipping	字符串	on/off	on	on 表示当前上下文菜单对象将被裁剪至当前上下文菜单对象的父轴对象的 limit 范围之内； off 表示当前上下文菜单对象允许超越当前上下文菜单对象的父轴对象的 limit 范围	—
createfcn	字符串/函数句柄	—	[](0x0)	在上下文菜单对象创建完成后立刻执行的回调函数	—
deletefcn	字符串/函数句柄	—	[](0x0)	在上下文菜单对象删除前立刻执行的回调函数	—
handlevisibility	字符串	callback/on/off	on	on 表示当前上下文菜单对象会出现在它们父对象的 children 值参数之内； off 表示当前上下文菜单对象不会出现在它们父对象的 children 值参数之内	—
hittest	字符串	on/off	on	on 表示当前上下文菜单对象会将鼠标单击操作传递给父对象进行处理； off 表示当前上下文菜单对象会自行处理鼠标单击操作，不传递给父对象进行处理	—
interruptible	字符串	on/off	on	on 表示当前上下文菜单对象的回调函数可被其他回调函数中断； off 表示当前上下文菜单对象的回调函数不能被其他回调函数中断	—
parent	图形句柄	—	0	上下文菜单对象的父对象句柄	—
pickableparts	字符串	all/none/visible	visible	用于描述当前上下文菜单对象是否支持鼠标单击； all 表示当前上下文菜单对象的可见的部分和不可见的部分均支持鼠标单击； none 表示当前上下文菜单对象的可见的部分和不可见的部分均不支持鼠标单击； visible 表示只有当前上下文菜单对象的可见的部分才支持鼠标单击	—

续表

键　参　数	值参数类型	值参数选项	默认值参数	值参数含义	备　注
position	数字	—	[0 0]	表示当前上下文菜单对象的位置	—
selected	字符串	on/off	off	—	—
selectionhighlight	字符串	on/off	on	—	—
tag	字符串	—	""	允许用户自定义的标签参数	—
type	字符串	—	uicontext-menu	上下文菜单对象的类名	只读参数
uicontextmenu	图形句柄	—	[](0x0)	和当前上下文菜单对象有关的 uicontextmenu 类型的图形句柄	
userdata	任意类型	—	[](0x0)	允许用户自定义的数据	—
visible	字符串	on/off	on	on 表示在屏幕上渲染当前上下文菜单对象,当前上下文菜单对象在屏幕上可见; off 表示在屏幕上不渲染当前上下文菜单对象,当前上下文菜单对象在屏幕上不可见	

4.17　工具栏对象与句柄

4.17.1　工具栏对象

调用 uitoolbar()函数可以构造一个工具栏对象。

（1）如果当前工具栏对象所在的图像对象已经存在,则当调用 uitoolbar()函数时会在这个图像对象上直接生成一个新的工具栏对象。

（2）如果当前不存在父对象,则当调用 uitoolbar()函数时会先新建一个图像对象,然后在这个图像对象上生成一个新的工具栏对象。

代码如下:

```
>> uitoolbar
```

默认的工具栏对象如图 4-10 所示。

4.17.2　工具栏对象句柄

通过 uimenu()函数的返回值可以获得当前工具栏对象句柄,代码如下:

```
>> uit = uitoolbar
uit = - 1.6677
```

通过 findobj()或 findall()函数的返回值可以获得全部工具栏对象句柄,代码如下:

```
>> findobj('type', 'uitoolbar')
ans = - 1.6677
```

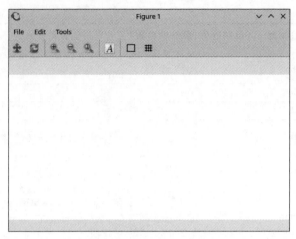

图 4-10　默认的工具栏对象

4.17.3　默认工具栏对象属性

默认工具栏对象属性如表 4-17 所示。

表 4-17　默认工具栏对象属性

键　参　数	值参数类型	值参数选项	默认值参数	值参数含义	备　注
beingdeleted	字符串	on/off	off	—	—
busyaction	字符串	cancel/ queue	queue	如果一个回调函数想要中断这个工具栏对象，并且将这个工具栏对象的 busyaction 设置为 cancel，则立刻取消这个中断请求； 如果一个回调函数想要中断这个工具栏对象，并且将这个工具栏对象的 busyaction 设置为 queue，则将这个中断请求放入中断队列	该 参 数 只 在 interruptible 被设置 为 off 时 才生效
buttondownfcn	字符串/函数句柄	—	[](0x0)	按下键盘或单击鼠标时调用的回调函数	—
children	图形句柄向量	—	[](0x1)	表示当前工具栏对象的子对象	只读参数
clipping	字符串	on/off	on	on 表示当前工具栏对象将被裁剪至当前工具栏对象的父轴对象的 limit 范围之内； off 表示当前工具栏对象允许超越当前工具栏对象的父轴对象的 limit 范围	—
createfcn	字符串/函数句柄	—	[](0x0)	在工具栏对象创建完成后立刻执行的回调函数	—

键 参 数	值参数类型	值参数选项	默认值参数	值参数含义	备 注
deletefcn	字符串/函数句柄	—	[ ](0x0)	在工具栏对象删除前立刻执行的回调函数	—
handlevisibility	字符串	callback/on/off	on	on 表示当前工具栏对象会出现在它们父对象的 children 值参数之内； off 表示当前工具栏对象不会出现在它们父对象的 children 值参数之内	—
hittest	字符串	on/off	on	on 表示当前工具栏对象会将鼠标单击操作传递给父对象进行处理； off 表示当前工具栏对象会自行处理鼠标单击操作,不传递给父对象进行处理	—
interruptible	字符串	on/off	on	on 表示当前工具栏对象的回调函数可被其他回调函数中断； off 表示当前工具栏对象的回调函数不能被其他回调函数中断	—
parent	图形句柄	—	0	工具栏对象的父对象句柄	—
pickableparts	字符串	all/none/visible	visible	用于描述当前工具栏对象是否支持鼠标单击； all 表示当前工具栏对象的可见的部分和不可见的部分均支持鼠标单击； none 表示当前工具栏对象的可见的部分和不可见的部分均不支持鼠标单击； visible 表示只有当前工具栏对象的可见的部分才支持鼠标单击	—
selected	字符串	on/off	off	—	—
selectionhighlight	字符串	on/off	on	—	—
tag	字符串	—	" "	允许用户自定义的标签参数	—
type	字符串	—	uitoolbar	工具栏对象的类名	只读参数
uicontextmenu	图形句柄	—	[ ](0x0)	和当前工具栏对象有关的 uicontextmenu 类型的图形句柄	—
userdata	任意类型	—	[ ](0x0)	允许用户自定义的数据	—

续表

键　参　数	值参数类型	值参数选项	默认值参数	值参数含义	备　注
visible	字符串	on/off	on	on 表示在屏幕上渲染当前工具栏对象,当前工具栏对象在屏幕上可见; off 表示在屏幕上不渲染当前工具栏对象,当前工具栏对象在屏幕上不可见	—

4.18　工具栏按钮对象与句柄

4.18.1　工具栏按钮对象

调用 uipushtool()函数可以构造一个工具栏按钮对象。

（1）如果当前工具栏按钮对象所在的父对象已经存在,则当调用 uipushtool()函数时会在这个父对象上直接生成一个新的工具栏按钮对象。

（2）如果当前不存在工具栏对象,则当调用 uipushtool()函数时会先新建一个工具栏对象,然后在这个工具栏对象上生成一个新的工具栏按钮对象。

代码如下:

```
>> uipushtool
```

💡注意:默认的工具栏按钮对象和默认的工具栏对象从外表看起来是一样的。

4.18.2　工具栏按钮对象句柄

通过 uipushtool()函数的返回值可以获得当前工具栏按钮对象句柄,代码如下:

```
>> uipb = uipushtool
uipb = -1.6411
```

通过 findobj()或 findall()函数的返回值可以获得全部工具栏按钮对象句柄,代码如下:

```
>> findobj('type', 'uipushtool')
ans = -1.6411
```

4.18.3　默认工具栏按钮对象属性

默认工具栏按钮对象属性如表 4-18 所示。

表 4-18　默认工具栏按钮对象属性

键　参　数	值参数类型	值参数选项	默认值参数	值参数含义	备　注
__named_icon__	字符串	—	""	—	—
beingdeleted	字符串	on/off	off	—	—

续表

键　参　数	值参数类型	值参数选项	默认值参数	值参数含义	备　　注
busyaction	字符串	cancel/ queue	queue	如果一个回调函数想要中断这个工具栏按钮对象,并且将这个工具栏按钮对象的 busyaction 设置为 cancel,则立刻取消这个中断请求; 如果一个回调函数想要中断这个工具栏按钮对象,并且将这个工具栏按钮对象的 busyaction 设置为 queue,则将这个中断请求放入中断队列	该参数只在 interruptible 被设置为 off 时才生效
buttondownfcn	字符串/函数句柄	—	[](0x0)	按下键盘或单击鼠标时调用的回调函数	—
cdata	矩阵	—	[](0x0)	表示当前工具栏按钮对象的位图数据	—
children	图形句柄向量	—	[](0x1)	表示当前工具栏按钮对象的子对象	只读参数
clickedcallback	字符串/函数句柄	—	[](0x0)	表示当前工具栏按钮对象按下按钮时的回调函数	—
clipping	字符串	on/off	on	on 表示当前工具栏按钮对象将被裁剪至当前工具栏按钮对象的父轴对象的 limit 范围之内; off 表示当前工具栏按钮对象允许超越当前工具栏按钮对象的父轴对象的 limit 范围	—
createfcn	字符串/函数句柄	—	[](0x0)	在工具栏按钮对象创建完成后立刻执行的回调函数	—
deletefcn	字符串/函数句柄	—	[](0x0)	在工具栏按钮对象删除前立刻执行的回调函数	—
enable	字符串	on/off	on	on 表示当前工具栏按钮对象的按钮可以被按下; off 表示当前工具栏按钮对象的按钮不可以被按下	—
handlevisibility	字符串	callback/ on/off	on	on 表示当前工具栏按钮对象会出现在它们父对象的 children 值参数之内; off 表示当前工具栏按钮对象不会出现在它们父对象的 children 值参数之内	—

键　参　数	值参数类型	值参数选项	默认值参数	值参数含义	备　注
hittest	字符串	on/off	on	on 表示当前工具栏按钮对象会将鼠标单击操作传递给父对象进行处理； off 表示当前工具栏按钮对象会自行处理鼠标单击操作，不传递给父对象进行处理	—
interruptible	字符串	on/off	on	on 表示当前工具栏按钮对象的回调函数可被其他回调函数中断； off 表示当前工具栏按钮对象的回调函数不能被其他回调函数中断	—
offcallback	字符串/函数句柄	—	[ ](0x0)	表示当前工具栏按钮对象按下按钮后状态为关时的回调函数	—
oncallback	字符串/函数句柄	—	[ ](0x0)	表示当前工具栏按钮对象按下按钮后状态为开时的回调函数	—
parent	图形句柄	—	0	工具栏按钮对象的父对象句柄	—
pickableparts	字符串	all/ none/ visible	visible	用于描述当前工具栏按钮对象是否支持鼠标单击； all 表示当前工具栏按钮对象的可见的部分和不可见的部分均支持鼠标单击； none 表示当前工具栏按钮对象的可见的部分和不可见的部分均不支持鼠标单击； visible 表示只有当前工具栏按钮对象的可见的部分才支持鼠标单击	—
selected	字符串	on/off	off	在工具栏按钮对象中不使用此参数	—
selectionhighlight	字符串	on/off	on	在工具栏按钮对象中不使用此参数	—
separator	字符串	on/off	off	on 表示当前工具栏按钮对象的当前位置旁边有额外的画线； off 表示当前工具栏按钮对象的当前位置旁边没有额外的画线	—
state	字符串	on/off	off	on 表示当前工具栏按钮对象的状态是开； off 表示当前工具栏按钮对象的状态是关	—
tag	字符串	—	" "	允许用户自定义的标签参数	—

续表

键　参　数	值参数类型	值参数选项	默认值参数	值参数含义	备　　注
tooltipstring	字符串	—	" "	表示工具栏按钮对象的帮助文字	—
type	字符串	—	uitoolbar	工具栏按钮对象的类名	只读参数
uicontextmenu	图形句柄	—	[ ](0x0)	和当前工具栏按钮对象有关的 uicontextmenu 类型的图形句柄	—
userdata	任意类型	—	[ ](0x0)	允许用户自定义的数据	—
visible	字符串	on/off	on	on 表示在屏幕上渲染当前工具栏按钮对象,当前工具栏按钮对象在屏幕上可见; off 表示在屏幕上不渲染当前工具栏按钮对象,当前工具栏按钮对象在屏幕上不可见	—

4.19　工具栏拨动开关对象与句柄

4.19.1　工具栏拨动开关对象

调用 uitoggletool()函数可以构造一个工具栏拨动开关对象。

（1）如果当前工具栏拨动开关对象所在的父对象已经存在,则当调用 uitoggletool()函数时会在这个父对象上直接生成一个新的工具栏拨动开关对象。

（2）如果当前不存在工具栏对象,则当调用 uitoggletool()函数时会先新建一个工具栏对象,然后在这个工具栏对象上生成一个新的工具栏拨动开关对象。

代码如下:

```
>> uitoggletool
```

💡注意:默认的工具栏拨动开关对象和默认的工具栏对象从外表看起来是一样的。

4.19.2　工具栏拨动开关对象句柄

通过 uitoggletool()函数的返回值可以获得当前工具栏拨动开关对象句柄,代码如下:

```
>> uito = uitoggletool
uito = -37.432
```

通过 findobj()或 findall()函数的返回值可以获得全部工具栏拨动开关对象句柄,代码如下:

```
>> findobj('type', 'uitoggletool')
ans = -37.432
```

4.19.3　默认工具栏拨动开关对象属性

默认工具栏拨动开关对象属性如表 4-19 所示。

表 4-19 默认工具栏拨动开关对象属性

键 参 数	值参数类型	值参数选项	默认值参数	值参数含义	备 注
__named_icon__	字符串	—	""	—	—
beingdeleted	字符串	on/off	off	—	—
busyaction	字符串	cancel/queue	queue	如果一个回调函数想要中断这个工具栏拨动开关对象，并且将这个工具栏拨动开关对象的 busyaction 设置为 cancel，则立刻取消这个中断请求；如果一个回调函数想要中断这个工具栏拨动开关对象，并且将这个工具栏拨动开关对象的 busyaction 设置为 queue，则将这个中断请求放入中断队列	该参数只在 interruptible 被设置为 off 时才生效
buttondownfcn	字符串/函数句柄	—	[](0x0)	按下键盘或单击鼠标时调用的回调函数	—
cdata	矩阵	—	[](0x0)	表示当前工具栏拨动开关对象的位图数据	—
children	图形句柄向量	—	[](0x1)	表示当前工具栏拨动开关对象的子对象	只读参数
clickedcallback	字符串/函数句柄	—	[](0x0)	表示当前工具栏拨动开关对象按下按钮时的回调函数	—
clipping	字符串	on/off	on	on 表示当前工具栏拨动开关对象将被裁剪至当前工具栏拨动开关对象的父轴对象的 limit 范围之内；off 表示当前工具栏拨动开关对象允许超越当前工具栏拨动开关对象的父轴对象的 limit 范围	—
createfcn	字符串/函数句柄	—	[](0x0)	在工具栏拨动开关对象创建完成后立刻执行的回调函数	—
deletefcn	字符串/函数句柄	—	[](0x0)	在工具栏拨动开关对象删除前立刻执行的回调函数	—
enable	字符串	on/off	on	on 表示当前工具栏拨动开关对象的按钮可以被按下；off 表示当前工具栏拨动开关对象的按钮不可以被按下	—
handlevisibility	字符串	callback/on/off	on	on 表示当前工具栏拨动开关对象会出现在它们父对象的 children 值参数之内；off 表示当前工具栏拨动开关对象不会出现在它们父对象的 children 值参数之内	—

键 参 数	值参数类型	值参数选项	默认值参数	值参数含义	备 注
hittest	字符串	on/off	on	on 表示当前工具栏拨动开关对象会将鼠标单击操作传递给父对象进行处理； off 表示当前工具栏拨动开关对象会自行处理鼠标单击操作,不传递给父对象进行处理	—
interruptible	字符串	on/off	on	on 表示当前工具栏拨动开关对象的回调函数可被其他回调函数中断； off 表示当前工具栏拨动开关对象的回调函数不能被其他回调函数中断	—
offcallback	字符串/函数句柄	—	[ ] (0x0)	表示当前工具栏拨动开关对象按下按钮后状态为关时的回调函数	—
oncallback	字符串/函数句柄	—	[ ] (0x0)	表示当前工具栏拨动开关对象按下按钮后状态为开时的回调函数	—
parent	图形句柄	—	0	工具栏拨动开关对象的父对象句柄	—
pickableparts	字符串	all/none/visible	visible	用于描述当前工具栏拨动开关对象是否支持鼠标单击； all 表示当前工具栏拨动开关对象的可见的部分和不可见的部分均支持鼠标单击； none 表示当前工具栏拨动开关对象的可见的部分和不可见的部分均不支持鼠标单击； visible 表示只有当前工具栏拨动开关对象的可见的部分才支持鼠标单击	—
selected	字符串	on/off	off	—	—
selectionhighlight	字符串	on/off	on	—	—
separator	字符串	on/off	off	on 表示当前工具栏拨动开关对象的当前位置旁边有额外的画线； off 表示当前工具栏拨动开关对象的当前位置旁边没有额外的画线	—
state	字符串	on/off	off	on 表示当前工具栏拨动开关对象的状态是开； off 表示当前工具栏拨动开关对象的状态是关	—

续表

键　参　数	值参数类型	值参数选项	默认值参数	值参数含义	备　注
tag	字符串	—	" "	允许用户自定义的标签参数	—
tooltipstring	字符串	—	" "	表示工具栏拨动开关对象的帮助文字	—
type	字符串	—	uitoolbar	工具栏拨动开关对象的类名	只读参数
uicontextmenu	图形句柄	—	[ ](0x0)	和当前工具栏拨动开关对象有关的 uicontextmenu 类型的图形句柄	—
userdata	任意类型	—	[ ](0x0)	允许用户自定义的数据	—
visible	字符串	on/off	on	on 表示在屏幕上渲染当前工具栏拨动开关对象,当前工具栏拨动开关对象在屏幕上可见; off 表示在屏幕上不渲染当前工具栏拨动开关对象,当前工具栏拨动开关对象在屏幕上不可见	—

4.20　控制复选框对象与句柄

4.20.1　控制复选框对象

控制复选框对象是复选框形态的控制对象。

当构造控制复选框对象时,需要在调用 uicontrol( )函数的基础上,追加 style＝checkbox 键-值对,代码如下:

```
>> uicontrol('style', 'checkbox')
```

默认的控制复选框对象如图 4-11 所示。

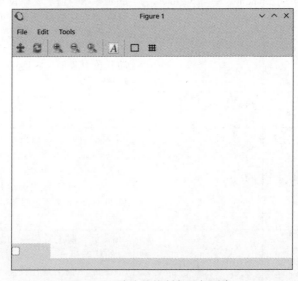

图 4-11　默认的控制复选框对象

4.20.2　控制复选框对象句柄

通过 uicontrol() 函数的返回值可以获得当前控制复选框对象句柄,代码如下:

```
>> uic = uicontrol('style', 'checkbox')
uic = - 38.556
```

通过 findobj() 或 findall() 函数的返回值可以获得全部控制复选框对象句柄,代码如下:

```
>> findobj('type', 'uicontrol', 'style', 'checkbox')
ans =

   - 38.5564
   - 1.2261
   - 35.4470
```

4.20.3　控制复选框对象属性

控制复选框对象属性和控制对象属性的主要区别是控制复选框对象属性的 style 的值为 checkbox。详细属性可以查阅表 4-13。

4.21　控制输入框对象与句柄

4.21.1　控制输入框对象

控制输入框对象是输入框形态的控制对象。

当构造控制输入框对象时,需要在调用 uicontrol() 函数的基础上,追加 style=edit 键-值对,代码如下:

```
>> uicontrol('style', 'edit')
```

默认的控制输入框对象如图 4-12 所示。

图 4-12　默认的控制输入框对象

4.21.2 控制输入框对象句柄

通过 uicontrol() 函数的返回值可以获得当前控制输入框对象句柄,代码如下:

```
>> uic = uicontrol('style', 'edit')
uic = - 5.9350
```

通过 findobj() 或 findall() 函数的返回值可以获得全部控制输入框对象句柄,代码如下:

```
>> findobj('type', 'uicontrol', 'style', 'edit')
ans = - 5.9350
```

4.21.3 控制输入框对象属性

控制输入框对象属性和控制对象属性的主要区别是控制输入框对象属性的 style 的值为 edit。详细属性可以查阅表 4-13。

4.22 控制列表框对象与句柄

4.22.1 控制列表框对象

控制列表框对象是列表框形态的控制对象。

当构造控制列表框对象时,需要在调用 uicontrol() 函数的基础上,追加 style = listbox 键-值对,代码如下:

```
>> uicontrol('style', 'listbox')
```

默认的控制列表框对象如图 4-13 所示。

图 4-13 默认的控制列表框对象

4.22.2 控制列表框对象句柄

通过 uicontrol() 函数的返回值可以获得当前控制列表框对象句柄,代码如下:

```
>> uic = uicontrol('style', 'listbox')
uic = - 38.556
```

通过 findobj() 或 findall() 函数的返回值可以获得全部控制列表框对象句柄,代码如下:

```
>> findobj('type', 'uicontrol', 'style', 'listbox')
ans = - 5.0782
```

4.22.3　控制列表框对象属性

控制列表框对象属性和控制对象属性的主要区别是控制列表框对象属性的 style 的值为 listbox。详细属性可以查阅表 4-13。

4.23　控制下拉菜单对象与句柄

4.23.1　控制下拉菜单对象

控制下拉菜单对象是下拉菜单形态的控制对象。下拉菜单也叫弹出式菜单。

当构造控制下拉菜单对象时,需要在调用 uicontrol() 函数的基础上,追加 style = popupmenu 键-值对,代码如下:

```
>> uicontrol('style', 'popupmenu')
```

默认的控制下拉菜单对象如图 4-14 所示。

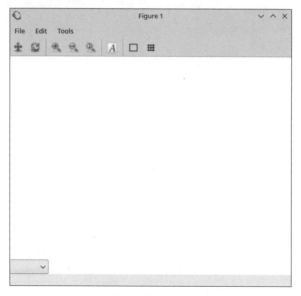

图 4-14　默认的控制下拉菜单对象

4.23.2　控制下拉菜单对象句柄

通过 uicontrol() 函数的返回值可以获得当前控制下拉菜单对象句柄,代码如下:

```
>> uic = uicontrol('style', 'popupmenu')
uic = - 5.0699
```

通过 findobj()或 findall()函数的返回值可以获得全部控制下拉菜单对象句柄,代码如下:

```
>> findobj('type', 'uicontrol', 'style', 'popupmenu')
ans = - 5.0699
```

4.23.3 控制下拉菜单对象属性

控制下拉菜单对象属性和控制对象属性的主要区别是控制下拉菜单对象属性的 style 的值为 popupmenu。详细属性可以查阅表 4-13。

4.24 控制按钮对象与句柄

4.24.1 控制按钮对象

控制按钮对象是按钮形态的控制对象。

当构造控制按钮对象时,需要在调用 uicontrol()函数的基础上,追加 style＝pushbutton 键-值对,代码如下:

```
>> uicontrol('style', 'pushbutton')
```

默认的控制按钮对象如图 4-15 所示。

图 4-15　默认的控制按钮对象

4.24.2 控制按钮对象句柄

通过 uicontrol()函数的返回值可以获得当前控制按钮对象句柄,代码如下:

```
>> uic = uicontrol('style', 'pushbutton')
uic = - 5.2047
```

通过 findobj()或 findall()函数的返回值可以获得全部控制按钮对象句柄,代码如下:

```
>> findobj('type', 'uicontrol', 'style', 'pushbutton')
ans = - 5.2047
```

4.24.3 控制按钮对象属性

控制按钮对象属性和控制对象属性的主要区别是控制按钮对象属性的 style 的值为 pushbutton。详细属性可以查阅表 4-13。

4.25 控制单选框对象与句柄

4.25.1 控制单选框对象

控制单选框对象是单选框形态的控制对象。

当构造控制单选框对象时，需要在调用 uicontrol（）函数的基础上，追加 style = radiobutton 键-值对，代码如下：

```
>> uicontrol('style', 'radiobutton')
```

默认的控制单选框对象如图 4-16 所示。

图 4-16　默认的控制单选框对象

4.25.2 控制单选框对象句柄

通过 uicontrol（）函数的返回值可以获得当前控制单选框对象句柄，代码如下：

```
>> uic = uicontrol('style', 'radiobutton')
uic = - 5.4614
```

通过 findobj（）或 findall（）函数的返回值可以获得全部控制单选框对象句柄，代码如下：

```
>> findobj('type', 'uicontrol', 'style', 'radiobutton')
ans = - 5.4614
```

4.25.3 控制单选框对象属性

控制单选框对象属性和控制对象属性的主要区别是控制单选框对象属性的 style 的值为 radiobutton。详细属性可以查阅表 4-13。

4.26 控制滚动条对象与句柄

4.26.1 控制滚动条对象

控制滚动条对象是滚动条形态的控制对象。

当构造控制滚动条对象时，需要在调用 uicontrol() 函数的基础上，追加 style＝slider 键-值对，代码如下：

```
>> uicontrol('style', 'slider')
```

默认的控制滚动条对象如图 4-17 所示。

图 4-17　默认的控制滚动条对象

4.26.2 控制滚动条对象句柄

通过 uicontrol() 函数的返回值可以获得当前控制滚动条对象句柄，代码如下：

```
>> uic = uicontrol('style', 'slider')
uic = - 5.8197
```

通过 findobj() 或 findall() 函数的返回值可以获得全部控制滚动条对象句柄，代码如下：

```
>> findobj('type', 'uicontrol', 'style', 'slider')
ans = - 5.8197
```

4.26.3 控制滚动条对象属性

控制滚动条对象属性和控制对象属性的主要区别是控制滚动条对象属性的 style 的值为

slider。详细属性可以查阅表 4-13。

4.27 控制文本对象与句柄

4.27.1 控制文本对象

控制文本对象是文本形态的控制对象。

当构造控制文本对象时,需要在调用 uicontrol() 函数的基础上,追加 style＝text 键-值对,代码如下:

```
>> uicontrol('style', 'text')
```

默认的控制文本对象如图 4-18 所示。

图 4-18 默认的控制文本对象

4.27.2 控制文本对象句柄

通过 uicontrol() 函数的返回值可以获得当前控制文本对象句柄,代码如下:

```
>> uic = uicontrol('style', 'text')
uic = - 5.5733
```

通过 findobj() 或 findall() 函数的返回值可以获得全部控制文本对象句柄,代码如下:

```
>> findobj('type', 'uicontrol', 'style', 'text')
ans = - 5.5733
```

4.27.3 控制文本对象属性

控制文本对象属性和控制对象属性的主要区别是控制文本对象属性的 style 的值为 text。详细属性可以查阅表 4-13。

4.28 控制拨动开关对象与句柄

4.28.1 控制拨动开关对象

控制拨动开关对象是拨动开关形态的控制对象。

当构造控制拨动开关对象时,需要在调用 uicontrol() 函数的基础上,追加 style = togglebutton 键-值对,代码如下:

```
>> uicontrol('style', 'togglebutton')
```

💡 **注意**:默认的控制拨动开关对象和默认的控制按钮对象从外表看起来是一样的。

4.28.2 控制拨动开关对象句柄

通过 uicontrol() 函数的返回值可以获得当前控制拨动开关对象句柄,代码如下:

```
>> uic = uicontrol('style', 'togglebutton')
uic = -5.0519
```

通过 findobj() 或 findall() 函数的返回值可以获得全部控制拨动开关对象句柄,代码如下:

```
>> findobj('type', 'uicontrol', 'style', 'togglebutton')
ans = -5.0519
```

4.28.3 控制拨动开关对象属性

控制拨动开关对象属性和控制对象属性的主要区别是控制拨动开关对象属性的 style 的值为 togglebutton。详细属性可以查阅表 4-13。

第 5 章

GUI 功能函数

Octave 在实现 GUI 相关的组件时不全是基于句柄和对象实现的，所以对于不全是基于句柄和对象的功能函数，就不能按照结构体的键-值对进行理解，而是要单独分析典型的 GUI 功能函数。

5.1 文件管理

5.1.1 文件夹选择器

调用 uigetdir() 函数可以调出文件夹选择器，用于选取目标文件夹。按下"确定"按钮之后，这个文件夹选择器会关闭，并且会返回选择好的目标文件夹的绝对路径。

> 💡 注意：uigetdir() 函数不支持选择一个文件，也不能返回文件的绝对路径。

uigetdir() 函数允许不带参数调用，代码如下：

```
>> uigetdir
```

上面的代码将通过 GUI 调出一个文件夹选择器，结果如图 5-1 所示。

此外，uigetdir() 函数还允许追加一个额外参数，这个参数为默认的初始路径。在指定这个参数之后，文件夹选择器在初始打开时就会打开这个文件夹。调用 uigetdir() 函数，并将初始文件夹指定为/lib 的代码如下：

```
>> uigetdir('/lib')
```

因为 Windows 和 Linux 系统之下的文件路径的定义不同，两种操作系统用 uigetdir() 函数返回的路径选择结果也不相同。例如，在 Windows 之下的一个示例结果如下：

```
>> dir = uigetdir
dir = C:\Octave\Octave\
```

在 Linux 之下的一个示例结果如下：

```
>> dir = uigetdir
dir = /usr/bin
```

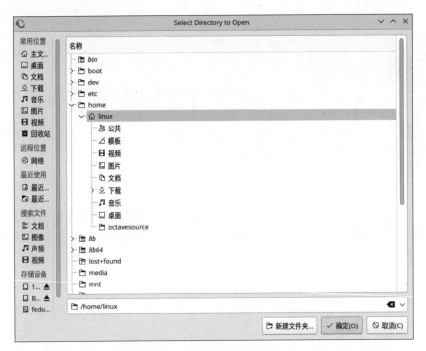

图 5-1　文件夹选择器

5.1.2　文件选择器

调用 uigetfile() 函数可以调出文件选择器，用于选取目标文件。按下"确定"按钮之后，这个文件选择器会关闭，并且会返回选择好的目标文件的绝对路径。

> 💡**注意**：uigetfile() 函数不支持选择一个文件夹，也不能返回文件夹的绝对路径。

uigetfile() 函数允许不带参数调用，代码如下：

```
>> uigetfile
```

上面的代码将通过 GUI 调出一个文件选择器，结果如图 5-2 所示。

此外，uigetfile() 函数还允许追加一个额外参数，这个参数作为筛选规则的用途。

使用筛选规则筛选文件类型时的规则如下：

(1) 如果所描述的文件名和这个参数匹配，文件就可以被显示出来。

(2) 如果所描述的文件名和这个参数不匹配，文件就不能被显示出来。

使用筛选规则筛选文件路径时的规则如下：

(1) 仅当所描述的文件的绝对路径包含了这个路径时，文件才可以被显示出来。

(2) 如果所描述的文件的绝对路径没有包含这个路径，文件就不能被显示出来。

使用筛选规则同时筛选文件类型和文件路径的规则如下：

(1) 仅当所描述的文件名和这个参数匹配，并且所描述的文件的绝对路径包含了这个路径时，文件才可以被显示出来。

图 5-2　文件选择器

（2）如果所描述的文件名和这个参数不匹配，文件就不能被显示出来。

（3）如果所描述的文件的绝对路径没有包含这个路径，文件就不能被显示出来。

调用 uigetfile()函数，并限制选取的文件类型为 *.m，代码如下：

```
>> uigetfile('*.m')
```

此外，uigetfile()函数不但允许筛选一种文件类型，还允许筛选多种文件类型。调用 uigetfile()函数，并限制选取的文件类型为 *.m 和 *.txt，代码如下：

```
>> uigetfile({"*.m,*.txt"})
```

此外，uigetfile()函数还允许筛选文件路径。调用 uigetfile()函数，并将选取的文件路径限制为/lib，代码如下：

```
>> uigetfile('/lib/')
```

此外，uigetfile()函数还允许同时筛选文件类型和文件路径。调用 uigetfile()函数，并将选取的文件类型限制为 *.m，并将选取的文件路径限制为/lib，代码如下：

```
>> uigetfile({'*.m, /lib/'})
```

💡注意：这里只有以/结尾的字符串才被视为路径。不以/结尾的字符串，并且不符合筛选文件类型写法的字符串均视为筛选规则提示。

此外，uigetfile()函数还允许追加筛选规则提示，用于提示其他用户对于某个文件筛选器的筛选规则的解释，代码如下：

```
>> uigetfile({"*.m,*.txt",'My Programming Components'})
```

上面的代码标注了 My Programming Components 字符串,这个字符串会被原封不动地显示在文件筛选器对应的筛选规则提示的开头。追加提示字符串的效果如图 5-3 所示。

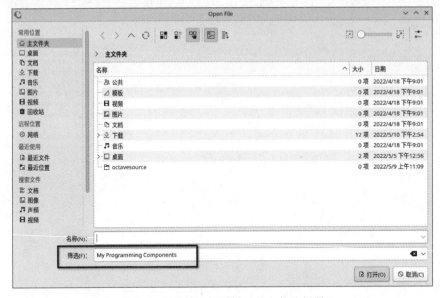

图 5-3　指定筛选规则提示的文件选择器

此外,uigetfile()函数还允许将筛选规则和筛选规则提示配对使用。配对使用的规则如下:

(1) 仅当参数类型是元胞时,筛选规则才能和筛选规则提示配对使用。

(2) 元胞的每行都属于一个分组。

对于多条筛选规则的写入,此函数可以参照一条参数的写法,将输入参数看作一个元胞,直接增加这个元胞的一行,然后在新的一行中写入新的筛选规则和筛选规则提示,即可完成多条筛选规则的输入,代码如下:

```
>> uigetfile({"*.m,*.txt",'My Programming Components';'*.doc;*.docx','My documents'})
```

此外,uigetfile()函数还支持其他自定义设置。uigetfile()函数支持的属性名称和含义对照表如表 5-1 所示。

表 5-1　uigetfile()函数支持的属性名称和含义对照表

属 性 名 称	含　　义
Position	文件选择器左上角第 1 像素的位置
MultiSelect	开启或关闭多选功能

5.1.3　文件保存器

调用 uiputfile()函数可以调出文件保存器,用于将数据存放到外部文件。uiputfile()函数允许不带参数调用,代码如下:

```
>> uiputfile
```

上面的代码将通过 GUI 调出一个文件保存器,结果如图 5-4 所示。

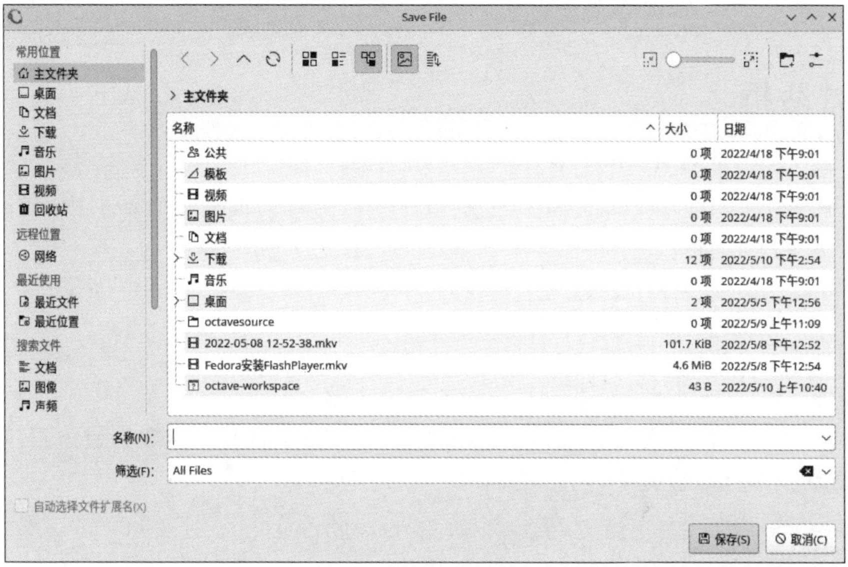

图 5-4　文件保存器

此外,uiputfile()函数还允许追加一个额外参数,这个参数作为筛选规则的用途。uiputfile()函数的筛选规则和 uigetfile()函数相同。

调用 uiputfile()函数,并将选取的文件类型限制为 ∗.m,代码如下:

```
>> uiputfile('*.m')
```

此外,uiputfile()函数不但允许筛选一种文件类型,还允许筛选多种文件类型。调用 uiputfile()函数,并将选取的文件类型限制为 ∗.m 和 ∗.txt,代码如下:

```
>> uiputfile({"*.m,*.txt"})
```

此外,uiputfile()函数还允许筛选文件路径。调用 uiputfile()函数,并将选取的文件路径限制为/lib,代码如下:

```
>> uiputfile('/lib/')
```

💡注意:这里只有以/结尾的字符串才被视为路径。不以/结尾的字符串,并且不符合筛选文件类型写法的字符串均视为筛选规则提示。

此外,uiputfile()函数还允许追加筛选规则提示,用于提示其他用户对于某个文件筛选器的筛选规则的解释,代码如下:

```
>> uiputfile({"*.m,*.txt"},'My Programming Components'})
```

对于多条筛选规则的写入,此函数可以参照一条参数的写法,将输入参数看作一个元胞,直接增加这个元胞的一行,然后在新的一行中写入新的筛选规则和筛选规则提示,即可完成多

条筛选规则的输入,代码如下:

```
>> uiputfile({"*.m, *.txt",'My Programming Components';'*.doc; *.docx','My documents'})
```

5.2 对话框

5.2.1 错误对话框

调用 errordlg() 函数可以启动一个带有错误图标的对话框。在对话框中,错误的图标被放置于对话框的左半部分。

errordlg() 函数允许不带参数调用,代码如下:

```
>> errordlg
```

默认的错误对话框如图 5-5 所示。

此外,errordlg() 函数还允许追加两个额外参数,其中,第 1 个参数为错误提示语句,第 2 个参数为对话框的标题栏文字,代码如下:

```
>> errordlg({"Error occurred:", "Error reason: Assertion 404"},"Error!")
```

上面的代码是一个指定错误警告和错误原因的对话框示例,并且这个对话框的标题为字符串 Error!。代码运行后的结果如图 5-6 所示。

图 5-5　默认的错误对话框　　　　图 5-6　指定错误警告和错误原因的错误对话框

此外,errordlg() 函数还支持信息框的自定义设置。在进行设置时,使用键-值对的形式传入自定义选项即可。

5.2.2 帮助对话框

调用 helpdlg() 函数可以启动一个带有帮助图标的对话框。在对话框中,帮助的图标被放置于对话框的左半部分。

helpdlg() 函数允许不带参数调用,代码如下:

```
>> helpdlg
```

默认的帮助对话框如图 5-7 所示。

此外,helpdlg() 函数还允许追加一个额外参数,此时在生成的提示框中将额外指定提示信息。在帮助对话框中显示文字 Help Text 的代码如下:

```
>> helpdlg('Help Text')
```

代码运行后的结果如图 5-8 所示。

图 5-7 默认的帮助对话框　　　　　图 5-8 指定提示信息的帮助对话框

此外,也可以向 helpdlg() 函数传入多行矩阵,实现多行文本的显示。在帮助对话框中同时显示三行文字(one 、two 和 three)的代码如下:

```
>> a = ["one";"two";"three"];
>> helpdlg(a)
```

代码运行后的结果如图 5-9 所示。

此外,helpdlg() 函数还允许追加第 2 个额外参数,这个参数代表对话框的标题栏文字。指定帮助对话框的标题栏文字为 Help Title 的代码如下:

```
>> a = ["one";"two";"three"];
>> helpdlg(a,"Help Title")
```

代码运行后的结果如图 5-10 所示。

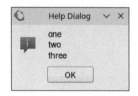

图 5-9 显示多行文本的帮助对话框　　　图 5-10 指定标题栏文字的帮助对话框

此外,helpdlg() 函数还支持信息框的自定义设置。在进行设置时,使用键-值对的形式传入自定义选项即可。

5.2.3 文本框对话框

调用 inputdlg() 函数可以启动一个带有文本框的对话框。调用 inputdlg() 函数时,至少需要传入一个参数,这个参数代表输入框上方的提示文字。将文本框对话框的提示文字指定为 123 的代码如下:

```
>> inputdlg('123')
```

代码运行后的结果如图 5-11 所示。

图 5-11 指定提示文字的文本框对话框

此外，inputdlg()函数还允许追加第 2 个额外参数，这个参数代表文本框对话框的标题栏文字。将文本框对话框的标题栏文字指定为 IP Title 的代码如下：

```
>> inputdlg('123','IP Title')
```

代码运行后的结果如图 5-12 所示。

此外，inputdlg()函数还允许追加第 3 个额外参数，这个参数代表文本框的高度。将文本框的高度指定为 2 行文本的代码如下：

```
>> inputdlg('123','IP Title',2)
```

此外，inputdlg()函数还允许追加第 4 个额外参数，这个参数代表在输入框内默认填入的文字。将文本框输入框内默认填入的文字指定为 456 的代码如下：

```
>> inputdlg('123','IP Title',2,{'456'})
```

代码运行后的结果如图 5-13 所示。

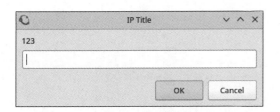

图 5-12　指定标题栏文字的文本框对话框

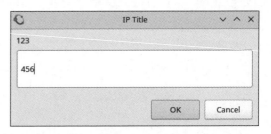

图 5-13　指定默认填入的文字的文本框对话框

5.2.4　列表对话框

调用 listdlg()函数可以启动一个带有列表选项的对话框。listdlg()函数使用键-值对的形式传入选项。调用 listdlg()函数时，至少需要传入一对键-值对。将列表项目指定为 Option 1 和 Option 2 的代码如下：

```
>> listdlg("ListString", {"Option 1","Option 2"})
```

代码运行后的结果如图 5-14 所示。

listdlg()函数支持的属性名称和含义对照表如表 5-2 所示。

表 5-2　**listdlg()函数支持的属性名称和含义对照表**

属 性 名 称	含　　义
ListString	列表项目
SelectionMode	单选或多选的选项
ListSize	列表的显示像素大小
InitialValue	列表初始选中的项目序号
Name	标题栏标题
PromptString	显示在列表上方的提示文字
OKString	"确定"按钮的替换提示文字
CancelString	"取消"按钮的替换提示文字

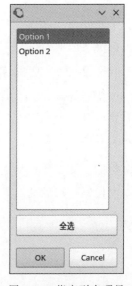

图 5-14　指定列表项目
　　　　的列表对话框

5.2.5　信息框

信息框也叫 Message Box。在 Octave 中,错误对话框和警告对话框也支持信息框的选项。

调用 msgbox()函数可以启动一个用于显示信息的对话框。调用 msgbox()函数时,至少需要传入一个参数,这个参数代表信息框中的信息文字。将信息框的信息文字指定为 123 的代码如下:

```
>> msgbox('123')
```

代码运行后的结果如图 5-15 所示。

msgbox()函数还允许追加第 2 个额外参数,这个参数代表信息框的标题栏文字。将信息框的标题栏文字指定为 MSGBOX Title 的代码如下:

```
>> msgbox('123','MSGBOX Title')
```

代码运行后的结果如图 5-16 所示。

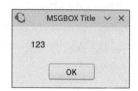

图 5-15　指定信息文字的信息框　　　　图 5-16　指定标题栏文字的信息框

msgbox()函数还允许追加其他键-值对参数。msgbox()函数支持的属性名称和含义对照表如表 5-3 所示。

表 5-3　msgbox()函数支持的属性名称和含义

属 性 名 称	含　　义	属 性 名 称	含　　义
windowstyle	信息框的风格	Interpreter	显示在列表上方的提示文字
non-modal	默认的信息框行为,是默认值	tex	使用 tex 风格解释器,是默认值
modal	阻止用户进行 UI 界面元素的交互操作	none	使用纯文本解释器
		latex	使用 LaTeX 风格解释器
replace	不会生成新的相同信息框替换已有的相同信息框		

5.2.6　询问对话框

调用 questdlg()函数可以启动一个用于显示问题的对话框。调用 questdlg()函数时,至少需要传入一个参数,这个参数代表询问对话框中的问题文字。将询问对话框的问题文字指定为 Question Text 的代码如下:

```
>> questdlg('Question Text')
```

代码运行后的结果如图 5-17 所示。

questdlg()函数还允许追加第 2 个额外参数,这个参数代表询问对话框的标题栏文字。

将询问对话框的标题栏文字指定为 QUESTION Title 的代码如下：

```
>> questdlg('Question Text','QUESTION Title')
```

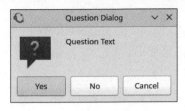

图 5-17　指定问题文字的
询问对话框

代码运行后的结果如图 5-18 所示。

questdlg()函数还允许追加第 3 个额外参数，这个参数代表询问对话框的默认选项。将询问对话框的默认选项指定为 No 的代码如下：

```
>> questdlg('Question Text','QUESTION Title', 'No')
```

questdlg()函数还允许分别指定是选项的文字、否选项的文字和取消选项的文字。将询问对话框的问题文字指定为 Question Text，将询问对话框的标题栏文字指定为 QUESTION Title，分别指定是选项的文字为"是"、否选项的文字为"否"、取消选项的文字为"取消"，并且将询问对话框的默认选项指定为否的代码如下：

```
>> questdlg('Question Text','QUESTION Title',...
'是','否','取消','否')
```

代码运行后的结果如图 5-19 所示。

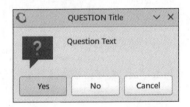

图 5-18　指定标题栏文字的询问对话框

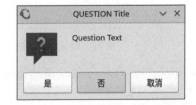

图 5-19　指定默认选项和选项文字的询问对话框

此外，questdlg()函数支持至多 3 个按钮，并且函数的返回值会随着是选项的文字、否选项的文字和取消选项的文字的改变而改变。例如在上面的代码中，如果单击"是"按钮，则 questdlg()函数的返回值也将为是；如果单击"否"按钮，则 questdlg()函数的返回值也将为否。单击"否"按钮时的返回值如下：

```
ans = 否
```

5.2.7　警告对话框

调用 warndlg()函数可以启动一个带有警告图标的对话框。在对话框中，警告的图标被放置于对话框的左半部分。

warndlg()函数允许不带参数调用，代码如下：

```
>> warndlg
```

默认的警告对话框如图 5-20 所示。

warndlg()函数还允许追加一个额外参数，此时在生成的警告对话框中将额外附带警告信息。在警告对话框中指定警告信息 Warn Text 的代码如下：

```
>> warndlg('Warn Text')
```

代码运行后的结果如图 5-21 所示。

也可以向 warndlg()函数中传入多行矩阵,实现多行文本的显示。在警告对话框中同时显示三行文字(one、two 和 three)的代码如下:

```
>> a = ["one";"two";"three"];
>> warndlg(a)
```

代码运行后的结果如图 5-22 所示。

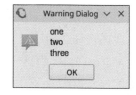

图 5-20 默认的警告对话框　　图 5-21 指定警告信息的警告　　图 5-22 显示多行文字的警告
　　　　　　　　　　　　　　　　　　　对话框　　　　　　　　　　　　　对话框

此外,warndlg()函数还支持信息框的自定义设置。在进行设置时,使用键-值对的形式传入自定义选项即可。

5.2.8　自定义对话框

调用 dialog()函数可以启动一个可以增加控制对象的自定义对话框。dialog()函数允许不带参数调用,代码如下:

```
>> d = dialog
d = - 88.243
```

代码运行后的结果如图 5-23 所示。

dialog()函数允许使用键-值对的形式传入选项。创建一个背景颜色为红色的自定义对话框的代码如下:

```
>> d = dialog('color', 'red')
d = - 88.341
```

代码运行后的结果如图 5-24 所示。

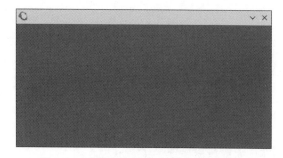

图 5-23　默认的自定义对话框　　　　　　　图 5-24　背景颜色为红色的自定义对话框

dialog()函数所支持修改的属性详见默认图像对象属性表格。

💡**注意**：不是所有的图像对象属性都能在对话框中被修改。

5.3 进度条

调用 waitbar()函数可以持续生成进度条。waitbar()函数至少需要传入一个参数，这个参数是一个 0~1 的数字，代表当前进度。将进度条的进度指定为 0.5432 的代码如下：

```
>> waitbar(0.5432)
```

代码运行后的结果如图 5-25 所示。

waitbar()函数允许追加传入一个额外参数，这个参数代表的是进度条上方的信息。将进度条的信息指定为 WAITBAR msg 的代码如下：

```
>> waitbar(0.5432, 'WAITBAR msg')
```

代码运行后的结果如图 5-26 所示。

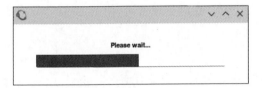
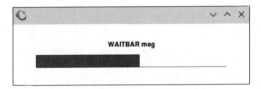

图 5-25　指定进度的进度条　　　　图 5-26　指定信息的进度条

waitbar()函数允许追加传入 createcancelbtn 额外参数和一个函数句柄，此时这个参数将在进度条下方生成一个取消按钮。在进度条下方生成一个取消按钮，并使进度条每次单击按钮后都计算 1+2 的结果的代码如下：

```
>> waitbar(0.5432, 'WAITBAR msg', 'createcancelbtn', '@sum([1 2])')
>> ans = 3
ans = 3
```

代码运行后的结果如图 5-27 所示。

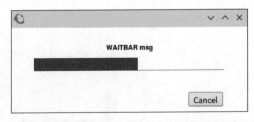

图 5-27　指定信息、带取消按钮的进度条

waitbar()函数允许使用键-值对的形式传入选项。waitbar()函数所支持修改的属性详见默认图像对象属性表格。

💡 **注意**：不是所有的图像对象属性都能在进度条中被修改。

5.4　字体选择器

调用 uisetfont() 函数可以启动一个用于选择字体的对话框，被称为字体选择器。uisetfont() 函数允许不带参数调用，代码如下：

```
>> uisetfont
```

代码运行后的结果如图 5-28 所示。

uisetfont() 函数还允许追加一个额外参数，这个参数可以被视为一个图形句柄。此时若单击 OK 按钮将设置这个图形句柄中 FontName、FontWeight、FontAngle、FontUnits 和/或 FontSize 选项。调用 uisetfont() 函数选择当前轴对象的句柄的字体的代码如下：

```
>> uisetfont(gca)
```

图 5-28　字体选择器

这个参数还可以被视为一个结构体。通过传入结构体参数的方式，可以设置字体选择器的初始选项。通过结构体方式同时设置 FontName、FontWeight、FontAngle、FontUnits 和 FontSize 的初始选项的代码如下：

```
>> font_setting = struct;
>> font_setting.FontName = '*';
>> font_setting.FontAngle = 'normal';
>> font_setting.FontUnits = 'pixel';
>> font_setting.FontWeight = 'normal';
>> font_setting.FontSize = 10;
>> uisetfont(font_setting)
```

uisetfont() 函数还允许追加一个放在最后的额外参数，这个参数代表的是字体选择器的标题栏文字。将字体选择器的标题栏文字指定为 123 的代码如下：

```
>> uisetfont('123')
```

5.5　查询或设置 GUI 数据

调用 guidata() 函数可以查询或设置 GUI 的用户自定义数据。guidata() 函数至少需要传入一个参数，代表要查询或设置的图形句柄。查询默认控制对象的用户自定义数据的代码如下：

```
>> h = uicontrol
h =  -42.338
>> guidata(h)
```

guidata()函数允许追加传入一个额外参数,此时这个参数代表要设置的数据的值。将默认控制对象的用户自定义数据设置为 data1 和 data2 的代码如下:

```
>> h = uicontrol
h = -42.612
>> guidata(h, {'data1', 'data2'})
```

5.6 查询 GUI 相关句柄

调用 guihandles()函数可以查询或设置 GUI 的用户自定义数据。guihandles()函数需要传入一个参数,代表要查询的图形句柄。查询默认菜单对象的相关句柄的代码如下:

```
>> f = figure
f = 1
>> uit = uitoolbar(f)
uit = -42.899
>> uic = uicontextmenu(f)
uic = -41.366
>> uim = uimenu(uic)
uim = -40.882
>> guihandles(uim)
ans =

    scalar structure containing the fields:

        __default_toolbar__ = -51.925
        __default_button_text__ = -45.273
        __default_button_zoomout__ = -47.122
        __default_button_zoomin__ = -48.866
        __default_button_rotate__ = -49.623
        __default_button_pan__ = -50.719
        __default_menu__Tools = -64.462
        zoom_off = -52.184
        zoom_on = -53.282
        rotate3d = -54.167
        no_pan_rotate = -55.203
        pan_yon = -56.626
        pan_xon = -57.176
        pan_on = -58.127
        off = -61.014
        on = -62.161
        toggle = -63.120
        __default_menu__Edit = -70.394
        __default_menu__File = -75.912
```

5.7 GUI 功能查询

调用 have_window_system 函数可以查询操作系统的 GUI 功能是否可用。have_window_system 函数在调用时不允许传入参数,代码如下:

```
>> have_window_system
```

5.8 GUI 运行模式查询

调用 isguirunning 函数可以查询操作系统的 GUI 功能是否运行在 GUI 模式之下。isguirunning 函数在调用时不允许传入参数,代码如下:

```
>> isguirunning
```

(1) 如果当前的 Octave 实例运行在 GUI 模式之下,则 isguirunning 函数将返回 1。
(2) 如果当前的 Octave 实例运行在 CLI 模式之下,则 isguirunning 函数将返回 0。

5.9 精确移动窗口

调用 movegui() 函数可以将窗口精确地移动到特定的坐标上。movegui() 函数至少需要传入一个参数,代表要移动的图形句柄。移动默认控制对象所在的窗口的代码如下:

```
>> uic = uicontrol
uic = -42.035
>> movegui(uic)
```

这个参数还可以被认为是要移动的目标坐标,此时 movegui() 函数会隐式地调用 gcbf 函数或 gcf 函数,然后隐式地获取某个 GUI 控件的句柄,并移动那个句柄所在的窗口。将窗口移动到坐标(100,200)的代码如下:

```
>> movegui([100,200])
```

方位坐标还支持以方位参数的方式传入。方位参数是一系列预设的方位坐标,以参数形式给出,使用更加方便。movegui() 函数支持的方位参数如表 5-4 所示。

表 5-4 movegui() 函数支持的方位参数

参　　数	含　　义	参　　数	含　　义
north	移至屏幕上侧	northwest	移至屏幕左上角
south	移至屏幕下侧	southeast	移至屏幕右下角
east	移至屏幕右侧	southwest	移至屏幕左下角
west	移至屏幕左侧	center	移至屏幕中心
northeast	移至屏幕右上角	onscreen	移至默认位置

此函数还可以额外传入第 2 个参数,此时第 1 个参数被认为是 GUI 对象的句柄,第 2 个参数可以被认为是要移动的目标坐标,代码如下:

```
>> a = figure;
>> movegui(a,[100,600])
```

第 2 个参数还可以被认为是一系列被忽略的事件。该事件参数为一个结构体,用于在回调函数被调用之前做出额外判断,代码如下:

```
>> a = figure;
>> movegui(a,b)
```

此函数还可以额外传入第 3 个参数,此时第 1 个参数被认为是 GUI 对象的句柄,第 2 个

参数被认为是一系列被忽略的事件,第 3 个参数被认为是要移动的目标坐标,代码如下:

```
>> a = figure;
>> movegui(a,b,[100,600])
```

5.10　变量编辑器

调用 openvar()函数可以根据变量名打开变量编辑器,然后可以在打开的编辑器中编辑对应的变量。openvar()函数需要传入一个参数,代表要编辑的变量,代码如下:

```
>> a = 1;
>> openvar('a')
```

代码运行后的结果如图 5-29 所示。

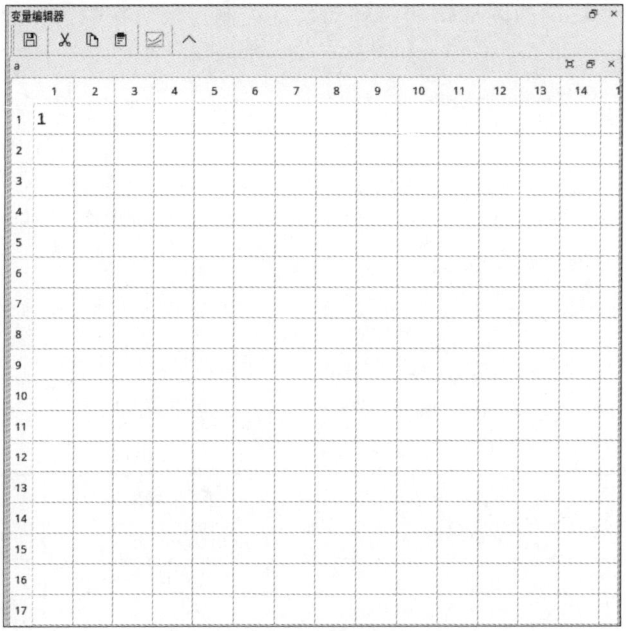

图 5-29　变量编辑器

5.11　暂停与恢复 GUI 之外的程序执行

5.11.1　暂停 GUI 之外的程序执行

uiwait()函数用于暂停 GUI 控件之外的程序执行。直到这个 GUI 控件的句柄被删除,或者手动调用 uiresume()函数才可以恢复 GUI 控件之外的程序执行,代码如下:

```
>> a = figure;
>> uiwait(a)
```

此函数还可以不加参数而直接调用 uiwait()函数:

(1) 如果 Octave 含有 GUI 控件,则 uiwait()函数会隐式地调用 gcbf 函数或 gcf 函数,然后隐式地获取某个 GUI 控件的句柄,GUI 控件之外的程序被暂停执行。

(2) 如果 Octave 不含有 GUI 控件,则 uiwait()函数会直接返回。

此函数还可以传入两个参数,此时第 1 个参数被认为是 GUI 控件的句柄,第 2 个参数被认为是暂停时间,并且时间以秒为单位,代码如下:

```
>> a = figure;
>> uiwait(a,2)
```

暂停时间原则上必须是一个大于 1 的数字,而且,如果暂停时间是一个浮点数,则真正的暂停时间将向下取整。

如果暂停时间是一个小于 1 的数字,则真正的暂停时间将用 1 代替,并报警告如下:

```
warning: waitfor: TIMEOUT value must be > = 1, using 1 instead
warning: called from
    uiwait at line 72 column 7
```

5.11.2 恢复暂停的程序

uiresume()函数用于恢复被 uiwait()函数暂停的程序。调用 uiresume()函数时,此函数需要传入一个参数,这个参数被认为是 GUI 控件的句柄,代码如下:

```
>> uiresume(a)
```

5.11.3 可自动恢复的暂停

waitfor()函数用于暂停 GUI 控件之外的程序执行,直到该 GUI 控件满足某个条件。

调用 waitfor()函数时,此函数至少需要传入一个参数,这个参数被认为是 GUI 控件的句柄,此时 waitfor()函数会在 GUI 控件的句柄被删除时自动解除暂停,代码如下:

```
>> a = figure;
>> waitfor(a)
```

此函数还可以额外传入第 2 个参数,此时第 1 个参数被认为是 GUI 控件的句柄,第 2 个参数被认为是句柄的键参数。当 GUI 控件的句柄被删除时,或者当 GUI 控件的句柄的键参数对应的值参数发生改变(例如 GUI 控件的选中状态改变)时,自动解除 waitfor()函数的暂停,代码如下:

```
>> a = figure;
>> waitfor(a,'selected'})
```

此函数还可以额外传入第 3 个参数,此时第 1 个参数被认为是 GUI 控件的句柄,第 2 个参数被认为是句柄的键参数,第 3 个参数被认为是句柄的值参数。当 GUI 控件的句柄被删除时,或者当 GUI 控件的句柄的键参数对应的值参数符合预期(例如 GUI 控件被选中)时,自动解除 waitfor()函数的暂停,代码如下:

```
>> a = figure;
>> waitfor(a,'selected','on')
```

此函数还可以额外传入等待时间。如果传入了 timeout 参数,则紧随其后的参数将被认为是等待时间,代码如下:

```
>> a = figure;
>> waitfor(a,'timeout',1)
```

第 6 章

经典 GUI 应用实例

6.1 计算器设计与实现

6.1.1 计算器原型设计

计算器的原型设计图已经在第 2 章中举过例子了,详见图 2-1。

6.1.2 计算器视图代码设计

💡**注意:** 如果读者接触过 MVC 设计模式,或者类似于 Spring MVC 的框架,则可以把本节内容类比为 MVC 中的视图以方便理解。

根据计算器的原型设计图来编写视图部分的代码,编写规则如下:

(1)首先创建一个默认图像对象,作为计算器的面板。

(2)在计算器的面板的下半部分放置 19 个按键,并且保证计算器的按键之间的间距均匀。

(3)按键中的"删除一个数字"(Del)键上的文字不是 Unicode 字符,这个按键需要使用图片格式。

(4)其余按键均为 Unicode 字符,所以其余按键都可以只用文字格式来显示。

(5)在面板的上半部分放置一个矩形区域,这个矩形区域需要包含和背景具有明显对比效果的边框,表示计算器的显示区域。

(6)在显示区域内设计文本对象,表示计算器显示的文字。

(7)显示的文字字号要大于按键上的文字,以起到方便使用的效果。

根据以上规则编写计算器的视图类,代码如下:

```
#!/usr/bin/octave
# 第 6 章/@Calculator/Calculator.m

function ret = Calculator()
    ## - * - texinfo - * -
    ## @deftypefn {} {} Calculator ()
    ## 计算器主类、视图类
    ##
    ## @example
    ## param: -
```

```
##
## return: ret
## @end example
##
## @end deftypefn
optimize_subsasgn_calls(false)
global field;
# 全局变量 计算器属性对象 field
global error_text;
# 全局变量 计算器计算出错时显示的内容 error_text
error_text = '出错';
global suspend_text;
# 全局变量 计算器等待运算时的标记内容 suspend_text
suspend_text = '等待运算';
% optimize_subsasgn_calls(false)
callback = CalculatorCallbacks;
field = CalculatorAttributes;
margin = field.margin;
# GUI 控件间的边距 margin
key_width = field.key_width;
# 键盘的每个按键的单位宽度 key_width
key_height = field.key_height;
# 键盘的每个按键的单位高度 key_height
textfield_width = margin * 3 + key_width * 4;
# 文字区域的单位宽度 textfield_width
textfield_height = floor(key_height * 2);
# 文字区域的单位高度 textfield_height
font_size = field.font_size;
# 单位字体大小 font_size
f = figure;
# 基础图形句柄 f

uic_textfield_line_bottom = uicontrol(
    f, ...
    'style', 'text', ...
    'fontsize', floor(font_size * 2), ...
    'position', [margin, margin * 6 + key_height * 5, textfield_width, textfield_
height], ...
    % 'horizontalalignment:', 'right', ...
    'string', '' ...
    );
set_handle('uic_textfield_line_bottom', uic_textfield_line_bottom);
# 下排文字区域的句柄 uic_textfield_line_bottom
uic_textfield_line_top = uicontrol(
    f, ...
    'style', 'text', ...
    'fontsize', floor(font_size * 1.5), ...
    'position', [margin, margin * 6 + key_height * 7, textfield_width, textfield_
height], ...
    % 'horizontalalignment:', 'right', ...
    'string', '' ...
    );
set_handle('uic_textfield_line_top', uic_textfield_line_top);
```

```
    #上排文字区域的句柄 uic_textfield_line_top

uic_button_0 = uicontrol(
    f, ...
    'style', 'pushbutton', ...
    'fontsize', font_size, ...
    'position', [margin, margin, key_width, key_height], ...
    'callback', {@callback_number, callback, '0'}, ...
    'string', '0');
set_handle('uic_button_0', uic_button_0);
    #按键 0 的句柄 uic_button_0
uic_button_dot = uicontrol(
    f, ...
    'style', 'pushbutton', ...
    'fontsize', font_size, ...
    'position', [margin * 2 + key_width, margin, key_width, key_height], ...
    'callback', {@callback_number, callback, '.'}, ...
    'string', '.');
set_handle('uic_button_dot', uic_button_dot);
    #按键 . 的句柄 uic_button_dot
uic_button_equal = uicontrol(
    f, ...
    'style', 'pushbutton', ...
    'fontsize', font_size, ...
    'position', [margin * 3 + key_width * 2, margin, key_width * 2 + margin, key_
height], ...
    'callback', {@callback_uic_button_equal, callback}, ...
    'string', '=');
set_handle('uic_button_equal', uic_button_equal);
    #按键 = 的句柄 uic_button_equal
uic_button_1 = uicontrol(
    f, ...
    'style', 'pushbutton', ...
    'fontsize', font_size, ...
    'position', [margin, margin * 2 + key_height, key_width, key_height], ...
    'callback', {@callback_number, callback, '1'}, ...
    'string', '1');
set_handle('uic_button_1', uic_button_1);
    #按键 1 的句柄 uic_button_1
uic_button_2 = uicontrol(
    f, ...
    'style', 'pushbutton', ...
    'fontsize', font_size, ...
    'position', [margin * 2 + key_width, margin * 2 + key_height, key_width, key_
height], ...
    'callback', {@callback_number, callback, '2'}, ...
    'string', '2');
set_handle('uic_button_2', uic_button_2);
    #按键 2 的句柄 uic_button_2
uic_button_3 = uicontrol(
    f, ...
    'style', 'pushbutton', ...
    'fontsize', font_size, ...
```

```
        'position', [margin * 3 + key_width * 2, margin * 2 + key_height, key_width, key_
height], ...
        'callback', {@callback_number, callback, '3'}, ...
        'string', '3');
    set_handle('uic_button_3', uic_button_3);
    ♯按键 3 的句柄 uic_button_3
    uic_button_4 = uicontrol(
        f, ...
        'style', 'pushbutton', ...
        'fontsize', font_size, ...
        'position', [margin, margin * 3 + key_height * 2, key_width, key_height], ...
        'callback', {@callback_number, callback, '4'}, ...
        'string', '4');
    set_handle('uic_button_4', uic_button_4);
    ♯按键 4 的句柄 uic_button_4
    uic_button_5 = uicontrol(
        f, ...
        'style', 'pushbutton', ...
        'fontsize', font_size, ...
        'position', [margin * 2 + key_width, margin * 3 + key_height * 2, key_width, key_
height], ...
        'callback', {@callback_number, callback, '5'}, ...
        'string', '5');
    set_handle('uic_button_5', uic_button_5);
    ♯按键 5 的句柄 uic_button_5
    uic_button_6 = uicontrol(
        f, ...
        'style', 'pushbutton', ...
        'fontsize', font_size, ...
        'position', [margin * 3 + key_width * 2, margin * 3 + key_height * 2, key_width, key_
height], ...
        'callback', {@callback_number, callback, '6'}, ...
        'string', '6');
    set_handle('uic_button_6', uic_button_6);
    ♯按键 6 的句柄 uic_button_6
    uic_button_7 = uicontrol(
        f, ...
        'style', 'pushbutton', ...
        'fontsize', font_size, ...
        'position', [margin, margin * 4 + key_height * 3, key_width, key_height], ...
        'callback', {@callback_number, callback, '7'}, ...
        'string', '7');
    set_handle('uic_button_7', uic_button_7);
    ♯按键 7 的句柄 uic_button_7
    uic_button_8 = uicontrol(
        f, ...
        'style', 'pushbutton', ...
        'fontsize', font_size, ...
        'position', [margin * 2 + key_width, margin * 4 + key_height * 3, key_width, key_
height], ...
        'callback', {@callback_number, callback, '8'}, ...
        'string', '8');
    set_handle('uic_button_8', uic_button_8);
```

```
    ♯ 按键 8 的句柄 uic_button_8
    uic_button_9 = uicontrol(
        f, ...
        'style', 'pushbutton', ...
        'fontsize', font_size, ...
        'position', [margin * 3 + key_width * 2, margin * 4 + key_height * 3, key_width, key_
height], ...
        'callback', {@callback_number, callback, '9'}, ...
        'string', '9');
    set_handle('uic_button_9', uic_button_9);
    ♯ 按键 9 的句柄 uic_button_9
    uic_button_add = uicontrol(
        f, ...
        'style', 'pushbutton', ...
        'fontsize', font_size, ...
        'position', [margin * 4 + key_width * 3, margin * 2 + key_height, key_width, key_
height], ...
        'callback', {@callback_operator, callback, 'plus'}, ...
        'string', '+');
    set_handle('uic_button_add', uic_button_add);
    ♯ 按键 + 的句柄 uic_button_add
    uic_button_minus = uicontrol(
        f, ...
        'style', 'pushbutton', ...
        'fontsize', font_size, ...
        'position', [margin * 4 + key_width * 3, margin * 3 + key_height * 2, key_width, key_
height], ...
        'callback', {@callback_operator, callback, 'minus'}, ...
        'string', '-');
    set_handle('uic_button_minus', uic_button_minus);
    ♯ 按键 - 的句柄 uic_button_minus
    uic_button_multiply = uicontrol(
        f, ...
        'style', 'pushbutton', ...
        'fontsize', font_size, ...
        'position', [margin * 4 + key_width * 3, margin * 4 + key_height * 3, key_width, key_
height], ...
        'callback', {@callback_operator, callback, 'multiply'}, ...
        'string', 'x');
    set_handle('uic_button_multiply', uic_button_multiply);
    ♯ 按键 x 的句柄 uic_button_multiply
    uic_button_del = uicontrol(
        f, ...
        'style', 'pushbutton', ...
        'fontsize', font_size, ...
        'position', [margin, margin * 5 + key_height * 4, key_width, key_height], ...
        'callback', {@callback_uic_button_del, callback}, ...
        'cdata', get_image_by_name('del.png'));
    set_handle('uic_button_del', uic_button_del);
    ♯ 按键 del.png 的句柄 uic_button_del
    uic_button_ce = uicontrol(
        f, ...
        'style', 'pushbutton', ...
```

```octave
        'fontsize', font_size, ...
        'position', [margin * 2 + key_width, margin * 5 + key_height * 4, key_width, key_
height], ...
        'callback', {@callback_uic_button_ce, callback}, ...
        'string', 'CE');
    set_handle('uic_button_ce', uic_button_ce);
    #按键 CE 的句柄 uic_button_ce
    uic_button_clear = uicontrol(
        f, ...
        'style', 'pushbutton', ...
        'fontsize', font_size, ...
        'position', [margin * 3 + key_width * 2, margin * 5 + key_height * 4, key_width, key_
height], ...
        'callback', {@callback_uic_button_clear, callback}, ...
        'string', 'C');
    set_handle('uic_button_clear', uic_button_clear);
    #按键 C 的句柄 uic_button_clear
    uic_button_rdivide = uicontrol(
        f, ...
        'style', 'pushbutton', ...
        'fontsize', font_size, ...
        'position', [margin * 4 + key_width * 3, margin * 5 + key_height * 4, key_width, key_
height], ...
        'callback', {@callback_operator, callback, 'rdivide'}, ...
        'string', ' ÷ ');
    set_handle('uic_button_rdivide', uic_button_rdivide);
    #按键 ÷ 的句柄 uic_button_rdivide
    ret = class(struct, "Calculator");
endfunction

#!/usr/bin/octave
#第 6 章/@Calculator/disp.m

function disp(this)
    ## - * - texinfo - * -
    ## @deftypefn {} {} disp (@var{this})
    ## 显示计算器信息
    ##
    ## @example
    ## param: this
    ##
    ## return: -
    ## @end example
    ##
    ## @end deftypefn
    disp(struct(this))
endfunction

#!/usr/bin/octave
#第 6 章/@Calculator/display.m

function ans = display(this)
    ## - * - texinfo - * -
```

```
## @deftypefn {} {} display (@var{this})
## 显示计算器信息
##
## @example
## param: this
##
## return: ans
## @end example
##
## @end deftypefn
ans = struct(this)
endfunction


#!/usr/bin/octave
# 第 6 章/@Calculator/subsasgn.m

function ret = subsasgn(this, x, new_status)
    ## - * - texinfo - * -
    ## @deftypefn {} {} subsasgn (@var{this} @var{x} @var{new_status})
    ## 支持圆括号赋值和点号赋值
    ##
    ## @example
    ## param: this, x, new_status
    ##
    ## return: ret
    ## @end example
    ##
    ## @end deftypefn
    switch (x.type)
        case "()"
            fld = x.subs{1};
            if (!strcmp (fld, "status"))
                error ('Invalid field: % s\n', fld);
            else
                if strcmp(new_status, "on") || strcmp(new_status, "off")
                    this.status = new_status;
                    ret = this;
                else
                    error ('Invalid value: % s\n', new_status);
                endif
            endif
        case "."
            fld = x.subs;
            if (!strcmp (fld, "status"))
                error ('Invalid field: % s\n', fld);
            else
                if strcmp(new_status, "on") || strcmp(new_status, "off")
                    this.status = new_status;
                    ret = this;
                else
                    error ('Invalid value: % s\n', new_status);
                endif
            endif
```

```
            otherwise
                error("@Calculator/subsref: invalid assignment type for Calculator");
        endswitch
endfunction


#!/usr/bin/octave
#第6章/@Calculator/subsref.m
function ret = subsref(this, x)
    ## - * - texinfo - * -
    ## @deftypefn {} {} subsref (@var{this} @var{x})
    ## 支持圆括号索引、点号索引和花括号索引
    ##
    ## @example
    ## param: this, x
    ##
    ## return: ret
    ## @end example
    ##
    ## @end deftypefn
    switch (x.type)
        case "()"
            fld = x.subs{1};
            if (!strcmp (fld, "status"))
                error ('Invalid field: %s\n', fld);
            else
                ret = this.status;
            endif
        case "{}"
            fld = x.subs{1};
            if (!strcmp (fld, "status"))
                error ('Invalid field: %s\n', fld);
            else
                ret = this.status;
            endif
        case "."
            fld = x.subs;
            if (!strcmp (fld, "status"))
                error ('Invalid field: %s\n', fld);
            else
                ret = this.status;
            endif
        otherwise
            error("@Calculator/subsref: invalid subscript type for Calculator");
    endswitch
endfunction
```

视图类一经初始化，便立刻在屏幕上绘制出计算器的 GUI 界面。计算器的 GUI 界面的初始状态如图 6-1 所示。

6.1.3 计算器属性代码设计

根据计算器的工作原理来设计计算器的数据结构并编写属性部分的代码，编写规则如下：

（1）计算器的运算涉及操作数和运算符，因此计算器必须包含用于表示操作数和运算符的属性。

图 6-1　计算器的 GUI 界面的初始状态

（2）在计算过程中，多次连续的计算可以视为每次对两个操作数和一个运算符进行运算，因此至少需要两个用于表示操作数的属性，并且至少需要一个用于表示运算符的属性。

（3）由于计算器的输入是按照单个数字或符号进行输入的，如果直接采用数字类型的属性存放操作数，就会带来过多的额外运算。例如用户先输入 1，再输入 2，此时操作数会从 1 变为 12，如果直接采用数字类型的属性存放操作数，则等效于 $1 \times 10 + 2$，会在基本的存储操作之上增加两次运算，因此建议采用字符串类型的属性存放操作数。

（4）有些计算器可能会考虑二级运算，例如规定了乘除运算的优先级要高于加减运算的优先级的计算器就存在二级运算的情况。在这种情况下，如果直接采用数字类型的属性存放操作数，则将带来过多的额外判断，因此依然建议采用字符串类型的属性存放操作数。

（5）在某些复杂的运算场景中，仅凭数字类型的属性或者仅凭字符串类型的属性都有一定局限，因此也可以考虑混合使用数字类型的属性和字符串类型的属性，将二者同时用来存放操作数。

根据以上规则编写计算器的属性类，代码如下：

```octave
#!/usr/bin/octave
#第 6 章/@CalculatorAttributes/CalculatorAttributes.m

function ret = CalculatorAttributes()
    ## - * - texinfo - * -
    ## @deftypefn {} {} Calculator ()
    ## 计算器属性类
    ##
    ## @example
    ## param: -
```

```
    ##
    ## return: ret
    ## @end example
    ##
    ## @end deftypefn
    margin = 10;
    #GUI 控件间的边距 margin
    key_width = 50;
    #键盘的每个按键的单位宽度 key_width
    key_height = 30;
    #键盘的每个按键的单位高度 key_height
    font_size = 20;
    #单位字体大小 font_size
    privious_number = nan;
    #上次的数字 privious_number
    privious_text = '';
    #上次的文字 privious_text
    privious_operator = '';
    #上次的运算符 privious_operator
    current_number = nan;
    #当前的数字 current_number
    current_text = '';
    #当前的文字 current_text
    current_operator = '';
    #当前的运算符 current_operator

    a = struct(
        'margin', margin, ...
        'key_width', key_width, ...
        'key_height', key_height, ...
        'font_size', font_size, ...
        'privious_number', privious_number, ...
        'privious_text', privious_text, ...
        'privious_operator', privious_operator, ...
        'current_number', current_number, ...
        'current_text', current_text, ...
        'current_operator', current_operator ...
        );
    ret = class(a, "CalculatorAttributes");
endfunction

#!/usr/bin/octave
#第 6 章/@CalculatorAttributes/disp.m

function disp(this)
    ## - * - texinfo - * -
    ## @deftypefn {} {} disp (@var{this})
    ## 显示计算器属性信息
    ##
    ## @example
    ## param: this
    ##
    ## return: -
```

```
    ## @end example
    ##
    ## @end deftypefn
    disp(struct(this))
endfunction


#!/usr/bin/octave
# 第 6 章/@CalculatorAttributes/display.m

function ans = display(this)
    ## - * - texinfo - * -
    ## @deftypefn {} {} display (@var{this})
    ## 显示计算器属性信息
    ##
    ## @example
    ## param: this
    ##
    ## return: ans
    ## @end example
    ##
    ## @end deftypefn
    ans = struct(this)
endfunction


#!/usr/bin/octave
# 第 6 章/@CalculatorAttributes/get_class_field.m

function value = get_class_field(this, key)
    ## - * - texinfo - * -
    ## @deftypefn {} {} get_class_field (@var{this} @var{key})
    ## 按字段名称获得类的字段的值
    ##
    ## @example
    ## param: this, key
    ##
    ## return: value
    ## @end example
    ##
    ## @end deftypefn
    % value = eval(['this.', name, '.', key])
    value = this.key;
endfunction


#!/usr/bin/octave
# 第 6 章/@CalculatorAttributes/set_class_field.m

function this = set_class_field(this, key, value)
    ## - * - texinfo - * -
    ## @deftypefn {} {} set_class_field (@var{this} @var{key} @var{value})
    ## 按字段名称设置类的字段
    ##
    ## @example
    ## param: this, key, value
```

```
        ##
        ## return: this
        ## @end example
        ##
        ## @end deftypefn
        % eval(['this.', key, ' = ', value])
        this.key = value;
endfunction


#!/usr/bin/octave
# 第 6 章/@CalculatorAttributes/subsasgn.m

function ret = subsasgn(this, x, new_status)
    ## - * - texinfo - * -
    ## @deftypefn {} {} subsasgn (@var{this} @var{x} @var{new_status})
    ## 支持圆括号赋值和点号赋值
    ##
    ## @example
    ## param: this, x, new_status
    ##
    ## return: ret
    ## @end example
    ##
    ## @end deftypefn

    # GUI 控件间的边距 margin
    # 键盘的每个按键的单位宽度 key_width
    # 键盘的每个按键的单位高度 key_height
    # 单位字体大小 font_size
    # 上次的数字 privious_number
    # 上次的文字 privious_text
    # 上次的运算符 privious_operator
    # 当前的数字 current_number
    # 当前的文字 current_text
    # 当前的运算符 current_operator
    switch (x.type)
        case "()"
            fld = x.subs{1};
            if (strcmp (fld, "margin"))
                this.margin = new_status;
                ret = this;
            elseif (strcmp (fld, "key_width"))
                this.key_width = new_status;
                ret = this;
            elseif (strcmp (fld, "key_height"))
                this.key_height = new_status;
                ret = this;
            elseif (strcmp (fld, "font_size"))
                this.font_size = new_status;
                ret = this;
            elseif (strcmp (fld, "privious_number"))
                this.privious_number = new_status;
                ret = this;
```

```
            elseif (strcmp (fld, "privious_text"))
                this.privious_text = new_status;
                ret = this;
            elseif (strcmp (fld, "privious_operator"))
                this.privious_operator = new_status;
                ret = this;
            elseif (strcmp (fld, "current_number"))
                this.current_number = new_status;
                ret = this;
            elseif (strcmp (fld, "current_text"))
                this.current_text = new_status;
                ret = this;
            elseif (strcmp (fld, "current_operator"))
                this.current_operator = new_status;
                ret = this;
            endif
        case "."
            fld = x.subs;
            if (strcmp (fld, "margin"))
                this.margin = new_status;
                ret = this;
            elseif (strcmp (fld, "key_width"))
                this.key_width = new_status;
                ret = this;
            elseif (strcmp (fld, "key_height"))
                this.key_height = new_status;
                ret = this;
            elseif (strcmp (fld, "font_size"))
                this.font_size = new_status;
                ret = this;
            elseif (strcmp (fld, "privious_number"))
                this.privious_number = new_status;
                ret = this;
            elseif (strcmp (fld, "privious_text"))
                this.privious_text = new_status;
                ret = this;
            elseif (strcmp (fld, "privious_operator"))
                this.privious_operator = new_status;
                ret = this;
            elseif (strcmp (fld, "current_number"))
                this.current_number = new_status;
                ret = this;
            elseif (strcmp (fld, "current_text"))
                this.current_text = new_status;
                ret = this;
            elseif (strcmp (fld, "current_operator"))
                this.current_operator = new_status;
                ret = this;
            endif
        otherwise
            error("@CalculatorAttributes/subsref: invalid assignment type for Calculator-
Attributes");
    endswitch
```

```octave
endfunction

#!/usr/bin/octave
#第 6 章/@CalculatorAttributes/subsref.m
function ret = subsref(this, x)
    ## - * - texinfo - * -
    ## @deftypefn {} {} subsref (@var{this} @var{x})
    ## 支持圆括号索引、点号索引和花括号索引
    ##
    ## @example
    ## param: this, x
    ##
    ## return: ret
    ## @end example
    ##
    ## @end deftypefn
    switch (x.type)
        case "()"
            fld = x.subs{1};
            if (strcmp (fld, "margin"))
                ret = this.margin;
            elseif (strcmp (fld, "key_width"))
                ret = this.key_width;
            elseif (strcmp (fld, "key_height"))
                ret = this.key_height;
            elseif (strcmp (fld, "font_size"))
                ret = this.font_size;
            elseif (strcmp (fld, "privious_number"))
                ret = this.privious_number;
            elseif (strcmp (fld, "privious_text"))
                ret = this.privious_text;
            elseif (strcmp (fld, "privious_operator"))
                ret = this.privious_operator;
            elseif (strcmp (fld, "current_number"))
                ret = this.current_number;
            elseif (strcmp (fld, "current_text"))
                ret = this.current_text;
            elseif (strcmp (fld, "current_operator"))
                ret = this.current_operator;
            endif
        case "{}"
            fld = x.subs{1};
            if (strcmp (fld, "margin"))
                ret = this.margin;
            elseif (strcmp (fld, "key_width"))
                ret = this.key_width;
            elseif (strcmp (fld, "key_height"))
                ret = this.key_height;
            elseif (strcmp (fld, "font_size"))
                ret = this.font_size;
            elseif (strcmp (fld, "privious_number"))
                ret = this.privious_number;
            elseif (strcmp (fld, "privious_text"))
```

```
                          ret = this.privious_text;
                elseif (strcmp (fld, "privious_operator"))
                    ret = this.privious_operator;
                elseif (strcmp (fld, "current_number"))
                    ret = this.current_number;
                elseif (strcmp (fld, "current_text"))
                    ret = this.current_text;
                elseif (strcmp (fld, "current_operator"))
                    ret = this.current_operator;
                endif
        case "."
            fld = x.subs;
            if (strcmp (fld, "margin"))
                ret = this.margin;
            elseif (strcmp (fld, "key_width"))
                ret = this.key_width;
            elseif (strcmp (fld, "key_height"))
                ret = this.key_height;
            elseif (strcmp (fld, "font_size"))
                ret = this.font_size;
            elseif (strcmp (fld, "privious_number"))
                ret = this.privious_number;
            elseif (strcmp (fld, "privious_text"))
                ret = this.privious_text;
            elseif (strcmp (fld, "privious_operator"))
                ret = this.privious_operator;
            elseif (strcmp (fld, "current_number"))
                ret = this.current_number;
            elseif (strcmp (fld, "current_text"))
                ret = this.current_text;
            elseif (strcmp (fld, "current_operator"))
                ret = this.current_operator;
            endif
        otherwise
            error("@CalculatorAttributes/subsref: invalid subscript type for CalculatorAttributes");
    endswitch
endfunction
```

6.1.4　计算器回调函数代码设计

💡注意：如果读者接触过 MVC 设计模式，或者类似于 Spring MVC 的框架，则可以把本节内容类比为 MVC 中的控制器以方便理解。

根据计算器的实现方式来编写回调函数代码，编写规则如下：

（1）对于计算器键盘中的每个键都要添加回调函数，以响应用户的单击操作。

（2）对于计算器的每个显示区域都要添加回调函数，以实时回显操作数。

（3）如果涉及精确的涉及句柄键-值对变化的控制，还可以考虑添加监听器。

根据以上规则编写计算器的回调函数类，代码如下：

```
#!/usr/bin/octave
# 第 6 章/@CalculatorCallbacks/CalculatorCallbacks.m

function ret = CalculatorCallbacks()
    ## - * - texinfo - * -
    ## @deftypefn {} {} CalculatorCallbacks ()
    ## 计算器的回调函数类
    ##
    ## @example
    ## param: -
    ##
    ## return: ret
    ## @end example
    ##
    ## @end deftypefn
    ret = class(struct, "CalculatorCallbacks");

endfunction

#!/usr/bin/octave
# 第 6 章/@CalculatorCallbacks/callback_number.m

function callback_number(h, ~, this, number_string)
    ## - * - texinfo - * -
    ## @deftypefn {} {} callback_number (@var{h} @var{~} @var{this} @var{number_string})
    ## 计算器的回调函数
    ##
    ## @example
    ## param: h, ~, this, number_string
    ##
    ## return: -
    ## @end example
    ##
    ## @end deftypefn
    global field;
    # 全局变量 计算器属性对象 field
    uic_textfield_line_bottom = get_handle('uic_textfield_line_bottom');
    uic_textfield_line_top = get_handle('uic_textfield_line_top');
    current_text = field.current_text;
    try
        current_text = num2str(current_text);
    catch
        warning(fprintf('current_text: %s 无须再转换为 string。', current_text))
    end_try_catch
    current_text = [current_text, number_string];
    set_textfield_text(uic_textfield_line_bottom, current_text);
    field.current_text = current_text;

endfunction

#!/usr/bin/octave
# 第 6 章/@CalculatorCallbacks/callback_operator.m
```

```octave
function callback_operator(h, ~, this, operator_string)
    ## - * - texinfo - * -
    ## @deftypefn {} {} callback_operator (@var{h} @var{~} @var{this} @var{operator_
string})
    ## 计算器的四则运算
    ##
    ## @example
    ## param: h, ~, this, operator_string
    ##
    ## return: -
    ## @end example
    ##
    ## @end deftypefn
    global field;
    # 全局变量 计算器属性对象 field
    global error_text;
    # 全局变量 计算器计算出错时显示的内容 error_text
    global suspend_text;
    # 全局变量 计算器等待运算时的标记内容 suspend_text
    uic_textfield_line_bottom = get_handle('uic_textfield_line_bottom');
    uic_textfield_line_top = get_handle('uic_textfield_line_top');
    current_text = field.current_text;
    privious_text = field.privious_text;
    current_operator = field.current_operator;
    if strcmp(current_operator, '')
        current_operator = operator_string;
        field.current_operator = current_operator;
    endif
    result = calculate(this)
    if ~strcmp(result, suspend_text)
        if ~strcmp(result, error_text) && ~isempty(result)
            current_text = '';
            privious_text = num2str(result);
            set_textfield_text(uic_textfield_line_bottom, current_text);
            set_textfield_text(uic_textfield_line_top, privious_text);
            field.current_text = current_text;
            field.privious_text = privious_text;
        elseif isempty(current_text) && ~isempty(privious_text)
        else
            current_text = field.current_text;
            privious_text = current_text;
            current_text = '';
            set_textfield_text(uic_textfield_line_bottom, current_text);
            set_textfield_text(uic_textfield_line_top, privious_text);
            field.current_text = current_text;
            field.privious_text = privious_text;
        endif
    else
        current_text = field.current_text;
        privious_text = current_text;
        current_text = '';
        set_textfield_text(uic_textfield_line_bottom, current_text);
        set_textfield_text(uic_textfield_line_top, privious_text);
```

```
        field.current_text = current_text;
        field.privious_text = privious_text;
    endif
    current_operator = operator_string;
    field.current_operator = current_operator;

endfunction

#!/usr/bin/octave
# 第 6 章/@CalculatorCallbacks/callback_uic_button_ce.m

function callback_uic_button_ce(h, ~, this)
    ## - * - texinfo - * -
    ## @deftypefn {} {} callback_uic_button_ce (@var{h} @var{~} @var{this})
    ## 计算器的回调函数
    ##
    ## @example
    ## param: h, ~, this
    ##
    ## return: -
    ## @end example
    ##
    ## @end deftypefn
    global field;
    # 全局变量 计算器属性对象 field
    uic_textfield_line_bottom = get_handle('uic_textfield_line_bottom');
    uic_textfield_line_top = get_handle('uic_textfield_line_top');
    current_text = field.current_text;
    privious_text = field.privious_text;
    current_operator = field.current_operator;
    privious_operator = field.privious_operator;
    current_text = '';
    set_textfield_text(uic_textfield_line_bottom, current_text);
    field.current_text = current_text;

endfunction

#!/usr/bin/octave
# 第 6 章/@CalculatorCallbacks/callback_uic_button_clear.m

function callback_uic_button_clear(h, ~, this)
    ## - * - texinfo - * -
    ## @deftypefn {} {} callback_uic_button_clear (@var{h} @var{~} @var{this})
    ## 计算器的回调函数
    ##
    ## @example
    ## param: h, ~, this
    ##
    ## return: -
    ## @end example
    ##
    ## @end deftypefn
    global field;
```

```octave
    # 全局变量 计算器属性对象 field
    uic_textfield_line_bottom = get_handle('uic_textfield_line_bottom');
    uic_textfield_line_top = get_handle('uic_textfield_line_top');
    current_text = field.current_text;
    privious_text = field.privious_text;
    current_operator = field.current_operator;
    privious_operator = field.privious_operator;
    current_text = '';
    privious_text = '';
    current_operator = '';
    privious_operator = '';
    set_textfield_text(uic_textfield_line_bottom, current_text);
    set_textfield_text(uic_textfield_line_top, privious_text);
    field.current_text = current_text;
    field.privious_text = privious_text;
    field.current_operator = current_operator;
    field.privious_operator = privious_operator;

endfunction


#!/usr/bin/octave
# 第 6 章 /@CalculatorCallbacks/callback_uic_button_del.m

function callback_uic_button_del(h, ~, this)
    ## - * - texinfo - * -
    ## @deftypefn {} {} callback_uic_button_del (@var{h} @var{~} @var{this})
    ## 计算器的回调函数
    ##
    ## @example
    ## param: h, ~, this
    ##
    ## return: -
    ## @end example
    ##
    ## @end deftypefn
    global field;
    # 全局变量 计算器属性对象 field
    global error_text;
    # 全局变量 计算器计算出错时显示的内容 error_text
    uic_textfield_line_bottom = get_handle('uic_textfield_line_bottom');
    uic_textfield_line_top = get_handle('uic_textfield_line_top');
    current_text = field.current_text;
    privious_text = field.privious_text;
    current_operator = field.current_operator;
    privious_operator = field.privious_operator;
    if ~isempty(strfind(current_text, error_text))
        current_text = '';
        current_operator = '';
    endif
    if ~strcmp(current_text, '')
        current_text = current_text(1:end-1);
    endif
    set_textfield_text(uic_textfield_line_bottom, current_text);
```

```
        field.current_text = current_text;
        field.current_operator = current_operator;

endfunction

#!/usr/bin/octave
#第6章/@CalculatorCallbacks/callback_uic_button_equal.m

function callback_uic_button_equal(h, ~, this)
    ## - * - texinfo - * -
    ## @deftypefn {} {} callback_uic_button_equal (@var{h} @var{~} @var{this})
    ## 计算器的等式运算
    ##
    ## @example
    ## param: h, ~, this
    ##
    ## return: -
    ## @end example
    ##
    ## @end deftypefn
    global field;
    #全局变量 计算器属性对象 field
    global error_text;
    #全局变量 计算器计算出错时显示的内容 error_text
    global suspend_text;
    #全局变量 计算器等待运算时的标记内容 suspend_text
    uic_textfield_line_bottom = get_handle('uic_textfield_line_bottom');
    uic_textfield_line_top = get_handle('uic_textfield_line_top');
    current_text = field.current_text;
    privious_text = field.privious_text;
    result = calculate(this)
    if ~strcmp(result, suspend_text)
        if ~strcmp(result, error_text) && ~isempty(result)
            current_text = '';
            privious_text = num2str(result);
            set_textfield_text(uic_textfield_line_bottom, current_text);
            set_textfield_text(uic_textfield_line_top, privious_text);
            field.current_text = current_text;
            field.privious_text = privious_text;
        elseif isempty(current_text) && ~isempty(privious_text)
        else
            current_text = field.current_text;
            privious_text = current_text;
            current_text = '';
            set_textfield_text(uic_textfield_line_bottom, current_text);
            set_textfield_text(uic_textfield_line_top, privious_text);
            field.current_text = current_text;
            field.privious_text = privious_text;
        endif
    else
        current_text = field.current_text;
        privious_text = current_text;
        current_text = '';
```

```
            set_textfield_text(uic_textfield_line_bottom, current_text);
            set_textfield_text(uic_textfield_line_top, privious_text);
            field.current_text = current_text;
            field.privious_text = privious_text;
        endif
        current_operator = '';
        field.current_operator = current_operator;

endfunction

#!/usr/bin/octave
# 第 6 章/@CalculatorCallbacks/disp.m

function disp(this)
    ## - * - texinfo - * -
    ## @deftypefn {} {} disp (@var{this})
    ## 显示计算器属性信息
    ##
    ## @example
    ## param: this
    ##
    ## return: -
    ## @end example
    ##
    ## @end deftypefn
    disp(struct(this))
endfunction

#!/usr/bin/octave
# 第 6 章/@CalculatorCallbacks/display.m

function ans = display(this)
    ## - * - texinfo - * -
    ## @deftypefn {} {} display (@var{this})
    ## 显示计算器属性信息
    ##
    ## @example
    ## param: this
    ##
    ## return: ans
    ## @end example
    ##
    ## @end deftypefn
    ans = struct(this)
endfunction

#!/usr/bin/octave
# 第 6 章/@CalculatorCallbacks/subsasgn.m

function ret = subsasgn(this, x, new_status)
    ## - * - texinfo - * -
    ## @deftypefn {} {} subsasgn (@var{this} @var{x} @var{new_status})
    ## 支持圆括号赋值和点号赋值
```

```
    ##
    ## @example
    ## param: this
    ##
    ## return: ans
    ## @end example
    ##
    ## @end deftypefn

    switch (x.type)
        case "()"
            fld = x.subs{1};
            if (strcmp (fld, "field"))
                this.field = new_status;
                ret = this;
            endif
        case "."
            fld = x.subs;
            if (strcmp (fld, "field"))
                this.field = new_status;
                ret = this;
            endif
        otherwise
            error("@CalculatorAttributes/subsref: invalid assignment type for CalculatorAttributes");
    endswitch
endfunction

#!/usr/bin/octave
# 第6章/@CalculatorCallbacks/subsref.m
function ret = subsref(this, x)
    ## -*- texinfo -*-
    ## @deftypefn {} {} subsref (@var{this} @var{x})
    ## 支持圆括号索引、点号索引和花括号索引
    ##
    ## @example
    ## param: this, x
    ##
    ## return: ret
    ## @end example
    ##
    ## @end deftypefn
    switch (x.type)
        case "()"
            fld = x.subs{1};
            if (strcmp (fld, "field"))
                ret = this.field;
            endif
        case "{}"
            fld = x.subs{1};
            if (strcmp (fld, "field"))
                ret = this.field;
            endif
        case "."
```

```
            fld = x.subs;
            if (strcmp (fld, "field"))
                ret = this.field;
            endif
        otherwise
            error("@CalculatorAttributes/subsref: invalid subscript type for CalculatorAttributes");
    endswitch
endfunction
```

在回调函数的基础上，用户在计算器键盘上输入数字即可在文字区域实时回显操作数，如图 6-2 所示。

此外，用户在计算器键盘上输入数字、运算符和数字的组合即可在文字区域实时回显历史操作数和当前操作数，如图 6-3 所示。

图 6-2　文字区域实时回显操作数

图 6-3　文字区域实时回显历史操作数和当前操作数

根据回调函数设计的不同，计算器还支持更多特性，其他的特性不在这里赘述。

6.1.5　合并回调函数

在计算器的键盘中，所有的数字和小数点按键在按下时的行为都非常类似，包括字符串合并、字符串存储等；此外，所有的运算符按键在按下时的行为也很类似，包括数据运算、显示区域更新等。在实际的计算器的实现中，这种同类按键的回调函数被合并为两个回调函数：

（1）将所有的数字和小数点按键的回调函数合并为数字处理的回调函数。

（2）将所有的运算符按键的回调函数合并为四则运算的回调函数。

使用合并回调函数技术处理的计算器应用，对于 19 个按键只需设计 6 个回调函数，增加了代码的复用性，降低了编码难度。

6.1.6　解算器设计思想

解算器一般用于解决充分形式化的简单问题。可用解算器解决的问题一定是含有共性规则的一系列问题。在计算器的在实际应用中，因为本例中的计算器的计算种类只含有 4 种，而且计算器中的计算也均可以拆分为每次对两个操作数和一个运算符进行运算,所以解算器非常适合用来实现计算器的计算逻辑。

解算器的优点如下:

(1) 减少代码量,增加代码复用性。

(2) 使计算过程和 GUI 操作解耦,降低代码编写难度。

(3) 只管调用解算器,而无须关注其内部实现,方便代码维护。

编写计算器的解算器,代码如下:

```octave
#!/usr/bin/octave
# 第6章/@CalculatorCallbacks/calculate.m

function ret = calculate(this)
    ## - * - texinfo - * -
    ## @deftypefn {} {} calculate (@var{this})
    ## 计算器的解算器
    ##
    ## @example
    ## param: this
    ##
    ## return: ret
    ## @end example
    ##
    ## @end deftypefn
    global field;
    # 全局变量 计算器属性对象 field
    global error_text;
    # 全局变量 计算器计算出错时显示的内容 error_text
    global suspend_text;
    # 全局变量 计算器等待运算时的标记内容 suspend_text
    ret = error_text;
    current_text = field.current_text;
    privious_text = field.privious_text;
    current_operator = field.current_operator;
    privious_operator = field.privious_operator;
    # 运算符: plus / minus / multiply / rdivide
    # 先考虑四则运算出错的情况
    try
        privious_text
        current_text
        if strcmp(current_operator, 'plus')
            ret = str2num(privious_text) + str2num(current_text);
        elseif strcmp(current_operator, 'minus')
            ret = str2num(privious_text) - str2num(current_text);
        elseif strcmp(current_operator, 'multiply')
            ret = str2num(privious_text) * str2num(current_text);
        elseif strcmp(current_operator, 'rdivide')
            ret = str2num(privious_text) / str2num(current_text);
        endif
    catch
        ret = error_text;
```

```
        end_try_catch
        # 再考虑缺少操作数的情况
        if isempty(privious_text) || isempty(current_text)
            ret = suspend_text;
        endif
        # 再考虑当前文字为出错的情况
        # 当既缺少操作数,当前文字又出错时,用 error_text 覆盖 suspend_text,最终返回 error_text
        if strcmp(current_text, error_text)
            ret = error_text;
        endif

    endfunction
```

6.2   记事本设计与实现

6.2.1   记事本原型设计

记事本主要用于打开文本、新建文本、编辑文本和/或保存文本。由于记事本的文本查看操作发生在编辑界面上,所以编辑界面是最常用的界面,由此应将记事本的编辑界面作为记事本应用的主界面。

在记事本的编辑界面上应该包含以下元素:

(1) 文本编辑区域。

(2) 菜单栏。

(3) 保存按钮。

(4) 打开按钮。

(5) 新建按钮。

(6) 首选项按钮。

在设计记事本的编辑界面时需要注意标题栏的文字变化。标题栏的文字在不同的场景下的规则如下:

(1) 如果记事本已知当前编辑的是哪个文本文件,则记事本的编辑界面的标题栏的文字应该显示当前正在编辑文件的文件名。

(2) 如果记事本不知道当前编辑的是哪个文本文件,则记事本的编辑界面的标题栏的文字应该显示 Untitled。该文字可以提示用户当前文本没有被保存,一旦退出当前编辑界面,当前文本就可能会完全丢失。

根据以上元素绘制记事本的编辑界面的原型设计图,如图 6-4 所示。

此外,在单击保存按钮时应该弹出文件保存器,并且在单击“打开”按钮时应该弹出文件选择器。由于 Octave 拥有已经实现好的文件保存器和文件选择器,所以不需要自行实现 GUI 版本的文件保存器和文件选择器,也不需要绘制对应的原型设计图。

此外,在单击新建按钮时应该新建一个记事本的编辑界面。在实现时,如果记事本的新的编辑界面和老的编辑界面的构造方式相同,则说明二者呈现的效果也类似,此种情况下新的编辑界面可以沿用老的编辑界面的原型设计图。

此外,在单击“首选项”按钮时应该弹出子菜单,并在子菜单中放入若干项目。子菜单的具体项目作为扩展需求的用途,留作记事本的进一步开发。设计子菜单的原型设计图,如图 6-5 所示。

图 6-4 记事本的编辑界面的原型设计图

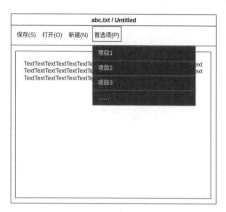

图 6-5 记事本的子菜单的原型设计图

此外,在关闭记事本的编辑界面时应该弹出对话框提示,防止用户误操作。对话框的作用是询问用户是否要保存文件,以避免正在编辑的文本内容意外丢失。对话框应该具有以下选项:

(1)是选项,用于先保存文件再退出。

(2)取消选项,用于不退出并继续编辑文件。

(3)否选项,用于不保存文件直接退出。

(4)默认为取消选项,防止用户因误操作而退出编辑器。

根据以上对话框的选项设计对话框的原型设计图,如图 6-6 所示。

6.2.2 记事本视图代码设计

根据记事本的原型设计图来编写视图部分的代码,编写规则如下:

图 6-6 记事本的对话框的原型设计图

(1)首先创建一个默认图像对象,作为记事本的面板。

(2)在记事本的面板的下半部分放置填满窗口的编辑区域。

(3)在记事本的面板的上半部分放置自定义的菜单栏。

(4)Octave 默认的面板会显示默认的菜单栏和默认的工具栏。要编写额外代码用于禁止显示默认的菜单栏和默认的工具栏。

(5)自定义的菜单栏需要支持快捷键操作,所以需要额外的代码配置操作。

💡 **注意**:Octave 允许同时显示默认的菜单栏和自定义的菜单栏,此时默认的菜单栏和自定义的菜单栏将合并显示在同一个条形区域中,并且默认的菜单栏中的选项显示在前面,自定义的菜单栏中的选项显示在后面。

根据以上规则编写记事本的视图类,代码如下:

```octave
#!/usr/bin/octave
#第 6 章/@Notebook/Notebook.m

function ret = Notebook()
    ## - * - texinfo - * -
    ## @deftypefn {} {} Notebook ()
    ## 记事本类
    ##
    ## @example
    ## param: -
    ##
    ## return: ret
    ## @end example
    ##
    ## @end deftypefn
    optimize_subsasgn_calls(false)
    global field;
    #全局变量 记事本属性对象 field
    field = NotebookAttributes;
    callback = NotebookCallbacks;
    toolbox = Toolbox;
    input_field_width = get_window_width(toolbox);
    #输入框的宽度 input_field_width
    input_field_height = get_window_height(toolbox);
    #输入框的高度 input_field_height
    title_name = field.current_name;
    #将编辑窗口的标题栏的文字设置为文件名
    if strcmp(field.current_name, '')
        title_name = 'Untitled';
    endif
    #如果当前文件名为空,则将编辑窗口的标题栏的文字设置为 Untitled

    f = figure;
    #基础图形句柄 f

    set(f, 'closerequestfcn', {@callback_close_edit_window, callback})
    set(f, 'numbertitle', 'off');
    set(f, 'toolbar', 'none');
    set(f, 'menubar', 'none');
    set(f, 'name', title_name);
    m_save = uimenu(
        'label', '保存(S&)', ...
        'accelerator', 's');
    m_open = uimenu(
        'label', '打开(O&)', ...
        'accelerator', 'o');
    m_new = uimenu(
        'label', '新建(N&)', ...
        'accelerator', 'n');
    m_preferences = uimenu(
        'label', '首选项(P&)', ...
```

```
            'accelerator', 'p');
    mitem_p1 = uimenu(
        m_preferences, ...
        'label', '首选项 1'...
        );
    mitem_p2 = uimenu(
        m_preferences, ...
        'label', '首选项 2'...
        );
    mitem_p3 = uimenu(
        m_preferences, ...
        'label', '首选项 3'...
        );
    text_field_handle = uicontrol(
        f, ...
        'style', 'edit', ...
        'min', 0, ...
        'max', 4, ...
        'position', [0, 0, input_field_width, input_field_height], ...
        'string', ''...
        );
    set_handle('text_field_handle', text_field_handle);
    set_handle('current_name', title_name);
    set(f, 'sizechangedfcn', {@callback_set_size, callback})
    set(m_save, 'callback', {@callback_save_to_file, callback})
    set(m_open, 'callback', {@callback_open_file, callback})
    set(m_new, 'callback', {@callback_create_new_Notebook, callback})

    ret = class(struct, "Notebook");
endfunction
```

6.2.3 记事本属性代码设计

根据记事本的工作原理来设计记事本的数据结构并编写属性部分的代码,编写规则如下:

（1）记事本的标题栏需要记录当前打开的文件名,或将 Untitled 字符串作为标题,所以需要记录标题作为属性。

（2）每个记事本的编辑窗口都含有编辑区域,所以需要记录编辑区域的句柄,以访问编辑区域的尺寸和文字等信息。

根据以上规则编写记事本的属性类,代码如下:

```
#!/usr/bin/octave
# 第 6 章/@NotebookAttributes/NotebookAttributes.m

function ret = NotebookAttributes()
    ## - * - texinfo - * -
    ## @deftypefn {} {} NotebookAttributes ()
    ## 记事本属性类
    ##
    ## @example
    ## param: -
    ##
```

```
    ## return: ret
    ## @end example
    ##
    ## @end deftypefn
    current_name = '';
    # 当前文件名 current_name
    text_field_handle = 0;
    # 控制输入框的句柄 text_field_handle

    a = struct(
        'current_name', current_name, ...
        'text_field_handle', text_field_handle...
        );
    ret = class(a, "NotebookAttributes");
endfunction

#!/usr/bin/octave
# 第 6 章 /@NotebookAttributes/subsasgn.m

function ret = subsasgn(this, x, new_status)
    ## - * - texinfo - * -
    ## @deftypefn {} {} subsasgn (@var{this} @var{x} @var{new_status})
    ## 支持圆括号赋值和点号赋值
    ##
    ## @example
    ## param: this, x, new_status
    ##
    ## return: ret
    ## @end example
    ##
    ## @end deftypefn

    # 当前文件名 current_name
    # 控制输入框的句柄 text_field_handle
    switch (x.type)
        case "()"
            fld = x.subs{1};
            if (strcmp (fld, "current_name"))
                this.current_name = new_status;
                ret = this;
            elseif (strcmp (fld, "text_field_handle"))
                this.text_field_handle = new_status;
                ret = this;
            endif
        case "."
            fld = x.subs;
            if (strcmp (fld, "current_name"))
                this.current_name = new_status;
                ret = this;
            elseif (strcmp (fld, "text_field_handle"))
                this.text_field_handle = new_status;
                ret = this;
            endif
```

```
            otherwise
                error("@NotebookAttributes/subsref: invalid assignment type for NotebookAttributes");
        endswitch
    endfunction


    #!/usr/bin/octave
    # 第6章/@NotebookAttributes/subsref.m
    function ret = subsref(this, x)
        ## - * - texinfo - * -
        ## @deftypefn {} {} subsref (@var{this} @var{x})
        ## 支持圆括号索引、点号索引和花括号索引
        ##
        ## @example
        ## param: this, x
        ##
        ## return: ret
        ## @end example
        ##
        ## @end deftypefn


        # 当前文件名 current_name
        # 控制输入框的句柄 text_field_handle
        switch (x.type)
            case "()"
                fld = x.subs{1};
                if (strcmp (fld, "current_name"))
                    ret = this.current_name;
                elseif (strcmp (fld, "text_field_handle"))
                    ret = this.text_field_handle;
                endif
            case "{}"
                fld = x.subs{1};
                if (strcmp (fld, "current_name"))
                    ret = this.current_name;
                elseif (strcmp (fld, "text_field_handle"))
                    ret = this.text_field_handle;
                endif
            case "."
                fld = x.subs;
                if (strcmp (fld, "current_name"))
                    ret = this.current_name;
                elseif (strcmp (fld, "text_field_handle"))
                    ret = this.text_field_handle;
                endif
            otherwise
                error("@NotebookAttributes/subsref: invalid subscript type for NotebookAttributes");
        endswitch
    endfunction
```

6.2.4 控件尺寸自适应

记事本的面板的下半部分放置的是填满窗口的编辑区域,这就意味着编辑区域的尺寸必须是动态调节的。随着面板尺寸的改变,编辑区域应该及时获取面板的新尺寸,并且随之改变

自身尺寸。

通过图像对象的句柄可以获取面板的尺寸,并且通过在图像对象上绑定在尺寸改变时触发的回调函数,配合用于实现编辑区域的控制输入框对象的句柄,可及时改变控制输入框对象的尺寸字段,从而实现编辑区域自适应宽度。

此外,回调函数接受的尺寸变化非常宽泛,包括拖动窗口边缘导致的尺寸变化、最大化窗口、最小化窗口导致的尺寸变化及通过句柄修改字段导致的尺寸变化等。凡是能想到的尺寸变化,都可以使用回调函数的方式及时地成功调用。

设计控件自适应宽度的代码如下:

当前的记事本的实现使用控制输入框实现编辑区域。实现了自适应宽度的控制输入框一经被创建出来便填满窗口的空白区域;此外,控制输入框当改变窗口的大小时也会自动改变其大小而填满窗口的空白区域。默认状态的控制输入框效果如图 6-7 所示。

实现了控制输入框尺寸自适应的代码如下:

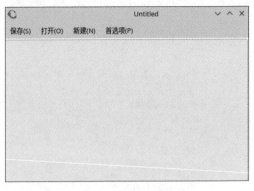

图 6-7　默认状态的控制输入框效果

```octave
#!/usr/bin/octave
# 第 6 章/@NotebookCallbacks/callback_set_size.m
function ret = callback_set_size(h, ~, this)
    ## - * - texinfo - * -
    ## @deftypefn {} {} callback_set_size (@var{this})
    ## 设置窗口尺寸
    ##
    ## @example
    ## param: -
    ##
    ## return: ret
    ## @end example
    ##
    ## @end deftypefn
    global field;
    # 全局变量 记事本属性对象 field
    text_field_handle = get_handle('text_field_handle');
    toolbox = Toolbox;
    window_width = get_window_width(toolbox);
    window_height = get_window_height(toolbox);
    set_width(this, text_field_handle, window_width);
    set_height(this, text_field_handle, window_height);
endfunction

#!/usr/bin/octave
# 第 6 章/@@NotebookCallbacks/set_height.m
function set_height(this, text_field_handle, height)
    ## - * - texinfo - * -
    ## @deftypefn {} {} set_height (@var{this} @var{text_field_handle} @var{height})
```

```
## 设置窗口中的文本输入框的高度
##
## @example
## param: this, text_field_handle, height
##
## return: -
## @end example
##
## @end deftypefn

    position = get(text_field_handle, 'position');
    position(4) = height;
    set(text_field_handle, 'position', position);
endfunction

#!/usr/bin/octave
# 第6章/@NotebookCallbacks/set_width.m
function set_width(this, text_field_handle, width)
    ## - * - texinfo - * -
    ## @deftypefn {} {} set_width (@var{this} @var{text_field_handle} @var{width})
    ## 设置窗口中的文本输入框的宽度
    ##
    ## @example
    ## param: this, text_field_handle, width
    ##
    ## return: -
    ## @end example
    ##
    ## @end deftypefn

    position = get(text_field_handle, 'position');
    position(3) = width;
    set(text_field_handle, 'position', position);
endfunction
```

6.2.5　关闭窗口与删除对象

在记事本的用法中会涉及与关闭窗口相关的对话框，它属于一个涉及删除图像对象的操作。调用 delete() 函数，并且传入一幅图形句柄，即可直接删除对应的图形对象，代码如下：

```
>> delete(gcf)
```

在执行上面的代码后，当前的图像对象所在的窗口会被关闭。

记事本需要涉及与关闭编辑界面相关的对话框，用于改变默认的关闭窗口的逻辑，因此，在编写代码时需要配合 delete() 函数实现按需关闭或保留窗口。

6.2.6　与删除对象相关的回调函数

在 Octave 中删除一个图像对象可能涉及两种方式的回调函数：deletefcn 和 closerequestfcn。二者的定义如下：

（1）deletefcn 方式的回调函数在图像对象被删除前被调用。

（2）closerequestfcn 方式的回调函数在图像对象被删除时被调用。

这也就意味着：

（1）如果调用了 deletefcn 方式的回调函数，则图像对象会先执行完回调函数再删除对象本身。

（2）如果调用了 closerequestfcn 方式的回调函数，则图像对象会认为这个回调函数本身就是删除对象的操作，不会再确认对象是否被删除了，也不会执行删除的语句。

记事本应该统一使用 closerequestfcn 方式，原因如下：

（1）记事本涉及保留对象的用法，而只有 closerequestfcn 方式的回调函数才能保留对象。

（2）closerequestfcn 方式的回调函数对删除对象的过程可以有更精细的控制，而 deletefcn 方式无论回调函数执行结果如何，最终都会造成对象的删除，无法实现差异化的代码分支判断。

使用 closerequestfcn 方式设计与删除对象相关的回调函数的代码如下：

```octave
#!/usr/bin/octave
# 第 6 章/@NotebookCallbacks/callback_close_edit_window.m
function status = callback_close_edit_window(h, ~, this, text_field_handle)
    ## - * - texinfo - * -
    ## @deftypefn {} {} callback_close_edit_window (@var{h} @var{~} @var{this} @var{text_
field_handle})
    ## 关闭记事本编辑窗口时的回调函数
    ##
    ## @example
    ## param: h, ~, this, text_field_handle
    ##
    ## return: status
    ## @end example
    ##
    ## @end deftypefn
    btn1 = '是,保存更改';
    btn2 = '取消';
    btn3 = '否,丢弃更改';
    default = btn2;
    ret_btn1 = 1;
    ret_btn2 = 2;
    ret_btn3 = 3;

    result = questdlg ('是否保存更改?', '提醒', btn1, btn2, btn3, default);
    if strcmp(result, btn1)
        # 是,保存更改
        fname = callback_save_to_file(this, text_field_handle);
        status = ret_btn1
        if ~isnumeric(fname)
            delete(h);
        endif
    elseif strcmp(result, btn2)
        # 取消
        status = ret_btn2
    elseif strcmp(result, btn3)
        # 否,丢弃更改
```

```
        status = ret_btn3
        delete(h);
    endif
endfunction
```

在记事本的用法中,每当用户想要关闭一个编辑窗口时都会弹出一个对话框,对话框的效果如图 6-8 所示。

对话框的 3 个选项分别对应了 callback_close_edit_window 的 3 个分支进行处理,实现了包括删除图形对象和保存文本在内的功能。

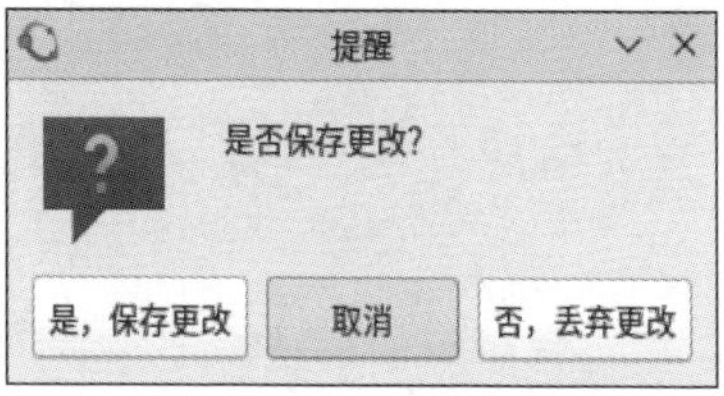

图 6-8 对话框的效果

6.2.7 与文件存取相关的回调函数

记事本需要支持与文件存取相关的动作。具体的操作如下:

(1) 在单击"保存"按钮时打开一个文件保存器。

(2) 如果用户确认选择了文件保存的路径和名称,则需要获取当前编辑区域内的文本,并把这里的文本存入选择的路径和名称所代表的文件中。

(3) 如果用户没有选择文件保存的路径和名称,则返回编辑界面并且不保存文件。

(4) 在单击"打开"按钮时打开一个文件选择器。

(5) 如果用户确认选择了文件打开的路径和名称,则需要获取选择的路径和名称所代表的文件的文本,并把这里的文本填入当前编辑区域中。

(6) 如果用户没有选择文件打开的路径和名称,则返回编辑界面并且不打开文件。

设计与文件存取相关的回调函数的代码如下:

```
#!/usr/bin/octave
# 第 6 章/@NotebookCallbacks/callback_open_file.m
function [fname, fpath, fltidx] = callback_open_file(this)
    ## - * - texinfo - * -
    ## @deftypefn {} {} callback_open_file (@var{this})
    ## 用于打开文件的回调函数
    ##
    ## @example
    ## param: this
    ##
    ## return: [fname, fpath, fltidx]
    ## @end example
    ##
    ## @end deftypefn
    global field;
    # 全局变量 记事本属性对象 field
    text_field_handle = get_handle('text_field_handle');
    temp = {};
    temp_index = 1;
    [fname, fpath, fltidx] = uigetfile('*', '打开', field.current_name);
    if ~isnumeric(fname)
        set(gcf, 'name', fname);
        # 将编辑窗口的标题栏的文字设置为当前文件名
        field.current_name = fname;
```

```
            cd(fpath);
            fp = fopen(fname, 'r');
            while 1
                tline = fgetl(fp);
                if ~ischar(tline)
                    break;
                end
                temp{temp_index} = tline;
                temp_index += 1;
            end
            set(text_field_handle, 'string', temp);
            #将编辑窗口的文本输入框的文字设置为
            fclose(fp);
            temp
        endif
endfunction
#!/usr/bin/octave
#第 6 章/@NotebookCallbacks/callback_save_to_file.m
function [fname, fpath, fltidx] = callback_save_to_file(this)
    ## - * - texinfo - * -
    ## @deftypefn {} {} callback_save_to_file (@var{this})
    ## 用于将文本保存到文件的回调函数
    ##
    ## @example
    ## param: this
    ##
    ## return: [fname, fpath, fltidx]
    ## @end example
    ##
    ## @end deftypefn
    global field;
    #全局变量 记事本属性对象 field
    text_field_handle = get_handle('text_field_handle');
    temp = get(text_field_handle, 'string')
    [fname, fpath, fltidx] = uiputfile('*', '保存', field.current_name);
    if ~isnumeric(fname)
        temp = get(text_field_handle, 'string')
        set(gcf, 'name', fname);
        cd(fpath);
        fp = fopen(fname, 'w');
        if iscell(temp)
            fprintf(fp, strjoin(temp, '\r\n'));
        elseif ischar(temp)
            fprintf(fp, temp);
        endif
        fclose(fp);
        if ~ischar(temp) && ~iscell(temp)
            error('edit content must be string or cell')
        endif
    endif
endfunction
```

6.2.8 自定义菜单项目快捷键

Octave 允许自定义菜单栏上的按钮的快捷键。使用快捷键可以直接按下键盘上的 Ctrl 组合键来打开对应的菜单选项,而无须使用鼠标单击对应的按钮。在自定义快捷键后,菜单栏的对应项目将同时支持按组合键的方式和鼠标单击的方式打开。

菜单栏中的每个项目都对应着一个菜单对象。菜单对象含有 accelerator 字段,这个字段用于表示当前菜单项目的快捷键。例如以下代码:

```
m_save = uimenu('accelerator', 's');
```

将调用 uimenu() 函数创建一个 m_save 菜单对象,并且在调用 uimenu() 函数时传入键-值对 accelerator=s。这里的 s 代表按快捷键 Ctrl+S 可以快速访问此菜单项目。

此外,还可以设定菜单对象的 label 字段来修改菜单项目的标签。label 字段支持标记符号,一般用于提示快捷键是 Ctrl+哪一个按键。同时自定义当前菜单项目的快捷键和标签的代码如下:

```
m_save = uimenu(
        'label', '保存(S&)', ...
        'accelerator', 's');
```

此外,由于 Octave GUI 软件本身也定义了一些内置的快捷键,因此自定义的快捷键可能和 Octave GUI 的快捷键冲突,此时 Octave GUI 将显示一个如图 6-9 所示的对话框。

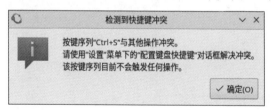

图 6-9 自定义的快捷键和 Octave GUI 的快捷键冲突时显示的对话框

此时,如果要继续使用自定义的快捷键,而不对快捷键的内容进行更改,则需要在 Octave GUI 的设置中关闭冲突的那些快捷键选项。

6.2.9 创建多个实例

记事本的新建功能需要再启动一个新的文本编辑窗口,而每个文本编辑窗口都涉及一套记事本视图对象和与其关联的对象,所以需要启动多个记事本的主类对象的实例。

在记事本的回调函数类中设计 callback_create_new_Notebook() 方法,此方法在新建窗口时被调用。在设计回调函数时,将实例化新的对象的操作也包含在其中,代码如下:

```
#!/usr/bin/octave
# 第6章/@NotebookCallbacks/callback_create_new_Notebook.m
function ret = callback_create_new_Notebook(h, ~, this)
    ## - * - texinfo - * -
    ## @deftypefn {} {} callback_create_new_Notebook (@var{h} @var{~} @var{this})
    ## 创建新的记事本实例,并创建一个新的记事本编辑窗口
    ##
```

```
    ## @example
    ## param: h, ~, this
    ##
    ## return: ret
    ## @end example
    ##
    ## @end deftypefn


    Notebook
endfunction
```

上面的代码将记事本主类 Notebook 初始化为一个局部变量，并且创建于上一个记事本的实例中，用这种方式可以启动多个记事本类的实例对象。换而言之，这种实现是在一个实例中存放另一个实例。

单击"新建"按钮创建一个新的记事本编辑窗口的效果如图 6-10 所示。

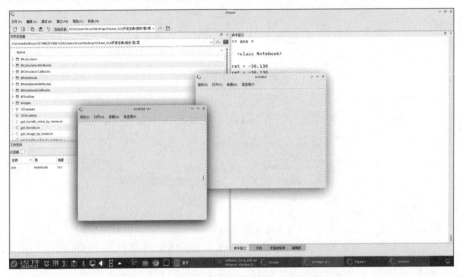

图 6-10   创建一个新的记事本编辑窗口的效果

所有的编辑窗口都可以分别打开、编辑和保存不同的文件，效果如图 6-11 所示。

这里可能存在一个问题，就是当前的视图对象被删除时，是否会影响计算器实例的对象，最后导致当前记事本窗口和/或其他记事本窗口的异常。在实际的设计中，笔者用了两个设计巧妙地解决了这个问题：

（1）将记事本的对象和实际的图像对象进行解耦。在记事本的对象中，仅通过实际的图像对象的句柄来操作实际的图像对象，而实际的图像对象不依赖于记事本的视图对象，所以当实际的图像对象被删除后，当前记事本的对象的生命周期将不受影响，而不会导致当前记事本出现异常。

（2）关闭窗口时仅删除实际的图像对象。在关闭窗口时，不删除任何记事本的对象，而仅删除实际的图像对象，这样即可维持所有记事本的对象之间的引用关系，而不会导致其他记事本出现异常。

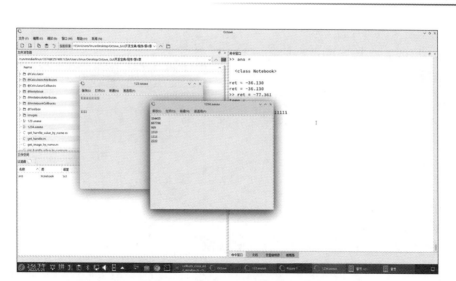

图 6-11 编辑窗口分别打开、编辑和保存不同的文件的效果

> **注意**：如果想要清除实际的记事本的对象，则可以在初始化记事本主类对象时指定一个变量名，然后调用：
>
> >> clear -c 变量名
>
> 以精确地清除主类对象和它引用的其他对象，或者调用：
>
> >> clear -c
>
> 以清除所有对象。

6.3 日历设计与实现

6.3.1 日历原型设计

日历的界面必须包含一个分隔成 6×7 的表格，用于放置当前月包含的所有日期。表格中的日期是严格递增的，并且需要和星期相对应。此外，日期表格上还需要带有一个 1×7 的表头，用于标识一周内的星期几。此外，用户必须能够在日历的界面上选择当前的年月，这样才能精确地获取日期和星期之间的对应关系。

日历在初始化时将按照当前年月进行日期表格的初始化。此外，在日历的界面上放置按钮来允许用户以年增加、年减小、月增加和月减小的方式进行年月的更改。

在日历的界面上应该包含以下元素：

（1）带有星期表头的日期表格。

（2）年增加按钮。

（3）年减小按钮。

（4）月增加按钮。

（5）月减小按钮。

（6）用于显示当前年的文本。

（7）用于显示当前月的文本。

根据以上元素绘制日历界面的原型设计图，如图 6-12 所示。

6.3.2 日历视图代码设计

根据日历的原型设计图来编写视图部分的代码，编写规则如下：

（1）首先创建一个默认图像对象，作为日历的面板。

（2）在记事本的面板的上半部分放置控制按钮和控制文本，并且宽度为自适应。

（3）在记事本的面板的下半部分放置填满窗口的表格区域。

日历						
<		2022年			>	
<		5月			>	
周日	周一	周二	周三	周四	周五	周六
1	2	3	4	5	6	7
8	9	10	11	12	13	14
15	16	17	18	19	20	21
22	23	24	25	26	27	28
29	30	31				

图 6-12　日历界面的原型设计图

（4）Octave 默认的面板会显示默认的菜单栏和默认的工具栏。需要编写额外代码，用于禁止显示默认的菜单栏和默认的工具栏。

根据以上规则编写日历的视图类，代码如下：

```
#!/usr/bin/octave
# 第 6 章/@Calendar/Calendar.m

function ret = Calendar()
    ## - * - texinfo - * -
    ## @deftypefn {} {} Calendar ()
    ## 日历类
    ##
    ## @example
    ## param: -
    ##
    ## return: ret
    ## @end example
    ##
    ## @end deftypefn
    optimize_subsasgn_calls(false)
    TITLE_NAME = '日历';
    # 窗口标题 TITLE_NAME
    DATE_TABLE_HEAD_NAME = {
        '周日'; ...
        '周一'; ...
        '周二'; ...
        '周三'; ...
        '周四'; ...
        '周五'; ...
        '周六' ...
    };
    # 日期表格的表头 DATE_TABLE_HEAD_NAME
    global field;
    # 全局变量 日历属性对象 field
```

```
field = CalendarAttributes;
callback = CalendarCallbacks;
toolbox = Toolbox;
datevec_date = datevec(date);
# 当前日期分量 datevec_date
current_year = str2num(datestr(datenum(datevec_date), 'yyyy'));
# 当前年 window_width
current_month = str2num(datestr(datenum(datevec_date), 'mm'));
# 当前月 current_month
window_width = get_window_width(toolbox);
# 窗口的宽度 window_width
window_height = get_window_height(toolbox);
# 窗口的高度 window_height
key_height = field.key_height;
# 按键的高度 key_height
key_width = floor(window_width / 3);
# 按键的宽度 key_width
table_width = window_width;
# 表格的宽度 table_width
table_height = window_height - 2 * key_height;
# 表格的高度 table_height
month_minus_button_x_coordinate = 0;
# 月减小按键的 x 坐标 month_minus_button_x_coordinate
month_text_x_coordinate = key_width;
# 当前月文本的 x 坐标 month_text_x_coordinate
month_plus_button_x_coordinate = 2 * key_width;
# 月增加按键的 x 坐标 month_plus_button_x_coordinate
month_button_y_coordinate = table_height;
# 月增加或月减小按键的 y 坐标 month_button_y_coordinate
year_minus_button_x_coordinate = 0;
# 年减小按键的 x 坐标 month_minus_button_x_coordinate
year_text_x_coordinate = key_width;
# 年前月文本的 x 坐标 month_text_x_coordinate
year_plus_button_x_coordinate = 2 * key_width;
# 年增加按键的 x 坐标 month_plus_button_x_coordinate
year_button_y_coordinate = table_height + key_height;
# 年增加或年减小按键的 y 坐标 month_button_y_coordinate
date_cell = get_date_cell(toolbox, current_year, current_month);
# 日期元胞 date_cell
f = figure;
# 基础图形句柄 f
set(f, 'numbertitle', 'off');
set(f, 'toolbar', 'none');
set(f, 'menubar', 'none');
set(f, 'name', TITLE_NAME);
table_handle = uitable(
    f, ...
    'position', [0, 0, table_width, table_height], ...
    'data', reshape(date_cell, [6, 7]), ...
    'rowname', '', ...
    'columnname', DATE_TABLE_HEAD_NAME ...
    );
set(table_handle, 'columnwidth', 'auto');
```

```
month_minus_handle = uicontrol(
    f, ...
    'style', 'pushbutton', ...
    'position', [
        month_minus_button_x_coordinate, ...
        month_button_y_coordinate, ...
        key_width, ...
        key_height], ...
    'callback', {@callback_month_minus, callback}, ...
    'string', '<' ...
    );
month_text_handle = uicontrol(
    f, ...
    'style', 'pushbutton', ...
    'position', [
        month_text_x_coordinate, ...
        month_button_y_coordinate, ...
        key_width, ...
        key_height], ...
    'callback', {@callback_month_text, callback}, ...
    'string', [num2str(current_month), '月'] ...
    );
month_plus_handle = uicontrol(
    f, ...
    'style', 'pushbutton', ...
    'position', [
        month_plus_button_x_coordinate, ...
        month_button_y_coordinate, ...
        key_width, ...
        key_height], ...
    'callback', {@callback_month_plus, callback}, ...
    'string', '>' ...
    );
year_minus_handle = uicontrol(
    f, ...
    'style', 'pushbutton', ...
    'position', [
        year_minus_button_x_coordinate, ...
        year_button_y_coordinate, ...
        key_width, ...
        key_height], ...
    'callback', {@callback_year_minus, callback}, ...
    'string', '<' ...
    );
year_text_handle = uicontrol(
    f, ...
    'style', 'pushbutton', ...
    'position', [
        year_text_x_coordinate, ...
        year_button_y_coordinate, ...
        key_width, ...
        key_height], ...
    'callback', {@callback_year_text, callback}, ...
```

```
        'string', [num2str(current_year), '年'] ...
        );
    year_plus_handle = uicontrol(
        f, ...
        'style', 'pushbutton', ...
        'position', [
            year_plus_button_x_coordinate, ...
            year_button_y_coordinate, ...
            key_width, ...
            key_height], ...
        'callback', {@callback_year_plus, callback}, ...
        'string', '>' ...
        );
    set_handle('table_handle', table_handle);
    set_handle('month_minus_handle', month_minus_handle);
    set_handle('month_text_handle', month_text_handle);
    set_handle('month_plus_handle', month_plus_handle);
    set_handle('year_minus_handle', year_minus_handle);
    set_handle('year_text_handle', year_text_handle);
    set_handle('year_plus_handle', year_plus_handle);
    set_handle('current_year', current_year);
    set_handle('current_month', current_month);
    set_handle('datevec_date', datevec_date);
    set(f, 'sizechangedfcn', {@callback_set_size, callback});

    ret = class(struct, "Calendar");
endfunction
```

此外，日历同样实现了控件尺寸自适应。设计与自适应宽度相关的代码如下：

```
#!/usr/bin/octave
#第6章/@CalendarCallbacks/callback_set_size.m
function callback_set_size(h, ~, this)
    ## - * - texinfo - * -
    ## @deftypefn {} {} callback_set_size (@var{h} @var{~} @var{this})
    ## 设置尺寸
    ##
    ## @example
    ## param: h, ~, this
    ##
    ## return: -
    ## @end example
    ##
    ## @end deftypefn
    global field;
    #全局变量 日历属性对象 field
    field = CalendarAttributes;
    callback = CalendarCallbacks;
    toolbox = Toolbox;
    window_width = get_window_width(toolbox);
    #窗口的宽度 window_width
    window_height = get_window_height(toolbox);
    #窗口的高度 window_height
```

```octave
        key_height = field.key_height;
        # 按键的高度 key_height
        key_width = floor(window_width / 3);
        # 按键的宽度 key_width
        table_width = window_width;
        # 表格的宽度 table_width
        table_height = window_height - 2 * key_height;
        # 表格的高度 table_height
        month_minus_button_x_coordinate = 0;
        # 月减小按键的 x 坐标 month_minus_button_x_coordinate
        month_text_x_coordinate = key_width;
        # 当前月文本的 x 坐标 month_text_x_coordinate
        month_plus_button_x_coordinate = 2 * key_width;
        # 月增加按键的 x 坐标 month_plus_button_x_coordinate
        month_button_y_coordinate = table_height;
        # 月增加或月减小按键的 y 坐标 month_button_y_coordinate
        year_minus_button_x_coordinate = 0;
        # 年减小按键的 x 坐标 month_minus_button_x_coordinate
        year_text_x_coordinate = key_width;
        # 年前月文本的 x 坐标 month_text_x_coordinate
        year_plus_button_x_coordinate = 2 * key_width;
        # 年增加按键的 x 坐标 month_plus_button_x_coordinate
        year_button_y_coordinate = table_height + key_height;
        # 年增加或年减小按键的 y 坐标 month_button_y_coordinate
        table_handle = get_handle('table_handle');
        month_minus_handle = get_handle('month_minus_handle');
        month_text_handle = get_handle('month_text_handle');
        month_plus_handle = get_handle('month_plus_handle');
        year_minus_handle = get_handle('year_minus_handle');
        year_text_handle = get_handle('year_text_handle');
        year_plus_handle = get_handle('year_plus_handle');
        set(table_handle, 'position', [0, 0, table_width, table_height]);
        % set(table_handle, 'columnwidth', 'fit');
        set(month_minus_handle, 'position', [month_minus_button_x_coordinate, month_button_y_
coordinate, key_width, key_height]);
        set(month_text_handle, 'position', [month_text_x_coordinate, month_button_y_coordinate,
key_width, key_height]);
        set(month_plus_handle, 'position', [month_plus_button_x_coordinate, month_button_y_
coordinate, key_width, key_height]);
        set(year_minus_handle, 'position', [year_minus_button_x_coordinate, year_button_y_
coordinate, key_width, key_height]);
        set(year_text_handle, 'position', [year_text_x_coordinate, year_button_y_coordinate, key_
width, key_height]);
        set(year_plus_handle, 'position', [year_plus_button_x_coordinate, year_button_y_
coordinate, key_width, key_height]);
endfunction

#!/usr/bin/octave
# 第 6 章/@CalendarCallbacks/set_height.m
function set_height(this, text_field_handle, height)
    ## - * - texinfo - * -
    ## @deftypefn {} {} set_height (@var{this} @var{text_field_handle} @var{height})
    ## 自适应高度
```

```
  ##
  ## @example
  ## param: this, text_field_handle, height
  ##
  ## return: -
  ## @end example
  ##
  ## @end deftypefn

  position = get(text_field_handle, 'position');
  position(4) = height;
  set(text_field_handle, 'position', position);
endfunction

#!/usr/bin/octave
#第6章/@CalendarCallbacks/set_width.m
function set_width(this, text_field_handle, width)
  ## - * - texinfo - * -
  ## @deftypefn {} {} set_width (@var{this} @var{text_field_handle} @var{width})
  ## 自适应宽度
  ##
  ## @example
  ## param: this, text_field_handle, width
  ##
  ## return: -
  ## @end example
  ##
  ## @end deftypefn

  position = get(text_field_handle, 'position');
  position(3) = width;
  set(text_field_handle, 'position', position);
endfunction
```

默认的日历界面如图 6-13 所示。

在界面尺寸改变时,控制按键和表格的尺寸均被改变,显示正常,如图 6-14 所示。

图 6-13　默认的日历界面　　　　　图 6-14　界面尺寸改变时的日历界面

6.3.3 日历属性代码设计

根据日历的工作原理来设计日历的数据结构并编写属性部分的代码,编写规则如下:

日历中的多个元素需要自适应尺寸,而自适应尺寸至少需要一个绝对尺寸来作为其他相对尺寸的参照,所以至少需要在属性中记录一个绝对尺寸。

根据以上规则编写日历的属性类,代码如下:

```octave
#!/usr/bin/octave
# 第 6 章/@CalendarAttributes/CalendarAttributes.m

function ret = CalendarAttributes()
    ## - * - texinfo - * -
    ## @deftypefn {} {} CalendarAttributes ()
    ## 日历的属性类
    ##
    ## @example
    ## param: -
    ##
    ## return: ret
    ## @end example
    ##
    ## @end deftypefn
    key_height = 30;
    # 按钮的高度 key_height

    a = struct(
        'key_height', key_height ...
        );
    ret = class(a, "CalendarAttributes");
endfunction

#!/usr/bin/octave
# 第 6 章/@CalendarAttributes/subsasgn.m

function ret = subsasgn(this, x, new_status)
    ## - * - texinfo - * -
    ## @deftypefn {} {} subsasgn (@var{this} @var{x} @var{new_status})
    ## 支持圆括号赋值和点号赋值
    ##
    ## @example
    ## param: this, x, new_status
    ##
    ## return: ret
    ## @end example
    ##
    ## @end deftypefn

    # 按钮的高度 key_height
    switch (x.type)
        case "()"
            fld = x.subs{1};
            if (strcmp (fld, "key_height"))
```

```
                    this.key_height = new_status;
                    ret = this;
                endif
        case "."
            fld = x.subs;
            if (strcmp (fld, "key_height"))
                this.key_height = new_status;
                ret = this;
            endif
        otherwise
            error("@CalendarAttributes/subsref: invalid assignment type for CalendarAttributes");
    endswitch
endfunction
```

```
#!/usr/bin/octave
#第6章/@CalendarAttributes/subsref.m
function ret = subsref(this, x)
    ## - * - texinfo - * -
    ## @deftypefn {} {} subsref (@var{this} @var{x})
    ## 支持圆括号索引、点号索引和花括号索引
    ##
    ## @example
    ## param: this, x
    ##
    ## return: ret
    ## @end example
    ##
    ## @end deftypefn

    #按钮的高度 key_height
    switch (x.type)
        case "()"
            fld = x.subs{1};
            if (strcmp (fld, "key_height"))
                ret = this.key_height;
            endif
        case "{}"
            fld = x.subs{1};
            if (strcmp (fld, "key_height"))
                ret = this.key_height;
            endif
        case "."
            fld = x.subs;
            if (strcmp (fld, "key_height"))
                ret = this.key_height;
            endif
        otherwise
            error("@CalendarAttributes/subsref: invalid subscript type for CalendarAttributes");
    endswitch
endfunction
```

6.3.4　表格的自动调节列宽

日历中的日期表格的列数较多，这就导致反复先手动调节列宽，再查看效果的工作量较大。为了避免这个问题，日期表格使用自动调节列宽的方式进行绘制。

💡 **注意**：自动调节列宽调整的是表格中的列的宽度,和表格整体的宽度无关。

将日期表格的句柄的 columnwidth 属性设置为 auto 即可将表格配置为自动调节列宽模式,代码如下：

```
>> set(table_handle, 'columnwidth', 'auto');
```

自动调节列宽特性将表格中的每列的列宽进行均衡运算,最终的表格效果美观,非常适用于对列宽没有特殊要求的 GUI 应用。

6.3.5 日期时间数据处理

由于日历中的日期需要显示在日期表格中,而每个日期分量在日期表格中的对应位置都和星期有关,这就导致在排列日期表格时需要特定算法来决定每个日期分量应该填入的位置。

Octave 作为一款出色的科学计算软件,已经内置了用于生成日历矩阵的函数。通过日历矩阵可以获取一个月之内的每个日期分量,并且这些分量和星期一一对应,最后返回一个对应好的矩阵。

调用 calendar() 函数可以获取某个月的日历矩阵,并且矩阵的大小始终为 6×7。calendar() 函数允许不带参数进行调用,此时将返回当前月的日历矩阵,代码如下：

```
>> c = calendar
c =

    1    2    3    4    5    6    7
    8    9   10   11   12   13   14
   15   16   17   18   19   20   21
   22   23   24   25   26   27   28
   29   30   31    0    0    0    0
    0    0    0    0    0    0    0
```

如果 calendar() 函数不带参数进行调用,并且不指定赋值的变量,则 calendar() 函数将具有优化过的打印效果：

(1) 在第 1 行打印当前年月。

(2) 在第 2 行打印星期。

(3) 在第 3 行及第 3 行之后打印日期矩阵。

(4) 在当前日期左侧打印 * 符号,用于提示当前日期。

calendar() 函数不带参数进行调用,并且不指定赋值的变量的代码如下：

```
>> calendar
                    May 2022
    S       M      Tu       W      Th       F       S
    1       2       3       4       5       6       7
    8       9      10      11      12      13      14
   15      16      17      18      19      20      21
 * 22      23      24      25      26      27      28
   29      30      31       0       0       0       0
    0       0       0       0       0       0       0
```

calendar()函数还允许追加一个参数,这个参数被认为是 date 类型的日期,此时 calendar()函数将返回包含这一天的那个月的日期矩阵。将 date 类型的日期 22-May-2022 传入函数,代码如下:

```
>> c = calendar('22 - May - 2022')
c =

     1      2      3      4      5      6      7
     8      9     10     11     12     13     14
    15     16     17     18     19     20     21
    22     23     24     25     26     27     28
    29     30     31      0      0      0      0
     0      0      0      0      0      0      0
```

calendar()函数还允许追加两个参数,其中第 1 个参数被认为是年份,第 2 个参数被认为是月份。此时 calendar()函数将返回包含这一月的日期矩阵。将年份 2022 和月份 5 传入函数,代码如下:

```
>> c = calendar(2022, 5)
c =

    1     2     3     4     5     6     7
    8     9    10    11    12    13    14
   15    16    17    18    19    20    21
   22    23    24    25    26    27    28
   29    30    31     0     0     0     0
    0     0     0     0     0     0     0
```

然而,调用 calendar()函数获得的日期矩阵是数字类型的,而且向矩阵中的不存在的日期补零。如果不想向矩阵中的不存在的日期填入任何文字,则可以将日期矩阵转换为字符串元胞,通过空字符串实现单元格内容留空的效果。

获取日期矩阵和日期字符串元胞的代码如下:

```
#!/usr/bin/octave
# 第 6 章/@Toolbox/get_date_cell.m
function ret = get_date_cell(this, year, month)
    ## - * - texinfo - * -
    ## @deftypefn {} {} get_date_cell (@var{this} @var{year} @var{month})
    ## 获取日期字符串元胞
    ##
    ## @example
    ## param: this, year, month
    ##
    ## return: ret
    ## @end example
    ##
    ## @end deftypefn
    date_matrix = get_date_matrix(this, year, month);
    # 日期矩阵 date_matrix
    date_matrix = reshape(date_matrix, [1, 42]);
    new_date_cell = {};
```

```
    for date_matrix_index = 1:numel(date_matrix)
        if date_matrix(date_matrix_index) != 0
            new_date_cell{date_matrix_index, 1} = num2str(date_matrix(date_matrix_index));
        else
            new_date_cell{date_matrix_index, 1} = '';
        endif
    endfor
    ret = new_date_cell;
endfunction

#!/usr/bin/octave
#第 6 章/@Toolbox/get_date_matrix.m
function ret = get_date_matrix(this, year, month)
    ## - * - texinfo - * -
    ## @deftypefn {} {} get_date_matrix (@var{this} @var{year} @var{month})
    ## 获取日期矩阵
    ##
    ## @example
    ## param: this, year, month
    ##
    ## return: ret
    ## @end example
    ##
    ## @end deftypefn
    ret = calendar(year,month);
endfunction
```

日历还允许用户以加减年月的方式间接地指定年月,此时就涉及与日期相关的算术运算。调用 addtodate()函数可以在 datenum 类型的日期的基础上直接加减时间。

addtodate()函数必须传入 3 个参数进行调用,此时第 1 个参数被认为是 datenum 类型的日期,第 2 个参数被认为是加减的数量,第 3 个参数被认为是加减的量纲。addtodate()函数支持的量纲如表 6-1 所示。

表 6-1　addtodate()函数支持的量纲

量　纲	含　义	量　纲	含　义
year	年	minute	分
month	月	second	秒
day	日	millisecond	毫秒
hour	时		

将当前时间增加 1s,代码如下:

```
>> d = date
d = 22-May-2022
>> addtodate(datenum(d), 1, 'second')
ans = 7.3866e+05
```

将当前时间减去 10 年,代码如下:

```
>> d = date
d = 22-May-2022
```

```
>> addtodate(datenum(d), -10, 'year')
ans = 735011
```

虽然可以用 datenum 类型的日期对时间进行算术运算,但 datenum 类型的日期是一个经过换算的数字,这种日期的可读性差,因此日历还需要一种将日期计算为实际年月的算法。调用 datevec() 函数可以将 date 类型的日期转换为日期向量。将当前 date 类型的时间转换为日期向量,代码如下:

```
>> d = date
d = 22-May-2022
>> datevec(d)
ans =

   2022      5      22      0      0      0
```

日期向量中的第 1 个分量代表年,第 2 个分量代表月,第 3 个分量代表日,第 4 个分量代表时,第 5 个分量代表分,第 6 个分量代表秒。

此外,datevec() 函数可以传入日期参数的格式化字符串,用于支持灵活格式的 date 类型的日期参数。

Octave 已经内置了一定数量的默认格式化字符串,用于默认支持 date 类型的日期参数。如果自定义的 date 类型的日期参数能够匹配默认格式化字符串,则无须额外指定格式化字符串即可正确解析日期。这些内置的默认格式化字符串如表 6-2 所示。

表 6-2 内置的默认格式化字符串

序　号	内置的默认格式化字符串	示　例
0	dd-mmm-yyyy HH：MM：SS	07-Sep-2000 15：38：09
1	dd-mmm-yyyy	07-Sep-2000
2	mm/dd/yy	09/07/00
3	mmm	Sep
4	m	S
5	mm	09
6	mm/dd	09/07
7	dd	07
8	ddd	Thu
9	d	T
10	yyyy	2000
11	yy	00
12	mmmyy	Sep00
13	HH：MM：SS	15：38：09
14	HH：MM：SS PM	3：38：09 PM
15	HH：MM	15：38
16	HH：MM PM	3：38 PM
17	QQ-YY	Q3-00
18	QQ	Q3

序 号	内置的默认格式化字符串	示 例
19	dd/mm	07/09
20	dd/mm/yy	07/09/00
21	mmm.dd,yyyy HH：MM：SS	Sep.07,2000 15：38：08
22	mmm.dd,yyyy	Sep.07,2000
23	mm/dd/yyyy	09/07/2000
24	dd/mm/yyyy	07/09/2000
25	yy/mm/dd	00/09/07
26	yyyy/mm/dd	2000/09/07
27	QQ-YYYY	Q3-2000
28	mmmyyyy	Sep2000
29	yyyy-mm-dd	2000-09-07
30	yyyymmddTHHMMSS	20000907T153808
31	yyyy-mm-dd HH：MM：SS	2000-09-07 15：38：08

如果自定义的 date 类型的日期参数不能匹配默认格式化字符串,则需要额外指定格式化字符串才能正确解析日期。在自定义格式化字符串时,有些特定字符会被解析为特定的含义,剩余的字符将原样放在格式化后的字符串中。特定字符和含义对应表如表 6-3 所示。

表 6-3 特定字符和含义对应表

特 定 字 符	含 义	示 例
yyyy	长格式年	2005
yy	两位数的年	05
mmmm	长格式月	December
mmm	月的英文取前 3 个字母作为缩略词	Dec
mm	月的两位数字; 如果月不足两位数字,则在数字前面补零	01,08,12
m	月的英文的大写的首字母	D
dddd	长格式日	Sunday
ddd	日的英文取前 3 个字母作为缩略词	Sun
dd	日的两位数字; 如果月不足两位数字,则在数字前面补零	11
d	日的英文的大写的首字母	S
HH	时的数字; 在 24h 制中,如果时不足两位数字,则在数字前面补零; 在 12h 制中,如果时不足两位数字,则不补零	09:00 9:00 AM
MM	分的数字; 如果分不足两位数字,则在数字前面补零	10:05
SS	秒的数字; 如果秒不足两位数字,则在数字前面补零	10:05:03

续表

特 定 字 符	含 义	示 例
FFF	毫秒的数字 如果毫秒不足三位数字,则在数字前面补零	10:05:03.012
AM	上午 指定 AM 的同时也将时间指定为 12h 制	11:30 AM
PM	下午 指定 PM 的同时也将时间指定为 12h 制	11:30 PM

将 date 类型的日期 20220522 按照 yyyymmdd 的格式转换为日期向量的代码如下:

```
>> datevec('20220522', 'yyyymmdd')
ans =

    2022    5    22    0    0    0
```

datevec()函数允许分别返回年、月、日、时、分和秒,替代默认的日期向量,代码如下:

```
>> [y, m, d, h, mi, s] = datevec('20220522', 'yyyymmdd')
y = 2022
m = 5
d = 22
h = 0
mi = 0
s = 0
```

将以上函数综合即可实现日期获取、日期运算、选取年月和日期修改的功能。日历中和日期修改有关的代码如下:

```
#!/usr/bin/octave
#第 6 章/@CalendarCallbacks/callback_month_minus.m
function callback_month_minus(h, ~, this)
    ## - * - texinfo - * -
    ## @deftypefn {} {} callback_month_minus (@var{h} @var{~} @var{this})
    ## 月减小回调函数
    ##
    ## @example
    ## param: h, ~, this
    ##
    ## return: -
    ## @end example
    ##
    ## @end deftypefn
    global field;
    #全局变量 日历属性对象 field
    field = CalendarAttributes;
    callback = CalendarCallbacks;
    toolbox = Toolbox;
    table_handle = get_handle('table_handle');
    month_text_handle = get_handle('month_text_handle');
    year_text_handle = get_handle('year_text_handle');
```

```octave
    current_year = get_handle('current_year');
    current_month = get_handle('current_month');
    datevec_date = get_handle('datevec_date');
    datevec_date = datevec(addtodate(datenum(datevec_date), -1, 'month'));
    current_year = datevec_date(1);
    # 当前年 window_width
    current_month = datevec_date(2);
    # 当前月 current_month
    date_cell = get_date_cell(toolbox, current_year, current_month);
    # 日期元胞 date_cell
    set(year_text_handle, 'string', [num2str(current_year), '年']);
    set(month_text_handle, 'string', [num2str(current_month), '月']);
    set(table_handle, 'data', reshape(date_cell, [6, 7]));
    set_handle('current_year', current_year);
    set_handle('current_month', current_month);
    set_handle('datevec_date', datevec_date);

endfunction
```

```octave
#!/usr/bin/octave
# 第 6 章/@CalendarCallbacks/callback_month_plus.m
function callback_month_plus(h, ~, this)
    ## - * - texinfo - * -
    ## @deftypefn {} {} callback_month_plus (@var{h} @var{~} @var{this})
    ## 月增加回调函数
    ##
    ## @example
    ## param: h, ~, this
    ##
    ## return: -
    ## @end example
    ##
    ## @end deftypefn
    global field;
    # 全局变量 日历属性对象 field
    field = CalendarAttributes;
    callback = CalendarCallbacks;
    toolbox = Toolbox;
    table_handle = get_handle('table_handle');
    month_text_handle = get_handle('month_text_handle');
    year_text_handle = get_handle('year_text_handle');
    current_year = get_handle('current_year');
    current_month = get_handle('current_month');
    datevec_date = get_handle('datevec_date');
    datevec_date = datevec(addtodate(datenum(datevec_date), 1, 'month'));
    current_year = datevec_date(1);
    # 当前年 window_width
    current_month = datevec_date(2);
    # 当前月 current_month
    date_cell = get_date_cell(toolbox, current_year, current_month);
    # 日期元胞 date_cell
    set(year_text_handle, 'string', [num2str(current_year), '年']);
    set(month_text_handle, 'string', [num2str(current_month), '月']);
```

```
    set(table_handle, 'data', reshape(date_cell, [6, 7]));
    set_handle('current_year', current_year);
    set_handle('current_month', current_month);
    set_handle('datevec_date', datevec_date);

endfunction

#!/usr/bin/octave
# 第6章/@CalendarCallbacks/callback_year_minus.m
function callback_year_minus(h, ～, this)
    ## - * - texinfo - * -
    ## @deftypefn {} {} callback_year_minus (@var{h} @var{～} @var{this})
    ## 年减小回调函数
    ##
    ## @example
    ## param: h, ～, this
    ##
    ## return: -
    ## @end example
    ##
    ## @end deftypefn
    global field;
    # 全局变量 日历属性对象 field
    field = CalendarAttributes;
    callback = CalendarCallbacks;
    toolbox = Toolbox;
    table_handle = get_handle('table_handle');
    month_text_handle = get_handle('month_text_handle');
    year_text_handle = get_handle('year_text_handle');
    current_year = get_handle('current_year');
    current_month = get_handle('current_month');
    datevec_date = get_handle('datevec_date');
    datevec_date = datevec(addtodate(datenum(datevec_date), -1, 'year'));
    current_year = datevec_date(1);
    # 当前年 window_width
    current_month = datevec_date(2);
    # 当前月 current_month
    date_cell = get_date_cell(toolbox, current_year, current_month);
    # 日期元胞 date_cell
    set(year_text_handle, 'string', [num2str(current_year), '年']);
    set(month_text_handle, 'string', [num2str(current_month), '月']);
    set(table_handle, 'data', reshape(date_cell, [6, 7]));
    set_handle('current_year', current_year);
    set_handle('current_month', current_month);
    set_handle('datevec_date', datevec_date);

endfunction

#!/usr/bin/octave
# 第6章/@CalendarCallbacks/callback_year_plus.m
function callback_year_plus(h, ～, this)
    ## - * - texinfo - * -
    ## @deftypefn {} {} callback_year_plus (@var{h} @var{～} @var{this})
```

```
## 年增加回调函数
##
## @example
## param: h, ~, this
##
## return: -
## @end example
##
## @end deftypefn
global field;
# 全局变量 日历属性对象 field
field = CalendarAttributes;
callback = CalendarCallbacks;
toolbox = Toolbox;
table_handle = get_handle('table_handle');
month_text_handle = get_handle('month_text_handle');
year_text_handle = get_handle('year_text_handle');
current_year = get_handle('current_year');
current_month = get_handle('current_month');
datevec_date = get_handle('datevec_date');
datevec_date = datevec(addtodate(datenum(datevec_date), 1, 'year'));
current_year = datevec_date(1);
# 当前年 window_width
current_month = datevec_date(2);
# 当前月 current_month
date_cell = get_date_cell(toolbox, current_year, current_month);
# 日期元胞 date_cell
set(year_text_handle, 'string', [num2str(current_year), '年']);
set(month_text_handle, 'string', [num2str(current_month), '月']);
set(table_handle, 'data', reshape(date_cell, [6, 7]));
set_handle('current_year', current_year);
set_handle('current_month', current_month);
set_handle('datevec_date', datevec_date);

endfunction
```

6.3.6　动态改变控件类型

单纯地对日历用按键操作的形式进行年增加、年减小、月增加和月减小的操作只能微调年月。在查询比较久远的时间时,如果仅凭这 4 个按键完成年月的修改,则需要过多的按键操作,从而导致操作不便。设计如下日期修改模式,用于优化当前的日期修改逻辑:

(1) 将用于显示当前年的文本和用于显示当前月的文本设计为两个不同的控制按钮。

(2) 在这两个控制按钮被单击时,将控件类型由控制按钮动态地变为控制输入框。

(3) 在用于显示当前年的控制按钮和/或用于显示当前月的控制按钮变为控制输入框时,允许输入任意的年和/或月。

(4) xx 年和 xx 月中的年和月字会被自动补全。

(5) 按 Enter 键即表示输入完毕,随后日历将记录新的年月、按照新的年月算出日历矩阵、将输入完毕的控制输入框动态地变回控制按钮,并使用当前的数据刷新日历界面。

控制按钮和控制输入框均通过控制对象的 style 属性来控制控件类型。将控制按钮动态地变为控制输入框的代码如下：

```
>> set(month_text_handle, 'style', 'edit');
```

在按下用于显示当前年的文本时,控件类型由控制按钮动态地变为控制输入框,如图 6-15 所示。

在按下用于显示当前月的文本时,控件类型由控制按钮动态地变为控制输入框,如图 6-16 所示。

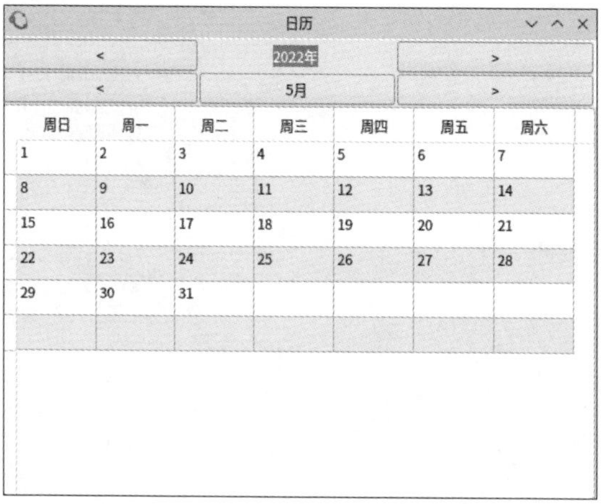

图 6-15　用于显示当前年的文本的控件类型动态改变 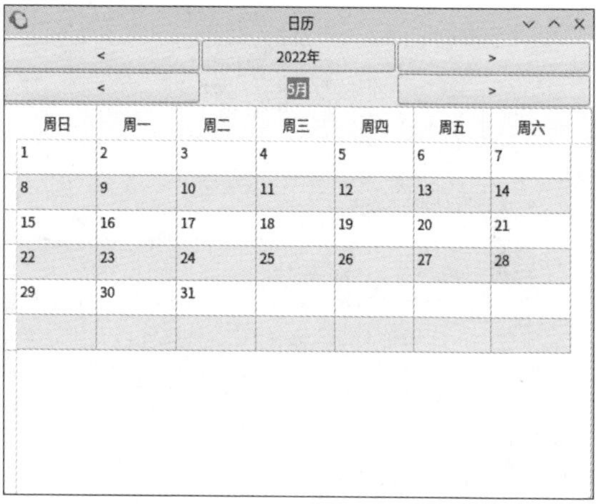　　图 6-16　用于显示当前月的文本的控件类型动态改变

将控制输入框动态地变为控制按钮的代码如下：

```
>> set(month_text_handle, 'style', 'pushbutton');
```

根据以上原理编写日历动态地改变控件类型的代码如下：

```
#!/usr/bin/octave
#第6章/@CalendarCallbacks/callback_month_text.m
function callback_month_text(h, ~, this)
    ## - * - texinfo - * -
    ## @deftypefn {} {} callback_month_text (@var{h} @var{~} @var{this})
    ## 用于显示当前年的字符串的回调函数
    ##
    ## @example
    ## param: h, ~, this
    ##
    ## return: -
    ## @end example
    ##
    ## @end deftypefn
    global field;
    #全局变量 日历属性对象 field
    field = CalendarAttributes;
    callback = CalendarCallbacks;
    toolbox = Toolbox;
    table_handle = get_handle('table_handle');
```

```
month_text_handle = get_handle('month_text_handle');
year_text_handle = get_handle('year_text_handle');
current_year = get_handle('current_year');
current_month = get_handle('current_month');
datevec_date = get_handle('datevec_date');
if strcmp(get(month_text_handle, 'style'), 'pushbutton')
    set(month_text_handle, 'style', 'edit');
else
    try
        current_year = str2num(strrep(get(year_text_handle, 'string'), '年', ''));
        current_month = str2num(strrep(get(month_text_handle, 'string'), '月', ''));
        datevec_date(1) = current_year;
        ＃当前年 current_year
        datevec_date(2) = current_month;
        ＃当前月 current_month
    catch
        current_year = get_handle('current_year');
        current_month = get_handle('current_month');
        datevec_date = get_handle('datevec_date');
    end_try_catch
    set(month_text_handle, 'style', 'pushbutton');
endif
date_cell = get_date_cell(toolbox, current_year, current_month);
＃日期元胞 date_cell
set(year_text_handle, 'string', [num2str(current_year), '年']);
set(month_text_handle, 'string', [num2str(current_month), '月']);
set(table_handle, 'data', reshape(date_cell, [6, 7]));
set_handle('current_year', current_year);
set_handle('current_month', current_month);
set_handle('datevec_date', datevec_date);

endfunction

#!/usr/bin/octave
＃第 6 章/@CalendarCallbacks/callback_year_text.m
function callback_year_text(h, ~, this)
    ## - * - texinfo - * -
    ## @deftypefn {} {} callback_year_text (@var{h} @var{~} @var{this})
    ## 用于显示当前年的字符串的回调函数
    ##
    ## @example
    ## param: h, ~, this
    ##
    ## return: -
    ## @end example
    ##
    ## @end deftypefn
    global field;
    ＃全局变量 日历属性对象 field
    field = CalendarAttributes;
    callback = CalendarCallbacks;
    toolbox = Toolbox;
    table_handle = get_handle('table_handle');
```

```
    month_text_handle = get_handle('month_text_handle');
    year_text_handle = get_handle('year_text_handle');
    current_year = get_handle('current_year');
    current_month = get_handle('current_month');
    datevec_date = get_handle('datevec_date');
    if strcmp(get(year_text_handle, 'style'), 'pushbutton')
        set(year_text_handle, 'style', 'edit');
    else
        try
            current_year = str2num(strrep(get(year_text_handle, 'string'), '年', ''));
            current_month = str2num(strrep(get(month_text_handle, 'string'), '月', ''));
            datevec_date(1) = current_year;
            ♯当前年 current_year
            datevec_date(2) = current_month;
            ♯当前月 current_month
        catch
            current_year = get_handle('current_year');
            current_month = get_handle('current_month');
            datevec_date = get_handle('datevec_date');
        end_try_catch
        set(year_text_handle, 'style', 'pushbutton');
    endif
    date_cell = get_date_cell(toolbox, current_year, current_month);
    ♯日期元胞 date_cell
    set(year_text_handle, 'string', [num2str(current_year), '年']);
    set(month_text_handle, 'string', [num2str(current_month), '月']);
    set(table_handle, 'data', reshape(date_cell, [6, 7]));
    set_handle('current_year', current_year);
    set_handle('current_month', current_month);
    set_handle('datevec_date', datevec_date);

endfunction
```

6.4 PDF 阅读器设计与实现

6.4.1 PDF 阅读器原型设计

PDF 阅读器需要支持以下功能：

(1) 直接打开并查看 PDF 文件。

(2) 指定一个页码来打开并查看 PDF 文件。

(3) 指定一个页编号来打开并查看 PDF 文件。

(4) 以全屏方式打开并查看 PDF 文件。

(5) 以演示方式打开并查看 PDF 文件。

根据以上功能在 PDF 阅读器的导航界面上设计 5 个图标，并且以图标＋文字说明的方式使用户可以一键快速访问自己想用的功能。绘制 PDF 阅读器导航界面的原型设计图，如图 6-17 所示。

指定页码和指定页编号需要用户额外进行输入，这个输入的过程不应该出现在导航页面之内，所以还需要设计一个输入框，用于接收页码或页编号的输入。绘制 PDF 阅读器输入框的原型设计图,如图 6-18 所示。

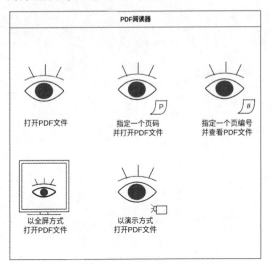

图 6-17　PDF 阅读器导航界面的原型设计图　　　图 6-18　PDF 阅读器输入框的原型设计图

对于打开后的 PDF 显示界面没有特殊要求,只需能够对应选定的功能正确显示 PDF 内容,因此省略 PDF 显示界面的原型设计。

6.4.2　PDF 阅读器视图代码设计

根据 PDF 阅读器的原型设计图来编写视图部分的代码,编写规则如下:

(1) 在 PDF 阅读器的界面上应该包含 5 个用于显示图标的位图。

(2) 每个位图的下方放置一个字符串,用于说明位图的含义。

(3) 对于需要补充输入参数的功能,在单击对应功能的位图时先显示一个输入框。如果输入有效,则通过文件选择器选择要打开的 PDF 文件,最后打开 PDF 文件。

(4) 对于不需要补充输入参数的功能,单击对应功能的位图时直接通过文件选择器选择要打开的 PDF 文件,最后打开 PDF 文件。

根据以上规则编写 PDF 阅读器的视图类,代码如下:

```octave
#!/usr/bin/octave
# 第 6 章/@PdfReader/PdfReader.m

function ret = PdfReader()
    ## - * - texinfo - * -
    ## @deftypefn {} {} PdfReader ()
    ## PDF 阅读器类
    ##
    ## @example
    ## param: -
    ##
    ## return: ret
    ## @end example
    ##
    ## @end deftypefn
```

```
optimize_subsasgn_calls(false)
TITLE_NAME = 'PDF 阅读器';
# 窗口标题 TITLE_NAME
global field;
# 全局变量 PDF 阅读器属性对象 field
field = PdfReaderAttributes;
callback = PdfReaderCallbacks;
toolbox = Toolbox;
font_name = field.font_name;
# 字体名 font_name
font_size = field.font_size;
# 字号 font_size


f = figure;
# 基础图形句柄 f
set_window_fullscreen(toolbox);
set(f, 'numbertitle', 'off');
set(f, 'toolbar', 'none');
set(f, 'menubar', 'none');
set(f, 'name', TITLE_NAME);

axes_1 = subplot(2, 3, 1);
set(axes_1, 'box', 'on');
set(axes_1, 'xdir', "normal");
set(axes_1, 'ydir', "reverse");
set(axes_1, 'xticklabel', {'', '', '', '', '', ''});
set(axes_1, 'yticklabel', {'', '', '', '', '', ''});
set(axes_1, 'fontname', font_name);
set(axes_1, 'fontsize', font_size);
set(axes_1, 'xlabel', "打开 PDF 文件");
fig_open_file = image(
    axes_1, ...
    'clipping', 'off', ...
    'buttondownfcn', {@callback_open_file, callback}, ...
    'cdata', get_image_by_name('open_file.svg'));
set_handle(
    'fig_open_file', ...
    fig_open_file...
    );
# 图片直接打开并查看 PDF 文件的句柄 fig_open_file

axes_2 = subplot(2, 3, 2);
set(axes_2, 'box', 'on');
set(axes_2, 'xdir', "normal");
set(axes_2, 'ydir', "reverse");
set(axes_2, 'xticklabel', {'', '', '', '', '', ''});
set(axes_2, 'yticklabel', {'', '', '', '', '', ''});
set(axes_2, 'fontname', font_name);
set(axes_2, 'fontsize', font_size);
set(axes_2, 'xlabel', "指定一个页码\n并打开 PDF 文件");
fig_open_file_with_page_label = image(
    axes_2, ...
```

```
        'clipping', 'off', ...
        'buttondownfcn', {@callback_open_file_with_page_label, callback}, ...
        'cdata', get_image_by_name('open_file_with_page_label.svg'));
set_handle(
        'fig_open_file_with_page_label', ...
        fig_open_file_with_page_label...
        );
#图片指定一个页码来打开并查看 PDF 文件的句柄 fig_open_file_with_page_label

axes_3 = subplot(2, 3, 3);
set(axes_3, 'box', 'on');
set(axes_3, 'xdir', "normal");
set(axes_3, 'ydir', "reverse");
set(axes_3, 'xticklabel', {'', '', '', '', '', ''});
set(axes_3, 'yticklabel', {'', '', '', '', '', ''});
set(axes_3, 'fontname', font_name);
set(axes_3, 'fontsize', font_size);
set(axes_3, 'xlabel', "指定一个页编号\n并查看 PDF 文件");
fig_open_file_with_page_index = image(
        axes_3, ...
        'clipping', 'off', ...
        'buttondownfcn', {@callback_open_file_with_page_index, callback}, ...
        'cdata', get_image_by_name('open_file_with_page_index.svg'));
set_handle(
        'fig_open_file_with_page_index', ...
        fig_open_file_with_page_index...
        );
#图片指定一个页编号来打开并查看 PDF 文件的句柄 fig_open_file_with_page_index

axes_4 = subplot(2, 3, 4);
set(axes_4, 'box', 'on');
set(axes_4, 'xdir', "normal");
set(axes_4, 'ydir', "reverse");
set(axes_4, 'xticklabel', {'', '', '', '', '', ''});
set(axes_4, 'yticklabel', {'', '', '', '', '', ''});
set(axes_4, 'fontname', font_name);
set(axes_4, 'fontsize', font_size);
set(axes_4, 'xlabel', "以全屏方式\n打开 PDF 文件");
fig_open_file_with_fullscreen = image(
        axes_4, ...
        'clipping', 'off', ...
        'buttondownfcn', {@callback_open_file_with_fullscreen, callback}, ...
        'cdata', get_image_by_name('open_file_with_fullscreen_new.svg'));
set_handle(
        'fig_open_file_with_fullscreen', ...
        fig_open_file_with_fullscreen...
        );
#图片以全屏方式打开并查看 PDF 文件的句柄 fig_open_file_with_fullscreen

axes_5 = subplot(2, 3, 5);
set(axes_5, 'box', 'on');
set(axes_5, 'xdir', "normal");
set(axes_5, 'ydir', "reverse");
```

```
    set(axes_5, 'xticklabel', {'', '', '', '', '', ''});
    set(axes_5, 'yticklabel', {'', '', '', '', '', ''});
    set(axes_5, 'fontname', font_name);
    set(axes_5, 'fontsize', font_size);
    set(axes_5, 'xlabel', "以演示方式\n 打开 PDF 文件");
    fig_open_file_with_presentation = image(
        axes_5, ...
        'clipping', 'off', ...
        'buttondownfcn', {@callback_open_file_with_presentation, callback}, ...
        'cdata', get_image_by_name('open_file_with_presentation.svg'));
    set_handle(
        'fig_open_file_with_presentation', ...
        fig_open_file_with_presentation...
        );
    #图片以演示方式打开并查看 PDF 文件的句柄 fig_open_file_with_presentation


    ret = class(struct, "PdfReader");
endfunction
```

PDF 阅读器的初始状态如图 6-19 所示。

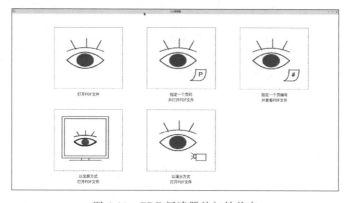

图 6-19　PDF 阅读器的初始状态

6.4.3　PDF 阅读器属性代码设计

根据 PDF 阅读器的工作原理来设计 PDF 阅读器的数据结构并编写属性部分的代码,编写规则如下:

(1) PDF 阅读器的图标采用位图方式显示。

(2) PDF 阅读器的图标下方的文字采用轴标题方式显示。

(3) 界面采用 subplot()函数的方式同时显示多个坐标轴,而 subplot()函数具有自适应的特性,即可自动缩放所有轴对象来使所有子图都可以均匀地分布在画布上,因此,PDF 阅读器的图标和下方的文字均无须像控制对象那样设置边距和参考尺寸作为属性,直接运用 subplot()函数的自适应的特性即可得到美观的界面效果。

(4) PDF 阅读器的图标下方的文字需要设置字体。令 PDF 阅读器包含字体的字体名和字号,其余字体属性保持默认。

根据以上规则编写 PDF 阅读器的属性类，代码如下：

```octave
#!/usr/bin/octave
# 第 6 章/@PdfReaderAttributes/PdfReaderAttributes.m

function ret = PdfReaderAttributes()
    ## - * - texinfo - * -
    ## @deftypefn {} {} PdfReaderAttributes ()
    ## PDF 阅读器属性类
    ##
    ## @example
    ## param: -
    ##
    ## return: ret
    ## @end example
    ##
    ## @end deftypefn
    font_name = 'Noto Sans Mono CJK TC';
    # 字体名 font_name
    font_size = 20;
    # 字号 font_size

    a = struct(
        'font_name', font_name, ...
        'font_size', font_size...
        );
    ret = class(a, "PdfReaderAttributes");
endfunction

#!/usr/bin/octave
# 第 6 章/@PdfReaderAttributes/subsasgn.m

function ret = subsasgn(this, x, new_status)
    ## - * - texinfo - * -
    ## @deftypefn {} {} subsasgn (@var{this} @var{x} @var{new_status})
    ## 支持圆括号赋值和点号赋值
    ##
    ## @example
    ## param: this, x, new_status
    ##
    ## return: ret
    ## @end example
    ##
    ## @end deftypefn

    # 字体名 font_name
    # 字号 font_size
    switch (x.type)
        case "()"
            fld = x.subs{1};
            if (strcmp (fld, "font_name"))
                this.font_name = new_status;
                ret = this;
```

```
            elseif (strcmp (fld, "font_size"))
                this.font_size = new_status;
                ret = this;
            endif
        case "."
            fld = x.subs;
            if (strcmp (fld, "font_name"))
                this.font_name = new_status;
                ret = this;
            elseif (strcmp (fld, "font_size"))
                this.font_size = new_status;
                ret = this;
            endif
        otherwise
            error("@PdfReaderAttributes/subsref: invalid assignment type for PdfReaderAttributes");
    endswitch
endfunction


#!/usr/bin/octave
# 第6章/@PdfReaderAttributes/subsref.m
function ret = subsref(this, x)
    ## - * - texinfo - * -
    ## @deftypefn {} {} subsref (@var{this} @var{x})
    ## 支持圆括号索引、点号索引和花括号索引
    ##
    ## @example
    ## param: this, x
    ##
    ## return: ret
    ## @end example
    ##
    ## @end deftypefn

    # 字体名 font_name
    # 字号 font_size
    switch (x.type)
        case "()"
            fld = x.subs{1};
            if (strcmp (fld, "font_name"))
                ret = this.font_name;
            elseif (strcmp (fld, "font_size"))
                ret = this.font_size;
            endif
        case "{}"
            fld = x.subs{1};
            if (strcmp (fld, "font_name"))
                ret = this.font_name;
            elseif (strcmp (fld, "font_size"))
                ret = this.font_size;
            endif
        case "."
            fld = x.subs;
            if (strcmp (fld, "font_name"))
```

```
                ret = this.font_name;
            elseif (strcmp (fld, "font_size"))
                ret = this.font_size;
            endif
        otherwise
            error("@PdfReaderAttributes/subsref: invalid subscript type for PdfReaderAttributes");
    endswitch
endfunction
```

　　如果当前操作系统的默认字体不包含中文字符，则 Octave 将报警告，并且无法显示字体中的中文字符。以字符串"打开 PDF 文件"为例：当前操作系统的默认字体不包含中文字符，此时渲染文字将报警告如下：

```
warning: text_renderer: skipping missing glyph for character '6253'
warning: called from
    PdfReader at line 46 column 8
```

　　并且该字符串会只显示 PDF 三个字母。这种字体支持不全时的显示效果如图 6-20 所示。

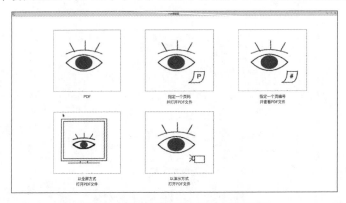

图 6-20　字体支持不全时的显示效果

　　在选择字体时，建议选择 Noto Sans Mono CJK TC 字体，其优点如下：

　　（1）Noto Sans Mono CJK TC 是一种中文版本的字体，目前已经收录了超过 1 万个字符，对中文的支持较好。此外，TC 字体相较于 SC 字体有更多的字符支持，如果可以在 TC 字体和 SC 字体之间进行选择，则尽量选择 TC 字体。

　　（2）Noto Sans Mono CJK TC 是一种等宽的字体，全角字符宽和高相等，半角字符的宽度等于全角字符宽度的一半，半角字符的高度等于全角字符的高度。等宽字体显示效果均匀，适合用于电子屏幕上的文字显示。

　　（3）Noto Sans Mono CJK TC 是一种 CJK 字体，对中、日、韩、越文有统一的兼容性。

　　（4）Noto Sans Mono CJK TC 是一种开源字体，获取方便、法律风险低。

　　（5）Noto Sans Mono CJK TC 字体是默认的 Fedora 操作系统的中文字体。在 Fedora 操作系统上无须额外获取和安装 Noto Sans Mono CJK TC 字体。

　　（6）Noto Sans Mono CJK TC 字体随 DNF 软件包管理器一同更新。可以随时通过 dnf update 命令更新字体，字体更新操作简单。

6.4.4　图像对象全屏显示

Octave 不含有专门用来全屏显示的函数,所以要实现图像对象在默认情况下进行全屏显示,则必须使用间接的方式。如果当前操作系统的桌面是 KDE Plasma 5,则将图像对象的句柄的 position 设置为[1 45 1920 1007]即可实现图像对象的全屏显示。

实现图像对象的全屏显示的代码如下:

```
#!/usr/bin/octave
# 第6章/@Toolbox/set_window_fullscreen.m
function set_window_fullscreen(this)
    ## - * - texinfo - * -
    ## @deftypefn {} {} set_window_fullscreen (@var{this})
    ## 设置窗口全屏
    ##
    ## @example
    ## param: this
    ##
    ## return: -
    ## @end example
    ##
    ## @end deftypefn
    set(gcf, 'position', [1 45 1920 1007]);
endfunction
```

6.4.5　轴对象在显示位图对象时的额外设置

(1)轴对象在显示位图对象时可以显示盒子模型,在视觉效果上相当于在位图外侧多了一圈边框,代码如下:

```
set(axes_1, 'box', 'on');
```

(2)轴对象在显示位图对象时,绘制位图的像素的顺序和轴的方向一致。如果不指定轴的方向,则可能反向绘制图片,造成图片绘制错误。建议将 x 轴方向设置为正向(从左向右),将 y 轴方向设置为反向(从上向下),代码如下:

```
set(axes_1, 'xdir', "normal");
set(axes_1, 'ydir', "reverse");
```

(3)轴对象在显示位图对象时建议将 x 轴刻度标签和 y 轴刻度标签设置为{'','','','','',''},这样可以消除 x 轴和 y 轴上默认显示的表示坐标的刻度标签,代码如下:

```
set(axes_1, 'xticklabel', {'', '', '', '', '', ''});
set(axes_1, 'yticklabel', {'', '', '', '', '', ''});
```

(4)轴对象可以设置字体名,字体名的改变将影响所有在当前轴对象中的文字(包括刻度标签和轴标签等),代码如下:

```
set(axes_1, 'fontname', font_name);
```

(5)轴对象可以设置字号,字号的改变将影响所有在当前轴对象中的文字(包括刻度标签和轴标签等),代码如下:

```
set(axes_1, 'fontsize', font_size);
```

（6）轴对象可以设置轴标签。设置 x 轴标签作为位图下方的说明文字，代码如下：

```
set(axes_1, 'xlabel', "打开 PDF 文件");
```

6.4.6 运用操作系统中的其他软件

PDF 文件格式的协议拥有很多细节，因此凭借自己编码实现 PDF 文件的读取的难度较大，而网络上已经有了成熟的 PDF 文件查看器，因此不妨在 PDF 导航页面的基础上直接运用操作系统中的其他软件来进一步打开 PDF 文件。

可以调用 system( )函数来向操作系统发送命令。system( )函数至少需要一个参数进行调用，这个参数代表向操作系统发送的命令，此时 system( )函数将启动一个子进程用于向操作系统下发命令，然后输出该命令向 stdout 输出内容和命令的返回码。显示操作系统当前路径的代码如下：

```
>> system('pwd')
/home/linux
ans = 0
```

system( )函数还允许指定返回参数列表，此时第 1 个返回参数表示命令的返回码，第 2 个返回参数表示命令向 stdout 输出内容。显示操作系统当前路径并指定返回参数列表的代码如下：

```
>> [status, output] = system('pwd')
status = 0
output = /home/linux
```

system( )函数允许追加第 2 个参数进行调用，这个参数代表是否改变命令向 stdout 输出的内容的目标。

（1）如果第 2 个参数是 1，并且子进程是同步执行的，则代表 system( )函数将命令向 stdout 输出的内容改为以变量方式返回。

（2）如果第 2 个参数是 1，并且子进程是异步执行的，则代表 system( )函数不会改变命令向 stdout 输出的内容的目标。

（3）如果第 2 个参数是 0，则代表 system( )函数不将命令向 stdout 输出的内容作为变量返回，而是直接输出到 stdout 中。

（4）如果不指定第 2 个参数，则命令向 stdout 输出的内容既会以变量方式返回，又会直接输出到 stdout 中。

显示操作系统当前路径，并将命令向 stdout 输出的内容改为以变量方式返回的代码如下：

```
>> [status, output] = system('pwd', 1)
status = 0
output = /home/linux
>> system('pwd', 1)
ans = 0
```

system()函数允许追加模式参数进行调用,这个参数代表同步模式或异步模式。两种模式的用法如下:

(1) 如果第 3 个参数是 sync,则代表子进程是同步执行的。

(2) 如果第 3 个参数是 async,则代表子进程是异步执行的。

(3) 如果不指定第 3 个参数,则代表子进程是同步执行的。

(4) 同步模式下的子进程启动后,Octave 将等待进程结束后再继续运行程序。

(5) 异步模式下的子进程会在后台立即启动,Octave 不会等待进程结束。

用同步模式显示操作系统当前路径的代码如下:

```
>> ret = system('pwd', 'sync')
ret = 0
>> [status, output] = system('pwd', 'sync')
status = 0
output = /home/linux
```

用异步模式显示操作系统当前路径的代码如下:

```
>> ret = system('pwd', 'async')
ret = 0
>> [status, output] = system('pwd', 'async')
status = 0
output = /home/linux
```

💡 **注意**:在异步模式下不允许将命令向 stdout 输出的内容作为变量返回。

如果尝试在异步模式下将命令向 stdout 输出的内容作为变量返回,则将报错如下:

```
>> system('pwd', 1, 'async')
error: system: can't return output from commands run asynchronously
```

下面的代码将直接使用 evince 软件的代码和调用 system()函数来调起 evince 软件的代码相对比,以加深对于 system()函数的理解。

直接使用 evince 软件并以一般模式打开 PDF 文件 a. pdf 的代码如下:

```
# evince a.pdf
```

调用 system()函数来调起 evince 软件并以一般模式打开 PDF 文件 a. pdf 的代码如下:

```
>> system('evince a.pdf')
```

6.4.7　与打开 PDF 文件相关的异常处理

实际的 PDF 阅读器选用了 evince 软件来打开 PDF 文件,因此,如果当前操作系统没有安装 evince 软件,则操作系统将不会理解 evince 的含义,这就会导致命令解析失败,从而下发到操作系统的命令就会执行失败。实际的 PDF 阅读器可能出现的错误和异常大致可分为两类,分类方式和处理方式如下:

(1) 根据 Fedora 操作系统中的系统级应用的惯例,命令正常执行的返回码为 0,而因操作系统解析命令失败而导致的命令失败的返回码为−1(或者其他非 0 的数字),因此,通过错误码是否为 0 即可判断命令在操作系统级别是否出现错误。

(2) 为了防止系统命令导致 Octave 软件出错,也建议在调用 system()函数的同时配合 try-catch 逻辑,捕获软件级别的异常,防止 PDF 阅读器异常退出。

综合上面两种方式编写与异常处理相关的代码如下:

```
#!/usr/bin/octave
# 第 6 章/@PdfReaderCallbacks/exception_handler.m

## 异常处理逻辑

try
    sp = sprintf("evince %s", fname);
    [status, output] = system(sp);
    ret = status;
    if status
        error('您需要先在操作系统中安装 evince 软件')
        error(output)
    else
        disp(output)
    endif
catch
    error('您需要先在操作系统中安装 evince 软件')
end_try_catch
```

6.4.8　与打开 PDF 文件相关的回调函数

在代码文件夹下的 demo_PDF 文件夹中放入 demo_pdf.pdf 文件作为示例文件。在打开 PDF 文件时可以打开此示例文件,方便查看 PDF 阅读器的查看文件的效果。

设计与直接打开并查看 PDF 文件相关的回调函数的代码如下:

```
#!/usr/bin/octave
# 第 6 章/@PdfReaderCallbacks/callback_open_file.m
function ret = callback_open_file(h, evt, this)
    ## - * - texinfo - * -
    ## @deftypefn {} {} callback_open_file (@var{h} @var{evt} @var{this})
    ## 直接打开并查看 PDF 文件的回调函数
    ##
    ## @example
    ## param: h, evt, this
    ##
    ## return: ret
    ## @end example
    ##
    ## @end deftypefn
    global field;
    # 全局变量 PDF 阅读器属性对象 field
    toolbox = Toolbox;
    ret = -1;
    current_pwd = pwd;
    if evt == 1
```

```
        [fname, fpath, fltidx] = uigetfile('*.pdf', '打开文件');
        if ~isnumeric(fname)
            cd(fpath);
            try
                sp = sprintf("evince %s", fname);
                [status, output] = system(sp);
                ret = status;
                if status
                    error('您需要先在操作系统中安装 evince 软件')
                    error(output)
                else
                    disp(output)
                endif
            catch
                error('您需要先在操作系统中安装 evince 软件')
            end_try_catch
            cd(current_pwd);
        endif
    endif

endfunction
```

直接打开并查看 PDF 文件的效果如图 6-21 所示。

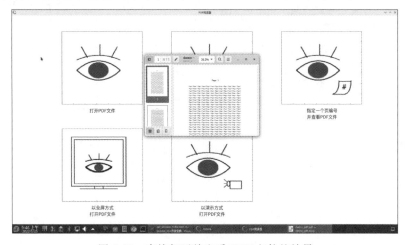

图 6-21 直接打开并查看 PDF 文件的效果

设计与指定一个页码来打开并查看 PDF 文件相关的回调函数的代码如下：

```
#!/usr/bin/octave
# 第 6 章/@PdfReaderCallbacks/callback_open_file_with_page_index.m
function ret = callback_open_file_with_page_index(h, evt, this)
    ## - * - texinfo - * -
    ## @deftypefn {} {} callback_open_file_with_page_index (@var{h} @var{evt} @var{this})
    ## 指定一个页码来打开并查看 PDF 文件的回调函数
    ##
    ## @example
    ## param: h, evt, this
    ##
```

```
## return: ret
## @end example
##
## @end deftypefn
global field;
# 全局变量 PDF 阅读器属性对象 field
toolbox = Toolbox;
ret = -1;
current_pwd = pwd;
if evt == 1
    param_cell = inputdlg('页码或页编号', '请输入页码或页编号');
    if !isempty(param_cell)
        param_str = strjoin(param_cell, '')
        [fname, fpath, fltidx] = uigetfile('*.pdf', '打开文件');
        if ~isnumeric(fname)
            cd(fpath);
            try
                sp = sprintf("evince -- page - index = %s %s", param_str, fname);
                [status, output] = system(sp);
                ret = status;
                if status
                    error('您需要先在操作系统中安装 evince 软件')
                    error(output)
                else
                    disp(output)
                endif
            catch
                error('您需要先在操作系统中安装 evince 软件')
            end_try_catch
            cd(current_pwd);
        endif
    endif
endif

endfunction
```

将页码指定为 3,打开并查看 PDF 文件的效果如图 6-22 所示。

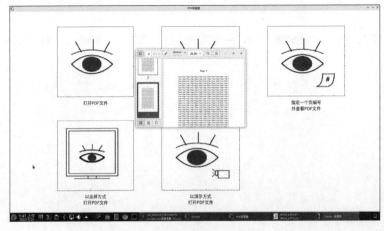

图 6-22　指定一个页码来打开并查看 PDF 文件的效果

设计与指定一个页编号来打开并查看 PDF 文件相关的回调函数的代码如下：

```octave
#!/usr/bin/octave
# 第 6 章/@PdfReaderCallbacks/callback_open_file_with_page_label.m
function ret = callback_open_file_with_page_label(h, evt, this)
    ## - * - texinfo - * -
    ## @deftypefn {} {} callback_open_file_with_page_label (@var{h} @var{evt} @var{this})
    ## 指定一个页编号来打开并查看 PDF 文件的回调函数
    ##
    ## @example
    ## param: h, evt, this
    ##
    ## return: ret
    ## @end example
    ##
    ## @end deftypefn
    global field;
    # 全局变量 PDF 阅读器属性对象 field
    toolbox = Toolbox;
    ret = -1;
    current_pwd = pwd;
    if evt == 1
        param_cell = inputdlg('页码或页编号', '请输入页码或页编号');
        if !isempty(param_cell)
            param_str = strjoin(param_cell, '')
            [fname, fpath, fltidx] = uigetfile('*.pdf', '打开文件');
            if ~isnumeric(fname)
                cd(fpath);
                try
                    sp = sprintf("evince -- page - label = %s %s", param_str, fname);
                    [status, output] = system(sp);
                    ret = status;
                    if status
                        error('您需要先在操作系统中安装 evince 软件')
                        error(output)
                    else
                        disp(output)
                    endif
                catch
                    error('您需要先在操作系统中安装 evince 软件')
                end_try_catch
                cd(current_pwd);
            endif
        endif
    endif

endfunction
```

将页编号指定为 2，打开并查看 PDF 文件的效果如图 6-23 所示。

设计与以全屏方式打开并查看 PDF 文件相关的回调函数的代码如下：

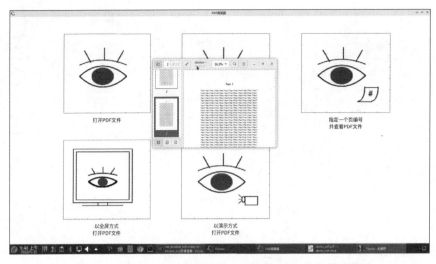

图 6-23　指定一个页编号来打开并查看 PDF 文件的效果

```
#!/usr/bin/octave
#第 6 章/@PdfReaderCallbacks/callback_open_file_with_fullscreen.m
function ret = callback_open_file_with_fullscreen(h, evt, this)
    ## - * - texinfo - * -
    ## @deftypefn {} {} callback_open_file_with_fullscreen (@var{h} @var{evt} @var{this})
    ## 以全屏方式打开并查看 PDF 文件的回调函数
    ##
    ## @example
    ## param: h, evt, this
    ##
    ## return: ret
    ## @end example
    ##
    ## @end deftypefn
    global field;
    #全局变量 PDF 阅读器属性对象 field
    toolbox = Toolbox;
    ret = -1;
    current_pwd = pwd;
    if evt == 1
        [fname, fpath, fltidx] = uigetfile('*.pdf', '打开文件');
        if ~isnumeric(fname)
            cd(fpath);
            try
                sp = sprintf("evince -- fullscreen %s", fname);
                [status, output] = system(sp);
                ret = status;
                if status
                    error('您需要先在操作系统中安装 evince 软件')
                    error(output)
                else
                    disp(output)
                endif
```

```
                catch
                    error('您需要先在操作系统中安装 evince 软件')
                end_try_catch
                cd(current_pwd);
            endif
        endif

endfunction
```

以全屏方式打开并查看 PDF 文件的效果如图 6-24 所示。

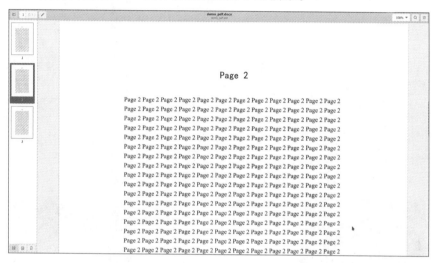

图 6-24　以全屏方式打开并查看 PDF 文件的效果

设计与以演示方式打开并查看 PDF 文件相关的回调函数的代码如下：

```
#!/usr/bin/octave
# 第 6 章/@PdfReaderCallbacks/callback_open_file_with_presentation.m
function ret = callback_open_file_with_presentation(h, evt, this)
    ## - * - texinfo - * -
    ## @deftypefn {} {} callback_open_file_with_presentation (@var{h} @var{evt} @var
{this})
    ## 以演示方式打开并查看 PDF 文件的回调函数
    ##
    ## @example
    ## param: h, evt, this
    ##
    ## return: ret
    ## @end example
    ##
    ## @end deftypefn
    global field;
    # 全局变量 PDF 阅读器属性对象 field
    toolbox = Toolbox;
    ret = -1;
    current_pwd = pwd;
    if evt == 1
```

```
            [fname, fpath, fltidx] = uigetfile('*.pdf', '打开文件');
            if ~isnumeric(fname)
                cd(fpath);
                try
                    sp = sprintf("evince -- presentation %s", fname);
                    [status, output] = system(sp);
                    ret = status;
                    if status
                        error('您需要先在操作系统中安装 evince 软件')
                        error(output)
                    else
                        disp(output)
                    endif
                catch
                    error('您需要先在操作系统中安装 evince 软件')
                end_try_catch
                cd(current_pwd);
            endif
        endif

endfunction
```

以演示方式打开并查看 PDF 文件的效果如图 6-25 所示。

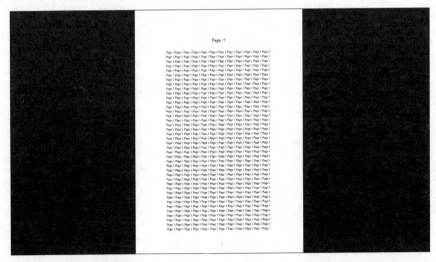

图 6-25　以演示方式打开并查看 PDF 文件的效果

6.5　天气预报客户端设计与实现

6.5.1　天气预报客户端原型设计

设计天气预报客户端，用于查看来自服务器的天气预报信息。天气预报客户端需要支持以下功能：

（1）选择天气预报的地区。

（2）获取天气预报信息。

（3）更新天气预报信息。

（4）显示天气预报信息的最后更新时间。

根据以上功能在天气预报客户端的界面上设计当前时间区域、更新时间区域及天气预报区域。绘制天气预报客户端界面的原型设计图，如图 6-26 所示。

天气预报								
当前城区					浦东新区			
更新时间					2022/05/26 12:13			
05/26	14:00	17:00	20:00	23:00	27日02:00	05:00	08:00	11:00
降水	-							
气温	23.1℃							
风速	2.9m/s							
风向	东北风							
气压	1007.4hPa							
湿度	74.8%				-			

图 6-26　天气预报客户端界面的原型设计图

6.5.2　天气预报客户端视图代码设计

根据天气预报客户端的原型设计图来编写视图部分的代码，编写规则如下：

（1）首先创建一个默认图像对象，作为天气预报客户端的面板。

（2）在天气预报客户端的面板的上半部分放置下拉菜单和控制文本，并且宽度为自适应。

（3）在天气预报客户端的面板的下半部分放置填满窗口的表格区域。

（4）Octave 默认的面板会显示默认的菜单栏和默认的工具栏。要编写额外代码用于禁止显示默认的菜单栏和默认的工具栏。

（5）由于天气预报信息来自服务器，因此需要考虑计算机无法访问网络的情况。在计算机无法访问网络时，将表格尺寸设定为 6×8（不含表头），并且纵向的表头使用降水、气温、风速、风向、气压和温度作为字符串元胞进行填充，并且横向的表头和其他单元格使用空字符串填充。

根据以上规则编写天气预报客户端的视图类，代码如下：

```octave
#!/usr/bin/octave
#第6章/@WeatherReportClient/WeatherReportClient.m

function ret = WeatherReportClient()
    ## - * - texinfo - * -
    ## @deftypefn {} {} WeatherReportClient ()
    ## 天气预报客户端
    ##
    ## @example
    ## param: -
    ##
```

```
## return: ret
## @end example
##
## @end deftypefn
optimize_subsasgn_calls(false)
TITLE_NAME = '天气预报';
# 窗口标题 TITLE_NAME
VERTICAL_TABLE_HEAD_NAME = {
    ''; ...
    '降水'; ...
    '气温'; ...
    '风速'; ...
    '风向'; ...
    '气压'; ...
    '温度' ...
};
# 天气预报表格的纵向表头字符串元胞 VERTICAL_TABLE_HEAD_NAME
global field;
# 全局变量 天气预报客户端属性对象 field
field = WeatherReportClientAttributes;
callback = WeatherReportClientCallbacks;
toolbox = Toolbox;
DEFAULT_WEATHER = get_default_weather(field);
# 天气预报表格的默认字符串元胞 DEFAULT_WEATHER
CMA_NAME_KEY = get_cma_name_key(field);
# 气象局名键字符串元胞 CMA_NAME_KEY
CMA_NAME_VALUE = get_cma_name_value(field);
# 气象局名值字符串元胞 CMA_NAME_VALUE
window_width = get_window_width(toolbox);
# 窗口的宽度 window_width
window_height = get_window_height(toolbox);
# 窗口的高度 window_height
key_height = field.key_height;
# 按键的高度 key_height
key_width = floor(window_width / 2);
# 按键的宽度 key_width
table_width = window_width;
# 表格的宽度 table_width
table_height = window_height - 2 * key_height;
# 表格的高度 table_height
city_text_x_coordinate = 0;
# 当前城区文字的 x 坐标 city_text_x_coordinate
current_city_popup_menu_x_coordinate = key_width;
# 城区下拉菜单的 x 坐标 current_city_popup_menu_x_coordinate
city_y_coordinate = table_height;
# 当前城区文字或城区下拉菜单的 y 坐标 city_y_coordinate
update_time_text_x_coordinate = 0;
# 更新时间文本的 x 坐标 update_time_text_x_coordinate
update_time_x_coordinate = key_width;
# 更新时间的 x 坐标 update_time_x_coordinate
update_time_y_coordinate = table_height + key_height;
# 更新时间文本或更新时间的 y 坐标 update_time_y_coordinate
f = figure;
```

```
♯基础图形句柄 f
set(f, 'numbertitle', 'off');
set(f, 'toolbar', 'none');
set(f, 'menubar', 'none');
set(f, 'name', TITLE_NAME);
city_text_handle = uicontrol(
    f, ...
    'style', 'text', ...
    'position', [
        city_text_x_coordinate, ...
        city_y_coordinate, ...
        key_width, ...
        key_height], ...
    'string', '当前城区' ...
    );
current_city_popup_menu_handle = uicontrol(
    f, ...
    'style', 'popupmenu', ...
    'position', [
        current_city_popup_menu_x_coordinate, ...
        city_y_coordinate, ...
        key_width, ...
        key_height], ...
    'string', CMA_NAME_KEY ...
    );
update_time_text_handle = uicontrol(
    f, ...
    'style', 'text', ...
    'position', [
        update_time_text_x_coordinate, ...
        update_time_y_coordinate, ...
        key_width, ...
        key_height], ...
    'string', sprintf('更新时间: % s', ctime(time)) ...
    );
update_time_handle = uicontrol(
    f, ...
    'style', 'pushbutton', ...
    'position', [
        update_time_x_coordinate, ...
        update_time_y_coordinate, ...
        key_width, ...
        key_height], ...
    'callback', {@callback_update_button, callback}, ...
    'string', '更新' ...
    );
set_handle(
    'city_text_handle', ...
    city_text_handle...
    );
set_handle(
    'current_city_popup_menu_handle', ...
    current_city_popup_menu_handle...
```

```
        );
    set_handle(
        'update_time_text_handle', ...
        update_time_text_handle...
        );
    set_handle(
        'update_time_handle', ...
        update_time_handle...
        );

    table_handle = uitable(
        f, ...
        'position', [0, 0, table_width, table_height], ...
        'data', reshape(DEFAULT_WEATHER, [7, 8]), ...
        'rowname', VERTICAL_TABLE_HEAD_NAME, ...
        'columnname', '', ...
        'createfcn', {@callback_draw_table, callback, 'init'} ...
        );
    set(table_handle, 'columnwidth', 'auto');
    set_handle('table_handle', table_handle);

    set(f, 'sizechangedfcn', {@callback_set_size, callback});
    addlistener(
        current_city_popup_menu_handle, ...
        'value', {@on_menu_value_changed_listener, callback});
    ret = class(struct, "WeatherReportClient");
endfunction
```

天气预报客户端的初始状态如图 6-27 所示。

在天气预报客户端中单击下拉菜单的效果如图 6-28 所示。

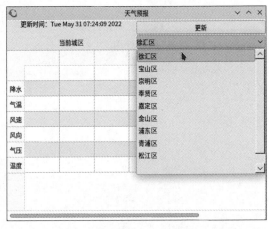

图 6-27 天气预报客户端界面的初始状态　　图 6-28 在天气预报客户端中单击下拉菜单的效果

6.5.3 天气预报客户端常见报错

气象台网站的服务器有时会拒绝不明来源的连接,因此天气预报客户端大概率会被气象台网站的服务器拒绝连接。此时天气预报客户端会在控制台报错如下:

```
error: urlread: Failure when receiving data from the peer
error: called from
    get_weather_report_html_fragment at line 19 column 7
    update_weather_report at line 21 column 14
    callback_update_button at line 45 column 21
```

如果出现这种报错,则再次尝试连接一般而言是没有用的,因为服务器在这种情况下根本不会响应来自天气预报客户端的请求。

为避免读者因气象台网站的服务器拒绝连接而无法在实际操作中复现出和书中相同的结果,本节内容不会提供真正的、含有天气数据的天气预报客户端截图进行演示,而是尽可能地使用理论性的表述来讲解天气预报客户端的设计理念。

6.5.4　天气预报数据获取

气象台网站的服务器可以提供和城市对应的天气预报网页。调用 urlread() 函数可以读取网页中的所有文本。在调用 urlread() 函数时至少需要传入一个参数,这个参数表示网页所在的 http 网址或 https 网址。此外,在调用 urlread() 函数时允许额外传入两个参数,此时第 2 个参数表示请求方式,第 3 个参数表示请求附带的键-值对。urlread() 函数允许的请求方式可分为 GET 方式或 POST 方式。

在天气预报客户端中,推荐使用中央气象台网站作为天气预报数据的获取源。中央气象台的优点如下:

(1) 中央气象台可以在网页上提供 8 天的天气预报,数据全面。

(2) 中央气象台可提供国内的气象局级别的天气预报,可选地区全面。

(3) 中央气象台网页访问速度快,用户体验好。

中央气象台的天气预报服务器的网址格式如下:

```
网址前缀/气象局拼音.html
```

其中,气象局拼音和中文的气象局名一一对应。以上海市为例,上海市内的气象局拼音和中文的气象局名的对应关系如表 6-4 所示。

表 6-4　气象局拼音和中文的气象局名的对应关系

气象局拼音	中文的气象局名	气象局拼音	中文的气象局名
xujiahui	徐家汇	jinshan	金山
baoshan	宝山	pudong	浦东
chongming	崇明	qingpu	青浦
fengxian	奉贤	songjiang	松江
jiading	嘉定	minxing	闵行

通过气象局拼音和中文的气象局名的对应关系,即可通过从下拉菜单中选择的中文的气象局名获得气象局拼音,继而拼接出对应的网址,最后获取天气预报网页的数据。

6.5.5　天气预报数据处理

实际的天气预报网页采用 HTML 格式进行标记。由于 HTML 是一种标记语言,因此可以通过实际的天气数据外部的 HTML 标签来分离出实际的天气数据在网页整体中的位置,

并得到天气预报碎片。在天气预报客户端中，分离天气预报网页中的实际的天气数据的代码
如下：

```
#!/usr/bin/octave
#第6章/@WeatherReportClientCallbacks/get_weather_report_html_fragment.m
function ret = get_weather_report_html_fragment(this, website)
    ## - * - texinfo - * -
    ## @deftypefn {} {} callback_set_size (@var{this} @var{website})
    ## 获取天气预报网页的碎片
    ##
    ## @example
    ## param: this, website
    ##
    ## return: ret
    ## @end example
    ##
    ## @end deftypefn
    global field;
    #全局变量 天气预报客户端属性对象 field
    callback = WeatherReportClientCallbacks;
    toolbox = Toolbox;
    s = urlread(website);
    start_string = 'relative;'><div id = day0 class = "clearfix pull - left">';
    start_position = strfind(s, start_string)
    end_string = '</div></div></div><div id = day1';
    end_position = strfind(s, end_string)
    ret = s(start_position + length(start_string): end_position - 1)
endfunction
```

上面的代码可返回分离之后的天气预报碎片。将分离之后的文本格式化可以增强文本的
可读性。格式化后的分离之后的天气预报碎片如下：

```
<!-- 第6章/weather_report_html_fragment.txt -->
<div class = "hour3 hbg">
    <div> 14:00 </div>
    <div class = hourimg style = "padding - top: 10px;"><img src = ""></div>
    <div> - </div>
    <div class = tmp_lte_25 > 23.1℃ </div>
    <div> 2.9m/s </div>
    <div> 东北风 </div>
    <div> 1007.4hPa </div>
    <div> 74.8% </div>
    <div class = hide > 72.1% </div>
</div>
<div class = "hour3 hbg">
    <div> 17:00 </div>
    <div class = hourimg style = "padding - top: 10px;"><img src = ""></div>
    <div> - </div>
    <div class = tmp_lte_25 > 24.1℃ </div>
    <div> 3.3m/s </div>
    <div> 东风 </div>
    <div> 1006.5hPa </div>
    <div> 77.2% </div>
```

```
        < div class = hide > 49.5 % </div >
    </div >
    < div class = "hour3 hbg">
        < div > 20:00 </div >
        < div class = hourimg style = "padding - top: 10px;"> < img src = ""> </div >
        < div > - </div >
        < div class = tmp_lte_20 > 19.9℃ </div >
        < div > 3m/s </div >
        < div > 东南风 </div >
        < div > 1007hPa </div >
        < div > 82 % </div >
        < div class = hide > 95 % </div >
    </div >
    < div class = "hour3 hbg">
        < div > 23:00 </div >
        < div class = hourimg style = "padding - top: 10px;"> < img src = ""> </div >
        < div > - </div >
        < div class = tmp_lte_20 > 18.8℃ </div >
        < div > 3.2m/s </div >
        < div > 东南风 </div >
        < div > 1007hPa </div >
        < div > 86.8 % </div >
        < div class = hide > 80 % </div >
    </div >
    < div class = "hour3 ">
        < div > 27 日 02:00 </div >
        < div class = hourimg style = "padding - top: 10px;"> < img src = ""> </div >
        < div > - </div >
        < div class = tmp_lte_20 > 17.6℃ </div >
        < div > 2.9m/s </div >
        < div > 南风 </div >
        < div > 1006.3hPa </div >
        < div > 96 % </div >
        < div class = hide > 100 % </div >
    </div >
    < div class = "hour3 ">
        < div > 05:00 </div >
        < div class = hourimg style = "padding - top: 10px;"> < img src = ""> </div >
        < div > - </div >
        < div class = tmp_lte_20 > 17.1℃ </div >
        < div > 2.9m/s </div >
        < div > 南风 </div >
        < div > 1005.8hPa </div >
        < div > 98 % </div >
        < div class = hide > 99.8 % </div >
    </div >
    < div class = "hour3 ">
        < div > 08:00 </div >
        < div class = hourimg style = "padding - top: 10px;"> < img src = ""> </div >
        < div > - </div >
        < div class = tmp_lte_25 > 22.8℃ </div >
        < div > 3.3m/s </div >
        < div > 南风 </div >
```

```
        < div > 1006.8hPa </div >
        < div > 81 % </div >
        < div class = hide > 100 % </div >
    </div >
    < div class = "hour3 " >
        < div > 11:00 </div >
        < div class = hourimg style = "padding - top: 10px;" >< img src = "" ></div >
        < div > - </div >
        < div class = tmp_lte_25 > 24.7℃ </div >
        < div > 3.1m/s </div >
        < div > 东北风 </div >
        < div > 1006.7hPa </div >
        < div > 51.3 % </div >
        < div class = hide > 100 %
```

如果要理解天气预报碎片和实际天气数据的对应关系,就要将文本配合实际的网页效果进行对比。实际的天气预报网页的显示效果如图 6-29 所示。

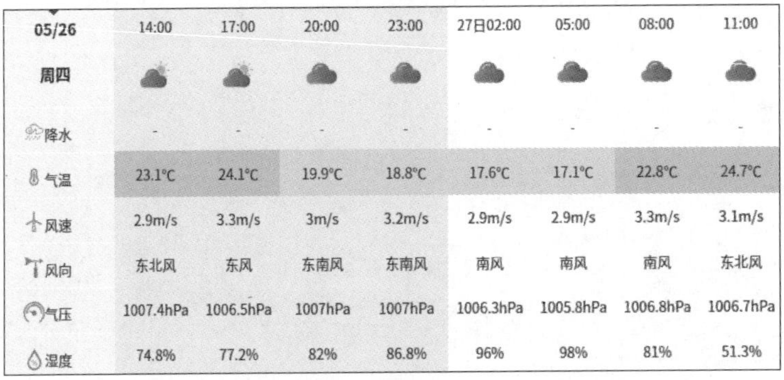

图 6-29   实际的天气预报网页的显示效果

通过对比可以得到实际天气数据和天气预报碎片的各部分的对应关系,如表 6-5 所示。

表 6-5   实际天气数据和天气预报碎片的各部分的对应关系

实际天气数据	天气预报碎片的对应部分	示　　例
时间	< div >时间</div >	< div > 14：00 </div >
天气缩略图	< div class=hourimg style= "padding-top: 10px; ">天气缩略图</div >	< div class=hourimg style= "padding-top: 10px; ">< img src= "" ></div >
降水	< div >降水</div >	< div ></div >
气温	< div class=气温类>气温</div >	< div class=tmp_lte_25 > 23.1℃ </div >
风速	< div >风速</div >	< div > 2.9m/s </div >
风向	< div >风向</div >	< div > 东北风 </div >
气压	< div >气压</div >	< div > 1007.4hPa </div >
湿度	< div >湿度</div >	< div > 74.8% </div >
未知项目	< div class=hide>未知项目</div >	< div class=hide > 72.1% </div >

其中,某些部分的字符串内容应该被替换,替换的依据可以由标签决定,也可以由属性决定,还可以由其他因素决定。由于实际的天气预报数据会跟随时间变化,因此天气预报碎片中

的对应部分也会随时变化。为了能够匹配有规律的、随时变化的天气预报碎片中的对应部分，
建议使用正则表达式进行字符串匹配并替换。

设计多个正则表达式，并按顺序对天气预报碎片进行字符串匹配并替换，最终可以得到想
要的天气预报碎片中的对应部分，并且一并对这部分字符串完成格式化操作。正则表达式和
天气预报碎片中对应部分的对应关系如表 6-6 所示。

表 6-6　正则表达式和天气预报碎片中对应部分的对应关系

顺序	正则表达式	天气预报碎片中的对应部分	替换后的字符串
1	< div class＝hourimg. * ></div >	< div class＝hourimg style＝" padding-top：10px；">天气缩略图</div >	" "
2	<div class＝hide. * </div >	< div class＝hide>未知项目</div >	" "
3	< div class＝. * >	< div class＝气温类>气温</div >	< div >
4	< div. * >	< div. * >	" "
5	</div ></div >	</div ></div >	；
6	</div >	</div >	，

在天气预报客户端中，匹配并替换天气预报碎片的代码如下：

```
#!/usr/bin/octave
# 第6章/@WeatherReportClientCallbacks/replace_weather_report_html_fragment.m
function ret = replace_weather_report_html_fragment(this, fragment)
    ## - * - texinfo - * -
    ## @deftypefn {} {} replace_weather_report_html_fragment (@var{this} @var{fragment})
    ## 替换天气预报网页的碎片
    ##
    ## @example
    ## param: this, fragment
    ##
    ## return: ret
    ## @end example
    ##
    ## @end deftypefn
    global field;
    # 全局变量 天气预报客户端属性对象 field
    callback = WeatherReportClientCallbacks;
    toolbox = Toolbox;
    ret = fragment;
    ret = regexprep(ret, '< div class = hourimg. * ></div>', '');
    ret = regexprep(ret, '< div class = hide. * </div>', '');
    ret = regexprep(ret, '< div class = . * >', '< div>');
    ret = regexprep(ret, '< div. * >', '');
    ret = regexprep(ret, '</div></div>', ';');
    ret = regexprep(ret, '</div>', ',');
endfunction
```

在完成天气预报碎片的字符串匹配和替换之后，即可使用字符串分隔方式将天气预报碎
片转换为天气预报客户端所需要的字符串元胞。在分隔时需要考虑表格自身的维度，分隔的
规则如下：

（1）列和列之间使用分号分隔。

（2）同一列之内的单元格和单元格之间使用逗号分隔。

在天气预报客户端中，分隔天气预报碎片的代码如下：

```
#!/usr/bin/octave
# 第 6 章/@WeatherReportClientCallbacks/generate_weather_report_cell.m
function ret = generate_weather_report_cell(this, fragment)
    ## - * - texinfo - * -
    ## @deftypefn {} {} generate_weather_report_cell (@var{this} @var{fragment})
    ## 生成天气预报元胞
    ##
    ## @example
    ## param: this, fragment
    ##
    ## return: ret
    ## @end example
    ##
    ## @end deftypefn
    global field;
    # 全局变量 天气预报客户端属性对象 field
    callback = WeatherReportClientCallbacks;
    toolbox = Toolbox;
    fragment_lines_matrix = strsplit(fragment, ';');
    weather_report_cell = {};
    for fragment_matrix_index = 1:length(fragment_lines_matrix)
        fragment_line = fragment_lines_matrix{fragment_matrix_index};
        weather_report_cell{fragment_matrix_index, :} = strsplit(fragment, ',');
    endfor
    ret = weather_report_cell;
endfunction
```

经过分隔后得到的字符串元胞即可被用于天气预报表格的数据的显示。

6.5.6　天气预报客户端表格的更新逻辑

在天气预报客户端中，天气预报表格承担了天气预报数据的显示任务。然而，天气预报客户端作为一个客户端应用，不应该允许用户过于频繁地请求服务器的数据，因为客户端过于频繁地请求服务器的数据会加重服务器的负担，所以天气预报客户端需要设计天气预报缓存文件，存入默认的或上次更新的天气预报数据，并在需要时读取缓存文件中的天气预报数据。

出于可扩展性的考虑，设计以气象局为单位的缓存文件，每个缓存文件中存放更新时间（time）和对应的天气预报数据（data）。创建默认天气预报缓存文件的代码如下：

```
#!/usr/bin/octave
# 第 6 章/@WeatherReportClientCallbacks/generate_weather_report_file_template.m
function ret = generate_weather_report_file_template(this, cma_name_value)
    ## - * - texinfo - * -
    ## @deftypefn {} {} generate_weather_report_file_template (@var{this} @var{cma_name_
value})
    ## 生成天气预报文件模板
    ##
    ## @example
    ## param: this, cma_name_value
```

```
##
## return: ret
## @end example
##
## @end deftypefn
pkg load json;
global field;
#全局变量 天气预报客户端属性对象 field
callback = WeatherReportClientCallbacks;
toolbox = Toolbox;

if ~isfile(cma_name_value)
    struct_template = struct('time', '', 'data', '');
    json_template = jsonencode(struct_template);
    try
        fp = fopen(cma_name_value, 'w');
        fprintf(fp, json_template);
        fclose(fp);
        disp('Weather report file template generated successfully!')
        ret = 1;
    catch
        ret = 0;
        error('Weather report file template generated failed!')
    end_try_catch
endif
endfunction
```

天气预报客户端在更新内容时遵循以下规则：

（1）在天气预报客户端启动时按照上次的气象局（城区）读取天气预报缓存文件，使用缓存的天气预报绘制天气预报表格。

（2）在切换气象局（城区）时读取天气预报缓存文件，使用缓存的、另一个对应气象局（城区）的天气预报绘制天气预报表格。

（3）在按下"更新"按钮时，若本次更新和上次更新的间隔较短，则读取天气预报缓存文件，使用缓存的天气预报绘制天气预报表格。

（4）在按下"更新"按钮时，若本次更新和上次更新的间隔较长，则从服务器获取新的天气预报数据、绘制天气预报表格并更新天气预报缓存文件。

💡**注意**：建议在 GUI 上将气象局替代为城区，以使文本对用户更加友好。用户对城区有更直观的概念，因此可以近似地将气象局替代为城区，从而改善用户体验。

设计与绘制表格相关的代码如下：

```
#!/usr/bin/octave
#第6章/@WeatherReportClientCallbacks/callback_draw_table.m
function ret = callback_draw_table(h, ~, this, option)
    ## - * - texinfo - * -
    ## @deftypefn {} {} callback_draw_table (@var{h} @var{~} @var{this} @var{option})
    ##绘制表格的回调函数
```

```
##
## @example
## param: h, ~, this, option
##
## return: ret
## @end example
##
## @end deftypefn
pkg load json;
global field;
# 全局变量 天气预报客户端属性对象 field
callback = WeatherReportClientCallbacks;
toolbox = Toolbox;
current_city_popup_menu_handle = get_handle('current_city_popup_menu_handle');
update_time_text_handle = get_handle('update_time_text_handle');

cma_name_string = get(current_city_popup_menu_handle, 'string');
cma_name_index = get(current_city_popup_menu_handle, 'value');
current_cma_name_key = cma_name_string{cma_name_index};
CMA_NAME_KEY = get_cma_name_key(field);
# 气象局名键字符串元胞 CMA_NAME_KEY
CMA_NAME_VALUE = get_cma_name_value(field);
cma_name_value = CMA_NAME_VALUE{1};
# 气象局名值字符串元胞 CMA_NAME_VALUE
for cma_name_key_index = 1:numel(CMA_NAME_KEY)
    if strcmp(CMA_NAME_KEY{cma_name_key_index}, current_cma_name_key)
        cma_name_value = CMA_NAME_VALUE{cma_name_key_index};
    endif
endfor
if strcmp(option, 'refresh')
    generate_weather_report_file_template(this, cma_name_value);
    weather_report_struct = read_weather_report_file(this, cma_name_value);
    weather_report_time = weather_report_struct.time;
    weather_report_data = weather_report_struct.data;
elseif strcmp(option, 'init')
    generate_cma_name_position_file(this);
    position_struct = read_position_file(this);
    CMA_NAME_POSITION = position_struct.position;
    cma_name_value = CMA_NAME_VALUE{CMA_NAME_POSITION};
    generate_weather_report_file_template(this, cma_name_value);
    weather_report_struct = read_weather_report_file(this, cma_name_value);
    weather_report_time = weather_report_struct.time;
    weather_report_data = weather_report_struct.data;
    set(current_city_popup_menu_handle, 'value', CMA_NAME_POSITION);
endif
if isempty(weather_report_data)
    set(update_time_text_handle, 'string', sprintf('更新时间: %s', ctime(time)));
else
    set(update_time_text_handle, 'string', sprintf('更新时间: %s', ctime(weather_report_
time)));
endif
if isempty(weather_report_data)
    weather_report_data = get_default_weather(field);
```

```octave
            # 天气预报表格的默认字符串元胞 weather_report_data
        endif
        set(h, 'data', weather_report_data);
        disp({'weather_report_time: '; weather_report_time})
        disp({'weather_report_data: '; weather_report_data})

        if strcmp(option, 'refresh')
            table_handle = get_handle('table_handle');
            set(table_handle, 'data', weather_report_data);
            disp('weather_report_data updated successfully!')
        endif
endfunction


#!/usr/bin/octave
# 第6章/@WeatherReportClientCallbacks/read_weather_report_file.m
function ret = read_weather_report_file(this, cma_name_value)
    ## - * - texinfo - * -
    ## @deftypefn {} {} read_weather_report_file (@var{this} @var{cma_name_value})
    ## 读取天气预报文件
    ##
    ## @example
    ## param: this, cma_name_value
    ##
    ## return: ret
    ## @end example
    ##
    ## @end deftypefn
    pkg load json;
    global field;
    # 全局变量 天气预报客户端属性对象 field
    callback = WeatherReportClientCallbacks;
    toolbox = Toolbox;
    ret = struct();
    temp = {};
    temp_index = 1;
    if isfile(cma_name_value)
        try
            fp = fopen(cma_name_value, 'r');
            while 1
                tline = fgetl(fp);
                if ~ischar(tline)
                    break;
                end
                temp{temp_index} = tline;
                temp_index += 1;
            end
            fclose(fp);
            json_string = strjoin(temp, '');
            ret = jsondecode(json_string);
            ret
            disp('Weather report file read successfully!')
        catch
            error('Weather report file read failed!')
```

```
            end_try_catch
        endif
endfunction
```

缓存文件在更新时遵循以下规则：

（1）若天气预报碎片可以经过数据处理得到符合规范的字符串元胞，则更新缓存文件。

（2）若天气预报碎片经过数据处理后不能得到符合规范的字符串元胞，则不更新缓存文件。

设计与更新缓存文件相关的代码如下：

```
#!/usr/bin/octave
# 第 6 章/@WeatherReportClientCallbacks/callback_update_button.m
function ret = callback_update_button(h, ~, this)
    ## - * - texinfo - * -
    ## @deftypefn {} {} callback_update_button (@var{h} @var{~} @var{this})
    ## 单击"更新"按钮的回调函数
    ##
    ## @example
    ## param: h, ~, this
    ##
    ## return: ret
    ## @end example
    ##
    ## @end deftypefn
    pkg load json;
    global field;
    # 全局变量 天气预报客户端属性对象 field
    callback = WeatherReportClientCallbacks;
    toolbox = Toolbox;

    table_handle = get_handle('table_handle');
    city_text_handle = get_handle('city_text_handle');
    current_city_popup_menu_handle = get_handle('current_city_popup_menu_handle');
    update_time_text_handle = get_handle('update_time_text_handle');
    update_time_handle = get_handle('update_time_handle');

    cma_name_string = get(current_city_popup_menu_handle, 'string');
    cma_name_index = get(current_city_popup_menu_handle, 'value');
    current_cma_name_key = cma_name_string{cma_name_index};
    CMA_NAME_KEY = get_cma_name_key(field);
    # 气象局名键字符串元胞 CMA_NAME_KEY
    CMA_NAME_VALUE = get_cma_name_value(field);
    # 气象局名值字符串元胞 CMA_NAME_VALUE
    cma_name_value = CMA_NAME_VALUE{1};
    for cma_name_key_index = 1:numel(CMA_NAME_KEY)
        if strcmp(CMA_NAME_KEY{cma_name_key_index}, current_cma_name_key)
            cma_name_value = CMA_NAME_VALUE{cma_name_key_index};
        endif
    endfor
    generate_weather_report_file_template(this, cma_name_value);
    weather_report_struct = read_weather_report_file(this, cma_name_value);
```

```
        weather_report_time = weather_report_struct.time;
        weather_report_data = weather_report_struct.data;
        if time_judgement(this, weather_report_time, time)
            update_time = update_weather_report(this, cma_name_value);
            set(update_time_text_handle, 'string', sprintf('更新时间: %s', ctime(update_time)));
        else
            disp('两次更新时间间隔过短,本次不进行更新')
        endif
        callback_draw_table(h, [], this, 'refresh')
endfunction


#!/usr/bin/octave
# 第6章/@WeatherReportClientCallbacks/update_weather_report.m
function update_time = update_weather_report(this, cma_name_value)
    ## - * - texinfo - * -
    ## @deftypefn {} {} update_weather_report (@var{this} @var{cma_name_value})
    ## 更新天气预报
    ##
    ## @example
    ## param: this, cma_name_value
    ##
    ## return: update_time
    ## @end example
    ##
    ## @end deftypefn
    global field;
    # 全局变量 天气预报客户端属性对象 field
    callback = WeatherReportClientCallbacks;
    toolbox = Toolbox;
    website = sprintf(field.website_template, cma_name_value)
    fragment = get_weather_report_html_fragment(this, website)
    fragment = replace_weather_report_html_fragment(this, fragment)
    weather_report_cell = generate_weather_report_cell(this, fragment);
    if ~isempty(weather_report_cell)
        [ret, update_time] = update_weather_report_file(this, cma_name_value, weather_report_
cell);
    endif
endfunction


#!/usr/bin/octave
# 第6章/@WeatherReportClientCallbacks/update_weather_report_file.m
function [ret, update_time] = update_weather_report_file(this, cma_name_value, weather_report_
cell)
    ## - * - texinfo - * -
    ## @deftypefn {} {} update_weather_report_file (@var{this} @var{cma_name_value} @var
{weather_report_cell})
    ## 更新天气预报文件
    ##
    ## @example
    ## param: this, cma_name_value, weather_report_cell
    ##
    ## return: [ret, update_time]
    ## @end example
```

```
##
## @end deftypefn
pkg load json;
global field;
# 全局变量 天气预报客户端属性对象 field
callback = WeatherReportClientCallbacks;
toolbox = Toolbox;

ret = struct();
temp = {};
temp_index = 1;
if isfile(cma_name_value)
    try
        fp = fopen(cma_name_value, 'r');
        while 1
            tline = fgetl(fp);
            if ~ischar(tline)
                break;
            end
            temp{temp_index} = tline;
            temp_index += 1;
        end
        fclose(fp);
        json_string = strjoin(temp, '');
        ret = jsondecode(json_string);
        disp('Weather report file read successfully!')
    catch
        error('Weather report file read failed!')
    end_try_catch
endif
ret.time = time;
update_time = time;
ret.data = weather_report_cell;
ret
if ~isfile(cma_name_value)
    struct_template = ret;
    json_template = jsonencode(struct_template);
    try
        fp = fopen(cma_name_value, 'w');
        fprintf(fp, json_template);
        fclose(fp);
        disp('Weather report file template generated successfully!')
    catch
        error('Weather report file template generated failed!')
    end_try_catch
endif
endfunction
```

天气预报客户端应该记录下拉菜单最后一次选择的气象局位置,所以需要设计气象局名位置文件,并在下拉菜单上绑定监听器,在监听到位置改变时同步更新气象局名位置文件并使用缓存的、另一个对应气象局(城区)的天气预报来绘制表格。

设计与气象局名位置文件相关的代码如下:

```octave
#!/usr/bin/octave
# 第 6 章/@WeatherReportClientCallbacks/generate_cma_name_position_file.m
function ret = generate_cma_name_position_file(this)
    ## - * - texinfo - * -
    ## @deftypefn {} {} generate_cma_name_position_file (@var{this})
    ## 生成气象局名位置文件
    ##
    ## @example
    ## param: this
    ##
    ## return: ret
    ## @end example
    ##
    ## @end deftypefn
    global field;
    # 全局变量 天气预报客户端属性对象 field
    callback = WeatherReportClientCallbacks;
    toolbox = Toolbox;
    cma_name_position_file_name = get_cma_name_position_file_name(field);
    if ~isfile(cma_name_position_file_name)
        ret = write_cma_name_position_file(this, 1);
    endif
endfunction

#!/usr/bin/octave
# 第 6 章/@WeatherReportClientCallbacks/read_position_file.m
function ret = read_position_file(this)
    ## - * - texinfo - * -
    ## @deftypefn {} {} read_position_file (@var{this})
    ## 读取位置文件
    ##
    ## @example
    ## param: this
    ##
    ## return: ret
    ## @end example
    ##
    ## @end deftypefn
    pkg load json;
    global field;
    # 全局变量 天气预报客户端属性对象 field
    callback = WeatherReportClientCallbacks;
    toolbox = Toolbox;
    CMA_NAME_POSITION_FILE_NAME = get_cma_name_position_file_name(field);
    ret = struct();
    temp = {};
    temp_index = 1;
    if isfile(CMA_NAME_POSITION_FILE_NAME)
        try
            fp = fopen(CMA_NAME_POSITION_FILE_NAME, 'r');
            while 1
                tline = fgetl(fp);
                if ~ischar(tline)
```

```
                        break;
                    end
                    temp{temp_index} = tline;
                    temp_index += 1;
                end
                fclose(fp);
                json_string = strjoin(temp, '');
                ret = jsondecode(json_string);
                ret
                disp('Position file read successfully!')
            catch
                error('Position file read failed!')
            end_try_catch
        endif
endfunction

#!/usr/bin/octave
# 第 6 章/@WeatherReportClientCallbacks/write_cma_name_position_file.m
function ret = write_cma_name_position_file(this, position)
    ## - * - texinfo - * -
    ## @deftypefn {} {} write_cma_name_position_file (@var{this} @var{position})
    ## 写气象局名位置文件
    ##
    ## @example
    ## param: this, position
    ##
    ## return: ret
    ## @end example
    ##
    ## @end deftypefn
    pkg load json;
    global field;
    # 全局变量 天气预报客户端属性对象 field
    callback = WeatherReportClientCallbacks;
    toolbox = Toolbox;
    cma_name_position_file_name = get_cma_name_position_file_name(field);

    struct_template = struct('position', position);
    json_template = jsonencode(struct_template);
    try
        fp = fopen(cma_name_position_file_name, 'w');
        fprintf(fp, json_template);
        fclose(fp);
        disp('CMA name position file generated successfully!')
        ret = 1;
    catch
        ret = 0;
        error('CMA name position file generated failed!')
    end_try_catch
endfunction
```

设计在下拉菜单上绑定的监听器的代码如下:

```
#!/usr/bin/octave
# 第6章/on_menu_value_changed_listener.m
function ret = on_menu_value_changed_listener(h, ~, callback)
    ## - * - texinfo - * -
    ## @deftypefn {} {} on_menu_value_changed_listener (@var{h} @var{~} @var{callback})
    ## 监听菜单项改变的监听器
    ##
    ## @example
    ## param: h, ~, callback
    ##
    ## return: ret
    ## @end example
    ##
    ## @end deftypefn
    current_city_popup_menu_handle = get_handle('current_city_popup_menu_handle');
    table_handle = get_handle('table_handle');
    cma_name_index = get(current_city_popup_menu_handle, 'value')
    ret = write_cma_name_position_file(callback, cma_name_index);
    disp({'Position changed to: '; num2str(cma_name_index)})
    callback_draw_table(table_handle, [], callback, 'refresh');
endfunction
```

6.5.7　天气预报客户端更新时间的更新逻辑

在更新天气预报客户端的更新时间时遵循以下规则：

（1）每当读取天气预报缓存文件时均可读取并解析更新时间。

（2）在按下"更新"按钮时，仅当满足时间判断方法时才有可能更新当前的时间控制文本。

（3）在绘制表格时，是否更新当前的更新时间控制文本不受时间判断方法的控制。

（4）只要绘制了表格，就必须一并更新当前的更新时间控制文本，无论表格中的数据是否发生了改变。

（5）若当前需要更新时间控制文本，并且更新了天气预报缓存文件，则将更新天气预报缓存文件这一动作的完成时间写入当前的更新时间控制文本之中，而不去额外解析天气预报缓存文件中的更新时间。

（6）若当前需要更新时间控制文本，并且更新时间解析成功，则将解析后的时间写入当前的更新时间控制文本中。

（7）若当前需要更新时间控制文本，但更新时间解析失败，则将当前时间写入当前的更新时间控制文本中。

读取并解析更新时间的代码如下：

```
>> weather_report_struct = read_weather_report_file(this, cma_name_value);
>> weather_report_time = weather_report_struct.time;
```

将新的时间写入当前更新时间控制文本的代码如下：

```
>> set(update_time_text_handle, 'string', sprintf('更新时间: %s', ctime(time)));
```

```
>> set(update_time_text_handle, 'string', sprintf('更新时间: %s', ctime(weather_report_
time)));
```

```
>> update_time = update_weather_report(this, cma_name_value);
>> set(update_time_text_handle, 'string', sprintf('更新时间: %s', ctime(update_time)));
```

时间判断方法的代码如下：

```
#!/usr/bin/octave
# 第 6 章/@WeatherReportClientCallbacks/time_judgement.m
function ret = time_judgement(this, old_time, new_time)
    ## - * - texinfo - * -
    ## @deftypefn {} {} time_judgement (@var{this} @var{old_time} @var{new_time})
    ## 时间判断方法
    ##
    ## @example
    ## param: this, old_time, new_time
    ##
    ## return: ret
    ## @end example
    ##
    ## @end deftypefn
    ret = 1;
    time_threshold = 60;
    if new_time - old_time < time_threshold
        ret = 0;
    endif
endfunction
```

6.5.8 天气预报客户端属性代码设计

根据天气预报客户端的工作原理设计天气预报客户端的数据结构并编写属性部分的代码，编写规则如下：

（1）天气预报客户端支持尺寸自适应，因此需要至少一个参考尺寸即可算出其他的尺寸。

（2）天气预报客户端需要通过气象局拼音生成网址。对于一种网址类型，只需一个网址模板便可以实现字符串替换。

（3）天气预报客户端需要默认的字符串元胞作为异常情况下的天气预报表格数据。

（4）天气预报客户端需要气象局拼音用于拼接网址和保存天气预报缓存文件。

（5）天气预报客户端需要中文的气象局名显示在下拉菜单中。

（6）天气预报客户端需要位置文件名用于保存上一次选择的下拉菜单的位置。

根据以上规则编写天气预报客户端的属性类，代码如下：

```
#!/usr/bin/octave
# 第 6 章/@WeatherReportClientAttributes/WeatherReportClientAttributes.m

function ret = WeatherReportClientAttributes()
    ## - * - texinfo - * -
    ## @deftypefn {} {} WeatherReportClientAttributes ()
    ## 日历的属性类
    ##
    ## @example
```

```
    ## param: -
    ##
    ## return: ret
    ## @end example
    ##
    ## @end deftypefn
    key_height = 30;
    # 按钮的高度 key_height

    a = struct(
        'key_height', key_height, ...
        'website_template', 'http://www.nmc.cn/publish/forecast/ASH/%s.html' ...
        );
    ret = class(a, "WeatherReportClientAttributes");
endfunction


#!/usr/bin/octave
# 第 6 章/@WeatherReportClientAttributes/get_cma_name_key.m

function CMA_NAME_KEY = get_cma_name_key(this)
    ## - * - texinfo - * -
    ## @deftypefn {} {} get_cma_name_key (@var{this})
    ## 气象局名键字符串元胞
    ##
    ## @example
    ## param: this
    ##
    ## return: CMA_NAME_KEY
    ## @end example
    ##
    ## @end deftypefn
    CMA_NAME_KEY = {
        '徐汇区'; ...
        '宝山区'; ...
        '崇明区'; ...
        '奉贤区'; ...
        '嘉定区'; ...
        '金山区'; ...
        '浦东区'; ...
        '青浦区'; ...
        '松江区'; ...
        '闵行区' ...
    };
    # 气象局名键字符串元胞 CMA_NAME_KEY
endfunction


#!/usr/bin/octave
# 第 6 章/@WeatherReportClientAttributes/get_cma_name_position_file_name.m

function CMA_NAME_POSITION_FILE_NAME = get_cma_name_position_file_name(this)
    ## - * - texinfo - * -
    ## @deftypefn {} {} get_cma_name_position_file_name (@var{this})
    ## 气象局名位置文件名
    ##
```

```
    ## @example
    ## param: this
    ##
    ## return: CMA_NAME_POSITION_FILE_NAME
    ## @end example
    ##
    ## @end deftypefn
    CMA_NAME_POSITION_FILE_NAME = 'cma_name_position';
    # 气象局名位置文件名 CMA_NAME_POSITION_FILE_NAME
endfunction

#!/usr/bin/octave
# 第 6 章/@WeatherReportClientAttributes/get_cma_name_value.m

function CMA_NAME_VALUE = get_cma_name_value(this)
    ## - * - texinfo - * -
    ## @deftypefn {} {} get_cma_name_value (@var{this})
    ## 气象局名值字符串元胞
    ##
    ## @example
    ## param: this
    ##
    ## return: CMA_NAME_VALUE
    ## @end example
    ##
    ## @end deftypefn
    CMA_NAME_VALUE = {
        'xuhui'; ...
        'baoshan'; ...
        'chongming'; ...
        'fengxian'; ...
        'jiading'; ...
        'jinshan'; ...
        'pudong'; ...
        'qingpu'; ...
        'songjiang'; ...
        'minxing' ...
    };
    # 气象局名值字符串元胞 CMA_NAME_VALUE
endfunction

#!/usr/bin/octave
# 第 6 章/@WeatherReportClientAttributes/get_default_weather.m

function DEFAULT_WEATHER = get_default_weather(this)
    ## - * - texinfo - * -
    ## @deftypefn {} {} get_default_weather (@var{this})
    ## 默认天气表格内容
    ##
    ## @example
    ## param: this
    ##
    ## return: DEFAULT_WEATHER
```

```
    ## @end example
    ##
    ## @end deftypefn
    DEFAULT_WEATHER = repmat({''}, 7, 8);
    # 默认天气表格内容 DEFAULT_WEATHER
endfunction


#!/usr/bin/octave
# 第 6 章/@WeatherReportClientAttributes/subsasgn.m

function ret = subsasgn(this, x, new_status)
    ## - * - texinfo - * -
    ## @deftypefn {} {} subsasgn (@var{this} @var{x} @var{new_status})
    ## 支持圆括号赋值和点号赋值
    ##
    ## @example
    ## param: this, x, new_status
    ##
    ## return: ret
    ## @end example
    ##
    ## @end deftypefn

    # 按钮的高度 key_height
    switch (x.type)
        case "()"
            fld = x.subs{1};
            if (strcmp (fld, "key_height"))
                this.key_height = new_status;
                ret = this;
            elseif (strcmp (fld, "website_template"))
                this.key_height = new_status;
                ret = this;
            endif
        case "."
            fld = x.subs;
            if (strcmp (fld, "key_height"))
                this.key_height = new_status;
                ret = this;
            elseif (strcmp (fld, "website_template"))
                this.key_height = new_status;
                ret = this;
            endif
        otherwise
                error (" @ WeatherReportClientAttributes/subsref: invalid assignment type for
WeatherReportClientAttributes");
    endswitch
endfunction


#!/usr/bin/octave
# 第 6 章/@WeatherReportClientAttributes/subsref.m
function ret = subsref(this, x)
    ## - * - texinfo - * -
```

```
## @deftypefn {} {} subsref (@var{this} @var{x})
## 支持圆括号索引、点号索引和花括号索引
##
## @example
## param: this, x
##
## return: ret
## @end example
##
## @end deftypefn

# 按钮的高度 key_height
switch (x.type)
    case "()"
        fld = x.subs{1};
        if (strcmp (fld, "key_height"))
            ret = this.key_height;
        elseif (strcmp (fld, "website_template"))
            ret = this.website_template;
        endif
    case "{}"
        fld = x.subs{1};
        if (strcmp (fld, "key_height"))
            ret = this.key_height;
        elseif (strcmp (fld, "website_template"))
            ret = this.website_template;
        endif
    case "."
        fld = x.subs;
        if (strcmp (fld, "key_height"))
            ret = this.key_height;
        elseif (strcmp (fld, "website_template"))
            ret = this.website_template;
        endif
    otherwise
        error("@WeatherReportClientAttributes/subsref:  invalid  subscript  type  for
WeatherReportClientAttributes");
    endswitch
endfunction
```

第 7 章

界 面 布 局

　　本章的内容是一个关于界面布局的项目。本项目使用低代码构建的设计理念,用于通过简洁的界面布局来生成复杂的可执行脚本。本项目涵盖了界面布局设计和实现的全过程,从抽象的布局概念到布局类的组合与继承,到脚本实际运行的效果分析,再到布局配置和脚本的联系,最后是 GUI 配置文件制作器的设计与实现,是一个大型的软件项目。

　　本项目的软件架构如图 7-1 所示。

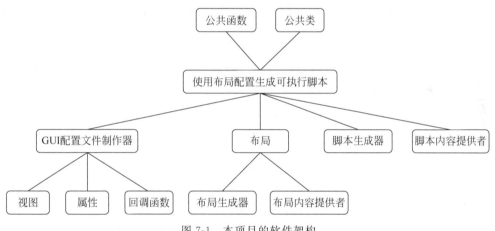

图 7-1　本项目的软件架构

　　(1) GUI 配置文件制作器作为客户端的用途。分别需要设计 GUI 配置文件制作器的视图类、属性类和回调函数类,通过 GUI 的方式设计配置并使用配置生成可执行脚本。

　　(2) 从布局的原理入手,对布局进行分类,并设计多种布局。布局通过布局生成器类和布局内容提供者类共同实现,并在需要进行布局设计时调用其中的方法。

　　(3) 脚本生成器类和脚本内容提供者类用于脚本级别的内容管理,例如,初始化脚本生成路径这类基本的方法均由脚本生成器类提供,而默认的脚本配置和脚本参数则由脚本内容提供者类提供。

　　(4) 公共函数和公共类可以被本项目中的其他组件使用。

7.1 布局原理

7.1.1 布局的作用

布局定义了应用中的界面结构。在一个界面中，可以通过布局这一抽象概念将一个或多个图形对象视为一个整体，进而可以通过布局对整体的显示效果进行调节，使设计者可以使用简单的布局设计完成复杂的图形对象层面的批量调整。

布局由布局对象所实现。一个布局对象中可以包含一个或多个布局对象、图形对象，并且布局对象和图形对象可以共同存在于布局中。布局对象主要存放布局对象所管理的布局对象和/或图形对象，并且需要体现布局对象和/或图形对象的层次结构。

布局使开发人员从源代码的开发中解放出来，并专注于考虑布局支持的特性及图形对象之间的逻辑关系，然后由生成器生成出最终的成品代码。这同时也体现了低代码构建的一个优势。

7.1.2 布局与配置文件

设计配置文件声明布局对象和/或图形对象的属性。根据在配置文件中的键-值对可以对应找到图形对象在 Octave 中的对应属性，还可以间接地算出图形对象在 Octave 中的方位信息等属性。

配置文件需要支持某些额外的特性，所以要对配置文件进行进一步转化，设计生成器将配置文件转换为 Octave 的可执行脚本，最终运行可执行脚本的结果就是布局在 Octave 中呈现的效果。

7.1.3 通过布局影响脚本的运行效果

从静态的角度而言，可以直接修改配置文件，然后重新转化新的配置文件来得到修改后的可执行脚本。新的可执行脚本将拥有修改后的特性。此外，也可以在已经生成的可执行脚本中对变量进行修改，相当于直接在脚本的层面完成静态的布局修改。

从动态的角度而言，可以在设计配置文件时加入动态的变量。在生成器的支持下，布局支持某些动态修改的变量，这些变量在转换为可执行脚本后会和其他变量进行交互。例如，当前图像对象的尺寸是可以随时改变的，所以布局相对于当前图像对象的尺寸也是可以随时改变的。此时，就需要将这种相对尺寸设计为变量，并且通过其他函数将变量和当前图像对象的尺寸的变化进行联系，进而实现实际尺寸动态改变的效果。

7.2 布局类

布局是一个庞大的概念，因此在实现布局时不建议使用单个类实现某一种布局的全部特性。在实际设计中，使用类的组合特性和继承特性共同完成布局的开发。

对一种布局而言，一种布局对应一个布局类。使用类的组合特性，将布局类分为布局内容提供者类和布局生成器类这两部分进行开发。

(1) 布局内容提供者类用于提供定义布局和图形对象所需的结构体等属性。

(2) 布局生成器类用于生成布局相关的脚本的部分。根据属性类型的不同，布局相关的脚本的部分大致可分为与布局属性相关的脚本的部分和与图像对象属性相关的脚本的部分。

（3）布局类由布局内容提供者类和布局生成器类共同组合而成。布局内容提供者类和布局生成器类作为布局类的两个字段进行存放。

对多种布局而言，不同的布局之间允许存在继承关系：

（1）除布局基类外，其他的布局类都需要继承布局基类。通过布局基类可以更加容易地判断布局的类型，即所有的布局类都是布局。例如，一个绝对布局类在继承布局基类后，其类型既是绝对布局类又是布局基类，而不会产生"绝对布局类不是布局"的问题。

（2）可以在布局基类中存放公共字段和公共方法，以增加代码的复用性。

（3）除布局基类外，其他的布局类也允许存在继承关系。

（4）布局内容提供者类和布局生成器类也采用和布局类相似的继承关系：所有的布局内容提供者类都需要继承布局内容提供者基类；所有的布局生成器类都需要继承布局生成器基类；其他的布局内容提供者类也允许存在继承关系；其他的布局生成器类也允许存在继承关系。

7.3　布局分类

布局可以通过实际的特性分为若干类。本章中实现了以下三类布局：

（1）基本布局。

（2）绝对布局。

（3）相对布局。

7.3.1　基本布局

基本布局用于描述一个能描述出布局中的所有图形对象的最小的数据结构。基本布局被设计为只可以按照图形对象的必要参数来生成对应的 GUI 脚本，因此：

（1）基本布局只识别图形对象的必要参数。

（2）使用基本布局同样可以生成对应的 GUI 脚本，但不会支持其他布局的独有特性。

（3）不可按照布局分类的图形对象，建议使用基本布局进行绘制。

基本布局类的代码如下：

```
#!/usr/bin/octave
# 第 7 章/@BaseLayout/BaseLayout.m

function ret = BaseLayout()
    ## - * - texinfo - * -
    ## @deftypefn {} {} BaseLayout ()
    ## 布局基类
    ##
    ## @example
    ## param: -
    ##
    ## return: ret
    ## @end example
    ##
```

```
    ## @end deftypefn

    a = struct;
    a.generator = @BaseLayoutGenerator();
    a.provider = @BaseLayoutContentProvider();
    ret = class(a, "BaseLayout");
endfunction

#!/usr/bin/octave
# 第 7 章/@BaseLayout/subsref.m
function ret = subsref(this, x)
    ## - * - texinfo - * -
    ## @deftypefn {} {} subsref (@var{this} @var{x})
    ## 支持圆括号索引、点号索引和花括号索引
    ##
    ## @example
    ## param: this, x
    ##
    ## return: ret
    ## @end example
    ##
    ## @end deftypefn

    # 生成器 generator
    # 内容提供者 provider
    switch (x.type)
        case "()"
            fld = x.subs{1};
            if (strcmp (fld, "generator"))
                ret = this.generator;
            elseif (strcmp (fld, "provider"))
                ret = this.provider;
            endif
        case "{}"
            fld = x.subs{1};
            if (strcmp (fld, "generator"))
                ret = this.generator;
            elseif (strcmp (fld, "provider"))
                ret = this.provider;
            endif
        case "."
            fld = x.subs;
            if (strcmp (fld, "generator"))
                ret = this.generator;
            elseif (strcmp (fld, "provider"))
                ret = this.provider;
            endif
        otherwise
            error("@BaseLayout/subsref: invalid subscript type for BaseLayout");
    endswitch
endfunction
```

7.3.2 绝对布局

绝对布局中的所有图形对象是独立的,每个图形对象不受其他图形对象的位置和尺寸影响,因此,如果要描述一个绝对布局中的图形对象,则只需使用 Octave 中的 position 风格,分别描述图形对象的左下角点坐标及宽和高便可以满足要求。

此外,在绝对布局当中还可以允许图形对象使用缺省的描述方式。缺省的描述方式的优点如下:

(1) 缺省的描述方式可以被默认的生成方法来使用,从而可以在减少配置文件内容的情况下也能按照默认的生成方法生成 GUI 脚本,对用户更加友好。

(2) 缺省的描述方式可以降低界面的设计难度。在缺省的描述方式之下,用户不必一次性想好所有的参数,而可以逐步完成界面的设计,并在多次修改、调试之后得到最满意的界面版本。

绝对布局类的代码如下:

```octave
#!/usr/bin/octave
# 第 7 章/@AbsoluteLayout/AbsoluteLayout.m

function ret = AbsoluteLayout()
    ## - * - texinfo - * -
    ## @deftypefn {} {} AbsoluteLayout ()
    ## 相对布局类
    ##
    ## @example
    ## param: -
    ##
    ## return: ret
    ## @end example
    ##
    ## @end deftypefn

    a = struct;
    a.generator = @AbsoluteLayoutGenerator();
    a.provider = @AbsoluteLayoutContentProvider();
    b = @BaseLayout();
    ret = class(a, "AbsoluteLayout", b);
endfunction

#!/usr/bin/octave
# 第 7 章/@AbsoluteLayout/subsref.m
function ret = subsref(this, x)
    ## - * - texinfo - * -
    ## @deftypefn {} {} subsref (@var{this} @var{x})
    ## 支持圆括号索引、点号索引和花括号索引
    ##
    ## @example
    ## param: this, x
    ##
    ## return: ret
    ## @end example
```

```
##
## @end deftypefn

# 生成器 generator
# 内容提供者 provider
switch (x.type)
    case "()"
        fld = x.subs{1};
        if (strcmp (fld, "generator"))
            ret = this.generator;
        elseif (strcmp (fld, "provider"))
            ret = this.provider;
        endif
    case "{}"
        fld = x.subs{1};
        if (strcmp (fld, "generator"))
            ret = this.generator;
        elseif (strcmp (fld, "provider"))
            ret = this.provider;
        endif
    case "."
        fld = x.subs;
        if (strcmp (fld, "generator"))
            ret = this.generator;
        elseif (strcmp (fld, "provider"))
            ret = this.provider;
        endif
    otherwise
        error("@AbsoluteLayout/subsref: invalid subscript type for AbsoluteLayout");
endswitch
endfunction
```

7.3.3　相对布局

相对布局中的所有图形对象的位置是相对的，可能受到其他图形对象的影响。

相对布局中的所有图形对象相对于其他布局中的所有图形对象而言，无论是位置还是大小都可以是相对的，例如，相对布局允许被描述为"在某个布局的右面"。此时就需要使用另一种间接的方式描述该相对布局的位置。

在相对布局中也必须允许图形对象使用绝对的描述方式，这是由于在相互参考的描述关系中，至少需要一个参考变量才能推算出其他的不确定的变量。

此外，在相对布局中还可以允许图形对象使用缺省的描述方式。

相对布局类的代码如下：

```
#!/usr/bin/octave
# 第 7 章/@RelativeLayout/RelativeLayout.m

function ret = RelativeLayout()
    ## - * - texinfo - * -
    ## @deftypefn {} {} RelativeLayout ()
    ## 相对布局类
```

```
    ##
    ## @example
    ## param: -
    ##
    ## return: ret
    ## @end example
    ##
    ## @end deftypefn

    a = struct;
    a.generator = @RelativeLayoutGenerator();
    a.provider = @RelativeLayoutContentProvider();
    b = @BaseLayout();
    ret = class(a, "RelativeLayout", b);
endfunction

#!/usr/bin/octave
# 第7章/@RelativeLayout/subsref.m
function ret = subsref(this, x)
    ## - * - texinfo - * -
    ## @deftypefn {} {} subsref (@var{this} @var{x})
    ## 支持圆括号索引、点号索引和花括号索引
    ##
    ## @example
    ## param: this, x
    ##
    ## return: ret
    ## @end example
    ##
    ## @end deftypefn

    # 生成器 generator
    # 内容提供者 provider
    switch (x.type)
        case "()"
            fld = x.subs{1};
            if (strcmp (fld, "generator"))
                ret = this.generator;
            elseif (strcmp (fld, "provider"))
                ret = this.provider;
            endif
        case "{}"
            fld = x.subs{1};
            if (strcmp (fld, "generator"))
                ret = this.generator;
            elseif (strcmp (fld, "provider"))
                ret = this.provider;
            endif
        case "."
            fld = x.subs;
            if (strcmp (fld, "generator"))
                ret = this.generator;
            elseif (strcmp (fld, "provider"))
```

```
                    ret = this.provider;
            endif
        otherwise
            error("@RelativeLayout/subsref: invalid subscript type for RelativeLayout");
    endswitch
endfunction
```

7.3.4　其他布局

在一些特殊的场合中,可以根据不同的描述方式和不同的用途设计出不同的布局,例如,网格布局。网格布局认为布局中所有的元素都应该像网格一样整齐地排列,因此,网格布局中的每个元素都以参考坐标和参考长度为标准,用累加的方式分别算出每个子网格元素的位置。使用网格布局可以用一组位置和尺寸批量绘制所需的元素。

7.4　布局内容提供者类

7.4.1　基本布局内容提供者类

基本布局内容提供者类需要提供一个布局结构体,这个结构体中包含的键-值对如表 7-1 所示。

表 7-1　基本布局内容提供者类需要提供的布局结构体的属性

键　参　数	含　　义	默认值参数
type	类型: 类型为 BaseLayout	BaseLayout
constant	常量: 作用于当前及之后的布局	""
obj	图形对象: 以元胞形式存放一个或多个图形对象	{}

基本布局内容提供者类需要提供一个图形对象结构体,这个结构体中包含的键-值对如表 7-2 所示。

表 7-2　基本布局内容提供者类需要提供的图形对象结构体的属性

键　参　数	含　　义	默认值参数
function_name	函数名	""
argin	传入参数列表	""
handle_name	句柄名	"h"
function_description	函数注释	""
constant	常量: 作用于当前及之后的图形对象	""

基本布局内容提供者类的代码如下:

```
#!/usr/bin/octave
# 第 7 章/@BaseLayoutContentProvider/BaseLayoutContentProvider.m

function ret = BaseLayoutContentProvider()
```

```
## - * - texinfo - * -
## @deftypefn {} {} BaseLayoutContentProvider ()
## 基本布局内容提供者类
##
## @example
## param: -
##
## return: ret
## @end example
##
## @end deftypefn

    ret = class(struct, "BaseLayoutContentProvider");
endfunction

#!/usr/bin/octave
# 第 7 章 /@BaseLayoutContentProvider/get_default_layout_arg_struct.m

function default_arg_struct = get_default_layout_arg_struct(this)
    ## - * - texinfo - * -
    ## @deftypefn {} {} get_default_layout_arg_struct (@var{this})
    ## 获得默认的参数结构体
    ## 方便关联出相关键参数
    ##
    ## @example
    ## param: this
    ##
    ## return: default_arg_struct
    ## @end example
    ##
    ## @end deftypefn

    default_arg_struct = struct();
    default_arg_struct.type = 'BaseLayout';
    default_arg_struct.constant = '';
    default_arg_struct.obj = {};

endfunction

#!/usr/bin/octave
# 第 7 章 /@BaseLayoutContentProvider/get_default_obj_arg_struct.m

function config_struct = get_default_obj_arg_struct(this)
    ## - * - texinfo - * -
    ## @deftypefn {} {} get_default_obj_arg_struct (@var{this})
    ## 获得默认的参数结构体
    ## 方便关联出相关键参数
    ##
    ## @example
    ## param: this
    ##
    ## return: config_struct
    ## @end example
```

```
##
## @end deftypefn

config_struct = struct();
config_struct.function_name = '';
config_struct.argin = '';
config_struct.handle_name = 'h';
config_struct.function_description = '';
config_struct.constant = '';


endfunction
```

7.4.2　绝对布局内容提供者类

绝对布局内容提供者类需要提供一个布局结构体,这个结构体中包含的键-值对如表 7-3 所示。

表 7-3　绝对布局内容提供者类需要提供的布局结构体的属性

键 参 数	含 义	默认值参数
type	类型: 类型为 AbsoluteLayout	AbsoluteLayout
constant	常量: 作用于当前及之后的布局	""
margin	总边距	0
margin_x	x 边距: 如果总边距大于 0 且 x 边距等于 0,则令 x 边距等于总边距	0
margin_y	y 边距: 如果总边距大于 0 且 y 边距等于 0,则令 y 边距等于总边距	0
write_margin	是否写入边距	0
obj	图形对象: 以元胞形式存放一个或多个图形对象	{}

绝对布局内容提供者类需要提供一个图形对象结构体,这个结构体中包含的键-值对如表 7-4 所示。

表 7-4　绝对布局内容提供者类需要提供的图形对象结构体的属性

键 参 数	含 义	默认值参数
function_name	函数名	""
argin	传入参数列表	""
handle_name	句柄名	"h"
function_description	函数注释	""
constant	常量: 作用于当前及之后的图形对象	""

绝对布局内容提供者类的代码如下:

```
#!/usr/bin/octave
# 第 7 章/@AbsoluteLayoutContentProvider/AbsoluteLayoutContentProvider.m
```

```
function ret = AbsoluteLayoutContentProvider()
    ## - * - texinfo - * -
    ## @deftypefn {} {} AbsoluteLayoutContentProvider ()
    ## 绝对布局内容提供者类
    ##
    ## @example
    ## param: -
    ##
    ## return: ret
    ## @end example
    ##
    ## @end deftypefn

    a = struct;
    b = @BaseLayoutContentProvider();
    ret = class(a, "AbsoluteLayoutContentProvider", b);
endfunction


#!/usr/bin/octave
# 第 7 章/@AbsoluteLayoutContentProvider/get_default_layout_arg_struct.m

function default_arg_struct = get_default_layout_arg_struct(this)
    ## - * - texinfo - * -
    ## @deftypefn {} {} get_default_layout_arg_struct (@var{this})
    ## 获得默认的参数结构体
    ## 方便关联出相关键参数
    ##
    ## @example
    ## param: this
    ##
    ## return: default_arg_struct
    ## @end example
    ##
    ## @end deftypefn

    default_arg_struct = struct();
    default_arg_struct.type = 'AbsoluteLayout';
    default_arg_struct.constant = '';
    default_arg_struct.margin = '0';
    default_arg_struct.margin_x = '0';
    default_arg_struct.margin_y = '0';
    default_arg_struct.write_margin = 0;
    default_arg_struct.obj = {};

endfunction
#!/usr/bin/octave
# 第 7 章/@AbsoluteLayoutContentProvider/get_default_obj_arg_struct.m

function config_struct = get_default_obj_arg_struct(this)
    ## - * - texinfo - * -
```

```
## @deftypefn {} {} get_default_obj_arg_struct (@var{this})
## 获得默认的参数结构体
## 方便关联出相关键参数
##
## @example
## param: this
##
## return: config_struct
## @end example
##
## @end deftypefn

config_struct = struct();
config_struct.function_name = '';
config_struct.argin = '';
config_struct.handle_name = 'h';
config_struct.function_description = '';
config_struct.constant = '';

endfunction
```

7.4.3　相对布局内容提供者类

相对布局内容提供者类需要提供一个布局结构体,这个结构体中包含的键-值对如表 7-5
所示。

表 7-5　相对布局内容提供者类需要提供的布局结构体的属性

键　参　数	含　　义	默认值参数
type	类型: 类型为 RelativeLayout	RelativeLayout
constant	常量: 作用于当前及之后的布局	""
margin	总边距	0
margin_x	x 边距: 如果总边距大于 0 且 x 边距等于 0,则令 x 边距等于总边距	0
margin_y	y 边距: 如果总边距大于 0 且 y 边距等于 0,则令 y 边距等于总边距	0
x_coordinate	布局左下角点的 x 坐标	""
y_coordinate	布局左下角点的 y 坐标	""
width	布局宽度	""
height	布局高度	""
write_margin	是否写入边距	0
obj	图形对象: 以元胞形式存放一个或多个图形对象	{}

相对布局内容提供者类需要提供一个图形对象结构体,这个结构体中包含的键-值对如
表 7-6 所示。

表 7-6　相对布局内容提供者类需要提供的图形对象结构体的属性

键　参　数	含　　义	默认值参数
function_name	函数名	""
argin	传入参数列表	""
handle_name	句柄名	"h"
function_description	函数注释	""
constant	常量作用于当前及之后的图形对象	""
width	图形对象的宽度	""
height	图形对象的高度	""
to_left_of	当前图形对象在另一个图形对象的左侧	""
to_right_of	当前图形对象在另一个图形对象的右侧	""
to_top_of	当前图形对象在另一个图形对象的上侧	""
to_bottom_of	当前图形对象在另一个图形对象的下侧	""
position	位置结构体	struct()

为使用相对的描述方式来描述图形对象,相对布局内容提供者类需要提供一个位置结构体,用于自动推算图形对象的位置。这个结构体中包含的键-值对如表 7-7 所示。

表 7-7　相对布局内容提供者类需要提供的位置结构体的属性

键　参　数	含　　义	默认值参数
x_coordinate	图形对象左下角点的 x 坐标	10
y_coordinate	图形对象左下角点的 y 坐标	10

相对布局支持默认的图形对象描述方式,因此相对布局内容提供者类也需要提供图形对象的默认的 x 坐标、y 坐标、宽度和高度参数。以上默认参数如表 7-8 所示。

表 7-8　相对布局内容提供者类需要提供的图形对象的默认参数

默认参数	含　　义	默　认　值
x_coordinate	图形对象左下角点的默认 x 坐标	10
y_coordinate	图形对象左下角点的默认 y 坐标	10
height	图形对象左下角点的默认高度	50
width	图形对象左下角点的默认宽度	50

💡注意：默认的图形对象的 x 坐标和 y 坐标和位置结构体中的 x 坐标和 y 坐标虽然变量名相同,但用途有略微区别。前者用于在一个含有缺省定义的图形对象的基础上自动补充 x 坐标和 y 坐标的默认值,后者用于在一个不确定位置的图形对象的基础上自动确定 x 坐标和 y 坐标。在开发过程中,可以将用途略微不同的参数定义为相同的默认值,以减少用户的困惑。

相对布局内容提供者类的代码如下：

```
#!/usr/bin/octave
#第 7 章/@RelativeLayoutContentProvider/RelativeLayoutContentProvider.m

function ret = RelativeLayoutContentProvider()
    ## - * - texinfo - * -
    ## @deftypefn {} {} RelativeLayoutContentProvider ()
    ## 相对布局内容提供者类
    ##
    ## @example
    ## param: -
    ##
    ## return: ret
    ## @end example
    ##
    ## @end deftypefn

    a = struct;
    b = @BaseLayoutContentProvider();
    ret = class(a, "RelativeLayoutContentProvider", b);
endfunction

#!/usr/bin/octave
#第 7 章/@RelativeLayoutContentProvider/get_default_height.m

function ret = get_default_height(this)
    ## - * - texinfo - * -
    ## @deftypefn {} {} get_default_height (@var{this})
    ## 获得相对布局的图形对象的 height 的默认值
    ##
    ## @example
    ## param: this
    ##
    ## return: ret
    ## @end example
    ##
    ## @end deftypefn

    ret = '50';

endfunction

#!/usr/bin/octave
#第 7 章/@RelativeLayoutContentProvider/get_default_layout_arg_struct.m

function default_arg_struct = get_default_layout_arg_struct(this)
    ## - * - texinfo - * -
    ## @deftypefn {} {} get_default_layout_arg_struct (@var{this})
    ## 获得默认的参数结构体
    ## 方便关联出相关键参数
    ##
    ## @example
    ## param: this
    ##
```

```
   ## return: default_arg_struct
   ## @end example
   ##
   ## @end deftypefn

   default_arg_struct = struct();
   default_arg_struct.type = 'RelativeLayout';
   default_arg_struct.constant = '';
   default_arg_struct.margin = '0';
   default_arg_struct.margin_x = '0';
   default_arg_struct.margin_y = '0';
   default_arg_struct.write_margin = 0;
   default_arg_struct.x_coordinate = '';
   default_arg_struct.y_coordinate = '';
   default_arg_struct.width = '';
   default_arg_struct.height = '';
   default_arg_struct.obj = {};

endfunction


#!/usr/bin/octave
#第 7 章/@RelativeLayoutContentProvider/get_default_obj_arg_struct.m

function config_struct = get_default_obj_arg_struct(this)
   ## - * - texinfo - * -
   ## @deftypefn {} {} get_default_obj_arg_struct (@var{this})
   ## 获得默认的参数结构体
   ## 方便关联出相关键参数
   ##
   ## @example
   ## param: this
   ##
   ## return: config_struct
   ## @end example
   ##
   ## @end deftypefn

   config_struct = struct();
   config_struct.function_name = '';
   config_struct.argin = '';
   config_struct.handle_name = 'h';
   config_struct.function_description = '';
   config_struct.constant = '';
   config_struct.width = '';
   config_struct.height = '';
   config_struct.to_left_of = '';
   config_struct.to_right_of = '';
   config_struct.to_top_of = '';
   config_struct.to_bottom_of = '';
   config_struct.position = struct();
   config_struct.position.x_coordinate = '';
   config_struct.position.y_coordinate = '';
```

```
endfunction

#!/usr/bin/octave
# 第 7 章/@RelativeLayoutContentProvider/get_default_position_struct.m

function default_arg_struct = get_default_position_struct(this)
    ## - * - texinfo - * -
    ## @deftypefn {} {} get_default_position_struct (@var{this})
    ## 获得默认的参数结构体
    ## 方便关联出相关键参数
    ##
    ## @example
    ## param: this
    ##
    ## return: default_arg_struct
    ## @end example
    ##
    ## @end deftypefn

    default_arg_struct = struct();
    default_arg_struct.x_coordinate = '10';
    default_arg_struct.y_coordinate = '10';

endfunction

#!/usr/bin/octave
# 第 7 章/@RelativeLayoutContentProvider/get_default_width.m

function ret = get_default_width(this)
    ## - * - texinfo - * -
    ## @deftypefn {} {} get_default_width (@var{this})
    ## 获得相对布局的图形对象的 width 的默认值
    ##
    ## @example
    ## param: this
    ##
    ## return: ret
    ## @end example
    ##
    ## @end deftypefn

    ret = '50';

endfunction

#!/usr/bin/octave
# 第 7 章/@RelativeLayoutContentProvider/get_default_x_coordinate.m

function ret = get_default_x_coordinate(this)
    ## - * - texinfo - * -
    ## @deftypefn {} {} get_default_x_coordinate (@var{this})
    ## 获得相对布局的图形对象的 x_coordinate 的默认值
    ##
```

```
## @example
## param: this
##
## return: ret
## @end example
##
## @end deftypefn


    ret = '10';

endfunction

#!/usr/bin/octave
# 第 7 章/@RelativeLayoutContentProvider/get_default_y_coordinate.m

function ret = get_default_y_coordinate(this)
    ## - * - texinfo - * -
    ## @deftypefn {} {} get_default_y_coordinate (@var{this})
    ## 获得相对布局的图形对象的 y_coordinate 的默认值
    ##
    ## @example
    ## param: this
    ##
    ## return: ret
    ## @end example
    ##
    ## @end deftypefn


    ret = '10';

endfunction
```

7.5 布局生成器类

布局生成器类用于根据布局配置生成 Octave 实际可运行的 GUI 界面的图形对象语句和/或其他的语句。

7.5.1 初始化布局生成器类

布局生成器类需要接收一个布局配置,此布局配置可以由配置文件提供结构体,也可以直接由布局配置所需要的键-值对构造结构体这两种方式来提供。

在初始化布局生成器类时,理想的做法是将所有的布局生成所需要的布局配置全部以一个变量传入布局生成器类,然后所有的布局生成动作均要从统一的变量中获取信息。

7.5.2 基本布局生成器类

基本布局生成器类在生成和布局相关的语句时遵循的部分规则如下:

(1)基本布局生成器类在生成和布局相关的语句时允许生成常量。

(2)如果常量为空,则跳过常量生成。

（3）如果常量为以键-值对形式输入的字符串，则使用常量字符串匹配常量模板 eval(sprintf('struct(%s)',constant)) 作为常量结构体。

（4）基本布局生成器类会检查常量字符串。如果常量字符串不能被转换为结构体，则基本布局生成器类将报错并退出。

（5）基本布局生成器类会检查常量结构体。如果常量结构体中的值参数不是字符串或大于 0 的数，则基本布局生成器类将报错并退出。

基本布局生成器类在生成和图形对象相关的语句时遵循的部分规则如下：

（1）基本布局生成器类允许在生成和图形对象相关的语句时生成常量。

（2）如果常量为空，则跳过常量生成。

（3）如果常量为以键-值对形式输入的字符串，则使用常量字符串匹配常量模板 eval(sprintf('struct(%s)',constant)) 转换为常量结构体。

（4）基本布局生成器类会检查常量字符串。如果常量字符串不能被转换为结构体，则基本布局生成器类将报错并退出。

（5）基本布局生成器类会检查常量结构体。如果常量结构体中的值参数不是字符串或大于 0 的数，则基本布局生成器类将报错并退出。

（6）基本布局生成器类会检查函数名。如果函数名为空或函数名的值不是字符串类型，则基本布局生成器类将报错并退出。

（7）基本布局生成器类会检查传入参数列表。如果传入参数列表的值不是字符串类型，则基本布局生成器类将报错并退出。

（8）基本布局生成器类会检查句柄名。如果句柄名的值不是字符串类型，则基本布局生成器类将报错并退出。

（9）基本布局生成器类会检查函数注释。如果函数注释的值不是字符串类型或字符串元胞类型，则基本布局生成器类将报错并退出。

（10）如果句柄名、函数名和参数列表均通过基本布局生成器类的检查，则使用句柄名、函数名和参数列表匹配函数调用模板 %s＝%s(%s)；转换为创建图形对象的函数调用的语句。

基本布局生成器类的代码如下：

```octave
#!/usr/bin/octave
# 第 7 章/@BaseLayoutGenerator/BaseLayoutGenerator.m

function ret = BaseLayoutGenerator(arg_struct)
    ## - * - texinfo - * -
    ## @deftypefn {} {} BaseLayoutGenerator (@var{arg_struct})
    ## 基本布局生成器类
    ##
    ## @example
    ## param: arg_struct
    ##
    ## return: ret
    ## @end example
    ##
    ## @end deftypefn
```

```octave
    if (nargin > 1)
        print_usage ();
    endif

    if (nargin == 1)
        ret = class(struct('arg_struct', arg_struct), "BaseLayoutGenerator");
    else
        ret = class(struct, "BaseLayoutGenerator");
    endif
endfunction
```

```octave
#!/usr/bin/octave
#第 7 章/@BaseLayoutGenerator/gen_script_fragment_of_layout.m

function gen_script_fragment_of_layout(this, arg_struct, sg_directory_prefix, sg_function_
name, varargin)
    ## - * - texinfo - * -
    ## @deftypefn {} {} gen_script_fragment_of_layout (@var{this} @var{arg_struct} @var
{sg_directory_prefix} @var{sg_function_name} @var{varargin})
    ##生成布局的文件部分
    ##
    ## @example
    ## param: this, arg_struct, sg_directory_prefix, sg_function_name, varargin
    ##
    ## return: -
    ## @end example
    ##
    ## @end deftypefn

    if isfield(arg_struct, 'constant')
        constant = arg_struct.constant;
    else
        constant = '';
    endif
    if iscell(constant)
        constant = constant{1};
    endif
    if ischar(constant)
        try
            constant = eval(sprintf('struct(%s)', constant));
        catch
            warning(sprintf('字符串%s不能解析为结构体。跳过该常量生成', constant))
        end_try_catch
    endif

    current_pwd = pwd;
    cd(sg_directory_prefix);

    #config_constant = struct('margin', 10, 'margin_top', 10);
    eol = '\r\n';
    fp = fopen([sg_function_name, '.m'], 'a + ');
    if ~isempty(constant)
        if isstruct(constant)
```

```
                constant_keys = fieldnames(constant);
                for constant_index = 1:numel(constant_keys)
                    constant_value = getfield(constant, constant_keys{constant_index});
                    if isreal(constant_value) && constant_value > 0
                        fprintf(fp, sprintf('% s = % d;', constant_keys{constant_index}, floor
(constant_value)));
                    elseif ischar(constant_value) && ~isempty(constant_value)
                        warning(sprintf('未指定常量% s 的值,跳过常量% s 生成', constant_value,
constant_value))
                        fprintf(fp, sprintf('% s = % s;', constant_keys{constant_index}, constant_
value));
                    else
                        error_msg = sprintf('常量的值必须是字符串或整数');
                        errordlg(error_msg, '脚本生成失败');
                        error(error_msg)
                    endif
                    fprintf(fp, eol);
                endfor
            else
                warning(sprintf('常量参数必须是字符串或结构体,跳过常量生成'))
            endif
        else
            disp(sprintf('未指定任何常量,跳过常量生成'))
        endif


    fclose(fp);
    cd(current_pwd);

endfunction

#!/usr/bin/octave
# 第 7 章/@BaseLayoutGenerator/gen_script_fragment_of_obj.m

function gen_script_fragment_of_obj(this, layout_config, layout_config_index, sg_directory_
prefix, sg_function_name, varargin)
    ## - * - texinfo - * -
    ## @deftypefn {} {} gen_script_fragment_of_obj (@var{this} @var{layout_config} @var
{layout_config_index} @var{sg_directory_prefix} @var{sg_function_name} @var{varargin})
    ## 生成图形对象的文件部分
    ##
    ## @example
    ## param: this, layout_config, layout_config_index, sg_directory_prefix, sg_function_name,
varargin
    ##
    ## return: -
    ## @end example
    ##
    ## @end deftypefn
    arg_struct_cell = layout_config{layout_config_index}.obj;
    for layout_config_struct_obj_index = 1:numel(arg_struct_cell)
        arg_struct = arg_struct_cell{layout_config_struct_obj_index};
        if isfield(arg_struct, 'function_name')
            function_name = arg_struct.function_name;
```

```
else
    error_msg = '必须提供每个图形对象的函数名';
    errordlg(error_msg, '脚本生成失败');
    error(error_msg)
endif
if isempty(function_name)
    error_msg = '每个图形对象的函数名必须非空';
    errordlg(error_msg, '脚本生成失败');
    error(error_msg)
endif
if ~ischar(function_name)
    error_msg = '每个图形对象的函数名必须是字符串';
    errordlg(error_msg, '脚本生成失败');
    error(error_msg)
endif

if isfield(arg_struct, 'argin')
    argin = arg_struct.argin;
else
    argin = '';
endif
if isempty(argin)
    argin = '';
endif
if ~ischar(argin)
    error_msg = '传入参数列表必须是字符串';
    errordlg(error_msg, '脚本生成失败');
    error(error_msg)
endif

if isfield(arg_struct, 'handle_name')
    handle_name = arg_struct.handle_name;
else
    handle_name = 'h';
endif
if isempty(handle_name)
    handle_name = 'h';
endif
if ~ischar(handle_name)
    error_msg = '句柄名必须是字符串';
    errordlg(error_msg, '脚本生成失败');
    error(error_msg)
endif

if isfield(arg_struct, 'function_description')
    function_description = arg_struct.function_description;
else
    function_description = '##';
endif
if isempty(function_description)
    function_description = '##';
endif
if ~ischar(function_description) && ~iscell(function_description)
    error_msg = '函数注释必须是字符串或字符串元胞';
```

```
            errordlg(error_msg, '脚本生成失败');
            error(error_msg)
        endif
    if iscell(function_description) && ~ischar(function_description{1})
        error_msg = '函数注释必须是字符串或字符串元胞';
        errordlg(error_msg, '脚本生成失败');
        error(error_msg)
    endif
    if ischar(function_description) && ~ strcmp(function_description(1), '##') && ~
strcmp(function_description(1), '%%')
        function_description = strjoin({'##', function_description});
    endif
    if iscell(function_description)
        for check_index = 1:numel(function_description)
            if ~ strcmp(function_description{check_index}(1:2), '##') && ~ strcmp
(function_description{check_index}(1:2), '%%')
                function_description{check_index} = strjoin({'##', function_description
{check_index}});
            endif
        endfor
    endif

    if isfield(arg_struct, 'constant')
        constant = arg_struct.constant;
    else
        constant = '';
    endif
    if ischar(constant)
        try
            constant = eval(sprintf('struct(%s)', constant));
        catch
            warning(sprintf('字符串%s不能解析为结构体。跳过该常量生成', constant))
        end_try_catch
    endif

    current_pwd = pwd;
    cd(sg_directory_prefix);

    eol = '\r\n';
    fp = fopen([sg_function_name, '.m'], 'a+');

    ## function_name, 函数名
    ## argin, 传入参数列表
    ## handle_name, 句柄名。特指用等号返回的句柄名
    ## function_description, 函数注释
    ## constant, 常量。作用于当前及之后的图形对象

    # config_constant = struct('margin', 10, 'margin_top', 10);
    if ~ isempty(constant)
        if isstruct(constant)
            constant_keys = fieldnames(constant);
            for constant_index = 1:numel(constant_keys)
                constant_value = getfield(constant, constant_keys{constant_index});
```

```
                        if isreal(constant_value) && constant_value > 0
                            fprintf(fp, sprintf('%s = %d;', constant_keys{constant_index},
floor(constant_value)));
                        elseif ischar(constant_value) && ~isempty(constant_value)
                            warning(sprintf('未指定常量%s的值,跳过常量%s生成', constant_
value, constant_value))
                            fprintf(fp, sprintf('%s = %s;', constant_keys{constant_index},
constant_value));
                        else
                            error_msg = sprintf('常量的值必须是字符串或整数');
                            errordlg(error_msg, '脚本生成失败');
                            error(error_msg)
                        endif
                        fprintf(fp, eol);
                    endfor
                else
                    warning(sprintf('字符串%s不能解析为结构体。跳过该常量生成', constant))
                endif
            else
                disp(sprintf('未指定任何常量,跳过常量生成'))
            endif

            #uic = uicontrol(h, 'style', 'pushbutton', 'position', [1, 1, 1, 1]);
            function_call_template = '%s = %s(%s);';
            fprintf(fp, sprintf(function_call_template, handle_name, function_name, argin));
            fprintf(fp, eol);

            ### 函数注释
            if ischar(function_description)
                fprintf(fp, function_description);
                fprintf(fp, eol);
            endif
            if iscell(function_description)
                fprintf(fp, strjoin(function_description, eol));
                fprintf(fp, eol);
            endif

            fclose(fp);
            cd(current_pwd);
        endfor

endfunction
```

7.5.3 绝对布局生成器类

绝对布局生成器类在生成和布局相关的语句时遵循的部分规则如下:

(1) 绝对布局生成器类在生成和布局相关的语句时允许生成常量。

(2) 如果常量为空,则跳过常量生成。

(3) 如果常量为以键-值对形式输入的字符串,则使用常量字符串匹配常量模板 eval(sprintf('struct(%s)',constant))作为常量结构体。

(4) 绝对布局生成器类会检查常量字符串。如果常量字符串不能被转换为结构体,则绝对布局生成器类将报错并退出。

（5）绝对布局生成器类会检查常量结构体。如果常量结构体中的值参数不是字符串或大于 0 的数，则绝对布局生成器类将报错并退出。

（6）绝对布局生成器类在生成和布局相关的语句时会生成边距。边距分为总边距、x 边距和 y 边距。

（7）如果任一边距为空，则使用对应的默认值。

（8）如果任一边距不能转换为数字，则将字符串原样输入。

（9）如果总边距和 x 边距可以被转换为数字，并满足总边距大于 0 且 x 边距等于 0，则令 x 边距等于总边距。

（10）如果总边距和 y 边距可以被转换为数字，并满足总边距大于 0 且 y 边距等于 0，则令 y 边距等于总边距。

（11）绝对布局生成器类会检查边距。如果任一边距在转换后不是一个大于或等于 0 的数字或其他字符串，则绝对布局生成器类将报错并退出。

（12）如果任一边距在转换后是一个大于或等于 0 的数字，则使用边距数字匹配边距模板 margin＝%d；或 margin_x＝%d；或 margin_y＝%d；转换为边距语句。

（13）如果任一边距在转换后是一个字符串，则使用边距数字匹配边距模板 margin＝%s；或 margin_x＝%s；或 margin_y＝%s；转换为边距语句。

绝对布局生成器类在生成和图形对象相关的语句时遵循的部分规则如下：

（1）绝对布局生成器类在生成和图形对象相关的语句时允许生成常量。

（2）如果常量为空，则跳过常量生成。

（3）如果常量为以键-值对形式输入的字符串，则使用常量字符串匹配常量模板 eval(sprintf('struct(%s)',constant)) 转换为常量结构体。

（4）绝对布局生成器类会检查常量字符串。如果常量字符串不能被转换为结构体，则绝对布局生成器类将报错并退出。

（5）绝对布局生成器类会检查常量结构体。如果常量结构体中的值参数不是字符串或大于 0 的整数，则绝对布局生成器类将报错并退出。

（6）绝对布局生成器类会检查函数名。如果函数名为空或函数名的值不是字符串类型，则绝对布局生成器类将报错并退出。

（7）绝对布局生成器类会检查传入参数列表。如果传入参数列表的值不是字符串类型，则绝对布局生成器类将报错并退出。

（8）绝对布局生成器类会检查句柄名。如果句柄名的值不是字符串类型，则绝对布局生成器类将报错并退出。

（9）绝对布局生成器类会检查函数注释。如果函数注释的值不是字符串类型或字符串元胞类型，则绝对布局生成器类将报错并退出。

（10）如果传入参数列表中含有'position'或"position"，则将边距合入 position 的下一个参数中的[]中，生成传入参数列表并覆盖原始的传入参数列表。

（11）如果要求写入边距，则将边距一并合入 position 的下一个参数中的[]中，生成传入参数列表并覆盖原始的传入参数列表。

（12）如果句柄名、函数名和传入参数列表均通过绝对布局生成器类的检查，则使用句柄名、函数名和参数列表匹配函数调用模板%s＝%s(%s);，转换为创建图形对象的函数调用的语句。

绝对布局生成器类的代码如下：

```octave
#!/usr/bin/octave
#第7章/@AbsoluteLayoutGenerator/AbsoluteLayoutGenerator.m

function ret = AbsoluteLayoutGenerator(arg_struct)
    ## - * - texinfo - * -
    ## @deftypefn {} {} AbsoluteLayoutGenerator (@var{arg_struct})
    ##绝对布局生成器类
    ##
    ## @example
    ## param: arg_struct
    ##
    ## return: ret
    ## @end example
    ##
    ## @end deftypefn
    if (nargin > 1)
        print_usage ();
    endif

    if (nargin == 1)
        b = @BaseLayoutGenerator(arg_struct);
        ret = class(struct('arg_struct', arg_struct), "AbsoluteLayoutGenerator", b);
    else
        b = @BaseLayoutGenerator();
        ret = class(struct, "AbsoluteLayoutGenerator", b);
    endif
endfunction

#!/usr/bin/octave
#第7章/@AbsoluteLayoutGenerator/gen_script_fragment_of_layout.m

function gen_script_fragment_of_layout(this, arg_struct, sg_directory_prefix, sg_function_
name, varargin)
    ## - * - texinfo - * -
    ## @deftypefn {} {} gen_script_fragment_of_layout (@var{this} @var{arg_struct} @var
{sg_directory_prefix} @var{sg_function_name} @var{varargin})
    ##生成布局的文件部分
    ##
    ## @example
    ## param: this, arg_struct, sg_directory_prefix, sg_function_name, varargin
    ##
    ## return: -
    ## @end example
    ##
    ## @end deftypefn

    if isfield(arg_struct, 'constant')
        constant = arg_struct.constant;
```

```
        else
            constant = '';
        endif
    if iscell(constant)
            constant = constant{1};
    endif
    if ischar(constant)
            try
                constant = eval(sprintf('struct(%s)', constant));
            catch
                warning(sprintf('字符串 %s 不能解析为结构体。跳过该常量生成', constant))
            end_try_catch
    endif

    if isfield(arg_struct, 'margin')
            margin = arg_struct.margin;
    else
            margin = 0;
    endif
    if iscell(margin)
            margin = margin{1};
    endif
    if ischar(margin)
            margin_temp = str2num(margin);
            if isempty(margin_temp)
                warning(sprintf('总边距字符串不能解析为数字。将总边距原样合入'))
            else
                margin = margin_temp;
            endif
    elseif ~(isreal(margin) && margin >= 0) && ~ischar(margin)
            error_msg = sprintf('总边距必须是一个大于或等于 0 的数字或其他字符串');
            errordlg(error_msg, '脚本生成失败');
            error(error_msg)
    endif

    if isfield(arg_struct, 'margin_x')
            margin_x = arg_struct.margin_x;
    else
            margin_x = 0;
    endif
    if iscell(margin_x)
            margin_x = margin_x{1};
    endif
    if ischar(margin_x)
            margin_x_temp = str2num(margin_x);
            if isempty(margin_x_temp)
                warning(sprintf('x 边距字符串不能解析为数字。将 x 边距原样合入'))
            else
                margin_x = margin_x_temp;
            endif
    elseif ~(isreal(margin_x) && margin_x >= 0) && ~ischar(margin_x)
            error_msg = sprintf('x 边距必须是一个大于或等于 0 的数字或其他字符串');
            errordlg(error_msg, '脚本生成失败');
```

```
            error(error_msg)
        endif

    if isfield(arg_struct, 'margin_y')
        margin_y = arg_struct.margin_y;
    else
        margin_y = 0;
    endif
    if iscell(margin_y)
        margin_y = margin_y{1};
    endif
    if ischar(margin_y)
        margin_y_temp = str2num(margin_y);
        if isempty(margin_y_temp)
            warning(sprintf('y边距字符串不能解析为数字。将y边距原样合入'))
        else
            margin_y = margin_y_temp;
        endif
    elseif ~(isreal(margin_y) && margin_y >= 0) && ~ischar(margin_y)
        error_msg = sprintf('y边距必须是一个大于或等于0的数字或其他字符串');
        errordlg(error_msg, '脚本生成失败');
        error(error_msg)
    endif

    if isnumeric(margin)
        if isnumeric(margin_x) && margin > 0 && margin_x == 0
            margin_x = margin;
        endif
        if isnumeric(margin_y) && margin > 0 && margin_y == 0
            margin_y = margin;
        endif
    endif

    current_pwd = pwd;
    cd(sg_directory_prefix);

    # config_constant = struct('margin', 10, 'margin_x', 10);
    eol = '\r\n';
    fp = fopen([sg_function_name, '.m'], 'a+');
    if ~isempty(constant)
        if isstruct(constant)
            constant_keys = fieldnames(constant);
            for constant_index = 1:numel(constant_keys)
                constant_value = getfield(constant, constant_keys{constant_index});
                if isreal(constant_value) && constant_value > 0
                    fprintf(fp, sprintf('%s = %d;', constant_keys{constant_index}, floor
(constant_value)));
                elseif ischar(constant_value) && ~isempty(constant_value)
                    warning(sprintf('未指定常量%s的值,跳过常量%s生成', constant_value,
constant_value))
                    fprintf(fp, sprintf('%s = %s;', constant_keys{constant_index}, constant_
value));
                else
```

```
                        error_msg = sprintf('常量的值必须是字符串或整数');
                        errordlg(error_msg, '脚本生成失败');
                        error(error_msg)
                    endif
                    fprintf(fp, eol);
                endfor
            else
                warning(sprintf('常量参数必须是字符串或结构体,跳过常量生成'))
            endif
        else
            disp(sprintf('未指定任何常量,跳过常量生成'))
        endif

        if isnumeric(margin)
            margin_def_template = 'margin = %d;';
        else
            margin_def_template = 'margin = %s;';
        endif
        fprintf(fp, sprintf(margin_def_template, margin));
        fprintf(fp, eol);
        if isnumeric(margin_x)
            margin_x_def_template = 'margin_x = %d;';
        else
            margin_x_def_template = 'margin_x = %s;';
        endif
        fprintf(fp, sprintf(margin_x_def_template, margin_x));
        fprintf(fp, eol);
        if isnumeric(margin_y)
            margin_y_def_template = 'margin_y = %d;';
        else
            margin_y_def_template = 'margin_y = %s;';
        endif
        fprintf(fp, sprintf(margin_y_def_template, margin_y));
        fprintf(fp, eol);

        fclose(fp);
        cd(current_pwd);

endfunction

#!/usr/bin/octave
# 第7章/@AbsoluteLayoutGenerator/gen_script_fragment_of_obj.m

function gen_script_fragment_of_obj(this, layout_config, layout_config_index, sg_directory_
prefix, sg_function_name, varargin)
    ## - * - texinfo - * -
    ## @deftypefn {} {} gen_script_fragment_of_obj (@var{this} @var{layout_config} @var
{layout_config_index} @var{sg_directory_prefix} @var{sg_function_name} @var{write_margin}
@var{varargin})
    ## 生成图形对象的文件部分
    ##
    ## @example
```

```
    ## param: this, layout_config, layout_config_index, sg_directory_prefix, sg_function_name,
write_margin, varargin
    ##
    ## return: -
    ## @end example
    ##
    ## @end deftypefn

    arg_struct_cell = layout_config{layout_config_index}.obj;

    write_margin = layout_config{layout_config_index}.write_margin;
    if iscell(write_margin)
        write_margin = write_margin{1};
    endif
    if ischar(write_margin)
        write_margin_temp = str2num(write_margin);
        if isempty(write_margin_temp)
            warning(sprintf('是否写入边距的值不能解析为数字。将是否写入边距的值原样合入'))
        else
            write_margin = write_margin_temp;
        endif
    endif

    for layout_config_struct_obj_index = 1:numel(arg_struct_cell)
        arg_struct = arg_struct_cell{layout_config_struct_obj_index};
        if isfield(arg_struct, 'function_name')
            function_name = arg_struct.function_name;
        else
            error_msg = '必须提供每个图形对象的函数名';
            errordlg(error_msg, '脚本生成失败');
            error(error_msg)
        endif
        if isempty(function_name)
            error_msg = '每个图形对象的函数名必须非空';
            errordlg(error_msg, '脚本生成失败');
            error(error_msg)
        endif
        if ~ischar(function_name)
            error_msg = '每个图形对象的函数名必须是字符串';
            errordlg(error_msg, '脚本生成失败');
            error(error_msg)
        endif

        if isfield(arg_struct, 'argin')
            argin = arg_struct.argin;
        else
            argin = '';
        endif
        if isempty(argin)
            argin = '';
        endif
        if ~ischar(argin)
            error_msg = '传入参数列表必须是字符串';
```

```
        errordlg(error_msg, '脚本生成失败');
        error(error_msg)
    endif

    if isfield(arg_struct, 'handle_name')
        handle_name = arg_struct.handle_name;
    else
        handle_name = 'h';
    endif
    if isempty(handle_name)
        handle_name = 'h';
    endif
#以下代码省略

endfunction
```

7.5.4 相对布局生成器类

相对布局生成器类在生成和布局相关的语句时遵循的部分规则如下：

（1）相对布局生成器类在生成和布局相关的语句时允许生成常量。

（2）如果常量为空，则跳过常量生成。

（3）如果常量为以键-值对形式输入的字符串，则使用常量字符串匹配常量模板 eval(sprintf('struct(%s)',constant)) 作为常量结构体。

（4）相对布局生成器类会检查常量字符串。如果常量字符串不能被转换为结构体，则相对布局生成器类将报错并退出。

（5）相对布局生成器类会检查常量结构体。如果常量结构体中的值参数不是字符串或大于 0 的数，则相对布局生成器类将报错并退出。

（6）相对布局生成器类在生成和布局相关的语句时会生成边距。边距分为总边距、x 边距和 y 边距。

（7）如果任一边距为空，则使用对应的默认值。

（8）如果任一边距不能转换为数字，则将字符串原样输入。

（9）如果总边距和 x 边距可以被转换为数字，并且满足总边距大于 0 且 x 边距等于 0，则令 x 边距等于总边距。

（10）如果总边距和 y 边距可以被转换为数字，并且满足总边距大于 0 且 y 边距等于 0，则令 y 边距等于总边距。

（11）相对布局生成器类会检查边距。如果任一边距在转换后不是一个大于或等于 0 的数字或其他字符串，则相对布局生成器类将报错并退出。

（12）如果任一边距在转换后是一个大于或等于 0 的数字，则使用边距数字匹配边距模板 margin＝%d；或 margin_x＝%d；或 margin_y＝%d；转换为边距语句。

（13）如果任一边距在转换后是一个字符串，则使用边距数字匹配边距模板 margin＝%s；或 margin_x＝%s；或 margin_y＝%s；转换为边距语句。

（14）相对布局生成器类会检查布局左下角点的 x 坐标和 y 坐标、布局宽度和布局高度。

如果布局左下角点的 x 坐标和 y 坐标、布局宽度和布局高度的值不是一个大于或等于 0 的数字或其他字符串,则相对布局生成器类将报错并退出。

（15）布局左下角点的 x 坐标和 y 坐标、布局宽度和布局高度均允许缺省,并在缺省时被赋值为对应的默认值。

相对布局生成器类在生成和图形对象相关的语句时遵循的部分规则如下:

（1）相对布局生成器类允许在生成和图形对象相关的语句时生成常量。

（2）如果常量为空,则跳过常量生成。

（3）如果常量为以键-值对形式输入的字符串,则使用常量字符串匹配常量模板 eval(sprintf('struct(%s)',constant))转换为常量结构体。

（4）相对布局生成器类会检查常量字符串。如果常量字符串不能被转换为结构体,则相对布局生成器类将报错并退出。

（5）相对布局生成器类会检查常量结构体。如果常量结构体中的值参数不是字符串或大于 0 的数,则相对布局生成器类将报错并退出。

（6）相对布局生成器类会检查函数名。如果函数名为空或函数名的值不是字符串类型,则相对布局生成器类将报错并退出。

（7）相对布局生成器类会检查传入参数列表。如果传入参数列表的值不是字符串类型,则相对布局生成器类将报错并退出。

（8）相对布局生成器类会检查句柄名。如果句柄名的值不是字符串类型,则相对布局生成器类将报错并退出。

（9）相对布局生成器类会检查函数注释。如果函数注释的值不是字符串类型或字符串元胞类型,则相对布局生成器类将报错并退出。

（10）相对布局生成器类允许指定图形对象相对于其他图形对象的位置关系。一个图形对象可以在其他图形对象的上侧、下侧、左侧或右侧。

（11）图形对象相对于其他图形对象的位置关系可以缺省。如果位置关系缺省,则位置关系将留空以表示这个图形对象相对于其他图形对象不存在位置关系。

（12）相对布局生成器类允许指定图形对象相对于其他图形对象的对齐方法。一个图形对象可以和其他图形对象左对齐或右对齐。

（13）图形对象相对于其他图形对象的对齐方法可以缺省。如果水平对齐方法缺省,则默认认为左对齐;如果垂直对齐方法缺省,则默认认为下对齐。

（14）如果相对布局生成器类中的图形对象自身的属性都被给出了,则这个图形对象的位置是确定的,相对布局生成器类可以通过图形对象自身的属性来确定其位置。

（15）如果相对布局生成器类中的图形对象自身的属性有一部分没被给出,但提供了相对于其他图形对象的位置关系和对齐方法,并且对应的图形对象自身的属性都被给出了,则这个图形对象的位置也是确定的,相对布局生成器类可以通过图形对象自身的属性和对应图形对象的属性来确定其位置。

（16）如果相对布局生成器类中的图形对象自身的属性有一部分没被给出,并且没有提供相对于其他图形对象的位置关系或对齐方法,则这个图形对象的位置是不确定的。

（17）如果相对布局生成器类中的图形对象自身的属性有一部分没被给出，但提供了相对于其他图形对象的位置关系和对齐方法，但对应的图形对象自身的属性有一部分没被给出，则这个图形对象的位置也是不确定的。

（18）如果图形对象的位置不确定，则相对布局生成器类将报错并退出。

（19）相对布局之下的图形对象不允许传入参数列表含有输入的 position 属性。如果传入参数列表中含有输入的 'position' 或 "position"，则相对布局生成器类将报错并退出。

（20）如果传入参数列表不为空，则相对布局生成器类将把图形对象的位置作为 position 属性追加到传入参数列表中，生成传入参数列表并覆盖原始的传入参数列表。

（21）如果传入参数列表为空，则不向传入参数列表中追加 position 属性。

（22）如果要求写入边距，则将边距一并追加到传入参数列表中，生成传入参数列表并覆盖原始的传入参数列表。

（23）如果句柄名、函数名和传入参数列表均通过相对布局生成器类的检查，则使用句柄名、函数名和参数列表匹配函数调用模板％s＝％s(％s)；转换为创建图形对象的函数调用的语句。

相对布局生成器类的代码如下：

```
#!/usr/bin/octave
# 第 7 章/@RelativeLayoutGenerator/RelativeLayoutGenerator.m

function ret = RelativeLayoutGenerator(arg_struct)
    ## - * - texinfo - * -
    ## @deftypefn {} {} RelativeLayoutGenerator (@var{arg_struct})
    ## 相对布局生成器类
    ##
    ## @example
    ## param: arg_struct
    ##
    ## return: ret
    ## @end example
    ##
    ## @end deftypefn
    if (nargin > 1)
        print_usage ();
    endif

    if (nargin == 1)
        b = @BaseLayoutGenerator(arg_struct);
        ret = class(struct('arg_struct', arg_struct), "RelativeLayoutGenerator", b);
    else
        b = @BaseLayoutGenerator();
        ret = class(struct, "RelativeLayoutGenerator", b);
    endif
endfunction

#!/usr/bin/octave
# 第 7 章/@RelativeLayoutGenerator/gen_script_fragment_of_layout.m
```

```
function gen_script_fragment_of_layout(this, arg_struct, sg_directory_prefix, sg_function_
name, varargin)
    ## - * - texinfo - * -
    ## @deftypefn {} {} gen_script_fragment_of_layout (@var{this} @var{arg_struct} @var
{sg_directory_prefix} @var{sg_function_name} @var{varargin})
    ## 生成布局的文件部分
    ##
    ## @example
    ## param: this, arg_struct, sg_directory_prefix, sg_function_name, varargin
    ##
    ## return: -
    ## @end example
    ##
    ## @end deftypefn

    if isfield(arg_struct, 'constant')
        constant = arg_struct.constant;
    else
        constant = '';
    endif
    if iscell(constant)
        constant = constant{1};
    endif
    if ischar(constant)
        try
            constant = eval(sprintf('struct(%s)', constant));
        catch
            warning(sprintf('字符串%s不能解析为结构体。跳过该常量生成', constant))
        end_try_catch
    endif

    if isfield(arg_struct, 'margin')
        margin = arg_struct.margin;
    else
        margin = 0;
    endif
    if iscell(margin)
        margin = margin{1};
    endif
    if ischar(margin)
        margin_temp = str2num(margin);
        if isempty(margin_temp)
            warning(sprintf('总边距字符串不能解析为数字。将总边距原样合入'))
        else
            margin = margin_temp;
        endif
    elseif ~(isreal(margin) && margin >= 0) && ~ischar(margin)
        error_msg = sprintf('总边距必须是一个大于或等于0的数字或其他字符串');
        errordlg(error_msg, '脚本生成失败');
        error(error_msg)
    endif

    if isfield(arg_struct, 'margin_x')
```

```octave
        margin_x = arg_struct.margin_x;
    else
        margin_x = 0;
    endif
    if iscell(margin_x)
        margin_x = margin_x{1};
    endif
    if ischar(margin_x)
        margin_x_temp = str2num(margin_x);
        if isempty(margin_x_temp)
            warning(sprintf('x 边距字符串不能解析为数字。将 x 边距原样合入'))
        else
            margin_x = margin_x_temp;
        endif
    elseif ~(isreal(margin_x) && margin_x >= 0) && ~ischar(margin_x)
        error_msg = sprintf('x 边距必须是一个大于或等于 0 的数字或其他字符串');
        errordlg(error_msg, '脚本生成失败');
        error(error_msg)
    endif

    if isfield(arg_struct, 'margin_y')
        margin_y = arg_struct.margin_y;
    else
        margin_y = 0;
    endif
    if iscell(margin_y)
        margin_y = margin_y{1};
    endif
    if ischar(margin_y)
        margin_y_temp = str2num(margin_y);
        if isempty(margin_y_temp)
            warning(sprintf('y 边距字符串不能解析为数字。将 y 边距原样合入'))
        else
            margin_y = margin_y_temp;
        endif
    elseif ~(isreal(margin_y) && margin_y >= 0) && ~ischar(margin_y)
        error_msg = sprintf('y 边距必须是一个大于或等于 0 的数字或其他字符串');
        errordlg(error_msg, '脚本生成失败');
        error(error_msg)
    endif

    if isnumeric(margin)
        if isnumeric(margin_x) && margin > 0 && margin_x == 0
            margin_x = margin;
        endif
        if isnumeric(margin_y) && margin > 0 && margin_y == 0
            margin_y = margin;
        endif
    endif


    ## x_coordinate, 布局左下角点的 x 坐标
    ## y_coordinate, 布局左下角点的 y 坐标
```

```
## width, 布局宽度
## height, 布局高度

if isfield(arg_struct, 'x_coordinate')
    x_coordinate = arg_struct.x_coordinate;
    if isempty(x_coordinate)
        x_coordinate = '0';
    endif
else
    x_coordinate = '0';
endif
if ~(isnumeric(x_coordinate) && x_coordinate >= 0) && ~ischar(x_coordinate)
    error_msg = sprintf('布局左下角点的 x 坐标必须是一个大于或等于 0 的数字或其他字符串');
    errordlg(error_msg, '脚本生成失败');
    error(error_msg)
elseif isnumeric(x_coordinate) && x_coordinate >= 0
    x_coordinate = num2str(x_coordinate);
endif
if isfield(arg_struct, 'y_coordinate')
    y_coordinate = arg_struct.y_coordinate;
    if isempty(y_coordinate)
        y_coordinate = '0';
    endif
else
    y_coordinate = '0';
endif
if ~(isnumeric(y_coordinate) && y_coordinate >= 0) && ~ischar(y_coordinate)
    error_msg = sprintf('布局左下角点的 y 坐标必须是一个大于或等于 0 的数字或其他字符串');
    errordlg(error_msg, '脚本生成失败');
    error(error_msg)
elseif isnumeric(y_coordinate) && y_coordinate >= 0
    y_coordinate = num2str(y_coordinate);
endif
if isfield(arg_struct, 'width')
    width = arg_struct.width;
else
    width = '0';
endif
if iscell(width)
    width = width{1};
endif
if ~(isnumeric(width) && width >= 0) && ~ischar(width)
    error_msg = sprintf('布局宽度必须是一个大于或等于 0 的数字或其他字符串');
    errordlg(error_msg, '脚本生成失败');
    error(error_msg)
elseif isnumeric(width) && width >= 0
    width = num2str(width);
endif
if isfield(arg_struct, 'height')
    height = arg_struct.height;
else
    height = '0';
endif
```

```octave
        if iscell(height)
            height = height{1};
        endif
        if ~(isnumeric(height) && height >= 0) && ~ischar(height)
            error_msg = sprintf('布局高度必须是一个大于或等于 0 的数字或其他字符串');
            errordlg(error_msg, '脚本生成失败');
            error(error_msg)
        elseif isnumeric(height) && height >= 0
            height = num2str(height);
        endif

        current_pwd = pwd;
        cd(sg_directory_prefix);
#以下代码省略

endfunction

#!/usr/bin/octave
# 第 7 章/@RelativeLayoutGenerator/gen_script_fragment_of_obj.m

function gen_script_fragment_of_obj(
    this, ...
    layout_config, ...
    layout_config_index, ...
    sg_directory_prefix, ...
    sg_function_name, ...
    varargin)
    ## - * - texinfo - * -
    ## @deftypefn {} {} gen_script_fragment_of_obj (@var{this} @var{layout_config} @var
{layout_config_index} @var{sg_directory_prefix} @var{sg_function_name} @var{varargin})
    ## 生成布局的文件部分
    ##
    ## @example
    ## param: this, layout_config, layout_config_index, sg_directory_prefix, sg_function_name,
varargin
    ##
    ## return: -
    ## @end example
    ##
    ## @end deftypefn
    addpath('../');
    bcp = RelativeLayoutContentProvider;
    x_coordinate = layout_config{layout_config_index}.x_coordinate;
    if isnumeric(x_coordinate)
        x_coordinate = num2str(x_coordinate);
    elseif isempty(x_coordinate)
        x_coordinate = get_default_x_coordinate(bcp);
    endif
    y_coordinate = layout_config{layout_config_index}.y_coordinate;
    if isnumeric(y_coordinate)
        y_coordinate = num2str(y_coordinate);
    elseif isempty(y_coordinate)
        y_coordinate = get_default_y_coordinate(bcp);
```

```
        endif
        l_width = layout_config{layout_config_index}.width;
        if isnumeric(l_width)
            l_width = num2str(l_width);
        endif
        if iscell(l_width)
            l_width = l_width{1};
        endif
        if isempty(l_width)
            l_width = get_default_width(bcp);
        endif
        l_height = layout_config{layout_config_index}.height;
        if isnumeric(l_height)
            l_height = num2str(l_height);
        endif
        if iscell(l_height)
            l_height = l_height{1};
        endif
        if isempty(l_height)
            l_height = get_default_height(bcp);
        endif

        write_margin = layout_config{layout_config_index}.write_margin;
        if iscell(write_margin)
            write_margin = write_margin{1};
        endif
        if ischar(write_margin)
            write_margin_temp = str2num(write_margin);
            if isempty(write_margin_temp)
                warning(sprintf('是否写入边距的值不能解析为数字。将是否写入边距的值原样合入'))
            else
                write_margin = write_margin_temp;
            endif
        endif

        arg_struct_cell = layout_config{layout_config_index}.obj;
        for layout_config_struct_obj_index = 1:numel(arg_struct_cell)
            arg_struct = arg_struct_cell{layout_config_struct_obj_index};
            if isfield(arg_struct, 'function_name')
                function_name = arg_struct.function_name;
            else
                error_msg = '必须提供每个图形对象的函数名';
                errordlg(error_msg, '脚本生成失败');
                error(error_msg)
            endif
            if isempty(function_name)
# 以下代码省略
endfunction
```

7.6 脚本生成器类

脚本生成器类用于根据脚本配置生成 Octave 实际可运行的 GUI 界面的脚本。

7.6.1 脚本内容结构分析

要生成最终的可执行脚本,就必须先分析实际的脚本内容结构。在 Octave 实际可运行的脚本中,根据脚本中的代码结构,可将脚本文件分为文件头、文件体和文件尾三部分:

(1) 文件头由 shebang、注释、function 关键字、函数名和参数列表等组成,位置在文件的开始处。

(2) 文件尾由 endfunction 关键字和对象的生成语句等组成,位置在文件的结尾处。

(3) 文件体是文件头和文件尾中间的内容,并且不包含文件头和文件尾本身的内容。文件体的位置在文件的中间。

文件头、文件体和文件尾这 3 部分具有不同的特性。在一个脚本文件中,将文件头视为一个整体,并将文件尾也视为一个整体。文件头和文件尾在一个脚本中只需根据给定的信息生成一次,所以至少设计一种文件头的生成方法和一种文件尾的生成方法便可以生成文件头和文件尾,然而,文件体中的内容是可以再分的。以一个界面脚本文件为例:一个界面可以含有一个或多个布局和/或图形对象,并且每个图形对象的种类、参数和变量名等均可以不相同,这就代表着无法使用一种统一的逻辑批量完成每个图形对象部分的添加,需要设计多种文件体的生成方法来生成总的文件体。

根据文件头、文件体和文件尾这 3 部分的特性的区别,在生成过程中:

(1) 将文件头的生成方法和文件尾的生成方法均设计在脚本生成器类之内。只需调用满足条件的文件头的生成方法和文件尾的生成方法便可以生成脚本的文件头和文件尾。

(2) 将文件体的生成方法按照布局的不同,分别设计在不同的布局类之内。每当一个在配置文件中的元素类型为布局时,则通过具体的布局类型初始化对应的布局类,并用对应的布局的生成方法生成那一布局代表的文件体。

7.6.2 初始化脚本生成器类

脚本生成器类需要接收一个脚本配置,此脚本配置可以由配置文件提供结构体,也可以直接由脚本配置所需要的键-值对构造结构体这两种方式来提供。

在初始化脚本生成器类时,理想的做法是将所有的脚本生成所需要的脚本配置全部以一个变量传入脚本生成器类,然后所有的脚本生成动作均要从统一的变量中获取信息。

脚本生成器类所需要的结构体中包含的键-值对如表 7-9 所示。

表 7-9　脚本生成器类所需要的结构体中包含的键-值对

键　参　数	含　　义	默认值参数
shebang	shebang	#!"/"usr"/"bin"/"octave
file_description	文件注释	#
function_name	函数名	-
argin	传入参数列表	""
argout	返回参数列表	ret
function_description	函数注释	##
style	风格	字符串 class

续表

键 参 数	含 义	默认值参数
constant	常量结构体： 用于存放一个或多个常量键-值对	""
obj	布局配置： 以元胞形式存放一个或多个布局配置	{}

初始化脚本生成器类的代码如下：

```octave
#!/usr/bin/octave
# 第 7 章/@ScriptGenerator/ScriptGenerator.m

function ret = ScriptGenerator(arg_struct)
    ## - * - texinfo - * -
    ## @deftypefn {} {} ScriptGenerator (@var{arg_struct})
    ## 脚本生成器类
    ##
    ## @example
    ## param: arg_struct
    ##
    ## return: ret
    ## @end example
    ##
    ## @end deftypefn

    ret = class(struct('arg_struct', arg_struct), "ScriptGenerator");
endfunction
```

7.6.3　初始化脚本生成路径

初始化脚本生成路径涉及的脚本配置的键参数有 function_name 和 style。脚本生成器类在初始化脚本生成路径时遵循的部分规则如下：

（1）风格被用于定义脚本的生成风格。

（2）如果采用 class 风格来生成脚本，则脚本生成器类会按照类的样式，使用当前路径和函数名匹配路径模板%s/dist/@%s/的路径，作为脚本生成路径。

（3）如果采用其他风格来生成脚本，则脚本生成器类会按照函数的样式，使用当前路径匹配路径模板%s/dist/的路径，作为脚本生成路径。

（4）如果脚本生成路径不存在，则脚本生成器类会按照脚本生成路径的深度顺序依次创建文件夹，直到脚本生成路径存在为止。

（5）为避免初始化脚本生成路径出现问题，函数名禁止携带/或\。

（6）脚本生成器类会检查函数名。如果函数名携带/或\，则脚本生成器类将报错并退出。

（7）每次初始化脚本生成路径都会同时返回脚本生成路径和函数名。脚本生成路径和函数名可以作为后续生成步骤的变量使用，这样可以避免在后续的脚本生成步骤中重复初始化脚本生成路径。

初始化脚本生成路径的代码如下：

```octave
#!/usr/bin/octave
#第 7 章/@ScriptGenerator/get_directory_prefix.m

function [directory_prefix, function_name] = get_directory_prefix(this)
    ## - * - texinfo - * -
    ## @deftypefn {} {} get_directory_prefix (@var{this})
    ## 获取带文件夹的前缀
    ##
    ## @example
    ## param: this
    ##
    ## return: [directory_prefix, function_name]
    ## @end example
    ##
    ## @end deftypefn

    arg_struct = this.arg_struct;
    directory_prefix = pwd;

    if isfield(arg_struct, 'function_name')
        function_name = arg_struct.function_name;
    else
        error('必须提供函数名')
    endif
    if isempty(function_name)
        error('函数名必须非空')
    endif
    if ~ischar(function_name)
        error(sprintf('函数名必须是字符串'))
    endif
    if ~isempty(strfind(function_name, '/')) || ~isempty(strfind(function_name, '\'))
        error(sprintf('函数名不能带/或\'))
    endif
    if isfield(arg_struct, 'style')
        style = arg_struct.style;
    else
        style = 'class';
    endif
    if isempty(style)
        style = 'class';
    endif
    if ~ischar(style)
        error(sprintf('风格参数必须是字符串'))
    endif
    if strcmp(style, 'class')
        #用类的方式创建类文件夹,并在类文件夹中初始化文件夹及删除同名脚本
        directory_prefix = sprintf('%s/dist/@%s/', directory_prefix, function_name);
    else
        directory_prefix = sprintf('%s/dist', directory_prefix);
    endif

endfunction
```

7.6.4　初始化新的脚本文件

初始化新的脚本文件涉及的脚本配置的键参数只有 style。脚本生成器类在初始化新的脚本文件时遵循的部分规则如下：

（1）脚本生成器类会使用脚本生成路径和函数名匹配路径模板％s/％s.m 的路径，初始化新的脚本文件。

（2）如果在目标目录下已经存在名为指定的脚本名的文件，则强制删除该文件，以免之后的追加写入操作会写入之前的文件中。

（3）脚本生成器类会检查风格。如果风格的值不是字符串类型，则脚本生成器类将报错并退出。

（4）如果采用 class 风格生成脚本，则生成的脚本在 Octave 的语法上视为类的构造方法。

（5）如果采用其他风格生成脚本，则生成的脚本在 Octave 的语法上视为函数。

初始化新的脚本文件的代码如下：

```octave
#!/usr/bin/octave
# 第7章/@ScriptGenerator/init_new_file.m

function [directory_prefix, function_name] = init_new_file(this)
    ## - * - texinfo - * -
    ## @deftypefn {} {} init_new_file (@var{this})
    ## 初始化新的文件
    ##
    ## @example
    ## param: this
    ##
    ## return: [directory_prefix, function_name]
    ## @end example
    ##
    ## @end deftypefn

    arg_struct = this.arg_struct;
    # 获取带文件夹的前缀
    [directory_prefix, function_name] = get_directory_prefix(this)
    if isfield(arg_struct, 'style')
        style = arg_struct.style;
    else
        style = 'class';
    endif
    if isempty(style)
        style = 'class';
    endif
    if ~ischar(style)
        error(sprintf('风格参数必须是字符串'))
    endif
    try
        mkdir(directory_prefix);
        delete(sprintf('%s/%s.m', directory_prefix, function_name))
    catch
```

```
    end_try_catch

endfunction
```

7.6.5 生成文件头

文件头涉及的脚本配置的键参数有 shebang、file_description、function_name、argin、argout、function_description、style 和 constant。脚本生成器类在生成文件头时遵循的部分规则如下：

（1）一个函数不应该被指定一个默认的函数名，因此在生成文件头时必须提供函数名，并且脚本生成器类不提供默认的函数名。

（2）因为函数脚本或方法脚本的文件名需要和函数名或方法名相同，因此最终生成的文件的文件名由函数名决定。脚本生成器类使用函数名匹配函数名模板[function_name,'.m']即可得到最终生成的文件的文件名。

（3）如果采用 class 风格生成脚本，则脚本生成器类会按照类的样式，在脚本生成路径下最终生成的文件的文件名所表示的文件中生成文件头。

（4）如果采用其他风格生成脚本，则脚本生成器类会按照脚本的样式，在脚本生成路径下最终生成的文件的文件名所表示的文件中生成文件头。

（5）脚本生成器类会检查 shebang。如果 shebang 的值不是字符串类型，则脚本生成器类将报错并退出。

（6）脚本生成器类会检查文件注释。如果文件注释的值不是字符串类型或字符串元胞类型，则脚本生成器类将报错并退出。

（7）脚本生成器类会检查函数名。如果函数名为空或函数名的值不是字符串类型，则脚本生成器类将报错并退出。

（8）脚本生成器类会检查传入参数列表。如果传入参数列表的值不是字符串类型，则脚本生成器类将报错并退出。

（9）脚本生成器类会检查返回参数列表。如果返回参数列表的值不是字符串类型，则脚本生成器类将报错并退出。

（10）脚本生成器类会检查函数注释。如果函数注释的值不是字符串类型或字符串元胞类型，则脚本生成器类将报错并退出。

（11）脚本生成器类会检查风格。如果风格的值不是字符串类型，则脚本生成器类将报错并退出。

生成文件头的代码如下：

```
#!/usr/bin/octave
# 第 7 章/@ScriptGenerator/gen_script_head.m

function gen_script_head(this)
    ## - * - texinfo - * -
    ## @deftypefn {} {} gen_script_head (@var{this})
    ## 生成文件头
    ##
```

```octave
## @example
## param: this
##
## return: -
## @end example
##
## @end deftypefn

arg_struct = this.arg_struct;
if isfield(arg_struct, 'shebang')
    shebang = arg_struct.shebang;
else
    shebang = '#!/usr/bin/octave';
endif
if isempty(shebang)
    shebang = '#!/usr/bin/octave';
endif
if ~ischar(shebang)
    error(sprintf('shebang 必须是字符串'))
endif
if ~strcmp(shebang(1:2), '#!')
    shebang = strjoin({'#!', shebang});
endif

if isfield(arg_struct, 'file_description')
    file_description = arg_struct.file_description;
else
    file_description = '#';
endif
if isempty(file_description)
    file_description = '#';
endif
if ~ischar(file_description) && ~iscell(file_description)
    error(sprintf('文件注释必须是字符串或字符串元胞'))
endif
if iscell(file_description) && ~ischar(file_description{1})
    error(sprintf('文件注释必须是字符串或字符串元胞'))
endif
if ischar(file_description) && ~strcmp(file_description(1), '#') && ~strcmp(file_description(1), '%')
    file_description = strjoin({'#', file_description});
elseif iscell(file_description)
    for check_index = 1:numel(file_description)
        if ~strcmp(file_description{check_index}(1), '#') && ~strcmp(file_description{check_index}(1), '%')
            file_description{check_index} = strjoin({'#', file_description{check_index}});
        endif
    endfor
endif

if isfield(arg_struct, 'function_name')
    function_name = arg_struct.function_name;
```

```
    else
        error('必须提供函数名')
    endif
    if isempty(function_name)
        error('函数名必须非空')
    endif
    if ~ischar(function_name)
        error(sprintf('函数名必须是字符串'))
    endif

    if isfield(arg_struct, 'argin')
        argin = arg_struct.argin;
    else
        argin = '';
    endif
    if isempty(argin)
        argin = '';
    endif
    if ~ischar(argin)
        error(sprintf('传入参数列表必须是字符串'))
    endif

    if isfield(arg_struct, 'argout')
        argout = arg_struct.argout;
    else
        argout = 'ret';
    endif
    if isempty(argout)
        argout = 'ret';
    endif
    if ~ischar(argout)
        error(sprintf('返回参数列表必须是字符串'))
    endif

    if isfield(arg_struct, 'function_description')
        function_description = arg_struct.function_description;
    else
        function_description = '##';
    endif
    if isempty(function_description)
        function_description = '##';
    endif
    if ~ischar(function_description) && ~iscell(function_description)
        error(sprintf('函数注释必须是字符串或字符串元胞'))
    endif
    if iscell(function_description) && ~ischar(function_description{1})
        error(sprintf('函数注释必须是字符串或字符串元胞'))
    endif
    if ischar(function_description) && ~strcmp(function_description(1), '##') && ~strcmp
(function_description(1), '% %')
        function_description = strjoin({'##', function_description});
    endif
    if iscell(function_description)
```

```
        for check_index = 1:numel(function_description)
            if ~strcmp(function_description{check_index}(1:2), '##') && ~strcmp(function_
description{check_index}(1:2), '% %')
                function_description{check_index} = strjoin({'##', function_description{check_
index}});
            endif
        endfor
    endif

    if isfield(arg_struct, 'style')
        style = arg_struct.style;
    else
        style = 'class';
    endif
    if isempty(style)
        style = 'class';
    endif
    if ~ischar(style)
        error(sprintf('风格参数必须是字符串'))
    endif
    if ~strcmp(style, 'class')
        ＃暂无 class 风格的逻辑
    endif

    if isfield(arg_struct, 'constant')
        constant = arg_struct.constant;
    else
        constant = '';
    endif
    if ischar(constant)
        constant = eval(sprintf('struct( % s)', constant));
    endif

    [directory_prefix, function_name] = get_directory_prefix(this);

    current_pwd = pwd;
    cd(directory_prefix);

    eol = '\r\n';
    fp = fopen([function_name, '.m'], 'a + ');

    ## shebang, shebang
    ## file_description, 文件注释
    ## function_name, 函数名
    ## argin, 传入参数列表
    ## argout, 返回参数列表
    ## function_description, 函数注释
    ## style, 风格
    ## constant, 常量结构体,用于存放一个或多个常量键 - 值对

    fprintf(fp, shebang);
    fprintf(fp, eol);
    fprintf(fp, eol);
```

```
### 文件注释
if ischar(file_description)
    fprintf(fp, file_description);
    fprintf(fp, eol);
endif
if iscell(file_description)
    fprintf(fp, strjoin(file_description, eol));
    fprintf(fp, eol);
endif

# function ret = AbsoluteLayoutDemo()
function_def_template = 'function %s = %s(%s)';
argout_string = argout;
if ~isempty(strfind(argout_string, ',')) && ~strcmp(argout_string(1), '[')
    argout_string = ['[', argout_string];
endif
if ~isempty(strfind(argout_string, ',')) && ~strcmp(argout_string(end), ']')
    argout_string = [argout_string, ']'];
endif
fprintf(fp, sprintf(function_def_template, argout_string, function_name, argin));
fprintf(fp, eol);

### -*- texinfo -*-
### @deftypefn {} {} ScriptGenerator (@var{this} @var{website})
texinfo = '## -*- texinfo -*-';
deftypefn_template = '## @deftypefn {} {} %s (%s)';
var_template = '@var{%s}';
fprintf(fp, texinfo);
fprintf(fp, eol);

argin_cell = strsplit(argin, ',');
argin_cell = strrep(argin_cell, '', '');
argin_string = '';
for argin_cell_index = 1:numel(argin_cell)
    argin_string = strjoin({argin_string, sprintf(var_template, argin_cell{argin_cell_
index})});
endfor

fprintf(fp, sprintf(deftypefn_template, function_name, argin_string));
fprintf(fp, eol);

### 函数注释
if ischar(function_description)
    fprintf(fp, function_description);
    fprintf(fp, eol);
endif
if iscell(function_description)
    fprintf(fp, strjoin(function_description, eol));
    fprintf(fp, eol);
endif
# 其余部分
### @example
```

```
    ### param: -
    ###
    ### return: ret
    ### @end example
    ###
    ### @end deftypefn
    others_template = {
        '## @example', ...
        '## param: %s', ...
        '##', ...
        '## return: %s', ...
        '## @end example', ...
        '##', ...
        '## @end deftypefn'...
    };
    others_template_string = strjoin(others_template, eol);
    fprintf(fp, sprintf(others_template_string, argin, argout));
    fprintf(fp, eol);

    # config_struct.constant = struct('margin', 10, 'margin_top', 10);
    if ~isempty(constant)
        if isstruct(constant)
            constant_keys = fieldnames(constant);
            for constant_index = 1:numel(constant_keys)
                constant_value = getfield(constant, constant_keys{constant_index})
                if isreal(constant_value) && constant_value > 0
                    fprintf(fp, sprintf('%s = %d;', constant_keys{constant_index}, floor
(constant_value)));
                elseif ischar(constant_value) && ~isempty(constant_value)
                    warning(sprintf('未指定常量%s的值,跳过常量%s生成', constant_value,
constant_value))
                    fprintf(fp, sprintf('%s = %s;', constant_keys{constant_index}, constant_
value));
                else
                    error(sprintf('常量的值必须是字符串或整数'))
                endif
                fprintf(fp, eol);
            endfor
        else
            error(sprintf('常量参数必须是字符串或结构体'))
        endif
    else
        disp(sprintf('未指定任何常量,跳过常量生成'))
    endif

    fclose(fp);
    cd(current_pwd);

endfunction
```

7.6.6　生成文件尾

文件尾涉及的脚本配置的键参数有 function_name、argout 和 style。脚本生成器类在生成文件尾时遵循的部分规则如下：

（1）一个函数不应该被指定一个默认的函数名，因此在生成文件头时必须提供函数名，并且脚本生成器类不提供默认的函数名。

（2）因为函数脚本或方法脚本的文件名需要和函数名或方法名相同，因此最终生成的文件的文件名由函数名决定。脚本生成器类使用函数名匹配函数名模板[function_name,'. m']即可得到最终生成的文件的文件名。

（3）如果采用 class 风格生成脚本，则脚本生成器类会按照类的样式，在脚本生成路径下最终生成的文件的文件名所表示的文件中生成文件尾。

（4）如果采用其他风格生成脚本，则脚本生成器类会按照脚本的样式，在脚本生成路径下最终生成的文件的文件名所表示的文件中生成文件尾。

（5）脚本生成器类会检查函数名。如果函数名为空或函数名的值不是字符串类型，则脚本生成器类将报错并退出。

（6）脚本生成器类会检查返回参数列表。如果返回参数列表的值不是字符串类型，则脚本生成器类将报错并退出。

（7）脚本生成器类会检查风格。如果风格的值不是字符串类型，则脚本生成器类将报错并退出。

生成文件尾的代码如下：

```
#!/usr/bin/octave
# 第 7 章/@ScriptGenerator/gen_script_tail.m

function gen_script_tail(this)
    ## - * - texinfo - * -
    ## @deftypefn {} {} gen_script_tail (@var{this})
    ## 生成文件尾
    ##
    ## @example
    ## param: this
    ##
    ## return: -
    ## @end example
    ##
    ## @end deftypefn

    arg_struct = this.arg_struct;
    if isfield(arg_struct, 'function_name')
        function_name = arg_struct.function_name;
    else
        error('必须提供函数名')
    endif
    if isempty(function_name)
        error('函数名必须非空')
    endif
    if ~ischar(function_name)
        error(sprintf('函数名必须是字符串'))
    endif
```

```
if isfield(arg_struct, 'argout')
    argout = arg_struct.argout;
else
    argout = 'ret';
endif
if isempty(argout)
    argout = 'ret';
endif
if ~ischar(argout)
    error(sprintf('返回参数列表必须是字符串'))
endif

if isfield(arg_struct, 'style')
    style = arg_struct.style;
else
    style = 'class';
endif
if isempty(style)
    style = 'class';
endif
if ~ischar(style)
    error(sprintf('风格参数必须是字符串'))
endif

[directory_prefix, function_name] = get_directory_prefix(this);

current_pwd = pwd;
cd(directory_prefix);

eol = '\r\n';
fp = fopen([function_name, '.m'], 'a + ');

## function_name, 函数名
## argout, 返回参数列表
## style, 风格

# 类的生成语句 ret = class(struct, "ScriptGenerator");
if strcmp(style, 'class')
    # 用类的方式创建类文件夹,并在类文件夹中初始化文件夹及删除同名脚本
    class_generate_template = '% s = class(struct, " % s");';
    argout_string = argout;
    if ~isempty(strfind(argout_string, ',')) && ~strcmp(argout_string(1), '[')
        argout_string = ['[', argout_string];
    endif
    if ~isempty(strfind(argout_string, ',')) && ~strcmp(argout_string(end), ']')
        argout_string = [argout_string, ']'];
    endif
    fprintf(fp, sprintf(class_generate_template, argout_string, function_name));
    fprintf(fp, eol);
endif
```

```
# endfunction endfunction
endfunction_text = 'endfunction';
fprintf(fp, endfunction_text);
fprintf(fp, eol);

fclose(fp);
cd(current_pwd);

endfunction
```

7.7 常量的作用域

常量的作用是使用一个变量符号表示一个参数或推算出一个参数。在设计配置的过程中允许创建常量以方便设计布局。然而,常量只有在定义后才能被其他语句使用,因此在生成常量时需要注意常量的作用域。最终生成的可执行脚本中的常量和作用域的关系如下:

(1)在生成文件头时生成的常量作用域为所有布局和所有图形对象。

(2)在生成布局时生成的常量作用域为当前布局及之后的布局。

(3)在生成图形对象时生成的常量作用域为当前图形对象及之后的图形对象。

7.8 用字符串代表的值

在设计所有的生成器时,不应该假定所有的值都能被转换为数字,而要考虑值为一个字符串时可能代表的含义,所以在将值写入配置时可以根据以下规则分别进行处理:

(1)如果一个值能被转换为数字,则可以将其作为一个数字进行处理,也可以将其作为字符串进行处理。

(2)如果一个值不能被转换为数字,则可以将字符串保持原样,而不认为这是一个无效值,以增加在设计配置时的灵活性。例如 get_screen_width 这一字符串可以代表调用 get_screen_width()函数来返回当前的屏幕宽度,这种写法在 Octave 中也是可行的。

(3)如果将字符串保持原样,则不加引号的字符串将被视为一个符号,而加引号的字符串将被视为字面量的字符串。这种设计规则也叫原样输入规则,用户将自己要分配的值原样输入,因此只有在输入的字符串中添加引号,最终输出得到的可执行脚本对应的那一部分才会添加引号。

(4)如果多个值能被转换为数字,则可以运用数字的逻辑运算实现复杂的逻辑。例如,数字 1 大于数字 0,此时即可实现当第 1 个数字大于第 2 个数字时的判断逻辑,这也是一般字符串无法实现的逻辑(例如,无法直接判断数字 10 在数学意义上是否大于字符串 J,除非增加额外的判据)。

(5)如果多个值需要进行符号运算,则可将所有的值一律视为字符串,然后使用合适的符号进行字符串拼接。此时对每个值进行是否能被转换为数字的循环判断是一种效率极低的做法;另外表达式的化简需要更加复杂的规则,错误的数字合并过程将带来错误的表达式结果,因此直接将每个值和运算符号进行字符串合并是最不容易出错的办法。

7.9 字面量和符号量的选择

在最终生成的可执行脚本中允许同时存在字面量和符号量。那么在生成可执行脚本时，既可以用字面量进行赋值，也可以用符号量进行赋值。下面的规则对字面量和符号量的取舍有一定的帮助：

（1）无论是选择用字面量还是选择用符号量，都需要在代码的可读性和简洁性之间做出平衡。用符号量可以增加代码的可读性，而用字面量则可以使代码更加简洁。

（2）被设计用于大量语句的值尽量使用符号量。在这种场景下，只需定义并赋值一次符号量，便可将相同的符号插入使用这个值的位置中。最终的代码不会增加太多定义和赋值的语句，并且便于理解值的含义。

（3）被设计用于少量语句的值尽量使用字面量。在这种场景下，要避免在每次使用值时都定义并赋值一次符号量，这将增加大量的代码行数，却只能增加一点点代码的可读性，得不偿失。

7.10 GUI 配置文件制作器

GUI 配置文件制作器是一个 GUI 客户端，通过管理配置文件的方式进行脚本属性、布局属性和图形对象属性的设计和存取，并通过调用脚本生成器实例和各种布局实例的方式将在配置文件中的配置生成可执行的脚本。

7.10.1 GUI 配置文件制作器原型设计

在总体的界面设计上，可将 GUI 配置文件制作器大致分为 3 个区域。

（1）菜单栏：菜单栏主要提供配置文件的操作及脚本级别的配置的修改。

（2）列表区域：列表区域的主体是布局列表和图形对象列表，并且在列表的上方还要提供用于布局和图形对象的增删操作的控件。此外，列表区域支持列表项目的选择，以确定当前编辑的是哪一个布局或图形对象。

（3）编辑区域：编辑区域专用于编辑布局和图形对象的配置。在当前编辑的是哪一个布局或图形对象已经被确定的情况下，编辑区域需要同步显示当前的布局或图形对象的已有属性的键参数和值参数，并且可编辑的值参数必须在编辑区域中可编辑、保存更改和舍弃更改。此外，由于每种布局或图形对象的配置参数不同，在某些场景下也需要在编辑区域中显示注释文本，提高 GUI 配置文件制作器的易用性。

在设计 GUI 配置文件制作器的界面时需要注意标题栏的文字变化。标题栏的文字在不同的场景下的规则如下：

（1）如果 GUI 配置文件制作器已知当前编辑的是哪个配置文件，则 GUI 配置文件制作器的界面的标题栏的文字应该显示当前正在编辑文件的文件名。

（2）如果 GUI 配置文件制作器不知道当前编辑的是哪个配置文件，则 GUI 配置文件制作器的界面的标题栏的文字应该显示 untitled.config。这种文字可以提示用户当前配置只存在于内存中，而不存在于配置文件中：一旦退出当前界面，则当前配置可能会完全丢失。

根据以上元素绘制 GUI 配置文件制作器的界面在不编辑内容时的原型设计图，如图 7-2 所示。

编辑区域分别涉及编辑布局配置和图形对象配置。在编辑布局配置和图形对象配置时，编辑区域的内容会有所不同。绘制 GUI 配置文件制作器的界面在编辑布局配置时的原型设计图，如图 7-3 所示。

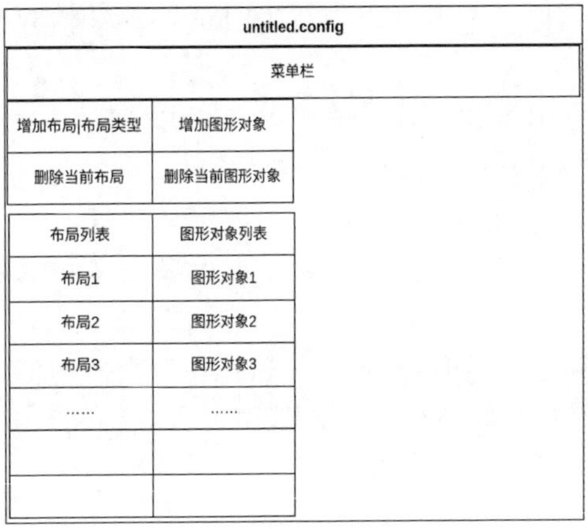

untitled.config		
菜单栏		
增加布局|布局类型	增加图形对象	
删除当前布局	删除当前图形对象	
布局列表	图形对象列表	
布局1	图形对象1	
布局2	图形对象2	
布局3	图形对象3	
......	......	

untitled.config			
菜单栏			
增加布局|布局类型	增加图形对象	字段1	值1
删除当前布局	删除当前图形对象	字段2	值2
		字段3	值3
布局列表	图形对象列表	......	......
布局1	图形对象1	☑ 逻辑字段: 开	
布局2	图形对象2	☐ 逻辑字段: 关	
布局3	图形对象3		
......	......	注意文本	
		保存当前布局参数	舍弃当前布局参数的更改

图 7-2　GUI 配置文件制作器的界面在不编辑内容时的原型设计图

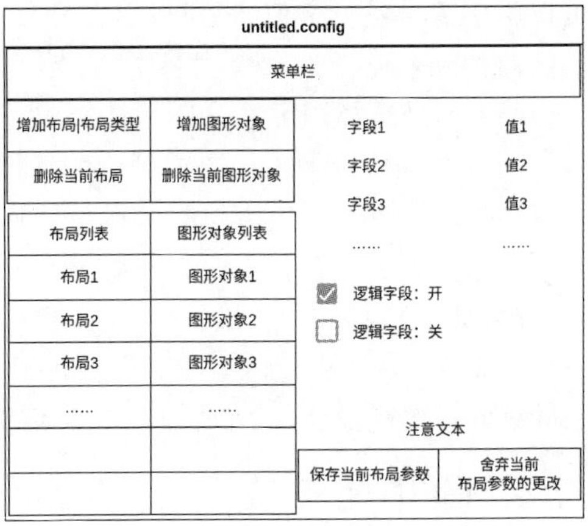

图 7-3　GUI 配置文件制作器的界面在编辑布局配置时的原型设计图

绘制 GUI 配置文件制作器的界面在编辑图形对象配置时的原型设计图，如图 7-4 所示。

为了防止用户误退出 GUI 配置文件制作器，还需要在用户退出 GUI 配置文件制作器时弹出一个对话框来令用户再次确认退出操作。绘制 GUI 配置文件制作器的界面在退出时的对话框原型设计图，如图 7-5 所示。

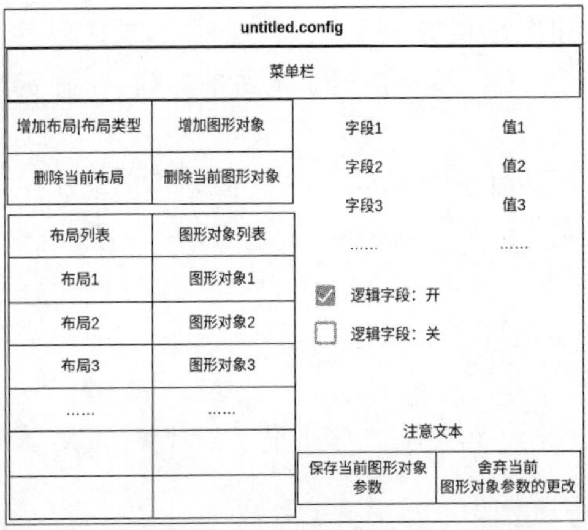

untitled.config			
菜单栏			
增加布局|布局类型	增加图形对象	字段1	值1
删除当前布局	删除当前图形对象	字段2	值2
		字段3	值3
布局列表	图形对象列表	......	......
布局1	图形对象1	☑ 逻辑字段: 开	
布局2	图形对象2	☐ 逻辑字段: 关	
布局3	图形对象3		
......	......	注意文本	
		保存当前图形对象参数	舍弃当前图形对象参数的更改

untitled.config			
菜单栏			
增加布局|布局类型	增加图形对象	字段1	值1
删除当前布局	删除当前图形对象	字段2	值2
		字段3	值3
布局列表	**是否保存更改?**		
布局1	是, 保存更改	取消	否, 丢弃更改
布局2			
布局3	图形对象3		
......	......	注意文本	
		保存当前图形对象参数	舍弃当前图形对象参数的更改

图 7-4　GUI 配置文件制作器的界面在编辑图形对象配置时的原型设计图

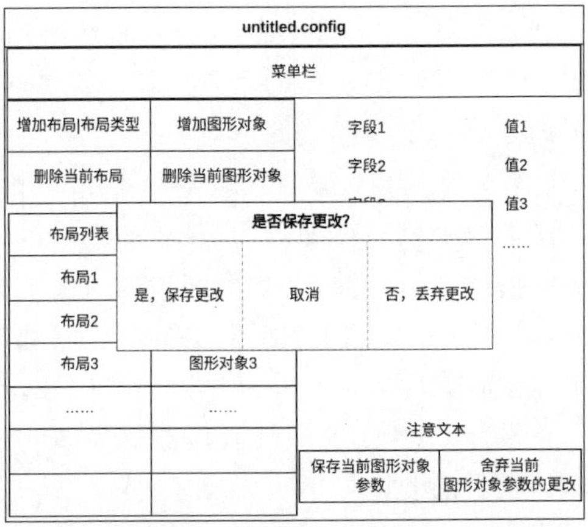

图 7-5　GUI 配置文件制作器的界面在退出时的对话框原型设计图

7.10.2　GUI 配置文件制作器视图代码设计

根据 GUI 配置文件制作器的原型设计图编写视图部分的代码，编写规则如下：

（1）首先创建一个默认图像对象，作为 GUI 配置文件制作器的面板。

（2）在 GUI 配置文件制作器的面板的左半部分放置。

（3）在 GUI 配置文件制作器的面板的右半部分放置。

（4）Octave 默认的面板会显示默认的菜单栏和默认的工具栏。需要编写额外代码,用于禁止显示默认的菜单栏和默认的工具栏。

（5）自定义的菜单栏需要支持快捷键操作,所以需要额外的代码配置操作。

根据以上规则编写 GUI 配置文件制作器的视图类,代码如下:

```octave
#!/usr/bin/octave
# 第 7 章 /@LayoutMaker/LayoutMaker.m

function ret = LayoutMaker()
    ## - * - texinfo - * -
    ## @deftypefn {} {} LayoutMaker ()
    ## GUI 配置文件制作器类
    ##
    ## @example
    ## param: -
    ##
    ## return: ret
    ## @end example
    ##
    ## @end deftypefn
    optimize_subsasgn_calls(false)
    global layout_struct;
    # 全局变量 布局结构体 layout_struct
    layout_struct = {};
    global field;
    # 全局变量 GUI 配置文件制作器属性对象 field
    field = LayoutMakerAttributes;
    callback = LayoutMakerCallbacks;
    toolbox = Toolbox;
    font_name = field.font_name;
    # 字体名 font_name
    font_size = field.font_size;
    # 字号 font_size
    window_width = get_window_width(toolbox);
    # 输入框的宽度 window_width
    window_height = get_window_height(toolbox);
    # 输入框的高度 window_height
    key_height = field.key_height;
    # 按键的高度 key_height
    key_width = window_width / 4;
    # 按键的宽度 key_width
    sub_key_width = key_width / 2;
    # 次级按键的宽度 sub_key_width
    table_width = key_width;
    # 表格的宽度 table_width
    table_height = window_height - 2 * key_height;
    # 表格的高度 table_height
    title_name = 'untitled.config';
    # 将编辑窗口的标题栏的文字设置为文件名
    ADD_LAYOUT_TEXT = {
```

```
        'AbsoluteLayout';...
        'RelativeLayout';...
        'BaseLayout'...
};
♯增加布局的下拉菜单选项
% if strcmp(field.current_name, '')
%     title_name = 'Untitled'
% endif
♯如果当前文件名为空,则将编辑窗口的标题栏的文字设置为Untitled
current_config = {};
♯当前的配置 current_config

f = figure;
♯基础图形句柄 f

set(f, 'closerequestfcn', {@callback_close_edit_window, callback})
set(f, 'numbertitle', 'off');
set(f, 'toolbar', 'none');
set(f, 'menubar', 'none');
set(f, 'name', title_name);
m_save = uimenu(
        'label', '保存(S&)', ...
        'accelerator', 's');
m_open = uimenu(
        'label', '打开(O&)', ...
        'accelerator', 'o');
m_new = uimenu(
        'label', '清空(E&)', ...
        'accelerator', 'e');
m_gen = uimenu(
        'label', '保存并生成(G&)', ...
        'accelerator', 'g');
m_preferences = uimenu(
        'label', '首选项(P&)', ...
        'accelerator', 'p');
mitem_file_description = uimenu(
        m_preferences, ...
        'label', 'file_description', ...
        'callback', {@callback_set_script_file_description, callback}...
        );
mitem_function_name = uimenu(
        m_preferences, ...
        'label', 'function_name', ...
        'callback', {@callback_set_script_function_name, callback}...
        );
mitem_argin = uimenu(
        m_preferences, ...
        'label', 'argin', ...
        'callback', {@callback_set_script_argin, callback}...
        );
mitem_argout = uimenu(
        m_preferences, ...
        'label', 'argout', ...
```

```
            'callback', {@callback_set_script_argout, callback}...
        );
    mitem_function_description = uimenu(
        m_preferences, ...
        'label', 'function_description', ...
        'callback', {@callback_set_script_function_description, callback}...
        );
    mitem_style = uimenu(
        m_preferences, ...
        'label', 'style', ...
        'callback', {@callback_set_script_style, callback}...
        );
    layout_table_handle = uitable(
        f, ...
        'position', [0, 0, table_width, table_height], ...
        'data', {' '}, ...
        'rowname', '', ...
        'columnname', '布局列表', ...
        'columnwidth', {table_width} ...
        );
    remove_current_layout_handle = uicontrol(
        f, ...
        'style', 'pushbutton', ...
        'position', [0, table_height, key_width, key_height], ...
        'string', '删除当前布局'...
        );
    add_layout_handle = uicontrol(
        f, ...
        'style', 'pushbutton', ...
        'position', [0, table_height + key_height, sub_key_width, key_height], ...
        'string', '增加布局'...
        );
    choose_layout_handle = uicontrol(
        f, ...
        'style', 'popupmenu', ...
        'position', [sub_key_width, table_height + key_height, sub_key_width, key_height], ...
        'string', ADD_LAYOUT_TEXT ...
        );
    graphics_table_handle = uitable(
        f, ...
        'position', [table_width, 0, table_width, table_height], ...
        'data', {' '}, ...
        'rowname', '', ...
        'columnname', '图形对象列表', ...
        'columnwidth', {table_width} ...
        );
    remove_current_graphics_handle = uicontrol(
        f, ...
        'style', 'pushbutton', ...
        'position', [table_width, table_height, key_width, key_height], ...
        'string', '删除当前图形对象'...
        );
    add_graphics_handle = uicontrol(
```

```
        f, ...
        'style', 'pushbutton', ...
        'position', [table_width, table_height + key_height, key_width, key_height], ...
        'string', '增加图形对象'...
        );
    base_layout_obj_function_name_text = uicontrol(
        f, ...
        'style', 'text', ...
        'position', [table_width * 2, window_height - key_height, key_width, key_height], ...
        'visible', 'off', ...
        'string', 'function_name'...
        );
    base_layout_obj_function_name_inputfield = uicontrol(
        f, ...
        'style', 'edit', ...
        'position', [table_width * 3, window_height - key_height, key_width, key_height], ...
        'visible', 'off', ...
        'string', ''...
        );
    base_layout_obj_argin_text = uicontrol(
        f, ...
        'style', 'text', ...
        'position', [table_width * 2, window_height - 2 * key_height, key_width, key_height],
...
        'visible', 'off', ...
        'string', 'argin'...
        );
    base_layout_obj_argin_inputfield = uicontrol(
        f, ...
        'style', 'edit', ...
        'position', [table_width * 3, window_height - 2 * key_height, key_width, key_height],
...
        'visible', 'off', ...
        'string', ''...
        );
    base_layout_obj_handle_name_text = uicontrol(
        f, ...
        'style', 'text', ...
        'position', [table_width * 2, window_height - 3 * key_height, key_width, key_height],
...
        'visible', 'off', ...
        'string', 'handle_name'...
        );
    base_layout_obj_handle_name_inputfield = uicontrol(
        f, ...
        'style', 'edit', ...
        'position', [table_width * 3, window_height - 3 * key_height, key_width, key_height],
...
        'visible', 'off', ...
        'string', 'h'...
        );
    base_layout_obj_function_description_text = uicontrol(
        f, ...
```

```
            'style', 'text', ...
            'position', [table_width * 2, window_height - 4 * key_height, key_width, key_height],
...
            'visible', 'off', ...
            'string', 'function_description'...
            );
    base_layout_obj_function_description_inputfield = uicontrol(
            f, ...
            'style', 'edit', ...
            'position', [table_width * 3, window_height - 4 * key_height, key_width, key_height],
...
            'visible', 'off', ...
            'string', '' ...
            );
    base_layout_obj_constant_text = uicontrol(
            f, ...
            'style', 'text', ...
            'position', [table_width * 2, window_height - 5 * key_height, key_width, key_height], ...
            'visible', 'off', ...
            'string', 'constant'...
            );
    base_layout_obj_constant_inputfield = uicontrol(
            f, ...
            'style', 'edit', ...
            'position', [table_width * 3, window_height - 5 * key_height, key_width, key_height],
...
            'visible', 'off', ...
            'string', '' ...
            );
    base_layout_obj_save_button = uicontrol(
            f, ...
            'style', 'pushbutton', ...
            'position', [table_width * 2, window_height - 7 * key_height, key_width, key_height], ...
            'visible', 'off', ...
            'callback', @apply_obj_change, ...
            'string', '保存当前图形对象参数'...
            );
    base_layout_obj_discard_button = uicontrol(
            f, ...
            'style', 'pushbutton', ...
            'position', [table_width * 3, window_height - 7 * key_height, key_width, key_height],
...
            'visible', 'off', ...
            'callback', @discard_obj_change, ...
            'string', '舍弃当前图形对象参数的更改'...
            );
    absolute_layout_obj_function_name_text = uicontrol(
            f, ...
            'style', 'text', ...
            'position', [table_width * 2, window_height - key_height, key_width, key_height], ...
            'visible', 'off', ...
            'string', 'function_name'...
            );
```

```
    absolute_layout_obj_function_name_inputfield = uicontrol(
        f, ...

# 以下代码省略
endfunction
```

GUI 配置文件制作器的初始状态如图 7-6 所示。

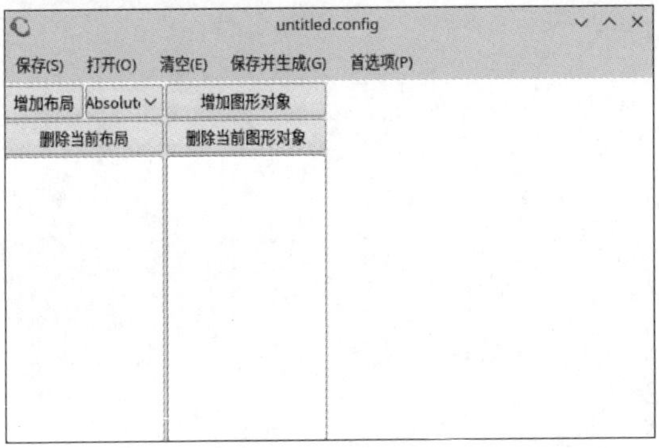

图 7-6　GUI 配置文件制作器的初始状态

7.10.3　GUI 配置文件制作器属性代码设计

（1）GUI 配置文件制作器支持尺寸自适应，因此需要至少一个参考尺寸即可算出其他的尺寸。

（2）GUI 配置文件制作器的控件可能需要设置字体。令 GUI 配置文件制作器包含字体的字体名和字号，其余字体属性保持默认。

根据以上规则编写 GUI 配置文件制作器的属性类，代码如下：

```
#!/usr/bin/octave
# 第 7 章/@LayoutMakerAttributes/LayoutMakerAttributes.m

function ret = LayoutMakerAttributes()
    ## - * - texinfo - * -
    ## @deftypefn {} {} LayoutMakerAttributes ()
    ## GUI 配置文件制作器属性类
    ##
    ## @example
    ## param: -
    ##
    ## return: ret
    ## @end example
    ##
    ## @end deftypefn
    key_height = 30;
    # 按键高度 key_height
    font_name = 'Noto Sans Mono CJK TC';
    # 字体名 font_name
    font_size = 20;
    # 字号 font_size
```

```octave
    a = struct(
        'key_height', key_height,...
        'font_name', font_name,...
        'font_size', font_size...
        );
    ret = class(a, "LayoutMakerAttributes");
endfunction


#!/usr/bin/octave
# 第 7 章/@LayoutMakerAttributes/subsasgn.m

function ret = subsasgn(this, x, new_status)
    ## - * - texinfo - * -
    ## @deftypefn {} {} subsasgn (@var{this} @var{x} @var{new_status})
    ## 支持圆括号赋值和点号赋值
    ##
    ## @example
    ## param: this, x, new_status
    ##
    ## return: ret
    ## @end example
    ##
    ## @end deftypefn

    # 按键高度 key_height
    # 字体名 font_name
    # 字号 font_size
    switch (x.type)
        case "()"
            fld = x.subs{1};
            if (strcmp (fld, "key_height"))
                this.key_height = new_status;
                ret = this;
            elseif (strcmp (fld, "font_name"))
                this.font_name = new_status;
                ret = this;
            elseif (strcmp (fld, "font_size"))
                this.font_size = new_status;
                ret = this;
            endif
        case "."
            fld = x.subs;
            if (strcmp (fld, "key_height"))
                this.key_height = new_status;
                ret = this;
            elseif (strcmp (fld, "font_name"))
                this.font_name = new_status;
                ret = this;
            elseif (strcmp (fld, "font_size"))
                this.font_size = new_status;
                ret = this;
            endif
        otherwise
```

```octave
        error("@CalendarAttributes/subsref: invalid assignment type for CalendarAttributes");
    endswitch
endfunction

#!/usr/bin/octave
# 第 7 章/@LayoutMakerAttributes/subsref.m
function ret = subsref(this, x)
    ## - * - texinfo - * -
    ## @deftypefn {} {} subsref (@var{this} @var{x})
    ## 支持圆括号索引、点号索引和花括号索引
    ##
    ## @example
    ## param: this, x
    ##
    ## return: ret
    ## @end example
    ##
    ## @end deftypefn

    # 按键高度 key_height
    # 字体名 font_name
    # 字号 font_size
    switch (x.type)
        case "()"
            fld = x.subs{1};
            if (strcmp (fld, "key_height"))
                ret = this.key_height;
            elseif (strcmp (fld, "font_name"))
                ret = this.font_name;
            elseif (strcmp (fld, "font_size"))
                ret = this.font_size;
            endif
        case "{}"
            fld = x.subs{1};
            if (strcmp (fld, "key_height"))
                ret = this.key_height;
            elseif (strcmp (fld, "font_name"))
                ret = this.font_name;
            elseif (strcmp (fld, "font_size"))
                ret = this.font_size;
            endif
        case "."
            fld = x.subs;
            if (strcmp (fld, "key_height"))
                ret = this.key_height;
            elseif (strcmp (fld, "font_name"))
                ret = this.font_name;
            elseif (strcmp (fld, "font_size"))
                ret = this.font_size;
            endif
        otherwise
            error("@CalendarAttributes/subsref: invalid subscript type for CalendarAttributes");
    endswitch
endfunction
```

7.10.4　GUI 配置文件制作器性能优化

在大型应用中涉及的操作较多，每个操作累计耗费的时间也较长，因此需要在设计应用的过程中对应用进行性能优化。GUI 配置文件制作器主要涉及的性能优化如下：

（1）静态创建图形对象。在 GUI 配置文件制作器启动时一次性创建完所有可能用到的图形对象，而不是随用随建、不用则删。这是因为 Octave 在创建图形对象时需要分配内存空间，而在删除图形对象时需要回收内存空间，既耗时又增加应用的运算量，最终将导致应用卡顿，从而影响用户体验。

（2）通过设置可见属性 visible 来按需显示或隐藏对象。GUI 配置文件制作器的编辑区域中含有多组图形对象，每次最多只显示一组图形对象，而隐藏其他组图形对象，实现类似于多个界面之间切换的效果。设置图形对象的可见属性的 CPU 开销和内存开销都极小，优化了界面元素发生改动的性能。

（3）在创建按需显示或隐藏的图形对象时，一律将可见属性 visible 初始化设置为 off，这个操作代表这种图形对象在初始化成功时即为隐藏状态。初始化一个隐藏的图形对象将省去图形对象在绘制时耗费的时间，从而加快 GUI 配置文件制作器的启动速度。

（4）懒加载布局对象。布局的数量是随时增加的，设计者可以按照布局的设计方法设计出新的自定义类，因此，如果在 GUI 配置文件制作器启动时一次性加载完所有布局对象，则应用启动时间将随着布局的增多而不断增长，最终增长到用户无法忍受的程度。GUI 配置文件制作器通过懒加载的方式，只在需要使用布局对象的场合才加载布局对象，从而优化和加载布局对象无关的场合的性能。

（5）以单例模式加载布局对象。一旦布局对象被加载过，则这个布局对象直到 GUI 配置文件制作器退出前都会存在于内存中，并且 GUI 配置文件制作器不会创建冗余的布局对象，从而优化和加载布局对象相关的场合的性能。

7.10.5　设置脚本属性

由于脚本属性在一个配置文件中只会存在一份，因此可直接在菜单栏中设计首选项这一菜单项，然后在首选项中分别设计子项，单击一个子项即可更改一个对应的脚本属性，即实现任意数量的脚本属性的设置。

设置脚本属性的代码如下：

```
#!/usr/bin/octave
# 第 7 章/@LayoutMakerCallbacks/callback_set_script_argin.m
function callback_set_script_argin(this)
    ## - * - texinfo - * -
    ## @deftypefn {} {} callback_set_script_argin (@var{this})
    ## GUI 配置文件制作器类设置脚本的 argin 属性的回调函数
    ##.
    ## @example
    ## param: this
    ##
    ## return: -
    ## @end example
    ##
```

```
    ## @end deftypefn

    current_config = get_handle('current_config');
    current_config.argin = inputdlg('argin:', '请输入脚本的传入参数列表');
    set_handle('current_config', current_config);
endfunction

#!/usr/bin/octave
# 第 7 章/@LayoutMakerCallbacks/callback_set_script_argout.m
function callback_set_script_argout(this)
    ## - * - texinfo - * -
    ## @deftypefn {} {} callback_set_script_argout (@var{this})
    ## GUI 配置文件制作器类设置脚本的 argout 属性的回调函数
    ##
    ## @example
    ## param: this
    ##
    ## return: -
    ## @end example
    ##
    ## @end deftypefn

    current_config = get_handle('current_config');
    current_config.argout = inputdlg('argout:', '请输入脚本的返回参数列表');
    set_handle('current_config', current_config);
endfunction

#!/usr/bin/octave
# 第 7 章/@LayoutMakerCallbacks/callback_set_script_file_description.m
function callback_set_script_file_description(this)
    ## - * - texinfo - * -
    ## @deftypefn {} {} callback_set_script_file_description (@var{this})
    ## GUI 配置文件制作器类设置脚本的 file_description 属性的回调函数
    ##
    ## @example
    ## param: this
    ##
    ## return: -
    ## @end example
    ##
    ## @end deftypefn

    current_config = get_handle('current_config');
    current_config.file_description = inputdlg('file_description:', '请输入脚本的文件注释');
    set_handle('current_config', current_config);
endfunction

#!/usr/bin/octave
# 第 7 章/@LayoutMakerCallbacks/callback_set_script_function_description.m
function callback_set_script_function_description(this)
    ## - * - texinfo - * -
    ## @deftypefn {} {} callback_set_script_function_description (@var{this})
    ## GUI 配置文件制作器类设置脚本的 function_description 属性的回调函数
    ##
```

```
## @example
## param: this
##
## return: -
## @end example
##
## @end deftypefn

    current_config = get_handle('current_config');
    current_config.function_description = inputdlg('function_description:', '请输入脚本的函数
注释');
    set_handle('current_config', current_config);
endfunction


#!/usr/bin/octave
#第 7 章/@LayoutMakerCallbacks/callback_set_script_function_name.m
function callback_set_script_function_name(this)
    ## - * - texinfo - * -
    ## @deftypefn {} {} callback_set_script_function_name (@var{this})
    ## GUI 配置文件制作器类设置脚本的 function_name 属性的回调函数
    ##
    ## @example
    ## param: this
    ##
    ## return: -
    ## @end example
    ##
    ## @end deftypefn

    current_config = get_handle('current_config');
    function_name_cell = inputdlg('function_name:', '请输入脚本的函数名');
    current_config.function_name = function_name_cell{1};
    set_handle('current_config', current_config);
endfunction


#!/usr/bin/octave
#第 7 章/@LayoutMakerCallbacks/callback_set_script_style.m
function callback_set_script_style(this)
    ## - * - texinfo - * -
    ## @deftypefn {} {} callback_set_script_style (@var{this})
    ## GUI 配置文件制作器类设置脚本的 style 属性的回调函数
    ##
    ## @example
    ## param: this
    ##
    ## return: -
    ## @end example
    ##
    ## @end deftypefn

    current_config = get_handle('current_config');
    current_config.style = inputdlg('style:', '请输入脚本的风格');
    set_handle('current_config', current_config);
endfunction
```

GUI 配置文件制作器在编辑脚本的一个属性时的输入窗口如图 7-7 所示。

图 7-7　GUI 配置文件制作器在编辑脚本的一个属性时的输入窗口

7.10.6　选择要增加的布局

GUI 配置文件制作器通过下拉菜单选择要增加的布局。将允许通过 GUI 配置文件制作器生成的布局的类型统一放入一个元胞中,并在 GUI 配置文件制作器启动时将该元胞显示为下拉菜单的选项,然后,当用户通过下拉菜单选择一个布局时,GUI 配置文件制作器即可通过下拉菜单当前被选中的下标来找到当前的布局的类型,进而在所有布局类中匹配出需要的布局类,最后使用匹配出来的布局类增加布局。

7.10.7　增加布局

在 GUI 配置文件制作器中,单击"增加布局"按钮即可向脚本配置中增加一个布局的配置。增加布局可分解为以下过程:

(1) 如果当前不存在脚本配置,则先按脚本配置模板创建脚本配置。

(2) 如果当前存在脚本配置,则按下拉菜单的布局类型将布局添加到布局元胞的最后一个元素+1 的位置处。

增加布局的代码如下:

```octave
#!/usr/bin/octave
# 第 7 章/@LayoutMakerCallbacks/callback_add_layout_handle.m
function status = callback_add_layout_handle(h, ~, this)
    ## - * - texinfo - * -
    ## @deftypefn {} {} callback_add_layout_handle (@var{h} @var{~} @var{this})
    ## GUI 配置文件制作器类增加布局的回调函数
    ##
    ## @example
    ## param: h, ~, this
    ##
    ## return: status
    ## @end example
    ##
    ## @end deftypefn

    global layout_struct;
    # 全局变量 布局结构体 layout_struct
    global scp;
    # 全局变量 脚本内容提供者 scp
    load_layout_struct(this);
    # 加载布局结构体
    load_scp(this);
    # 加载脚本内容提供者
```

```
current_config = get_handle('current_config');
current_layout_table_index = get_handle('current_layout_table_index');
current_graphics_table_index = get_handle('current_graphics_table_index');
current_edit_uipanel = get_handle('current_edit_uipanel');
choose_layout_handle = get_handle('choose_layout_handle');
layout_table_handle = get_handle('layout_table_handle');

♯如果当前不存在脚本配置,则先按脚本配置模板创建脚本配置
if isempty(current_config)
    default_arg_struct = get_default_script_arg_struct(scp);
    current_config = default_arg_struct;
    set_handle('current_config', current_config);
endif

♯如果当前存在脚本配置,则按下拉菜单的布局类型将布局添加到布局元胞的最后一个元素＋1处
if ～isempty(current_config)
    layout_string = get(choose_layout_handle, 'string');
    layout_value = get(choose_layout_handle, 'value');
    layout_type = layout_string{layout_value};
    layout_data = current_config.obj;
    current_layout = getfield(layout_struct, layout_type);
    layout_data{end + 1, 1} = get_default_layout_arg_struct(current_layout.provider);
    layout_type_cell = {};
    for layout_data_cell_temp_index = 1:numel(layout_data)
        layout_data_temp = layout_data{layout_data_cell_temp_index};
        layout_type_cell{end + 1, 1} = layout_data_temp.type;
    endfor
    hide_edit_area();
    current_config.obj = layout_data;
    set(layout_table_handle, 'data', layout_type_cell);
    set_handle('current_config', current_config);
endif

endfunction
```

GUI 配置文件制作器在增加布局时的状态如图 7-8 所示。

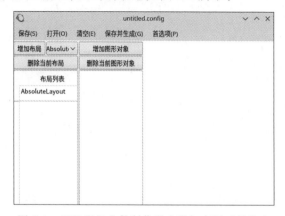

图 7-8　GUI 配置文件制作器在增加布局时的状态

7.10.8　增加图形对象

在 GUI 配置文件制作器中,单击"增加图形对象"按钮即可向脚本配置中增加一个图形对象的配置。增加图形对象可分解为以下过程:

（1）如果当前不存在脚本配置,则先按脚本配置模板创建脚本配置。

（2）如果当前存在脚本配置,则将图形对象添加到当前布局元胞之下的图形对象元胞的最后一个元素＋1 的位置处。

增加图形对象的代码如下:

```octave
#!/usr/bin/octave
# 第 7 章/@LayoutMakerCallbacks/callback_add_graphics_handle.m
function status = callback_add_graphics_handle(h, ~, this)
    ## - * - texinfo - * -
    ## @deftypefn {} {} callback_add_graphics_handle (@var{h} @var{~} @var{this})
    ## GUI 配置文件制作器类增加图形对象的回调函数
    ##
    ## @example
    ## param: h, ~, this
    ##
    ## return: status
    ## @end example
    ##
    ## @end deftypefn

    global layout_struct;
    # 全局变量 布局结构体 layout_struct
    global scp;
    # 全局变量 脚本内容提供者 scp
    load_layout_struct(this);
    # 加载布局结构体
    load_scp(this);
    # 加载脚本内容提供者

    current_config = get_handle('current_config');
    current_layout_table_index = get_handle('current_layout_table_index');
    current_graphics_table_index = get_handle('current_graphics_table_index');
    current_edit_uipanel = get_handle('current_edit_uipanel');
    choose_layout_handle = get_handle('choose_layout_handle');
    layout_table_handle = get_handle('layout_table_handle');
    graphics_table_handle = get_handle('graphics_table_handle');

    # 如果当前不存在脚本配置,则先按脚本配置模板创建脚本配置
    if isempty(current_config)
        default_arg_struct = get_default_script_arg_struct(scp);
        current_config = default_arg_struct;
        set_handle('current_config', current_config);
    endif

    # 如果当前存在脚本配置,则将图形对象添加到当前布局元胞之下的图形对象元胞的最后一个元
    # 素 +1 的位置处
    if ~isempty(current_config)
```

```
        layout_string = get(layout_table_handle, 'data');
        layout_type = layout_string{current_layout_table_index};
        layout_data = current_config.obj;
        current_layout = getfield(layout_struct, layout_type);
        current_layout_obj = layout_data{current_layout_table_index};
        graphics_data = current_layout_obj.obj;
        graphics_data{end + 1, 1} = get_default_obj_arg_struct(current_layout.provider);
        update_graphics_table(graphics_data);
        hide_edit_area();
        current_layout_obj.obj = graphics_data;
        layout_data{current_layout_table_index} = current_layout_obj;
        current_config.obj = layout_data;
        set_handle('current_config', current_config);
    endif

endfunction
```

GUI 配置文件制作器在增加图形对象时的状态如图 7-9 所示。

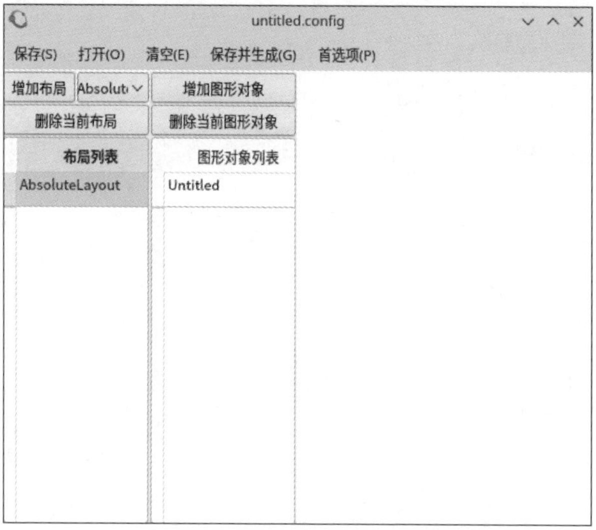

图 7-9　GUI 配置文件制作器在增加图形对象时的状态

7.10.9　布局列表

布局列表以列表的形式将当前内存中的布局配置按照布局类型和顺序进行显示。布局列表的作用如下：

（1）提供一种可视化的概览方式。用户可以清晰地根据列表中的文字了解配置在内存中的状态。

（2）提供一种索引方式。用户可以通过单击不同的单元格确定当前的配置是哪一个配置，并且 GUI 配置文件制作器在单击列表的单元格时可以将位置记录下来作为当前配置的索引，以在其他函数或方法中找到当前配置。

选择布局列表的单元格的回调函数的代码如下：

```
#!/usr/bin/octave
# 第 7 章/on_layout_cell_selection_callback.m

function on_layout_cell_selection_callback(h, opt)
    ## - * - texinfo - * -
    ## @deftypefn {} {} on_layout_cell_selection_callback (@var{h} @var{opt})
    ## 选择布局列表的单元格的回调函数
    ##
    ## @example
    ## param: h, opt
    ##
    ## return: -
    ## @end example
    ##
    ## @end deftypefn

    current_config = get_handle('current_config');
    current_layout_table_index = get_handle('current_layout_table_index');
    choose_layout_handle = get_handle('choose_layout_handle');

    try
        current_layout_table_index = opt.Indices(1);
    catch
        current_layout_table_index = 0;
    end_try_catch
    set_handle('current_layout_table_index', current_layout_table_index);

    layout_string = get(choose_layout_handle, 'string');
    layout_value = get(choose_layout_handle, 'value');
    layout_type = layout_string{layout_value};
    try
        layout_data = current_config.obj;
        current_layout_obj = layout_data{current_layout_table_index};
        graphics_data = current_layout_obj.obj;
        update_graphics_table(graphics_data);

update_edit_area_by_layout(layout_data{current_layout_table_index}, layout_data{current_
layout_table_index}.type);
    catch
        update_graphics_table({});
        hide_edit_area();
    end_try_catch
endfunction
```

7.10.10 图形对象列表

图形对象列表以列表的形式将当前内存中的图形对象配置按照当前布局类型中的图形对象配置、按照 function_name 的值并按照顺序进行显示。图形对象列表的作用和布局列表的作用类似,不再赘述。

选择图形对象列表的单元格的回调函数的代码如下:

```
#!/usr/bin/octave
# 第 7 章/on_graphics_cell_selection_callback.m
```

```octave
function on_graphics_cell_selection_callback(h, opt)
    ## - * - texinfo - * -
    ## @deftypefn {} {} on_graphics_cell_selection_callback (@var{h} @var{opt})
    ## 选择图形对象列表的单元格的回调函数
    ##
    ## @example
    ## param: h, opt
    ##
    ## return: -
    ## @end example
    ##
    ## @end deftypefn

    current_config = get_handle('current_config');
    current_layout_table_index = get_handle('current_layout_table_index');
    current_graphics_table_index = get_handle('current_graphics_table_index');
    choose_layout_handle = get_handle('choose_layout_handle');

    try
        current_graphics_table_index = opt.Indices(1);
    catch
        current_graphics_table_index = 0;
    end_try_catch
    set_handle('current_graphics_table_index', current_graphics_table_index);

    layout_string = get(choose_layout_handle, 'string');
    layout_value = get(choose_layout_handle, 'value');
    layout_type = layout_string{layout_value};
    try
        layout_data = current_config.obj;
        current_layout_obj = layout_data{current_layout_table_index};
        graphics_data = current_layout_obj.obj;
        update_graphics_table(graphics_data);

update_edit_area_by_graphics(graphics_data{current_graphics_table_index}, layout_data{current_
layout_table_index}.type);
    catch
        update_graphics_table({});
        hide_edit_area();
    end_try_catch
endfunction
```

7.10.11 删除当前布局

在 GUI 配置文件制作器中，单击"删除当前布局"按钮即可在脚本配置中删除当前布局的配置。如果当前存在脚本配置，并且当前脚本配置存在布局，则按布局索引删除当前布局。

删除当前布局的代码如下：

```octave
#!/usr/bin/octave
# 第7章/@LayoutMakerCallbacks/callback_remove_current_layout_handle.m
function status = callback_remove_current_layout_handle(h, ~, this)
    ## - * - texinfo - * -
```

```
## @deftypefn {} {} callback_remove_current_layout_handle (@var{h} @var{~} @var{this})
## GUI 配置文件制作器类删除当前布局的回调函数
##
## @example
## param: h, ~, this
##
## return: status
## @end example
##
## @end deftypefn

current_config = get_handle('current_config');
current_layout_table_index = get_handle('current_layout_table_index');
current_graphics_table_index = get_handle('current_graphics_table_index');
current_edit_uipanel = get_handle('current_edit_uipanel');
layout_table_handle = get_handle('layout_table_handle');

# 如果当前存在脚本配置,并且当前脚本配置存在布局,则按布局索引删除当前布局
if ~isempty(current_config) && ~isempty(current_config.obj)
    layout_data = current_config.obj;
    layout_data_cell_temp = {};
    for layout_data_index = 1:numel(layout_data)
        if layout_data_index ~= current_layout_table_index
            layout_data_cell_temp{end + 1, 1} = layout_data{layout_data_index}
        endif
    endfor
    layout_type_cell = {};
    for layout_data_cell_temp_index = 1:numel(layout_data_cell_temp)
        layout_data_temp = layout_data_cell_temp{layout_data_cell_temp_index};
        layout_type_cell{end + 1, 1} = layout_data_temp.type
    endfor
    set(layout_table_handle, 'data', layout_type_cell);
    current_config.obj = layout_data_cell_temp;
    set_handle('current_config', current_config);
endif

endfunction
```

7.10.12　删除当前图形对象

在 GUI 配置文件制作器中,单击"删除当前图形对象"按钮即可在脚本配置中删除当前图形对象的配置。如果当前存在脚本配置,并且当前脚本配置存在布局,并且当前布局配置存在图形对象,则按布局索引和图形对象索引删除当前图形对象。

删除当前图形对象的代码如下:

```
#!/usr/bin/octave
# 第 7 章/@LayoutMakerCallbacks/callback_remove_current_graphics_handle.m
function status = callback_remove_current_graphics_handle(h, ~, this)
    ## - * - texinfo - * -
    ## @deftypefn {} {} callback_remove_current_graphics_handle (@var{h} @var{~} @var{this})
    ## GUI 配置文件制作器类删除当前图形对象的回调函数
    ##
```

```
## @example
## param: h, ~, this
##
## return: status
## @end example
##
## @end deftypefn

current_config = get_handle('current_config');
current_layout_table_index = get_handle('current_layout_table_index');
current_graphics_table_index = get_handle('current_graphics_table_index');
current_edit_uipanel = get_handle('current_edit_uipanel');
layout_table_handle = get_handle('layout_table_handle');
graphics_table_handle = get_handle('graphics_table_handle');

# 如果当前存在脚本配置,并且当前脚本配置存在布局,并且当前布局配置存在图形对象,则按布
# 局索引和图形对象索引删除当前图形对象
if ~isempty(current_config) && ~isempty(current_config.obj)
    layout_data = current_config.obj;
    current_layout = layout_data{current_layout_table_index};
    graphics_data = current_layout.obj;
    if ~isempty(graphics_data)
        graphics_data_cell_temp = {};
        for graphics_data_index = 1:numel(graphics_data)
            if graphics_data_index ~= current_graphics_table_index
                graphics_data_cell_temp{end+1, 1} = graphics_data{graphics_data_index};
            endif
        endfor
        update_graphics_table(graphics_data_cell_temp);
        current_layout.obj = graphics_data_cell_temp;
        layout_data{current_layout_table_index} = current_layout;
        current_config.obj = layout_data;
        set_handle('current_config', current_config);
    endif
endif

endfunction
```

7.10.13 刷新布局列表内容

布局列表会在以下场合刷新其中的内容:

(1) 增加一个布局。

(2) 删除一个布局。

(3) 打开配置文件。

(4) 清空当前的配置。

7.10.14 刷新图形对象列表内容

图形对象列表会在以下场合刷新其中的内容:

(1) 增加一个图形对象。

(2) 删除一个图形对象。

（3）修改当前图形对象的 function_name 值参数。

（4）打开配置文件。

（5）清空当前的配置。

（6）增加一个布局。

（7）选择一个其他的布局。

（8）删除一个布局。

💡**注意**：图形对象的配置是依托于布局的配置而存在的，二者构成了树状结构，因此，只要布局发生了变化，即便发生变化的布局不是当前图形对象对应的布局，或者仅仅是当前选中的布局位置发生了变化，也要同步刷新图形对象列表中的内容。

7.10.15　清空图形对象列表内容

由于图形对象的配置是依托于布局的配置而存在的，因此只使用图形对象列表的刷新逻辑不能处理图形对象配置不存在时的异常。为了处理这类和图形对象配置相关的异常，就需要引入图形对象列表内容的清空这一操作。

图形对象列表会在以下场合清空其中的内容：

（1）增加一个布局。

（2）删除一个布局。

（3）当前没有选中任何布局。

（4）当前选中的布局不存在。

（5）当前的图形对象列表为空。

刷新或清空图形对象列表内容的代码如下：

```octave
#!/usr/bin/octave
# 第 7 章/update_graphics_table.m

function update_graphics_table(graphics_data)
    ## - * - texinfo - * -
    ## @deftypefn {} {} update_graphics_table (@var{graphics_data})
    ## 更新图形对象列表
    ##
    ## @example
    ## param: graphics_data
    ##
    ## return: -
    ## @end example
    ##
    ## @end deftypefn
    if ~isempty(graphics_data)
        graphics_table_handle = get_handle('graphics_table_handle');
        graphics_name_cell = {};
        for graphics_data_index = 1:numel(graphics_data)
            graphics_data_temp = graphics_data{graphics_data_index};
            if ~isempty(graphics_data_temp)
```

```
                    if isempty(graphics_data_temp.function_name)
                        graphics_name_cell{end + 1, 1} = 'Untitled';
                    else
                        graphics_name_cell{end + 1, 1} = graphics_data_temp.function_name;
                    endif
                endif
            endfor
            set(graphics_table_handle, 'data', graphics_name_cell);
        else
            graphics_table_handle = get_handle('graphics_table_handle');
            set(graphics_table_handle, 'data', {});
        endif
endfunction
```

7.10.16　刷新编辑区域

编辑区域的刷新可分为 3 个步骤,步骤如下:

(1)隐藏编辑区域内的全部控件。

(2)根据当前布局来更新当前布局或当前布局对应的当前图形对象的配置的键-值对,并将更新后的值参数设置到控件中。

(3)根据当前布局来显示当前布局或当前布局对应的当前图形对象的控件。

编辑区域需要跟随布局列表内容的刷新或图形对象列表内容的刷新而一并刷新。按布局刷新编辑区域的代码如下:

```
#!/usr/bin/octave
# 第 7 章/update_edit_area_by_layout.m

function update_edit_area_by_layout(layout_data_struct, layout_type)
    ## - * - texinfo - * -
    ## @deftypefn {} {} update_edit_area_by_layout (@var{layout_data_struct} @var{layout_type})
    ## 按布局刷新编辑区域
    ##
    ## @example
    ## param: layout_data_struct, layout_type
    ##
    ## return: -
    ## @end example
    ##
    ## @end deftypefn

    # 列表区域的控件
    current_figure = get_handle('current_figure');
    current_config = get_handle('current_config');
    current_layout_table_index = get_handle('current_layout_table_index');
    current_graphics_table_index = get_handle('current_graphics_table_index');
    current_edit_uipanel = get_handle('current_edit_uipanel');
    choose_layout_handle = get_handle('choose_layout_handle');
    layout_table_handle = get_handle('layout_table_handle');
    graphics_table_handle = get_handle('graphics_table_handle');
    # 编辑区域的控件
```

```
    base_layout_layout_type_text = get_handle('base_layout_layout_type_text');
    base_layout_layout_type_inputfield = get_handle('base_layout_layout_type_inputfield');
    base_layout_layout_constant_text = get_handle('base_layout_layout_constant_text');
    base_layout_layout_constant_inputfield = get_handle('base_layout_layout_constant_
inputfield');
    base_layout_layout_save_button = get_handle('base_layout_layout_save_button');
    base_layout_layout_discard_button = get_handle('base_layout_layout_discard_button');
    #以下代码省略

    hide_edit_area();

    if strcmp(layout_type, 'BaseLayout')
        set(base_layout_layout_type_inputfield, 'string', layout_data_struct.type);
        #以下代码省略
    endif
endfunction
```

按图形对象刷新编辑区域的代码如下:

```
#!/usr/bin/octave
#第 7 章/update_edit_area_by_graphics.m

function update_edit_area_by_graphics(graphics_data_struct, layout_type)
    ## - * - texinfo - * -
    ## @deftypefn {} {} update_edit_area_by_graphics (@var{graphics_data_struct} @var
{layout_type})
    ##按图形对象刷新编辑区域
    ##
    ## @example
    ## param: graphics_data_struct, layout_type
    ##
    ## return: -
    ## @end example
    ##
    ## @end deftypefn

    #列表区域的控件
    current_figure = get_handle('current_figure');
    current_config = get_handle('current_config');
    current_layout_table_index = get_handle('current_layout_table_index');
    current_graphics_table_index = get_handle('current_graphics_table_index');
    current_edit_uipanel = get_handle('current_edit_uipanel');
    choose_layout_handle = get_handle('choose_layout_handle');
    layout_table_handle = get_handle('layout_table_handle');
    graphics_table_handle = get_handle('graphics_table_handle');
    #编辑区域的控件
    base_layout_obj_function_name_text = get_handle('base_layout_obj_function_name_text');
    base_layout_obj_function_name_inputfield = get_handle('base_layout_obj_function_name_
inputfield');
    base_layout_obj_argin_text = get_handle('base_layout_obj_argin_text');
    #以下代码省略

    hide_edit_area();
```

```
    if strcmp(layout_type, 'BaseLayout')
        set(base_layout_obj_function_name_inputfield, 'string', graphics_data_struct.function_
name);
        ♯以下代码省略
    endif
endfunction
```

GUI 配置文件制作器在编辑一个图形对象的参数时的状态如图 7-10 所示。

GUI 配置文件制作器在编辑一个布局的参数时的状态如图 7-11 所示。

图 7-10　GUI 配置文件制作器在编辑一个图形
　　　　　对象的参数时的状态

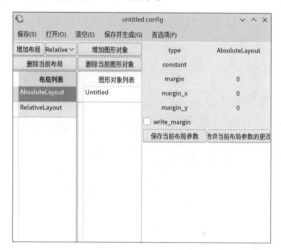

图 7-11　GUI 配置文件制作器在编辑一个布局
　　　　　的参数时的状态

7.10.17　隐藏编辑区域内的全部控件

由于在一个配置文件中允许不包含布局配置和图形对象配置,而编辑区域的刷新依赖于真实存在的布局配置和图形对象配置,因此只使用编辑区域的刷新逻辑不能处理当布局配置和图形对象配置不存在时的异常。为了处理这类和编辑区域相关的异常,就需要引入隐藏编辑区域内的全部控件这一操作。

隐藏编辑区域内的全部控件是一个独立的操作,其用途广泛,在编辑区域的刷新过程中使用的也是这个隐藏逻辑。只要当前编辑的配置不能被确定,就需要隐藏编辑区域内的全部控件,避免最终的配置出错。当前编辑的配置不能被确定的场景如下:

(1) 删除一个布局。

(2) 需要编辑一个布局,但当前没有选中任何布局。

(3) 需要编辑一个布局,但当前选中的布局和当前布局不一致。

(4) 需要编辑一个布局,但当前选中的布局不存在。

(5) 删除一个图形对象。

(6) 需要编辑一个图形对象,但当前没有选中任何图形对象。

(7) 需要编辑一个图形对象,但当前选中的图形对象和当前图形对象不一致。

（8）需要编辑一个图形对象，但当前选中的图形对象不存在。

其中的第（3）种、第（4）种、第（7）种和第（8）种情况与确定当前编辑的配置的实现方法有关。GUI 配置文件制作器使用布局列表和图形对象列表单击的索引来确定当前的配置：

（1）在单击布局列表的不同的单元格时更新当前布局列表的位置。

（2）单击图形对象列表的不同的单元格时更新当前图形对象列表的位置。

因此，要确定当前的配置是哪一个配置，则必须先单击布局列表的单元格或图形对象列表的单元格，而有些操作会不经过单击列表的单元格而改变实际的配置列表，在这种情况下就需要隐藏编辑区域内的全部控件来避免编辑意料之外的配置。

隐藏编辑区域内的全部控件的代码如下：

```
#!/usr/bin/octave
# 第 7 章/hide_edit_area.m

function hide_edit_area()
    ## - * - texinfo - * -
    ## @deftypefn {} {} hide_edit_area ()
    ## 隐藏编辑区域内的全部控件
    ##
    ## @example
    ## param: -
    ##
    ## return: -
    ## @end example
    ##
    ## @end deftypefn

    # 编辑区域的控件
    base_layout_obj_function_name_text = get_handle('base_layout_obj_function_name_text');
    base_layout_obj_function_name_inputfield = get_handle('base_layout_obj_function_name_inputfield');
    # 以下代码省略

    set(base_layout_obj_function_name_text, 'visible', 'off');
    # 以下代码省略
endfunction
```

7.10.18　序列化与反序列化

Octave 的序列化就是指把 Octave 变量转换为字节序列的过程，而 Octave 的反序列化就是指把字节序列恢复为 Octave 变量的过程。在配置文件的存储和读取过程中，配置既存在于配置文件中，又存在于内存中，并且作为一个变量，因此需要选择合适的序列化与反序列化技术，来保证配置文件的存储和读取的结果正确。

GUI 配置文件制作器使用 Octave 内置的 save 和 load 函数进行序列化与反序列化。其他用于序列化与反序列化的函数都有较大的弊端，主要弊端如下：

（1）jsonencode() 函数和 jsondecode() 函数会将 Octave 的结构体元胞转换为 JSON 的对象数组，并将 JSON 的对象数组转换为 Octave 的数组结构体，这会导致配置变量在序列化与反序列化前后的数据格式不一致。

💡 **注意**：将 Octave 的结构体元胞转换为 Octave 的数组结构体其实是可行的，但将 Octave 的结构体元胞转换为 Octave 的数组结构体则需要配合深度嵌套的循环语句，从而使应用的运行效率明显下降，因此不推荐这种序列化与反序列化方式。

（2）toJSON()函数和 fromJSON()函数对于 Octave 的结构体元胞的序列化与反序列化行为同 jsonencode()函数和 jsondecode()函数类似，而且对作为传入参数的变量的类型有更严格的要求。

（3）xmlwrite()函数和 xmlread()函数需要使用 Xerces 工具，而 Xerces 工具并不内置于 Octave 之内，因此需要自行准备 Xerces 工具。要使用 xmlwrite()函数和 xmlread()函数，必须事先执行先决条件，代码如下：

```
>> javaaddpath ("/path/to/xerces - 2_11_0/xercesImpl.jar");
>> javaaddpath ("/path/to/xerces - 2_11_0/xml - apis.jar");
```

7.10.19　保存配置文件

在 GUI 配置文件制作器的菜单栏中设置"保存"这一菜单项，单击这个菜单项即可将内存中的配置保存到配置文件中。

保存配置文件的代码如下：

```
#!/usr/bin/octave
# 第7章/@LayoutMakerCallbacks/callback_save_to_file.m
function [fname, fpath, fltidx] = callback_save_to_file(this)
    ## - * - texinfo - * -
    ## @deftypefn {} {} callback_save_to_file (@var{this})
    ## GUI 配置文件制作器类保存配置文件的回调函数
    ##
    ## @example
    ## param: this
    ##
    ## return: [fname, fpath, fltidx]
    ## @end example
    ##
    ## @end deftypefn
    global field;
    # 全局变量 GUI 配置文件制作器属性对象 field

    current_pwd = pwd;
    current_name = get_handle('current_name');
    current_config = get_handle('current_config');
    [fname, fpath, fltidx] = uiputfile('*', '保存', current_name);
    if ~isnumeric(fname)
        cd(fpath);
        set(gcf, 'name', fname);
        set_handle('current_name', fname);
        save(fname, 'current_config');
    endif
    cd(current_pwd);
endfunction
```

7.10.20　打开配置文件

在 GUI 配置文件制作器的菜单栏中设置"打开"这一菜单项,单击这个菜单项即可将配置文件中的配置加载到内存中。

打开配置文件的代码如下:

```octave
#!/usr/bin/octave
# 第 7 章/@LayoutMakerCallbacks/callback_open_file.m
function [fname, fpath, fltidx] = callback_open_file(h, ~, this)
    ## - * - texinfo - * -
    ## @deftypefn {} {} callback_open_file (@var{this})
    ## GUI 配置文件制作器类打开配置文件的回调函数
    ##
    ## @example
    ## param: this
    ##
    ## return: [fname, fpath, fltidx]
    ## @end example
    ##
    ## @end deftypefn

    callback_make_empty_of_layout_maker(h, [], this);
    # GUI 配置文件制作器类清空当前配置

    global field;
    # 全局变量 GUI 配置文件制作器属性对象 field
    global layout_struct;
    # 全局变量 布局结构体 layout_struct
    global scp;
    # 全局变量 脚本内容提供者 scp
    load_layout_struct(LayoutMakerCallbacks);
    # 加载布局结构体
    load_scp(LayoutMakerCallbacks);
    # 加载脚本内容提供者

    current_pwd = pwd;
    current_name = get_handle('current_name');
    [fname, fpath, fltidx] = uigetfile('*', '打开', current_name);
    temp_index = 1;
    if ~isnumeric(fname)
        set(gcf, 'name', fname);
        # 将编辑窗口的标题栏的文字设置为当前文件名
        set_handle('current_name', fname);
        cd(fpath);
        current_config = load(fname, 'current_config');
        current_config = current_config.current_config;
    endif
    cd(current_pwd);
    set_handle('current_config', current_config);

    current_layout_table_index = get_handle('current_layout_table_index');
    current_graphics_table_index = get_handle('current_graphics_table_index');
```

```
    current_edit_uipanel = get_handle('current_edit_uipanel');
    choose_layout_handle = get_handle('choose_layout_handle');
    layout_table_handle = get_handle('layout_table_handle');

    # 如果当前不存在脚本配置,则先按脚本配置模板创建脚本配置
    if isempty(current_config)
        default_arg_struct = get_default_script_arg_struct(scp);
        current_config = default_arg_struct;
        set_handle('current_config', current_config);
    endif

    # 如果当前存在脚本配置,则按下拉菜单的布局类型将布局添加到布局元胞的最后一个元素 + 1 处
    if ~isempty(current_config)
        layout_string = get(choose_layout_handle, 'string');
        layout_value = get(choose_layout_handle, 'value');
        layout_type = layout_string{layout_value};
        layout_data = current_config.obj
        layout_cell = {};
        layout_type_cell = {};
        for layout_data_cell_temp_index = 1:numel(layout_data)
            layout_data_temp = layout_data{layout_data_cell_temp_index};
            layout_type_cell{end + 1, 1} = layout_data_temp.type;
        endfor
        current_config.obj = layout_data;
        set(layout_table_handle, 'data', layout_type_cell);
        update_edit_area_by_layout(layout_data{end, 1}, layout_type);
    endif
endfunction
```

7.10.21 清空当前配置

在设计配置的过程中,如果要删除全部的布局配置和图形对象配置,则多次单击"删除"按钮是一种效率低下的做法。设计清空当前配置功能,将其用于一键清空当前 GUI 配置文件制作器存放在内存中的配置,以方便用户快速丢弃之前的配置设计。

在 GUI 配置文件制作器的菜单栏中设置清空这一菜单项,单击这个菜单项即可将内存中的配置全部清除,然后即可重新开始设计布局和图形对象。

清空当前配置的代码如下:

```
#!/usr/bin/octave
# 第 7 章/@LayoutMakerCallbacks/callback_make_empty_of_layout_maker.m
function ret = callback_make_empty_of_layout_maker(h, ~, this)
    ## - * - texinfo - * -
    ## @deftypefn {} {} callback_make_empty_of_layout_maker (@var{h} @var{~} @var{this})
    ## GUI 配置文件制作器类清空当前配置的回调函数
    ##
    ## @example
    ## param: h, ~, this
    ##
    ## return: ret
    ## @end example
    ##
```

```
## @end deftypefn

global field;
# 全局变量 GUI 配置文件制作器属性对象 field
global layout_struct;
# 全局变量 布局结构体 layout_struct
global scp;
# 全局变量 脚本内容提供者 scp
load_layout_struct(LayoutMakerCallbacks);
# 加载布局结构体
load_scp(LayoutMakerCallbacks);
# 加载脚本内容提供者

current_layout_table_index = get_handle('current_layout_table_index');
current_graphics_table_index = get_handle('current_graphics_table_index');
current_edit_uipanel = get_handle('current_edit_uipanel');
choose_layout_handle = get_handle('choose_layout_handle');
layout_table_handle = get_handle('layout_table_handle');
current_config = get_handle('current_config');

current_pwd = pwd;
current_name = get_handle('current_name');

# 如果当前存在脚本配置,则先清除图形对象名元胞并隐藏编辑区域
if ~isempty(current_config)
    set(layout_table_handle, 'data', {});
    hide_edit_area();
endif

# 清除布局元胞
default_arg_struct = get_default_script_arg_struct(scp);
current_config = default_arg_struct;
set_handle('current_config', current_config);
endfunction
```

7.10.22　保存并生成可执行脚本

在 GUI 配置文件制作器的菜单栏中设置"保存并生成"这一菜单项,单击这个菜单项即可将内存中的配置保存到配置文件中,并且将此配置生成为可执行脚本。将保存可执行脚本和生成可执行脚本合并为一个操作是出于防止歧义的考虑,避免生成的脚本所使用的配置和在配置文件中存入的配置不同,确保最终的配置文件中的配置可以再次生成相同的可执行脚本。

特别地,在生成可执行脚本时,如果脚本的 function_name 的值为空,则 GUI 配置文件制作器将自动将此值视为 Untitled,避免因用户忘记设置脚本的 function_name 的值而导致脚本生成失败。GUI 配置文件制作器应该允许用户只设计和布局配置和图形对象配置,而不修改默认的脚本配置,但脚本的 function_name 的默认值必须为空,而且也不应该由脚本生成器将其赋值为某个其他的默认值,因此需要在生成时才对脚本的 function_name 的值进行处理。

保存并生成可执行脚本的代码如下:

```octave
#!/usr/bin/octave
# 第 7 章/@LayoutMakerCallbacks/callback_save_and_gen_script.m
function [fname, fpath, fltidx] = callback_save_and_gen_script(h, ~, this)
    ## - * - texinfo - * -
    ## @deftypefn {} {} callback_save_and_gen_script (@var{h} @var{~} @var{this})
    ## GUI 配置文件制作器类保存并生成可执行脚本的回调函数
    ##
    ## @example
    ## param: h, ~, this
    ##
    ## return: [fname, fpath, fltidx]
    ## @end example
    ##
    ## @end deftypefn

    global layout_struct;
    # 全局变量 布局结构体 layout_struct
    global scp;
    # 全局变量 脚本内容提供者 scp
    load_layout_struct(this);
    # 加载布局结构体
    load_scp(this);
    # 加载脚本内容提供者

    current_pwd = pwd;
    current_name = get_handle('current_name');
    current_config = get_handle('current_config');
    [fname, fpath, fltidx] = uiputfile('*', '保存', current_name);
    if ~isnumeric(fname)
        cd(fpath);
        set(gcf, 'name', fname);
        set_handle('current_name', fname);
        save(fname, 'current_config');
        # 生成文件头
        sg = ScriptGenerator(current_config);
        init_new_file(sg);
        gen_script_head(sg);
        [sg_directory_prefix, sg_function_name] = get_directory_prefix(sg);
        # 生成文件体
        layout_config = current_config.obj;
        for layout_config_index = 1:numel(layout_config)
            layout_data_temp = layout_config{layout_config_index};
            if strcmp(layout_data_temp.type, 'AbsoluteLayout');
                current_layout = getfield(layout_struct, 'AbsoluteLayout');
            elseif strcmp(layout_data_temp.type, 'RelativeLayout');
                current_layout = getfield(layout_struct, 'RelativeLayout');
            else
                current_layout = getfield(layout_struct, 'BaseLayout');
            endif
            gen_script_fragment_of_layout(
                current_layout.generator, ...
                layout_config{layout_config_index}, ...
                sg_directory_prefix, sg_function_name...
```

```
        );
        gen_script_fragment_of_obj(current_layout.generator, layout_config, layout_
config_index, sg_directory_prefix, sg_function_name, 1);
        endfor
        gen_script_tail(sg);
    endif
    cd(current_pwd);
endfunction
```

7.10.23　可视化的报错提示

在设计 GUI 配置文件制作器时,要考虑到此应用是一个 GUI 应用,这代表着用户的所有操作都应该通过 GUI 来完成,而无须查看终端的输出。然而,Octave 的 error()函数在报错时只会向终端发出字符串提示,此时如果使用用户的配置,则不能正确生成可执行脚本(例如,某一个图形对象配置中的 function_name 为空),而会触发一个报错并导致脚本生成失败,但用户却无法通过 GUI 查看错误信息,因此用户可能不会发觉脚本失败。

在实际设计时,利用 Octave 的 errordlg()函数通过 GUI 显示错误对话框,每个错误对话框会显示和 error()函数相同的错误信息,并且将错误对话框的标题统一设置为脚本生成失败。通过 GUI 显示错误对话框的示例代码如下:

```
error_msg = sprintf('常量的值必须是字符串或整数');
errordlg(error_msg, '脚本生成失败');
error(error_msg)
```

7.10.24　退出 GUI 配置文件制作器时的弹窗

在 GUI 配置文件制作器退出前设计一个弹窗,并且此弹窗提供以下 3 个功能:

(1) 是,保存更改功能。用于先保存配置文件,然后退出 GUI 配置文件制作器。

(2) 取消功能。用于取消退出 GUI 配置文件制作器。

(3) 否,丢弃更改功能。用于不保存配置文件并直接退出 GUI 配置文件制作器。

关闭编辑窗口的回调函数的代码如下:

```
#!/usr/bin/octave
# 第 7 章/@LayoutMakerCallbacks/callback_close_edit_window.m
function status = callback_close_edit_window(h, ~, this)
    ## - * - texinfo - * -
    ## @deftypefn {} {} callback_close_edit_window (@var{h} @var{~} @var{this})
    ## GUI 配置文件制作器类关闭编辑窗口的回调函数
    ##
    ## @example
    ## param: h, ~, this
    ##
    ## return: status
    ## @end example
    ##
    ## @end deftypefn
    btn1 = '是,保存更改';
    btn2 = '取消';
    btn3 = '否,丢弃更改';
```

```
        default = btn2;
        ret_btn1 = 1;
        ret_btn2 = 2;
        ret_btn3 = 3;

        result = questdlg ('是否保存更改?', '提醒', btn1, btn2, btn3, default);
        if strcmp(result, btn1)
            # 是,保存更改
            fname = callback_save_to_file(this);
            status = ret_btn1
            if ~isnumeric(fname)
                delete(h);
            endif
        elseif strcmp(result, btn2)
            # 取消
            status = ret_btn2
        elseif strcmp(result, btn3)
            # 否,丢弃更改
            status = ret_btn3
            delete(h);
        endif
    endfunction
```

第8章 商店项目

本章的内容是一个商店系统的设计项目。商店项目也叫商城项目,在软件行业是一类知名的系统解决方案。此外,使用其他编程语言的软件工程师也可能会使用商店项目来提高自己的代码编写水平,例如,基于 Java 的商店项目、基于 PHP 的商店项目等。本项目使用商店项目讲解一个分布式系统的设计和实现的过程,并加入微服务、RESTful API、搜索引擎、框架、数据库缓存、负载均衡、主备网关和服务器集群等现代系统的设计元素,具有较高的参考价值。

借由本章中设计的商店销售的商品为适用于一种智能手表的表盘,其采用 Octave 设计并实现,保存为表盘配置并存储在数据库中,然后配合表盘播放器播放表盘动画,因此表盘播放器可根据表盘配置中的描述而使用不同的风格实时显示时间。用户在商店系统中购买的商品就是这种表盘配置。本章不但涉及 GUI 控件的实战内容,还涉及图形对象的实战内容,应用场景丰富,对读者的 GUI 应用的设计能力有较高要求。

本章将重点放在客户端和服务器端的设计上,尽量不列举客户端和服务器端的应用(包括 GUI 应用和 CGI 应用等)的代码。希望读者在阅读完本章后可以理解系统的设计和实现的要点,并在日后可以亲自设计并实现一个系统解决方案。

8.1 系统架构设计

商店项目的系统架构设计为 5 个层级,层级如下:

(1) 控制层。

(2) 网关层。

(3) 微服务层。

(4) 数据库层。

(5) 文件服务器层。

系统架构中的层级组成如下:

(1) 控制层由商店项目框架作为客户端的容器。商店项目框架由表盘制作器客户端、登录和注册组件、表盘上传器客户端、表盘审核器客户端、表盘商店客户端、商店后台管理系统和表盘播放器客户端组成,为各种角色的用户提供多种控制方式。用户通过 GUI 应用的方式进行控制操作,使表盘的处理过程更加便利且更加直观。

(2) 网关层由网关服务器组成,用于将用户侧的网络请求转发到实际的业务服务器上。网关可实现负载均衡、主备网关等特性,可提高服务的可用性。

（3）业务服务器通过服务目录提供服务。给定的服务目录包含多个服务，这些服务按照每种服务模型来分组。

（4）微服务层中的微服务用于实现需求中的小型逻辑，按照实际的业务逻辑将多个微服务进行组合以完成其任务所需的组合逻辑。本项目提供审核微服务、付款检查微服务、商品信息微服务、订单管理微服务、商品管理微服务、订单微服务、付款微服务、商品微服务、状态微服务、测试微服务、用户微服务、UUID 微服务及图片微服务。

（5）数据库层由数据库服务器组成，用于将用户侧的网络请求转发到实际的业务服务器上。在配置数据库集群后可实现流复制、虚拟 IP 等特性，可提高服务的可用性。还可以在数据库层之上增加缓存，以进一步增加数据库的稳定性和存取数据的速度。

（6）文件服务器层由文件服务器组成，用于向用户侧提供文件的上传和下载服务，可提高数据存取的速度。

（7）微服务层、数据库层和文件服务器层可以只使用单个服务器，也可以使用多个服务器共同组成集群，以提高系统容量和可用性。

系统架构图如图 8-1 所示。

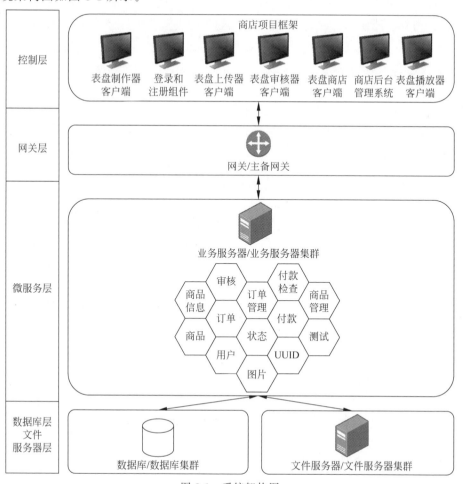

图 8-1　系统架构图

8.2　角色设计

（1）表盘开发者操作表盘制作器客户端，用于创建表盘配置文件。

（2）表盘开发者操作表盘上传器客户端，用于将表盘配置文件和其他信息上传到表盘商店。

（3）表盘审核用户操作表盘审核器客户端，用于审核表盘配置文件是否可以在表盘商店上架，并允许控制已经上传到表盘商店的表盘的上架状态。

（4）表盘使用者、表盘开发者或表盘审核用户操作表盘商店客户端，用于浏览、搜索、下单、付款、下载和退款表盘或订单。

（5）一旦表盘开发者的一个或多个表盘成功上架，那么就同时相当于正在销售表盘的商家。商家负责订单的退款等售后服务。

（6）商家操作商店后台管理系统，用于管理自己制作的表盘和与自己制作的表盘相关的订单的退款请求。

（7）商家可配合团队功能，将其他用户加入自己的团队，使其他人也能通过操作商店后台管理系统，来管理自己制作的表盘和/或与自己制作的表盘相关的订单的退款请求。

（8）表盘使用者操作表盘播放器客户端，用于播放已购买的表盘。

8.3　状态设计

在商店系统中需要设计表盘和订单的状态，来表明不同的客户端对表盘和订单从创建之后的不同的处理方式，例如，表盘使用者不能再下载在商家支持退款的订单中的表盘。

8.3.1　表盘状态的设计

设计表盘状态作为标识，来指示一张表盘当前在总体的流程中处于什么状态。设计表盘状态表如表 8-1 所示。

表 8-1　表盘状态表

状　态　码	对应的状态	状　态　码	对应的状态
0	等待创建商品信息	3	等待下单（通过审核）
1	等待上传	4	未通过审核
2	等待审核	5	用户删除（下架）

表盘的状态转移图如图 8-2 所示。

其中，

（1）一张表盘的默认状态为 0，代表这个表盘的信息还未被创建过，数据库中也没有记录过这个商品。

（2）在成功创建了表盘信息之后，表盘的状态变为 1，代表这个表盘的配置文件等信息需要上传。

（3）在成功上传了表盘信息之后，表盘的状态变为 2，代表这个表盘需要审核才可以成功上架。

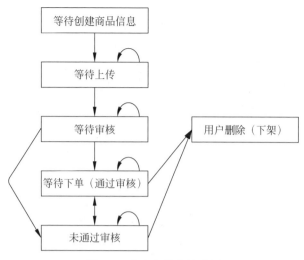

图 8-2 表盘的状态转移图

（4）在表盘信息通过审核之后，表盘的状态变为 3，代表这个表盘通过审核，并且用户可以下单购买这个表盘。

（5）在表盘信息未通过审核之后，表盘的状态变为 4，代表这个表盘未通过审核，并且用户不可以下单购买这个表盘。

（6）无论表盘信息是否通过审核，用户均可以选择删除（下架）这个表盘。如果用户选择删除（下架）这个表盘，则表盘的状态变为 5，代表用户选择了删除（下架）这个表盘，并且用户不可以下单购买这个表盘。

（7）表盘管理者可以随时通过或不通过一个等待审核的、等待下单（通过审核）的或未通过审核的表盘。

8.3.2 订单状态的设计

设计订单状态作为标识，来指示一个订单当前在总体的流程中处于什么状态。设计订单状态表如表 8-2 所示。

表 8-2 订单状态表

状 态 码	对应的状态	状 态 码	对应的状态
6	等待付款	11	退款完成（商家不支持退款要求）
7	需要查询付款结果	12	订单因付款超时而不再允许付款
8	等待下载	13	订单因商品下架而不再允许付款
9	等待退款	14	订单因其他原因而不再允许付款
10	退款完成（商家支持退款要求）		

订单的状态转移图如图 8-3 所示。

其中，

（1）在用户下单这个表盘之后，订单的状态初始化为 6，代表用户需要完成付款之后才可以获取订单对应的表盘。

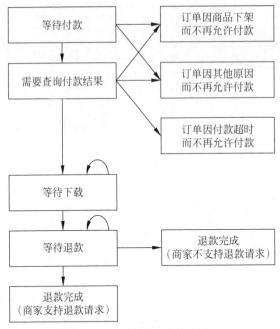

图 8-3 订单的状态转移图

（2）在用户提出付款请求之后，订单的状态初始化为 7，代表需要查询付款结果。

（3）在查询付款结果（付款成功）之后，订单的状态变为 8，代表用户可以获取订单对应的表盘。

（4）在查询付款结果（付款失败）之后，订单的状态保持为 7，代表需要查询付款结果。

（5）在用户要求退款之后，订单的状态变为 9，代表用户选择了退款，此时需要商家进行退款处理。直到退款处理完毕之前，用户不能获取订单对应的表盘。

（6）在商家支持退款要求之后，订单的状态变为 10，代表退款完成（商家支持退款要求），此后用户不能再获取订单对应的表盘。

（7）在商家不支持退款要求之后，订单的状态变为 11，代表退款完成（商家不支持退款要求），此后用户依然可以再获取订单对应的表盘。

8.4　搭建调试环境

本节以 Fedora 35 操作系统为例，在此操作系统上搭建调试环境。此外，读者也可以在 Windows、Ubuntu 和 macOS 等其他操作系统或者 AWS 等云平台上搭建调试环境，但具体的搭建步骤可能会有区别。

8.4.1　安装 Vagrant

Vagrant 是一种用于在单个工作流中构建和管理虚拟机环境的工具。Vagrant 凭借易于使用的工作流和对自动化的关注，可以缩短调试环境的设置时间并且提高生产效率。

Vagrant 默认且推荐的虚拟化方式是使用 VirtualBox。通过 DNF 软件源安装 VirtualBox 的命令如下：

```
$ sudo dnf install VirtualBox VirtualBox-guest
```

> 💡**注意**：如果 VirtualBox 在安装后不能启动任何虚拟机，就需要关闭计算机 BIOS 中的 SecureBoot 选项。如果此问题在关闭计算机 BIOS 中的 SecureBoot 选项之后仍然存在，则需要将 VirtualBox 的内核驱动签名后再用 akmods 命令来更新内核驱动。

目前，Vagrant 已经支持了 30 余种虚拟化方式。在使用 Vagrant 时不必依赖于 VirtualBox 的虚拟化能力。

安装 Vagrant 的命令如下：

```
$ sudo dnf install - y dnf - plugins - core
$ sudo dnf config - manager -- add - repo
https://rpm.releases.hashicorp.com/fedora/hashicorp.repo
$ sudo dnf - y install vagrant
```

8.4.2 自动化安装 Fedora 虚拟机

Vagrant 支持自动化安装虚拟机。在任意空文件夹下放置一个名为 Vagrantfile 的配置文件，并且在这个在配置文件中配置安装和启动虚拟机的操作，即可自动化安装虚拟机。

在编写好配置文件之后，在此文件夹下执行的命令如下：

```
$ vagrant up
```

以上命令将按照以下原则进行操作：

（1）如果虚拟机没有被创建过，则 Vagrant 会首先按照配置创建虚拟机，然后初始化新创建的虚拟机，最后启动新创建的虚拟机。

（2）如果虚拟机已经创建过了，则 Vagrant 会直接启动虚拟机。

此外，配置文件也支持重新初始化虚拟机。直接修改配置文件后，改动的配置文件中的配置不会自动生效。在此文件夹下执行的命令如下：

```
$ vagrant reload
```

此时 Vagrant 会按照配置重新初始化虚拟机，然后启动虚拟机。

利用 Vagrant 的配置文件，即可实现虚拟机的自动化安装，并可以快速批量部署软件的运行环境，这在多人协作的开发过程中非常好用。

8.4.3 更换 Fedora 的软件源

Vagrant 提供的操作系统盒子（box）是经过充分验证的。然而，充分地验证一个操作系统的时间通常要长于一年，因此，通过 Vagrant 安装的虚拟机的操作系统的版本往往会落后于操作系统的最新版本。在这种落后版本的操作系统上安装软件时，默认的软件源只能提供几十 kb/s 的下载速度，这个速度非常慢，以至于初始化虚拟机的时间会因为安装软件而大幅延长。

建议更换一个快速的软件源，以加快虚拟机部署的速度。在浏览器中访问 Fedora 官方软件源，网址如下：

```
https://mirrors.fedoraproject.org/mirrorlist?repo = fedora - Fedora 版本号 &arch = x86_64
```

然后将网址中的 Fedora 版本号字样更换为虚拟机的 Fedora 版本号（例如 Fedora 35 的

Fedora 版本号是 35)，即可查询到当前可用的 DNF 软件源。

在查询到软件源之后，挑选一个速度最快的软件源，然后更换虚拟机中的软件源配置，即可加快虚拟机的部署速度。

8.4.4　打开或关闭服务的自启动

防火墙功能默认禁用服务器的大部分端口。如果不想麻烦或在测试阶段，则可以将防火墙关闭，否则就需要 firewall-cmd 命令手动修改防火墙配置。禁用防火墙自启动的命令如下：

```
# systemctl disable firewalld.service
Removed /etc/systemd/system/multi-user.target.wants/firewalld.service.
Removed /etc/systemd/system/dbus-org.fedoraproject.FirewallD1.service.
```

启用 Nginx 自启动的命令如下：

```
# systemctl enable nginx
Created symlink /etc/systemd/system/multi-user.target.wants/nginx.service → /usr/lib/systemd/system/nginx.service.
```

启用 PostgreSQL 自启动的命令如下：

```
# systemctl enable postgresql
Created symlink /etc/systemd/system/multi-user.target.wants/postgresql.service → /usr/lib/systemd/system/postgresql.service.
```

8.5　数据结构设计

系统中的数据主要存放在数据库中。商店项目使用关系型数据库，因此其数据结构按照关系型数据库的方法进行设计。本节基于 PostgreSQL 数据库的 SQL 语法，通过数据中的关系对数据库进行设计。

8.5.1　用户表设计

用户表的字段和含义如表 8-3 所示。

表 8-3　用户表的字段和含义

字　　　段	含　　　义	数　据　类　型	备　　　注
user_id	用户 ID	—	序列、主键
username	用户名	character varying(128)	非空、唯一
nickname	昵称	character varying(128)	非空
password	密码	character varying(128)	非空
security_email	安全邮箱	character varying(128)	默认为空
security_mobile	安全手机号	character varying(20)	默认为空
is_deleted	是否被删除	boolean	默认值为 false
register_time	注册时间	double	非空

8.5.2　商品表设计

本系统将表盘视为商品，并使用商品表存放与表盘属性相关的数据。商品表的字段和含义如表 8-4 所示。

表 8-4　商品表的字段和含义

字　段	含　义	数据类型	备　注
product_id	商品 ID	—	序列、主键
user_id	用户 ID	integer	非空、外键
name	品名	character varying(128)	非空、唯一
price	商品价格	character varying(128)	非空、默认为字符串 0
attributes	商品属性	jsonb	—
status	状态	smallint	非空、默认值为 0
is_deleted	是否被删除	boolean	非空、默认值为 false
time	创建商品时的时间	character varying(128)	非空

8.5.3　商品信息表设计

本系统将表盘视为商品，并使用商品信息表存放表盘的附加特性。表盘的附加特性不属于表盘自身的特性，例如商品介绍、商品推荐等信息均属于表盘的附加特性。表盘的附加特性只会在要显示表盘的详细信息时才需要查询，因此将表盘的附加特性独立出来作为单独的商品信息表可以提高查询效率。商品信息表的字段和含义如表 8-5 所示。

表 8-5　商品信息表的字段和含义

字　段	含　义	数据类型	备　注
info_id	商品信息 ID	—	序列、主键
product_id	商品 ID	integer	非空、外键
introduction	商品介绍	character varying(3000)	非空、默认为字符串暂无商品介绍
recommend	商品推荐	jsonb	非空、默认为字符串[\"暂无推荐信息\"]
extend	扩展信息	jsonb	非空、默认为字符串{}
is_in_use	是否正在使用此商品信息	boolean	非空、默认值为 true
is_deleted	是否被删除	boolean	非空、默认值为 false
time	最后一次更新此信息的时间	double	非空

8.5.4　订单表设计

本系统通过订单记录用户购买表盘的行为，并使用订单表存放和购买相关的数据。订单表的字段和含义如表 8-6 所示。

表 8-6　订单表的字段和含义

字　段	含　义	数据类型	备　注
order_id	订单 ID	—	序列、主键
user_id	购买商品的用户 ID	integer	非空、外键
product_id	商品 ID	integer	非空、外键
name	订单名	character varying(128)	非空

续表

字　段	含　义	数据类型	备　注
price	创建订单时的商品价格	character varying(128)	非空
attributes	创建订单时的商品属性	jsonb	非空
status	状态	smallint	非空、默认值为 6
is_deleted	是否被删除	boolean	非空、默认值为 false
time	创建订单时的时间	double	非空

8.5.5　审核表设计

本系统的审核操作涉及审核权限。设计审核表用于控制审核权限,审核表的字段和含义如表 8-7 所示。

表 8-7　审核表的字段和含义

字　段	含　义	数据类型	备　注
user_id	用户 ID	integer	非空、外键
is_granted	是否被授权	boolean	非空、默认值为 false

8.5.6　团队表设计

本系统的后台管理操作涉及团队概念:

(1) 所有用户可以创建、修改或删除一个或多个团队,创建的团队默认归自己所有。

(2) 团队所有者自动加入自己所有的团队。

(3) 团队所有者可以将其他用户加入、移出自己所有的团队。

(4) 每个团队拥有不同的管理权限,可以管理不同的商品。

(5) 一个团队可以管理的商品不能超出团队所有者可以管理的商品的范围。

(6) 用户登录到某个团队后,可以管理的商品变为对应团队可以管理的商品。

设计团队表用于团队,团队表的字段和含义如表 8-8 所示。

表 8-8　团队表的字段和含义

字　段	含　义	数据类型	备　注
team_id	团队 ID	—	序列、主键
team_name	团队名	character varying(20)	非空、唯一
team_owner_id	团队所有者的用户 ID	integer	非空、外键
team_members_id_json	团队成员的用户 ID 组成的 JSON 数组	jsonb	非空、默认为字符串[]
backstage_category	用于后台管理的品类	jsonb	非空、默认为字符串[]
is_deleted	是否被删除	boolean	非空、默认值为 false
time	创建团队时的时间	double	非空

8.6　数据库操作

8.6.1　安装 PostgreSQL

PostgreSQL 的软件包名为 postgresql。在数据库服务器上安装 PostgreSQL,命令如下:

```
# dnf install postgresql
```

PostgreSQL 服务器组件的软件包名为 postgresql-server，此组件常用于为数据库服务器提供面向客户端的数据库服务。在数据库服务器上安装 PostgreSQL 服务器组件，命令如下：

```
# dnf install postgresql - server
```

PostgreSQL 贡献组件的软件包名为 postgresql-contrib，此组件存放的是在 PostgreSQL 发布的 contrib 目录中能找到的模块，包括移植工具和分析工具等，这些模块不是 PostgreSQL 核心系统的一部分，主要因为只有很少的用户会用到或者还处于实验阶段，但这不会影响它们的使用。在数据库服务器上安装 PostgreSQL 贡献组件，命令如下：

```
# dnf install postgresql - contrib
```

PostgreSQL 基于 LLVM 的 JIT 组件的软件包名为 postgresql-llvmjit，此组件将原生的 SQL 命令进行 JIT 编译，从而提高数据库的查询效率。在数据库服务器上安装 PostgreSQL 基于 LLVM 的 JIT 组件，命令如下：

```
# dnf install postgresql - llvmjit
```

Pgpool-II 组件的软件包名为 postgresql-pgpool-II，此组件是位于 PostgreSQL 服务器和 PostgreSQL 数据库客户端之间的代理软件，属于中间件的范畴。Pgpool-II 可用于创建数据库集群，并在数据库集群的基础上实现故障转移、故障恢复和健康检查的功能。在数据库服务器上安装 Pgpool-II 组件，命令如下：

```
# dnf install postgresql - pgpool - II
```

Pgpool-II 扩展组件的软件包名为 postgresql-pgpool-II-extensions，此组件提供了 Pgpool-II 的扩展。在数据库服务器上安装 Pgpool-II 扩展组件，命令如下：

```
# dnf install postgresql - pgpool - II - extensions
```

PostgreSQL 数据库升级组件的软件包名为 postgresql-upgrade，此组件用于数据库在大版本间的升级。在数据库服务器上安装 PostgreSQL 数据库升级组件，命令如下：

```
# dnf install postgresql - upgrade
```

PostgreSQL 的调优工具的软件包名为 postgresqltuner，此组件用于数据库的配置参数调优。在数据库服务器上安装 PostgreSQL 的调优工具，命令如下：

```
# dnf install postgresqltuner
```

8.6.2 安装用于连接 PostgreSQL 的库

Octave 使用 database 工具箱连接 PostgreSQL，这个工具箱用于连接 PostgreSQL 的库的软件包名为 libpq-devel。如果不安装这个软件包，则 Octave 会在安装 database 工具箱时报错。在数据库服务器上安装用于连接 PostgreSQL 的库，命令如下：

```
# dnf install libpq - devel
```

8.6.3 启动 PostgreSQL

推荐用启动 postgresql 服务的方式来启动 PostgreSQL,命令如下:

```
$ systemctl start postgresql
==== AUTHENTICATING FOR org.freedesktop.systemd1.manage-units ====
Authentication is required to start postgresql.service'.
```

此外,PostgreSQL 也支持其他启动方式,如使用 PostgreSQL 的 CLI 客户端。在数据库
服务器上进入 PostgreSQL 的 CLI 客户端,命令如下:

```
$ psql
psql (12.7)
Type "help" for help.
```

psql 命令支持的连接参数及含义如表 8-9 所示。

表 8-9 psql 命令支持的连接参数及含义

参 数	含 义
-c,--command=COMMAND	执行单行命令
-d,--dbname=DBNAME	数据库名称。默认为 postgres 数据库
-f,--file=FILENAME	从外部调用脚本文件
-l,--list	列出可用的数据库后退出
-v,--set=,--variable=NAME=VALUE	设置 psql 的变量名
-V,--version	输出 psql 的版本号
-X,--no-psqlrc	在不读取启动文件~/.psqlrc 的情况下启动 psql
-1 ("one"),--single-transaction	以一个事务的方式执行命令

8.6.4 PostgreSQL 控制工具

pg_ctl 是一款 PostgreSQL 的控制工具。此工具由 PostgreSQL 社区进行维护,在 Fedora
操作系统中随着 postgresql-server 软件包来提供此工具。

pg_ctl 初始化数据库的命令如下:

```
$ pg_ctl init
```

此命令有另一种实现,命令如下:

```
$ initdb
```

pg_ctl 启动服务器的命令如下:

```
$ pg_ctl start
```

pg_ctl 启动服务器并等待直到服务器接受连接的命令如下:

```
$ pg_ctl -w start
```

pg_ctl 使用端口 5433 启动服务器,而且不带 fsync 运行的命令如下:

```
$ pg_ctl -o "-F -p 5433" start
```

pg_ctl 停止服务器的命令如下：

```
$ pg_ctl stop
```

pg_ctl 停止服务器并控制服务器如何关闭的命令如下：

```
$ pg_ctl stop - m fast
```

pg_ctl 重启服务器的命令如下：

```
$ pg_ctl restart
```

pg_ctl 重启服务器并等待其停止和重启的命令如下：

```
$ pg_ctl - w restart
```

pg_ctl 使用端口 5433 重启服务器，而且重启后关闭 fsync 的命令如下：

```
$ pg_ctl - o " - F - p 5433" restart
```

8.6.5　PostgreSQL 初始化数据库失败

PostgreSQL 初始化数据库失败，报错如下：

```
$ pg_ctl init
The files belonging to this database system will be owned by user "vagrant".
This user must also own the server process.

The database cluster will be initialized with locale "en_US.UTF - 8".
The default database encoding has accordingly been set to "UTF8".
The default text search configuration will be set to "english".

Data page checksums are disabled.

fixing permissions on existing directory /vagrant_data/pgdata ... ok
creating subdirectories ... ok
selecting dynamic shared memory implementation ... posix
selecting default max_connections ... 100
selecting default shared_buffers ... 128MB
selecting default time zone ... UTC
creating configuration files ... ok
running Bootstrap script ... 2022 - 07 - 15 11:40:13.761 UTC [2212] LOG: could not link file
"pg_wal/xlogtemp.2212" to "pg_wal/000000010000000000000001": Operation not permitted
2022 - 07 - 15 11:40:13.765 UTC [2212] FATAL: could not open file "pg_wal/000000010000000000000001":
No such file or directory
child process exited with exit code 1
initdb: removing contents of data directory "/vagrant_data/pgdata"
pg_ctl: database system initialization failed
```

　　一种原因是：服务器内部的归档文件体积过大，从而导致数据库服务器的磁盘没有多余的空间。此时需要使用 pg_dumpall 软件来备份现有数据库并重建数据库。备份现有数据库并重建数据库的步骤如下：

　　(1) 扩大磁盘大小，但不要删除已有文件。

　　(2) 启动 PostgreSQL 服务器。

（3）对数据库或数据库集群用 pg_dumpall 备份数据。

（4）停止 PostgreSQL 服务器、备份配置文件并删除数据文件夹。

（5）用 initdb 命令重新初始化数据库，恢复配置文件并启动。

（6）向新的数据库中恢复用 pg_dumpall 备份出来的数据。

另一种原因是使用了不正确的用户来初始化数据库。在安装 PostgreSQL 时，PostgreSQL 软件会自动创建一个名为 postgres 的用户，并且 PostgreSQL 推荐使用此用户来初始化数据库。将用户切换为 postgres，并且初始化数据库的命令和日志如下：

```
# su - postgres
$ pg_ctl init
The files belonging to this database system will be owned by user "postgres".
This user must also own the server process.

The database cluster will be initialized with locale "en_US.UTF-8".
The default database encoding has accordingly been set to "UTF8".
The default text search configuration will be set to "english".

Data page checksums are disabled.

fixing permissions on existing directory /var/lib/pgsql/data ... ok
creating subdirectories ... ok
selecting dynamic shared memory implementation ... posix
selecting default max_connections ... 100
selecting default shared_buffers ... 128MB
selecting default time zone ... UTC
creating configuration files ... ok
running Bootstrap script ... ok
performing post-Bootstrap initialization ... ok
syncing data to disk ... ok

initdb: warning: enabling "trust" authentication for local connections
You can change this by editing pg_hba.conf or using the option -A, or
--auth-local and --auth-host, the next time you run initdb.

Success. You can now start the database server using:

    /usr/bin/pg_ctl -D /var/lib/pgsql/data -l logfile start
```

从以上日志可知，本次初始化数据库成功。

此外，pg_ctl 不允许以 root 账号运行。如果以 root 账号运行 pg_ctl，则 pg_ctl 将报错如下：

```
# pg_ctl init
pg_ctl: cannot be run as root
Please log in (using, e.g., "su") as the (unprivileged) user that will
own the server process.
```

8.6.6 PostgreSQL 启动数据库失败

PostgreSQL 启动数据库失败，报错如下：

```
$ pg_ctl start
pg_ctl: no database directory specified and environment variable PGDATA unset
Try "pg_ctl -- help" for more information.
```

要解决此问题,则需要在数据库服务器中增加环境变量 PGDATA,命令如下:

```
$ export PGDATA = "/vagrant_data/pgdata"
```

8.6.7　PostgreSQL 连接数据库失败

PostgreSQL 连接数据库失败,报错为无法连接到服务器:没有到主机的路由。此问题是因为数据库服务器的防火墙处于开启状态,然后防火墙拒绝了数据库客户端到数据库服务器的连接。此时需要关闭数据库服务器的防火墙,命令如下:

```
# firewall - cmd -- state
running
# systemctl stop firewalld.service
# systemctl stop iptables.service
Failed to stop iptables.service: Unit iptables.service not loaded.
```

PostgreSQL 连接数据库失败,报错为无法连接到服务器:拒绝连接。此问题是因为数据库服务器需要进行额外配置才能允许其他机器的客户端访问数据库服务器上的数据库。此时需要先修改 pg_hba.conf 文件的配置,命令如下:

```
$ vi /var/lib/pgsql/data/pg_hba.conf
```

将其他机器的 IP 加入配置中,配置如下:

```
# 第8章/vagrant_data/pg_hba.conf
# 将此文件复制到/var/lib/pgsql/data/pg_hba.conf 之下,并替换掉同名文件
# TYPE       DATABASE       USER       ADDRESS           METHOD

# "local" is for UNIX domain socket connections only
local        all            all                          trust
# IPv4 local connections:
host         all            all        128.0.0.1/32      trust
host         all            all        192.168.56.0/24   trust
# IPv6 local connections:
host         all            all        ::1/128           trust
# Allow replication connections from localhost, by a user with the
# replication privilege.
local        replication    all                          trust
host         replication    all        128.0.0.1/32      trust
host         replication    all        ::1/128           trust
```

再修改 postgresql.conf 文件的配置,命令如下:

```
$ vi /var/lib/pgsql/data/postgresql.conf
```

将监听其他机器的 IP 的列表和端口号加入配置中,配置如下:

```
# 第8章/vagrant_data/postgresql.conf
# 将此文件复制到/var/lib/pgsql/data/postgresql.conf 之下,并替换掉同名文件
```

```
# -----------------------------------------------------------------------
# CONNECTIONS AND AUTHENTICATION
# -----------------------------------------------------------------------

# - Connection Settings -

listen_addresses = '*'              # what IP address(es) to listen on;
                                    # comma - separated list of addresses;
                                    # defaults to 'localhost'; use '*' for all
                                    # (change requires restart)
port = 5432                         # (change requires restart)
max_connections = 100               # (change requires restart)
```

然后重启 postgresql 服务,命令如下:

```
$ systemctl reload postgresql
==== AUTHENTICATING FOR org.freedesktop.systemd1.manage - units ====
Authentication is required to reload 'postgresql.service'.
Authenticating as: root
Password:
==== AUTHENTICATION COMPLETE ====
```

数据库客户端即可连接到数据库服务器上。

8.6.8 PostgreSQL 用单用户模式修复数据库

在 PostgreSQL 的一条记录上,事务年龄不能超过 2^{31},如果超过此范围,则这条数据就会丢失。PostgreSQL 数据库不允许这种情况发生。当记录的年龄离 2^{31} 还有一千万时,数据库的日志中就会发出告警。

如果不处理,当记录的年龄离 2^{31} 还有一百万时,出于安全考虑,数据库服务器将自动禁止来自任何用户的连接,同时在日志中报错。在这种情况下,只能把数据库启动到单用户模式下执行 VACUUM 命令来修复,命令如下:

```
$ postgres - single - D /vagrant_data/pgdata postgres
PostgreSQL stand - alone backend
backend > vacuum;
backend > Ctrl + D;
```

8.6.9 使用数据库客户端连接到 PostgreSQL 数据库服务器

在开发过程中,使用数据库客户端可以用可视化的方式反复调试自己的 SQL 命令,并增加开发的速度。推荐使用 pgAdmin4 数据库客户端连接到 PostgreSQL 数据库服务器,其具有开源、界面设计美观、支持可视化查询等优点。商店项目使用基于 docker 的 pgAdmin4 数据库客户端。

安装一种 docker 的开源实现的代码如下:

```
# dnf install moby - engine
```

安装 moby-engine 软件包后,即可在 Fedora 35 中使用 docker 命令。在下文中,如果没有特殊说明 docker 使用的是哪种实现,则 docker 默认指代 moby-engine。

使用 docker 拉取 pgAdmin4 数据库客户端的代码如下：

```
#docker pull dpage/pgadmin4
```

pgAdmin4 数据库客户端的启动脚本如下：

```
#!/bin/bash
#第8章/vagrant_data/run_pgadmin4.sh
docker run -d -p 5800:80 \
-e PGADMIN_DEFAULT_EMAIL = test@123.com -e \
PGADMIN_DEFAULT_PASSWORD = 123456 dpage/pgadmin4
```

运行启动脚本后稍等片刻，pgAdmin4 数据库客户端即可准备连接数据库。

使用 pgAdmin4 数据库客户端连接数据库的步骤如下：

（1）在浏览器上访问 http://127.0.0.1:5800/，此时在浏览器上出现的页面是 pgAdmin4 数据库客户端的登录页面，如图 8-4 所示。

图 8-4　pgAdmin4 数据库客户端的登录页面

（2）使用 pgAdmin4 数据库客户端的启动脚本中的 PGADMIN_DEFAULT_EMAIL 和 PGADMIN_DEFAULT_PASSWORD 变量登录后，此时在浏览器上出现的页面是 pgAdmin4 数据库客户端的欢迎页面，如图 8-5 所示。

（3）在左侧边栏中的 Server 列表项上右击 Servers，此时在浏览器上出现的是服务器注册对话框，如图 8-6 所示。

（4）在 General 选项卡中填入 Name，代表数据库服务器的配置项的名称，其他选项可以不改动或不填写，如图 8-7 所示。

（5）在 Connection 选项卡中填入 Hostname/address，代表数据库服务器的主机名或主机地址；填入 Username，代表用于登录数据库的用户名；填入 Password，代表用于登录数据库的密码，其他选项可以不改动或不填写，如图 8-8 所示。

（6）在 SSL 选项卡中填入和 SSL 连接相关的配置，这些选项可以不改动或不填写，如图 8-9 所示。

图 8-5　pgAdmin4 数据库客户端的欢迎页面

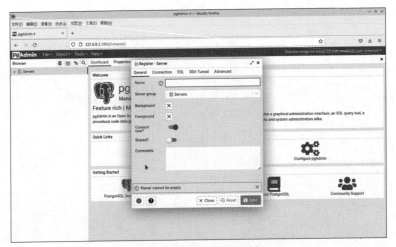

图 8-6　服务器注册对话框

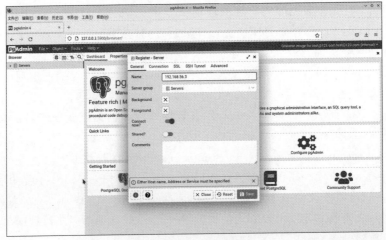

图 8-7　General 选项卡

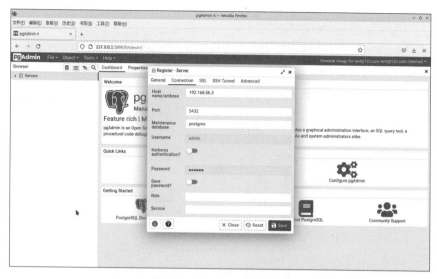

图 8-8　Connection 选项卡

图 8-9　SSL 选项卡

（7）在 SSH Tunnel 选项卡中填入和 SSH 隧道相关的配置，这些选项可以不改动或不填写，如图 8-10 所示。

（8）在 Advanced 选项卡中填入其他的配置，这些选项可以不改动或不填写，如图 8-11 所示。

（9）在填写完所有选项后，如果登录数据库成功，则浏览器将跳转到 Dashboard 界面，并且左侧边栏会多出来一个数据库服务器的选项，如图 8-12 所示。

（10）至此，pgAdmin4 数据库客户端已经成功连接上了一个数据库服务器。此后可以展开数据库服务器的选项并对数据库进行进一步操作，也可以重复第（3）步至第（8）步的操作继续连接其他的数据库服务器。

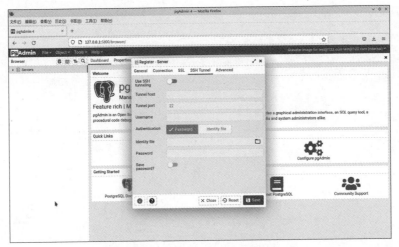

图 8-10　SSH Tunnel 选项卡

图 8-11　Advanced 选项卡

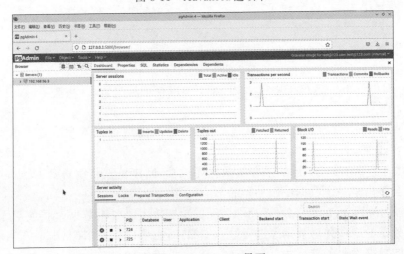

图 8-12　Dashboard 界面

8.6.10　PostgreSQL 查看配置文件位置

PostgreSQL 查看配置文件位置的 SQL 命令如下：

```
postgres = # show config_file;
                config_file
--------------------------------------
/var/lib/pgsql/data/postgresql.conf
(1 row)
```

在登录 psql 之后，执行这个 SQL 命令即可查询到 PostgreSQL 当前使用的配置文件的位置。

8.6.11　PostgreSQL 数据库插入 jsonb 类型的数据

要向 PostgreSQL 数据库插入 jsonb 数据，需确保数据是格式规范的 JSON 字符串，然后，在上传时只需在 INSERT 命令中指定一个或多个 JSON 字符串，然后显式地将数据类型指定为 jsonb，便可以向数据库插入 jsonb 类型的数据。

8.6.12　PostgreSQL 数据库查询 JSON 数据

PostgreSQL 允许使用 SELECT 命令直接查询 JSON 数据，一般的用法是显式地将 JSON 数据的查询结果的类型指定为 text，即可查询到文本类型的 JSON 数据。

此外，PostgreSQL 提供了两个操作符，用于查询 JSON 数据，以方便 JSON 数据能用于进一步在子查询当中进行查询。操作符如下：

（1）操作符->用于按键返回 JSON 对象字段。

（2）操作符->>用于按文本返回 JSON 对象字段。

8.7　用于 PostgreSQL 的 SQL 命令

本节只体现一部分比较基础的、用于 PostgreSQL 的 SQL 命令，以方便读者理解整个系统的运行原理。有些 SQL 命令涉及子查询、事务等特性，这类命令较长且不便于理解，因此不在这里体现。

8.7.1　新增数据库用户

PostgreSQL 新增数据库用户 admin、密码为 123456 的 SQL 命令如下：

```
postgres = # CREATE USER admin WITH PASSWORD '123456';
CREATE ROLE
```

8.7.2　建库语句

PostgreSQL 新增数据库 dialplate，并且增加的数据库的拥有者是 admin 的 SQL 命令如下：

```
postgres = # CREATE DATABASE dialplate OWNER admin;
CREATE DATABASE
```

8.7.3　权限管理

将 PostgreSQL 数据库 dialplate 的所有权限都授权给用户 admin 的 SQL 命令如下：

```
postgres = # GRANT ALL PRIVILEGES ON DATABASE dialplate TO admin;
GRANT
```

将 PostgreSQL 数据表 info 的所有权限都授权给用户 admin 的 SQL 命令如下：

```
postgres = # GRANT ALL PRIVILEGES ON TABLE "info" TO admin;
GRANT
```

将 PostgreSQL 数据表 order 的所有权限都授权给用户 admin 的 SQL 命令如下：

```
postgres = # GRANT ALL PRIVILEGES ON TABLE "order" TO admin;
GRANT
```

将 PostgreSQL 数据表 product 的所有权限都授权给用户 admin 的 SQL 命令如下：

```
postgres = # GRANT ALL PRIVILEGES ON TABLE "product" TO admin;
GRANT
```

将 PostgreSQL 数据表 user 的所有权限都授权给用户 admin 的 SQL 命令如下：

```
postgres = # GRANT ALL PRIVILEGES ON TABLE "user" TO admin;
GRANT
```

将 PostgreSQL 数据表 team 的所有权限都授权给用户 admin 的 SQL 命令如下：

```
postgres = # GRANT ALL PRIVILEGES ON TABLE "team" TO admin;
GRANT
```

8.7.4 用户数据 DDL 命令

PostgreSQL 在 public 模式下创建用户表的 SQL 命令如下：

```
-- 第 8 章/sql/user_ddl.sql
CREATE TABLE public."user"
(
)
WITH (
    OIDS = FALSE
);
ALTER TABLE public."user"
    OWNER TO admin;
GRANT ALL ON TABLE public."user" TO admin;
```

向用户表中插入列的 SQL 命令如下：

```
-- 第 8 章/sql/user_ddl.sql
ALTER TABLE IF EXISTS public."user"
    ADD COLUMN user_id SERIAL primary key;
ALTER TABLE IF EXISTS public."user"
    ADD COLUMN username character varying(128) COLLATE pg_catalog."default" NOT NULL UNIQUE;
ALTER TABLE IF EXISTS public."user"
    ADD COLUMN nickname character varying(128) COLLATE pg_catalog."default" NOT NULL;
ALTER TABLE IF EXISTS public."user"
    ADD COLUMN password character varying(128) COLLATE pg_catalog."default" NOT NULL;
ALTER TABLE IF EXISTS public."user"
```

```
        ADD COLUMN security_email character varying(128) COLLATE pg_catalog."default" DEFAULT
NULL::character varying;
ALTER TABLE IF EXISTS public."user"
        ADD COLUMN security_mobile character varying(20) COLLATE pg_catalog."default" DEFAULT
NULL::character varying;
ALTER TABLE IF EXISTS public."user"
    ADD COLUMN is_deleted boolean NOT NULL DEFAULT false;
ALTER TABLE IF EXISTS public."user"
    ADD COLUMN "time" double precision NOT NULL;
```

8.7.5 商品数据 DDL 命令

PostgreSQL 在 public 模式下创建商品表的 SQL 命令如下：

```
-- 第 8 章/sql/product_ddl.sql
CREATE TABLE public.product
(
)
WITH (
    OIDS = FALSE
);
ALTER TABLE public.product
    OWNER TO admin;
GRANT ALL ON TABLE public."user" TO admin;
```

向商品表中插入列的 SQL 命令如下：

```
-- 第 8 章/sql/product_ddl.sql
ALTER TABLE IF EXISTS public.product
    ADD COLUMN product_id SERIAL primary key;
ALTER TABLE IF EXISTS public.product
    ADD COLUMN user_id integer REFERENCES "user"("user_id") NOT NULL;
ALTER TABLE IF EXISTS public.product
    ADD COLUMN name character varying(128) COLLATE pg_catalog."default" NOT NULL UNIQUE;
ALTER TABLE IF EXISTS public.product
    ADD COLUMN price character varying(128) COLLATE pg_catalog."default" NOT NULL DEFAULT '0'::
character varying;
ALTER TABLE IF EXISTS public.product
    ADD COLUMN attributes jsonb;
ALTER TABLE IF EXISTS public.product
    ADD COLUMN status smallint NOT NULL DEFAULT 0;
ALTER TABLE IF EXISTS public.product
    ADD COLUMN is_deleted boolean NOT NULL DEFAULT false;
ALTER TABLE IF EXISTS public.product
    ADD COLUMN "time" double precision NOT NULL;
```

8.7.6 商品信息数据 DDL 命令

PostgreSQL 在 public 模式下创建商品信息表的 SQL 命令如下：

```
-- 第 8 章/sql/info_ddl.sql
CREATE TABLE public.info
(
)
```

```
WITH (
    OIDS = FALSE
);
ALTER TABLE public.info
    OWNER TO admin;
GRANT ALL ON TABLE public."user" TO admin;
```

向商品信息表中插入列的 SQL 命令如下：

```
-- 第 8 章/sql/info_ddl.sql
ALTER TABLE IF EXISTS public.info
    ADD COLUMN info_id SERIAL primary key;
ALTER TABLE IF EXISTS public.info
    ADD COLUMN product_id integer REFERENCES "product"("product_id") NOT NULL;
ALTER TABLE IF EXISTS public.info
    ADD COLUMN introduction character varying(3000) COLLATE pg_catalog."default" NOT NULL
DEFAULT '暂无商品介绍'::character varying; ALTER TABLE IF EXISTS public.info
    ADD COLUMN recommend jsonb NOT NULL DEFAULT '["暂无推荐信息"]'::jsonb;
ALTER TABLE IF EXISTS public.info
    ADD COLUMN extend jsonb DEFAULT '{}'::jsonb;
ALTER TABLE IF EXISTS public.info
    ADD COLUMN is_in_use boolean NOT NULL DEFAULT true;
ALTER TABLE IF EXISTS public.info
    ADD COLUMN is_deleted boolean NOT NULL DEFAULT false;
ALTER TABLE IF EXISTS public.info
    ADD COLUMN "time" double precision NOT NULL;
```

8.7.7　商品订单数据 DDL 命令

PostgreSQL 在 public 模式下创建订单表的 SQL 命令如下：

```
-- 第 8 章/sql/order_ddl.sql
CREATE TABLE public."order"
(
)
WITH (
    OIDS = FALSE
);
ALTER TABLE public."order"
    OWNER TO admin;
GRANT ALL ON TABLE public."user" TO admin;
```

向商品订单表中插入列的 SQL 命令如下：

```
-- 第 8 章/sql/order_ddl.sql
ALTER TABLE IF EXISTS public."order"
    ADD COLUMN order_id SERIAL primary key;
ALTER TABLE IF EXISTS public."order"
    ADD COLUMN user_id integer REFERENCES "user"("user_id") NOT NULL;
ALTER TABLE IF EXISTS public."order"
    ADD COLUMN product_id integer REFERENCES "product"("product_id") NOT NULL;
ALTER TABLE IF EXISTS public."order"
    ADD COLUMN name character varying(128) COLLATE pg_catalog."default" NOT NULL;
```

```
ALTER TABLE IF EXISTS public."order"
    ADD COLUMN price character varying(128) COLLATE pg_catalog."default" NOT NULL;
ALTER TABLE IF EXISTS public."order"
    ADD COLUMN attributes jsonb NOT NULL;
ALTER TABLE IF EXISTS public."order"
    ADD COLUMN status smallint NOT NULL DEFAULT 6;
ALTER TABLE IF EXISTS public."order"
    ADD COLUMN is_deleted boolean NOT NULL DEFAULT false;
ALTER TABLE IF EXISTS public."order"
    ADD COLUMN "time" double precision NOT NULL;
```

8.7.8 审核权限 DDL 和 DQL 命令

PostgreSQL 在 public 模式下创建审核权限表的 SQL 命令如下：

```
-- 第 8 章/sql/audit_ddl.sql
CREATE TABLE public.audit
(
)
WITH (
    OIDS = FALSE
);
ALTER TABLE public.audit
    OWNER TO admin;
GRANT ALL ON TABLE public."user" TO admin;
```

向审核权限表中插入列的 SQL 命令如下：

```
-- 第 8 章/sql/audit_ddl.sql
ALTER TABLE IF EXISTS public.audit
    ADD COLUMN user_id integer REFERENCES "user"("user_id") NOT NULL;
ALTER TABLE IF EXISTS public.audit
    ADD COLUMN is_granted boolean NOT NULL DEFAULT false;
```

8.7.9 团队 DDL 和 DQL 命令

PostgreSQL 在 public 模式下创建团队表的 SQL 命令如下：

```
-- 第 8 章/sql/team_ddl.sql
CREATE TABLE public.team
(
)
WITH (
    OIDS = FALSE
);
ALTER TABLE public.team
    OWNER TO admin;
GRANT ALL ON TABLE public."user" TO admin;
```

向商品信息表中插入列的 SQL 命令如下：

```
-- 第 8 章/sql/team_ddl.sql
ALTER TABLE IF EXISTS public.team
    ADD COLUMN team_id SERIAL primary key;
ALTER TABLE IF EXISTS public.team
```

```
    ADD COLUMN team_name character varying(20) COLLATE pg_catalog."default" NOT NULL UNIQUE;
ALTER TABLE IF EXISTS public.team
    ADD COLUMN team_owner_id integer REFERENCES "user"("user_id") NOT NULL;
ALTER TABLE IF EXISTS public.team
    ADD COLUMN team_members_id_json jsonb NOT NULL DEFAULT '[]'::jsonb;
ALTER TABLE IF EXISTS public.team
    ADD COLUMN "backstage_category" jsonb NOT NULL DEFAULT '[]'::jsonb;
ALTER TABLE IF EXISTS public.team
    ADD COLUMN is_deleted boolean NOT NULL DEFAULT false;
ALTER TABLE IF EXISTS public.team
    ADD COLUMN "time" double precision NOT NULL;
```

8.7.10 用户数据 DML 和 DQL 命令

插入用户数据。

PostgreSQL 在用户表 user 下插入用户信息的 SQL 命令如下：

```
INSERT INTO "user"(username, nickname, password, security_email, security_mobile, "time") VALUES
('TEST', 'TEST', 'TEST', 'TEST', '+8610000000000', 1660307301.9355);
```

其中，在 Octave 侧需要特定的时间转换代码，这样才能返回 PostgreSQL 默认的时间数据，转换后的时间才能保证直接插入 PostgreSQL，转换代码如下：

```
>> time_struct = localtime(time);
>> sprintf('%d-%d-%d %d:%d:%d', time_struct.year + 1900, time_struct.mon + 1, time_
struct.
mday, time_struct.hour, time_struct.min, time_struct.sec);
```

查询所有用户数据。

PostgreSQL 在用户表 user 下查询用户数据的 SQL 命令如下：

```
SELECT(user_id, username, nickname, password, security_email, security_mobile, is_deleted,
"time") FROM "user" LIMIT 100;
```

查询结果如下：

```
"row"
"(1, TEST, TEST, TEST, TEST, +8610000000000,1660307301.9355)"
```

按用户名查询用户数据的 SQL 命令如下：

```
SELECT(user_id, username, nickname, security_email, security_mobile, is_deleted, "time") FROM
"user" WHERE username = 'TEST' AND is_deleted = false LIMIT 1;
```

查询结果如下：

```
"row"
"(TEST, TEST, TEST, TEST, TEST, +8610000000000,1660307301.9355)"
```

按用户名和密码查询用户数据的 SQL 命令如下：

```
SELECT(user_id, username, nickname, security_email, security_mobile, is_deleted, "time") FROM
"user" WHERE username = 'TEST' AND password = 'TEST' LIMIT 100;
```

查询结果如下：

```
"row"
"(TEST,TEST,TEST,TEST,TEST,+8610000000000,1660307301.9355)"
```

按用户名和密码删除用户数据的 SQL 命令如下：

```
UPDATE "user" SET is_deleted = true WHERE username = 'TEST' AND password = 'TEST';
```

按用户名和密码恢复用户数据的 SQL 命令如下：

```
UPDATE "user" SET is_deleted = false WHERE username = 'TEST' AND password = 'TEST';
```

按用户名和密码查询未删除的用户数据的 SQL 命令如下：

```
SELECT(user_id, username, nickname, password, security_email, security_mobile, is_deleted,
"time") FROM "user" WHERE username = 'TEST' AND password = 'TEST' AND is_deleted = false
LIMIT 100;
```

查询结果如下：

```
"row"
"(1,TEST,TEST,TEST,TEST,+8610000000000,1660307301.9355)"
```

按用户名和密码查询已删除的用户数据的 SQL 命令如下：

```
SELECT(user_id, username, nickname, password, security_email, security_mobile, is_deleted,
"time") FROM "user" WHERE username = 'TEST' AND password = 'TEST' AND is_deleted = true
LIMIT 100;
```

查询结果如下：

```
-
```

8.7.11　商品数据 DML 和 DQL 命令

插入商品数据。

PostgreSQL 在商品表 product 下插入商品信息的 SQL 命令如下：

```
INSERT INTO "product"(user_id, name, price, attributes, "time") VALUES (1, 'TEST', '0', '{"name":
"TEST", "color": "TEST"}', 1660307301.9355);
```

查询商品数据。

PostgreSQL 在商品表 product 下查询商品信息的 SQL 命令如下：

```
SELECT(product_id, user_id, name, price, attributes::text, status, is_deleted, "time") FROM
"product" LIMIT 100;
```

查询结果如下：

```
"row"
"(2,1,TEST,0,""{"""""name""""": """""TEST""""", """""color""""": """""TEST"""""}"",0,f,1660307301.
9355)"
```

查询商品数据并按价格升序排序，只查询未删除的商品数据的 SQL 命令如下：

```
SELECT(product_id, user_id, name, price, attributes::text, status, is_deleted, "time") FROM
"product" WHERE is_deleted = false ORDER BY price::money LIMIT 100;
```

查询结果如下：

```
"row"
"(2,1,TEST,0,""{""""name"""": """"TEST"""", """"color"""": """"TEST""""}"",0,f,1660307301.
9355)"
```

查询商品数据并按时间降序排序，只查询未删除的商品数据的 SQL 命令如下：

```
SELECT(product_id, user_id, name, price, attributes::text, status, is_deleted, "time") FROM
"product" WHERE is_deleted = false ORDER BY "time" DESC LIMIT 100;
```

查询结果如下：

```
"row"
"(2,1,TEST,0,""{""""name"""": """"TEST"""", """"color"""": """"TEST""""}"",0,f,1660307301.
9355)"
```

查询商品数据并按品名升序排序，只查询未删除的商品数据的 SQL 命令如下：

```
SELECT(product_id, user_id, name, price, attributes::text, status, is_deleted, "time") FROM
"product" WHERE is_deleted = false ORDER BY name LIMIT 100;
```

查询结果如下：

```
"row"
"(2,1,TEST,0,""{""""name"""": """"TEST"""", """"color"""": """"TEST""""}"",0,f,1660307301.
9355)"
```

查询商品数据并按属性中的 name 属性升序排序，只查询未删除的商品数据的 SQL 命令
如下：

```
SELECT(product_id, user_id, name, price, attributes::text, status, is_deleted, "time") FROM
"product" WHERE is_deleted = false ORDER BY attributes ->> 'name' LIMIT 100;
```

查询结果如下：

```
"row"
"(2,1,TEST,0,""{""""name"""": """"TEST"""", """"color"""": """"TEST""""}"",0,f,1660307301.
9355)"
```

按商品 ID 查询商品数据的 SQL 命令如下：

```
SELECT(product_id, user_id, name, price, attributes::text, status, is_deleted, "time") FROM
"product" WHERE product_id = 2::integer LIMIT 1;
```

查询结果如下：

```
"row"
"(2,1,TEST,0,""{""""name"""": """"TEST"""", """"color"""": """"TEST""""}"",0,f,1660307301.
9355)"
```

按商品 ID 删除商品的 SQL 命令如下：

```
UPDATE "product" SET is_deleted = true WHERE product_id = 2::integer;
```

按商品 ID 恢复商品的 SQL 命令如下：

```
UPDATE "product" SET is_deleted = false WHERE product_id = 2;
```

查询未删除的商品数据并按时间降序排序的 SQL 命令如下：

```
SELECT(product_id, user_id, name, price, attributes::text, status, is_deleted, "time") FROM
"product" WHERE is_deleted = false ORDER BY "time" DESC LIMIT 100;
```

查询结果如下：

```
"row"
"(2,1,TEST,0,""{"""name""": """TEST""", """color""": """TEST"""}"",0,f,1660307301.
9355)"
```

查询已删除的商品数据并按时间降序排序的 SQL 命令如下：

```
SELECT(product_id, user_id, name, price, attributes::text, status, is_deleted, "time") FROM
"product" WHERE is_deleted = true ORDER BY "time" DESC LIMIT 100;
```

查询结果如下：

```
-
```

8.7.12　商品信息数据 DML 和 DQL 命令

插入商品信息数据。

PostgreSQL 在商品信息表 info 下插入商品信息的 SQL 命令如下：

```
INSERT INTO info(product_id, introduction, recommend, extend, "time") VALUES (2, 'TEST', '["free",
"graceful"]', '{"name": "TEST", "color": "TEST"}', 1660307301.9355);
```

查询商品信息数据。

PostgreSQL 在商品信息表 info 下查询商品信息的 SQL 命令如下：

```
SELECT(info_id, product_id, introduction, recommend::text, is_in_use, is_deleted, extend::text,
"time") FROM info LIMIT 100;
```

查询结果如下：

```
"row"
"(4,2,TEST,""["""free""", """graceful"""]"",t,f,""{"""name""": """TEST""", """
color""": """TEST"""}"",1660307301.9355)"
```

查询商品信息数据并按时间降序排序的 SQL 命令如下：

```
SELECT(info_id, product_id, introduction, recommend::text, is_in_use, is_deleted, extend::text,
"time") FROM info ORDER BY "time" DESC LIMIT 100;
```

查询结果如下：

```
"row"
"(4,2,TEST,""["""free""", """graceful"""]"",t,f,""{"""name""": """TEST""", """
color""": """TEST"""}"",1660307301.9355)"
```

8.7.13 订单数据 DML 和 DQL 命令

PostgreSQL 在订单表 order 下插入订单要分为多个步骤，SQL 命令如下。

先按商品 ID 查询商品数据：

```
SELECT(product_id, user_id, name, price, attributes::text, status, is_deleted, "time") FROM
"product" WHERE product_id = 2 LIMIT 1;
```

查询结果如下：

```
"row"
"(2,1,TEST,0,""{"""" name"""": """"TEST"""", """"color"""": """"TEST""""}"",0,f,1660307301.
9355)"
```

再使用商品数据的 product_id、name、price 和 attributes、消费者的用户数据的 user_id 和购买时间插入订单数据的 SQL 命令如下：

```
INSERT INTO "order"(user_id, product_id, name, price, attributes, "time")
VALUES (1, 2, 'TEST', '0', '{"name": "TEST", "color": "TEST"}', 1660307301.9355);
```

查询订单数据的 SQL 命令如下：

```
SELECT(order_id, user_id, product_id, name, price, attributes::text, status, is_deleted,
"time") FROM "order" LIMIT 100;
```

查询结果如下：

```
"row"
"(1, 1, 2, TEST, 0,"" { """" name"""": """" TEST"""", """" color"""": """" TEST""""}"", 6, f,
1660307301.9355)"
```

查询订单数据并按时间降序排序的 SQL 命令如下：

```
SELECT(order_id, user_id, product_id, name, price, attributes::text, status, is_deleted,
"time") FROM "order" ORDER BY "time" LIMIT 100;
```

查询结果如下：

```
"row"
"(1, 1, 2, TEST, 0,"" { """" name"""": """" TEST"""", """" color"""": """" TEST""""}"", 6, f,
1660307301.9355)"
```

按订单 ID 删除订单的 SQL 命令如下：

```
UPDATE "order" SET is_deleted = true WHERE order_id = 1;
```

按订单 ID 恢复订单的 SQL 命令如下：

```
UPDATE "order" SET is_deleted = false WHERE order_id = 1;
```

查询未删除的订单并按时间降序排序的 SQL 命令如下：

```
SELECT(order_id, user_id, product_id, name, price, attributes::text, status, is_deleted,
"time") FROM "order" WHERE is_deleted = false ORDER BY "time" LIMIT 100;
```

查询结果如下：

```
"row"
"(1, 1, 2, TEST, 0,"" {""""" name"""": """" TEST"""", """" color"""": """" TEST""""}"", 6, f,
1660307301.9355)"
```

查询已删除的订单并按时间降序排序的 SQL 命令如下：

```
SELECT(order_id, user_id, product_id, name, price, attributes::text, status, is_deleted,
"time") FROM "order" WHERE is_deleted = true ORDER BY "time" LIMIT 100;
```

查询结果如下：

```
-
```

8.7.14 商品状态 DML 和 DQL 命令

将商品状态按照商品 ID 修改为等待上传的 SQL 命令如下：

```
UPDATE "product" SET status = 1 WHERE product_id = 2;
```

将商品状态按照商品 ID 修改为等待审核的 SQL 命令如下：

```
UPDATE "product" SET status = 2 WHERE product_id = 2;
```

将商品状态按照商品 ID 修改为等待下单(通过审核)的 SQL 命令如下：

```
UPDATE "product" SET status = 3 WHERE product_id = 2;
```

将商品状态按照商品 ID 修改为不通过审核的 SQL 命令如下：

```
UPDATE "product" SET status = 4 WHERE product_id = 2;
```

将商品状态按照商品 ID 修改为用户删除(下架)的 SQL 命令如下：

```
UPDATE "product" SET status = 5 WHERE product_id = 2;
```

8.7.15 订单状态 DML 和 DQL 命令

将订单状态按照订单 ID 修改为需要查询付款结果的 SQL 命令如下：

```
UPDATE "order" SET status = 7 WHERE order_id = 1;
```

将订单状态按照订单 ID 修改为等待下载的 SQL 命令如下：

```
UPDATE "order" SET status = 8 WHERE order_id = 1;
```

将订单状态按照订单 ID 修改为等待退款的 SQL 命令如下：

```
UPDATE "order" SET status = 9 WHERE order_id = 1;
```

将订单状态按照订单 ID 修改为退款完成(商家支持退款要求)的 SQL 命令如下：

```
UPDATE "order" SET status = 10 WHERE order_id = 1;
```

将订单状态按照订单 ID 修改为退款完成(商家不支持退款要求)的 SQL 命令如下：

```
UPDATE "order" SET status = 11 WHERE order_id = 1;
```

将订单状态按照订单 ID 修改为订单因付款超时而不再允许付款的 SQL 命令如下：

```
UPDATE "order" SET status = 12 WHERE order_id = 1;
```

将订单状态按照订单 ID 修改为订单因商品下架而不再允许付款的 SQL 命令如下：

```
UPDATE "order" SET status = 13 WHERE order_id = 1;
```

将订单状态按照订单 ID 修改为订单因其他原因而不再允许付款的 SQL 命令如下：

```
UPDATE "order" SET status = 14 WHERE order_id = 1;
```

8.7.16　审核权限 DML 和 DQL 命令

（1）按用户名授予审核权限。

只有具备审核权限的用户才能登录审核客户端。如果在审核表中没有用户名对应的审核权限记录，则可执行的 SQL 命令如下：

```
INSERT INTO audit(user_id, is_granted) VALUES (1::integer, true);
```

如果在审核表中已经有了用户名对应的审核权限记录，则可执行的 SQL 命令如下：

```
UPDATE audit SET is_granted = true WHERE user_id = 1::integer;
```

（2）按用户名撤销审核权限。

允许按用户名撤销审核权限。如果在审核表中没有用户名对应的审核权限记录，则可执行的 SQL 命令如下：

```
INSERT INTO audit(user_id, is_granted) VALUES (1::integer, false);
```

如果在审核表中已经有了用户名对应的审核权限记录，则可执行的 SQL 命令如下：

```
UPDATE audit SET is_granted = false WHERE user_id = 1::integer;
```

8.7.17　团队 DML 和 DQL 命令

由于在实际的系统中没有用到团队功能，因此不设计和团队相关的 DML 命令。读者可以在最终的代码中自行实现团队功能。

8.8　搜索引擎

在商店项目中，用户最常用的功能之一就是搜索商品。在搜索商品时，客户端需要提供多个商品的关键词，然后将这些关键词按照各自的规则搜索数据库中的数据。使用搜索引擎搜索商品可以提高搜索的效率，还可以根据搜索引擎的搜索排名等特性使用户搜索到更满意的结果。

8.8.1　用 PostgreSQL 实现搜索引擎功能

PostgreSQL 可以将一个数据库表中一行内的一个文本形式的域，或者这类域的一个组合（连接）作为文档，也可以将文件系统中的简单文本文件作为文档。在一个 SQL 查询语句中，PostgreSQL 可以将这些文档按照搜索引擎的方式进行词位级别的搜索，这种搜索相比于通常的搜索具备更快、更高效的搜索效果。

8.8.2　基本文本匹配

调用 to_tsvector() 函数可以将一个文档转换成 tsvector 数据类型。to_tsvector() 函数至少需要传入一个参数,此时这个参数被认为是文本文档。此外,to_tsvector() 函数还允许传入两个参数,此时第 1 个参数被认为是解析器配置,第 2 个参数被认为是文档。调用 to_tsvector() 函数后,PostgreSQL 将文档分解成记号并且为每种记号分配一种类型,然后返回解析后的 tsvector 值。

PostgreSQL 中的全文搜索基于匹配操作符@@,它在一个 tsvector(文档)匹配一个 tsquery(查询)时的返回值为 true。

💡**注意**:tsvector 和 tsquery 这两种参数无论哪种数据类型写在前面均不会影响最终的结果。

一个 tsquery 值并不只是一个未经处理的文本,可以使用 AND 、OR、NOT 及 FOLLOWED BY 操作符结合多个术语。

💡**注意**:tsquery 在匹配文本时不会发生词位的正规化,例如"星期一 星期二 星期三"不匹配"星期",而"星期 一"匹配"星期"。

8.8.3　解析文档

调用 to_tsvector() 函数可以将一个文档转换成 tsvector 数据类型。to_tsvector() 函数至少需要传入一个参数,此时这个参数被认为是文本文档。此外,to_tsvector() 函数还允许传入两个参数,此时第 1 个参数被认为是文本搜索配置,第 2 个参数被认为是文档。调用 to_tsvector() 函数后,PostgreSQL 将文档分解成记号并为每种记号分配一种类型,然后返回解析后的 tsvector 值。

调用 setweight() 函数可以对 tsvector 值中的项标注一个给定的权重,这里一个权重可以是 4 个字母之一:A、B、C 或 D。这通常被用来标记来自文档不同部分的项,例如,标题对正文。稍后,这种信息可以被用来排名搜索结果。

💡**注意**:因为 to_tsvector(NULL) 将返回 NULL,所以如果一个域可能为空,则推荐配合使用 coalesce() 函数,以避免产生和 NULL 相关的问题。

8.8.4　解析查询

PostgreSQL 提供了 to_tsquery()、plainto_tsquery()、phraseto_tsquery() 和 websearch_to_tsquery() 函数,用来把一个查询转换成 tsquery 数据类型。一个 tsquery 值由被 tsquery 操作符 &(AND)、|(OR)、!(NOT) 和<->(FOLLOWED BY)分隔的单个记号组成。

to_tsquery() 函数至少需要传入一个参数,此时这个参数被认为是用于查询的文本。此外,to_tsquery()函数还允许传入两个参数,此时第 1 个参数被认为是文本搜索配置,第 2 个参数被认为是用于查询的文本。调用 to_tsquery()函数后,PostgreSQL 将会使用指定的或者默认的配置把每个记号归一化成一个词位,并且丢弃掉任何根据配置是停用词的记号,然后返回解析后的 tsquery 值。

plainto_tsquery()、phraseto_tsquery()和 websearch_to_tsquery()也同样被用于生成 tsquery 结果,这些函数的用法和 to_tsquery()函数类似,区别在于 plainto_tsquery()函数用于将未格式化的文本转换为一个 tsquery 值,phraseto_tsquery()函数在留下来的词之间隐式插入<−>或 FOLLOWED BY 操作符,websearch_to_tsquery()函数直接将未格式化的文本用于查询。

此外,tsquery 值还可以配合权重、前缀匹配和词典使用。

8.8.5　搜索结果排名

PostgreSQL 提供了两种预定义的排名函数,它们考虑词法、临近性和结构信息,即它们考虑查询词在文档中出现得有多频繁,文档中的词有多接近,以及词出现的文档部分有多重要。不过,相关性的概念是模糊的并且与应用非常相关。不同的应用可能要求额外的信息用于排名,例如,文档修改时间。在排名搜索结果后,越是相关的搜索结果越会被显示在结果的最上方。目前可用的两种排名函数是 ts_rank()函数和 ts_rank_cd()函数。

ts_rank()函数至少需要传入两个参数,此时第 1 个参数被认为是 tsvector 值,第 2 个参数被认为是 tsquery 值。调用 to_tsquery()函数后,PostgreSQL 将会基于向量的匹配词位的频率来排名向量,然后返回排名后的向量的权重向量。此外,ts_rank()函数允许在参数列表中追加权重和正规化选项。

ts_rank_cd()函数的用法和 ts_rank()函数类似,区别在于 ts_rank_cd()函数为给定文档向量和查询计算覆盖密度排名。

8.8.6　加亮结果

要表示搜索结果,理想的方式是显示每个文档的一部分并且显示它是怎样与查询相关的。搜索引擎显示文档片段时会对其中的搜索术语进行标记。PostgreSQL 提供了 ts_headline(),用于加亮文档的这些部分。

ts_headline()函数至少需要传入两个参数,此时第 1 个参数被认为是文档,第 2 个参数被认为是 tsquery 值。调用 to_headline()函数后,PostgreSQL 将会加亮 tsquery 中的术语,然后返回新的文档。

💡注意:ts_headline()函数使用原始文档,而不是一个 tsvector 值,因此它可能很慢并且应该被小心使用。

8.9　建立索引

在商城项目中,为了改善用户浏览商品和订单的体验,数据库需要在可以实现业务功能的基础上定期建立或重建索引,以提高查询速度。

8.9.1　索引的作用

索引可以快速访问数据库表中的特定信息。索引能提高数据的搜索及检索速度,能够加快表与表之间的连接速度,还能提高服务器处理相关搜索请求的效率。

8.9.2　索引的优点

通过建立索引可以极大地提高在数据库中获取所需信息的速度,同时还能提高服务器处理相关搜索请求的效率,从这个方面来看它具有以下优点:

(1)在设计数据库时,通过创建一个唯一的索引,能够在索引和信息之间形成一对一的映射式的对应关系,增加数据的唯一性特点。

(2)能提高数据的搜索及检索速度,符合数据库建立的初衷。

(3)能够加快表与表之间的连接速度,这对于提高数据的参考完整性方面具有重要作用。

(4)在信息检索过程中,若使用分组及排序子句进行检索,则通过建立索引能有效地减少检索过程中所需的分组及排序时间,提高检索效率。

(5)建立索引之后,在信息查询过程中可以使用优化隐藏器,这对于提高整个信息检索系统的性能具有重要意义。

8.9.3　建立索引的类型

建立索引时需要根据查询使用的操作符不同而建立不同类型的索引,类型如下:

(1)对涉及搜索品名等场合使用的<@或@>操作符的查询的数据表建立 GIN 索引。

(2)对涉及搜索价格等场合使用的>、<、=、>＝或<＝操作符的查询的数据表建立 B-tree 索引。

8.9.4　建立索引的 SQL 命令

创建 btree_gin 扩展的 SQL 命令如下:

```
CREATE EXTENSION btree_gin;
```

在商品表上建立索引的 SQL 命令如下:

```
CREATE INDEX product_name ON product USING GIN("name");
CREATE INDEX product_attributes ON product USING GIN("attributes");
CREATE INDEX product_price ON product USING BTREE("price");
```

在商品信息表上建立索引的 SQL 命令如下:

```
CREATE INDEX info_introduction ON info USING GIN("introduction");
CREATE INDEX info_recommend ON info USING GIN("recommend");
CREATE INDEX info_extend ON info USING GIN("extend");
```

在用户表上建立索引的 SQL 命令如下:

```
CREATE INDEX user_username_password ON "user" USING BTREE("username", "password");
CREATE INDEX user_username_nickname ON "user" USING BTREE("username", "nickname");
CREATE INDEX user_username ON "user" USING BTREE("username");
```

在审核表上建立索引的 SQL 命令如下:

```
CREATE INDEX audit_user_id_is_granted ON "audit" USING BTREE("user_id", "is_granted");
```

在订单表上建立索引的 SQL 命令如下:

```
CREATE INDEX order_name ON "order" USING GIN("name");
CREATE INDEX order_price ON "order" USING BTREE("price");
CREATE INDEX order_attributes ON "order" USING GIN("attributes");
```

8.9.5　重建索引的 SQL 命令

按索引名重建索引的 SQL 命令如下:

```
REINDEX INDEX product_name;
REINDEX INDEX product_attributes;
REINDEX INDEX product_price;
REINDEX INDEX info_introduction;
REINDEX INDEX info_recommend;
REINDEX INDEX info_extend;
REINDEX INDEX user_username_password;
REINDEX INDEX user_username_nickname;
REINDEX INDEX user_username;
REINDEX INDEX audit_user_id_is_granted;
REINDEX INDEX order_name;
REINDEX INDEX order_price;
REINDEX INDEX order_attributes;
```

按数据表重建索引的 SQL 命令如下:

```
REINDEX TABLE "product";
REINDEX TABLE "info";
REINDEX TABLE "user";
REINDEX TABLE "audit";
REINDEX TABLE "order";
```

按数据库重建索引的 SQL 命令如下:

```
REINDEX DATABASE "testplate";
```

8.10　API 设计

本项目使用 RESTful API 作为计算机和服务器之间的通信接口。在设计 RESTful API 时需要结合实际的业务需求,保证每次调用 API 都能对应业务逻辑中的某部分。

8.10.1　创建用户

创建用户需要业务服务器接收用户信息(例如账号和密码),然后将用户信息存入数据库,并返回响应。此 API 的设计规则如下。

(1) 此 API 至少需要两个参数:账号和密码。更多的参数要根据业务进行添加。

(2) 在业务服务器接收用户信息成功后,业务服务器必须再对密码进行加密后才能存入数据库。

(3) 为了防止用户信息中的特殊字符对实际业务的影响,可以考虑对用户信息进行序列化和反序列化。

8.10.2　修改用户信息

修改用户信息需要业务服务器接收用户信息(例如账号和密码),然后将用户信息存入数据库,并返回响应。此 API 的设计规则如下。

(1) 此 API 至少需要两个参数:账号和密码。更多的参数要根据业务进行添加。

(2) 在业务服务器接收用户信息成功后,业务服务器必须再对密码进行加密后才能存入数据库。

(3) 为了防止用户信息中的特殊字符对实际业务的影响,可以考虑对用户信息进行序列化和反序列化。

(4) 不允许修改账号,但允许修改昵称。

8.10.3　删除用户

删除用户需要业务服务器接收用户信息(例如账号和密码),然后查询数据库并判断是否满足删除用户的条件,规则如下:

(1) 若满足删除用户的条件,则将用户信息从数据库中删除,并返回响应。

(2) 若不满足删除用户的条件,则不修改对应的用户信息,并返回响应。

此 API 的设计规则如下:

(1) 此 API 至少需要两个参数,即账号和密码。更多的参数要根据业务进行添加。

(2) 在业务服务器接收用户信息成功后,业务服务器必须判断是否满足删除用户的条件。

(3) 为了防止用户信息中的特殊字符对实际业务的影响,可以考虑对用户信息进行序列化和反序列化。

8.10.4　查询用户信息

查询用户信息需要业务服务器接收一部分用户信息(例如账号),然后查询数据库并判断是否存在当前用户,规则如下:

(1) 若当前用户存在,则从数据库中查询出来的一部分用户信息是有效的数据,并返回响应。

(2) 若当前用户不存在,则从数据库中查询出来的一部分用户信息是无效的数据,并返回响应。

此 API 的设计规则如下:

(1) 此 API 至少需要一个参数,即账号。更多的参数要根据业务进行添加。

(2) 为了防止用户信息中的特殊字符对实际业务的影响,可以考虑对用户信息进行序列化和反序列化。

8.10.5　创建表盘信息

创建表盘信息需要业务服务器接收表盘信息(例如品名、价格和账号),然后将表盘信息存入数据库,并返回响应。此 API 的设计规则如下:

(1) 此 API 至少需要 3 个参数,即品名、价格和账号。更多的参数要根据业务进行添加。

(2) 在业务服务器接收表盘信息成功后,便将表盘信息存入数据库。

（3）为了防止表盘信息中的特殊字符对实际业务的影响，可以考虑对表盘信息进行序列化和反序列化。

8.10.6　修改表盘信息

修改表盘信息需要业务服务器接收表盘信息（例如品名和账号），然后查询数据库并判断是否满足修改表盘信息的条件，规则如下：

（1）若满足修改表盘信息的条件，则从数据库中对表盘信息进行修改，并返回响应。

（2）若不满足修改表盘信息的条件，则不修改对应的表盘信息，并返回响应。

此 API 的设计规则如下：

（1）此 API 至少需要两个参数，即品名和账号。更多的参数要根据业务进行添加。

（2）在业务服务器接收表盘信息成功后，业务服务器必须判断是否满足修改表盘信息的条件。

（3）为了防止表盘信息中的特殊字符对实际业务的影响，可以考虑对表盘信息进行序列化和反序列化。

8.10.7　删除表盘信息（下架）

删除表盘信息需要业务服务器接收表盘信息（例如品名和账号），然后查询数据库并判断是否满足删除表盘信息的条件，规则如下：

（1）若满足删除表盘信息的条件，则将表盘信息在数据库中标记为删除，并返回响应。

（2）若不满足删除表盘信息的条件，则不改动对应的表盘信息，并返回响应。

此 API 的设计规则如下：

（1）此 API 至少需要两个参数，即品名和账号。更多的参数要根据业务进行添加。

（2）在业务服务器接收表盘信息成功后，业务服务器必须判断是否满足删除表盘信息的条件。

（3）业务服务器不会真正删除一条表盘信息，而只是将表盘信息在数据库中标记为删除。这种删除方式视为下架。

（4）为了防止表盘信息中的特殊字符对实际业务的影响，可以考虑对表盘信息进行序列化和反序列化。

8.10.8　查询表盘信息

查询表盘信息需要业务服务器接收一部分表盘信息（例如品名），然后查询数据库并判断是否存在当前表盘，规则如下：

（1）若当前表盘存在，则从数据库中查询出来的一部分表盘信息是有效的数据，并返回响应。

（2）若当前表盘不存在，则从数据库中查询出来的一部分表盘信息是无效的数据，并返回响应。

此 API 的设计规则如下：

（1）此 API 至少需要一个参数，即品名。更多的参数要根据业务进行添加。

（2）为了防止表盘信息中的特殊字符对实际业务的影响，可以考虑对表盘信息进行序列化和反序列化。

8.10.9 审核表盘信息（通过审核）

审核表盘信息需要业务服务器接收表盘信息（例如品名），然后将表盘信息标记为通过审核、存入数据库，并返回响应。此 API 的设计规则如下：

（1）此 API 至少需要两个参数，即品名和账号。更多的参数要根据业务进行添加。

（2）在表盘信息通过审核时才调用此 API。

（3）为了防止表盘信息中的特殊字符对实际业务的影响，可以考虑对表盘信息进行序列化和反序列化。

8.10.10 审核表盘信息（不通过审核）

审核表盘信息需要业务服务器接收表盘信息（例如品名），然后将表盘信息标记为不通过审核、存入数据库，并返回响应。此 API 的设计规则如下：

（1）此 API 至少需要两个参数，即品名和账号。更多的参数要根据业务进行添加。

（2）在表盘信息不通过审核时才调用此 API。

（3）为了防止表盘信息中的特殊字符对实际业务的影响，可以考虑对表盘信息进行序列化和反序列化。

8.10.11 创建订单

创建订单需要业务服务器接收订单信息（例如品名、价格和账号），然后查询数据库并判断是否满足创建订单的条件，规则如下：

（1）若满足创建订单的条件，则将订单信息加入数据库中，并返回响应。

（2）若不满足创建订单的条件，则不将订单信息加入数据库中，并返回响应。

此 API 的设计规则如下：

（1）此 API 至少需要三个参数，即品名、价格和账号。更多的参数要根据业务进行添加。

（2）在业务服务器接收订单信息成功后，业务服务器必须判断是否满足创建订单的条件。

（3）为了防止订单信息中的特殊字符对实际业务的影响，可以考虑对订单信息进行序列化和反序列化。

8.10.12 删除订单

删除订单需要业务服务器接收订单信息（例如订单号和账号），然后查询数据库并判断是否满足删除订单的条件，规则如下：

（1）若满足删除订单的条件，则将订单信息从数据库中删除，并返回响应。

（2）若不满足删除订单的条件，则不删除对应的订单信息，并返回响应。

此 API 的设计规则不再赘述。

8.10.13 查询订单

查询订单需要业务服务器接收一部分用户信息（例如账号），然后查询数据库并判断是否存在当前用户，规则如下：

（1）若当前用户存在，则从数据库中查询出来的一部分订单信息是有效的数据，并返回响应。

（2）若当前用户不存在，则从数据库中查询出来的一部分订单信息是无效的数据，并返回响应。

此 API 的设计规则如下：

（1）此 API 至少需要一个参数，即账号。更多的参数要根据业务进行添加。

（2）为了防止用户信息中的特殊字符对实际业务的影响，可以考虑对用户信息进行序列化和反序列化。

8.10.14　付款（下发付款请求）

付款需要业务服务器接收订单信息（例如订单号和账号），然后查询数据库并判断是否满足付款的条件，规则如下：

（1）若满足付款的条件，则业务服务器执行付款逻辑，并返回响应。

（2）若不满足付款的条件，则直接返回响应。

此 API 的设计规则如下：

（1）此 API 至少需要两个参数，即订单号和账号。更多的参数要根据业务进行添加。

（2）在业务服务器接收订单信息成功后，业务服务器必须判断是否满足付款的条件。

（3）为了防止订单信息中的特殊字符对实际业务的影响，可以考虑对订单信息进行序列化和反序列化。

8.10.15　付款（查询付款结果）

付款需要业务服务器接收订单信息（例如订单号和账号），然后查询数据库并判断是否完成付款，规则如下：

（1）若完成付款，则将订单信息在数据库中标记为等待下载，并返回响应。

（2）若没有完成付款，则不改动订单信息，并返回响应。

此 API 的设计规则如下：

（1）此 API 至少需要两个参数，即订单号和账号。更多的参数要根据业务进行添加。

（2）在业务服务器接收订单信息成功后，业务服务器必须判断是否满足付款的条件。

（3）为了防止订单信息中的特殊字符对实际业务的影响，可以考虑对订单信息进行序列化和反序列化。

8.10.16　退款（用户要求退款）

退款需要业务服务器接收订单信息（例如订单号和账号），然后查询数据库并判断是否满足退款的条件，规则如下：

（1）若满足退款的条件，则将订单信息在数据库中标记为等待退款，并返回响应。

（2）若不满足退款的条件，则不改动订单信息，并返回响应。

此 API 的设计规则如下：

（1）此 API 至少需要两个参数，即订单号和账号。更多的参数要根据业务进行添加。

（2）在业务服务器接收订单信息成功后，业务服务器必须判断是否满足退款的条件。

（3）为了防止订单信息中的特殊字符对实际业务的影响，可以考虑对订单信息进行序列化和反序列化。

8.10.17　退款(商家支持退款要求)

退款需要业务服务器接收订单信息(例如订单号和账号),然后查询数据库并判断是否满足退款的条件,规则如下:

(1) 若满足退款的条件,则将订单信息在数据库中标记为退款完成(商家支持退款要求),并返回响应。

(2) 若不满足退款的条件,则不改动订单信息,并返回响应。

此 API 的设计规则如下:

(1) 此 API 至少需要两个参数,即订单号和账号。更多的参数要根据业务进行添加。

(2) 在商家支持退款要求时才调用此 API。

(3) 在业务服务器接收订单信息成功后,业务服务器必须判断是否满足退款的条件。

(4) 为了防止订单信息中的特殊字符对实际业务的影响,可以考虑对订单信息进行序列化和反序列化。

8.10.18　退款(商家不支持退款要求)

退款需要业务服务器接收订单信息(例如订单号和账号),然后查询数据库并判断是否满足退款的条件,规则如下:

(1) 若满足退款的条件,则将订单信息在数据库中标记为退款完成(商家不支持退款要求),并返回响应。

(2) 若不满足退款的条件,则不改动订单信息,并返回响应。

此 API 的设计规则如下:

(1) 此 API 至少需要两个参数,即订单号和账号。更多的参数要根据业务进行添加。

(2) 在商家不支持退款要求时才调用此 API。

(3) 在业务服务器接收订单信息成功后,业务服务器必须判断是否满足退款的条件。

(4) 为了防止订单信息中的特殊字符对实际业务的影响,可以考虑对订单信息进行序列化和反序列化。

8.11　微服务设计

商店项目的 API 被划分为多个微服务,每个微服务中包含一个或多个 API。

8.11.1　审核微服务

审核微服务包含的 API 如下:

(1) 检查用户是否具有审核权限。

(2) 商品审核通过。

(3) 商品审核不通过。

8.11.2　付款检查微服务

付款检查微服务包含的 API 如下:

检查付款是否成功。

8.11.3　商品信息微服务

商品检查微服务包含的 API 如下：

(1) 按品名增加商品信息。

(2) 直接增加商品信息。

(3) 按默认方式查询商品信息。

(4) 按默认方式查询商品信息(第 2 版)。

(5) 按品名查询商品信息。

8.11.4　订单管理微服务

订单管理微服务包含的 API 如下：

(1) 查询由用户自己管理的等待退款的订单。

(2) 查询由用户自己管理的等待付款的订单。

8.11.5　商品管理微服务

商品管理微服务包含的 API 如下：

(1) 查询由用户自己管理的全部商品。

(2) 查询由用户自己管理的审核通过的商品。

8.11.6　订单微服务

订单微服务包含的 API 如下：

(1) 直接增加订单。

(2) 按订单 ID 删除订单。

(3) 按订单 ID 付款订单。

(4) 按订单 ID 恢复订单。

(5) 按订单 ID 查询订单。

(6) 按用户 ID 查询订单。

(7) 直接查询订单。

(8) 直接查询订单(第 2 版)。

(9) 直接查询订单(第 3 版)。

(10) 设置订单的付款方式。

8.11.7　付款微服务

付款微服务包含的 API 如下：

付款。

8.11.8　商品微服务

商品微服务包含的 API 如下：

(1) 直接增加商品。

(2) 按商品 ID 删除商品。

(3) 按商品 ID 恢复商品。

（4）商品聚合搜索。

（5）按商品 ID 查询商品。

（6）按品名查询商品。

（7）直接查询商品。

（8）直接查询商品（第 2 版）。

（9）直接查询商品（第 3 版）。

（10）直接查询商品（第 4 版）。

（11）直接查询商品（第 5 版）。

8.11.9　状态微服务

状态微服务包含的 API 如下：

（1）按订单 ID 修改订单的状态。

（2）按商品 ID 修改商品的状态。

8.11.10　测试微服务

测试微服务用于在向生产环境部署微服务前，在测试服务器上运行自动化测试脚本。其 API 的设计非常灵活，因此无须在这里进行设计。

8.11.11　用户微服务

用户微服务包含的 API 如下：

（1）登录。

（2）注册。

（3）按用户名和密码删除用户。

（4）按用户名和密码恢复用户。

（5）按用户名和密码查询用户。

（6）按用户名和密码查询用户（第 2 版）。

（7）按用户名查询用户。

（8）按用户名查询用户（第 2 版）。

（9）按默认方式查询用户。

8.11.12　UUID 微服务

UUID 微服务包含的 API 如下：

生成 UUID。

8.11.13　图片微服务

图片微服务包含的 API 如下：

存储用户发送的图片。

8.12　使用 Octave 编写 CGI 应用

使用 Octave 即可编写 CGI 应用，而 CGI 应用于处理网络请求。要使用 Octave 编写 CGI 应用，就必须在 Octave 上加载 CGI 工具箱，代码如下：

```
>> pkg load cgi
```

要使用 Octave 编写 CGI 应用,则必须先实例化一个 cgi 对象,代码如下:

```
>> c = cgi
```

上面的代码只有在一个 Octave 脚本真正作为 CGI 应用运行时才能正确执行,否则将报错如下:

```
error: unsupported requested method
error: called from
    cgi at line 56 column 3
```

8.12.1　安装 CGI 工具箱

要安装 CGI,则首先需要以 CLI 模式启动在 Web 服务器上的 Octave,代码如下:

```
# octave
octave: X11 DISPLAY environment variable not set
octave: disabling GUI features
GNU Octave, version 5.2.0
octave:1 >
```

安装 CGI 工具箱的代码如下:

```
octave:1 > pkg install - forge cgi
```

执行此命令时可能会失败多次,此时需要不断重试,直到 Octave 不再报错为止,才代表 Octave 已经安装好了 CGI,代码如下:

```
octave:1 > pkg install - forge cgi
error: pkg: could not download file cgi - 0.1.2.tar.gz from url https://packages.octave.org/
download/cgi - 0.1.2.tar.gz
error: called from
    pkg at line 414 column 13
octave:1 > pkg install - forge cgi
warning: doc_cache_create: unusable help text found in file 'test_cgi_upload'
For information about changes from previous versions of the cgi package, run 'news cgi'.
octave:2 > pkg load cgi
octave:3 >
```

8.12.2　CGI 类的常用方法

CGI 类的常用方法如下:

1. cgi()

cgi()方法是 CGI 类的构造方法。此方法一般不手动调用,只在实例化 cgi 对象时自动调用。

2. getfirst()

调用 getfirst()方法可以通过 CGI 获取对应参数的第 1 个值。getfirst()方法至少需要传入两个参数,此时第 1 个参数被认为是 cgi 对象,第 2 个参数被认为是用于查询的名称。调用 getfirst()方法后,CGI 应用将通过 CGI 请求这个名称的条目,并返回对应参数的第 1 个值。

3. getlist()

调用 getlist()方法可以通过 CGI 获取对应参数的所有值。getlist()方法至少需要传入两个参数,此时第 1 个参数被认为是 cgi 对象,第 2 个参数被认为是用于查询的名称。调用 getlist()方法后,CGI 应用将通过 CGI 请求这个名称的条目,并返回对应参数的所有值。

4. has()

调用 has()方法可以判断 CGI 应用获取了对应参数。has()方法至少需要传入两个参数,此时第 1 个参数被认为是 cgi 对象,第 2 个参数被认为是用于判断的参数。调用 has()方法后,如果 CGI 应用获取了对应的参数,则返回值为 true,如果 CGI 应用没有获取对应的参数,则返回值为 false。

8.12.3 CGI 测试应用

使用 CGI 应用的方式编写 Hello World 作为 CGI 测试应用,代码如下:

```
#!/usr/bin/octave - qH
# 第 8 章/cgi_bin/index.cgi
# CGI 测试应用
# 将此文件放入 CGI 文件夹下,并替换掉同名文件

printf('Content - type: text/html\n\n');

pkg load cgi;
CGI = cgi();
name = getfirst(CGI,'name','World');
printf('< html >');
printf('< body >');
printf('Hello % s',name);
printf('</body ></html >');
```

然后,用浏览器访问测试应用对应的网址即可查看最终的网页效果,如图 8-13 所示。

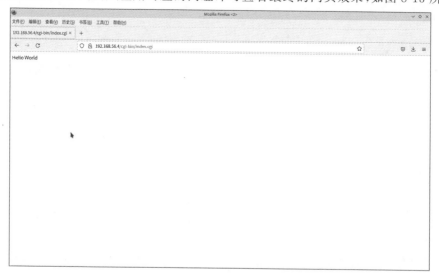

图 8-13 直接运行 index.cgi 的网页效果

这个 CGI 测试应用还调用了 getfirst()函数,并用函数返回的结果更改最终的网页效果。可以在访问测试应用对应的网址时追加? name＝123 键-值对,这个行为将更改最终的网页效果。在追加键-值对后,网页上的 Hello World 文本将变为 Hello 123 文本,如图 8-14 所示。

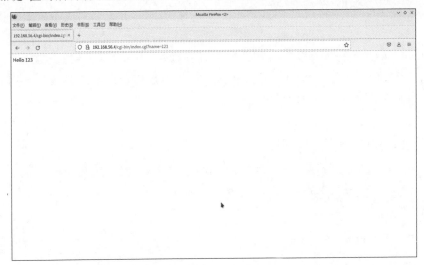

图 8-14　追加键-值对运行 index. cgi 的网页效果

8.12.4　没有安装 CGI 工具箱时的故障

如果在 Octave 中没有安装 CGI 工具箱,但在 CGI 应用中又需要导入 CGI 工具箱,则在 CGI 应用启动时,浏览器中显示的 HTML 页面部分将是一个空的页面,如图 8-15 所示。

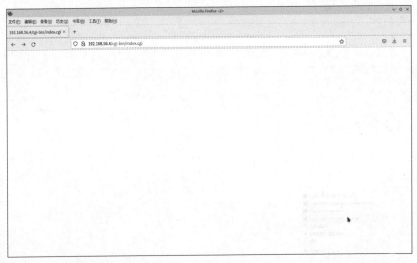

图 8-15　没有安装 CGI 工具箱,但在 CGI 应用中又需要导入 CGI 工具箱的故障

此现象代表 Web 服务器已经正常找到并处理了 CGI 应用,但因为 Octave 中没有安装 CGI 工具箱的原因导致 CGI 应用执行出错。解决方法是安装 CGI 工具箱,然后刷新网页即可看到正确的网页出现在浏览器上。

8.13 Octave 和 RESTful Web 服务

Octave 支持和 RESTful Web 服务进行交互。使用 Octave 编写的客户端,配合提供了 RESTful API 的 Web 服务器,即可方便地实现客户端和服务器的通信功能。

8.13.1 从 RESTful Web 服务读取内容

调用 webread()函数从 RESTful Web 服务读取内容。webread()函数至少需要传入一个参数,这个参数被认为是 RESTful Web 服务的网址。以 CGI 测试应用为例,调用 webread()函数得到 Web 服务器的返回如下:

```
>> webread(url)
ans = < html >< body > Hello World </body ></html >
```

webread()函数还允许以键-值对的方式追加传入多对参数,此时这些参数被认为是追加到网址之后的键-值对参数。以 CGI 测试应用为例,调用 webread()函数,并追加?name=123 键-值对,得到 Web 服务器的返回如下:

```
>> webread(url, 'name', '123')
ans = < html >< body > Hello 123 </body ></html >
```

以上两段代码的返回值中含有多余的 HTML 标签。这是因为 webread()函数只会返回一个响应的响应体,并且因为这个响应的 Content-type 是 text/html,所以返回值当中的 HTML 标签不会被自动处理掉。

💡注意:一般而言,在编写 RESTful API 时应尽量不在响应体中设计多余的 HTML 标签。

---

webread()函数还允许追加传入最后一个参数,此时这个参数被认为是用于更改 webread()函数行为的选项。使用 weboptions 对象来描述一个或多个选项。

以 CGI 测试应用为例,调用 webread()函数,并追加字符编码为 UTF-16 的选项和 ?name=123 键-值对,得到 Web 服务器的返回如下:

```
>> w = weboptions('HeaderFields', {'CharacterEncoding', 'UTF - 16'});
>> webread(url, 'name', '123', w)
ans = < html >< body > Hello 123 </body ></html >
```

8.13.2 向 RESTful Web 服务写入内容

调用 webwrite()函数向 RESTful Web 服务写入内容。webwrite()函数至少需要传入一个参数,并且以键-值对的方式追加传入多对参数,此时第 1 个参数被认为是 RESTful Web 服务的网址,后面的参数被认为是追加到网址之后的键-值对参数。以 CGI 测试应用为例,调用 webwrite()函数,并规定键-值对是?name=123,得到 Web 服务器的返回如下:

```
>> webwrite(url, 'name', '123')
ans = < html >< body > Hello 123 </body ></html >
```

webwrite()函数还允许以数组形式传入所有的键-值对。以 CGI 测试应用为例,调用 webwrite()函数,并规定键-值对是?name＝123&foo＝bar,并以数组形式传入所有的键-值对,得到 Web 服务器的返回如下:

```
>> webwrite(url, ['name', '=', '123', '&', 'foo', '=', 'bar'])
ans = <html><body>Hello 123</body></html>
```

webwrite()函数还允许追加传入最后一个参数,此时这个参数被认为是用于更改 webwrite()函数行为的选项。使用 weboptions 对象来描述一个或多个选项,配置方式和 webread()函数的选项类似。以 CGI 测试应用为例,调用 webwrite()函数,并追加字符编码为 UTF-16 的选项和?name＝123 键-值对,得到 Web 服务器的返回如下:

```
>> w = weboptions('HeaderFields', {'CharacterEncoding', 'UTF-16'});
>> webwrite(url, 'name', '123', w)
ans = <html><body>Hello 123</body></html>
```

8.13.3　weboptions

weboptions 对象用于描述一个或多个选项,支持配置的选项如表 8-10 所示。

表 8-10　weboptions 对象支持配置的选项

选　项　名	取　值　范　围	默　认　值	含　　义
CharacterEncoding	auto/UTF-8/US-ASCII	auto	字符编码
UserAgent	—	GNU Octave"/"version	浏览器标识
Timeout	—	10	连接超时时间
Username	—	""	用于 HTTP 连接的用户名
Password	—	""	用于 HTTP 连接的密码
KeyName	—	""	网址后的键参数字符串
KeyValue	—	""	网址后的值参数字符串
ContentType	auto/text/json	auto	请求内容类型
ContentReader	—	[]	—
MediaType	—	auto	—
RequestMethod	auto/get/put/post/ delete/patch	auto	请求方法
ArrayFormat	csv/json/php/repeating	csv	—
HeaderFields	—	{}	请求头的内容
CertificateFilename	—	""	—

借助 weboptions 对象支持的选项,可以实现和 RESTful Web 服务相关的扩展功能如下。

1. 支持除 POST 和 GET 之外的请求方法

如果在 weboptions 对象中将 RequestMethod 配置为 POST 或 GET 之外的值,则 webread()函数或 webwrite()函数将不再默认使用 POST 或 GET 请求方法,而是使用指定的请求方法。

2. 设置浏览器标识

很多 RESTful Web 服务会根据浏览器标识提供差异化服务。在某些 RESTful Web 服务拒绝访问或响应不符合预期时，可以尝试在 weboptions 对象中将 UserAgent 配置为市面上流行的浏览器对应的浏览器标识，以提高访问的成功率。

8.14 Apache

如果 Web 服务器想要运行 CGI 应用，就必须在 Web 服务器中安装用于运行 CGI 应用的 CGI 程序，这个程序需要实现 Web 服务器运行时外部程序的规范。Apache 可以在启动时加载相应的模块来作为一个 CGI 程序。

Apache 的全名是 Apache Webserver，这是因为 Apache 要与 Apache 基金会和 Apache 基金会赞助的其他软件做区分，所以 Apache 基金会为 Apache 取了这个全名，而 Apache 基金会正是由 Apache 而得名的，所以它没有喧宾夺主的道理，因此，在直接提到 Apache 而没有额外说明的场合中，Apache 同样专门指代 Apache Webserver。

8.14.1 安装 Apache

Apache 的软件包名为 httpd。在 Web 服务器上安装 Apache，命令如下：

```
#dnf install httpd
```

从 DNF 软件源安装的 Apache 已经预编译好了 mod_cgid.so 和 mod_cgi.so 模块，所以 Apache 无须额外编译 CGI 模块即可运行 CGI 应用。

8.14.2 启动 Apache

推荐用启动 httpd 服务的方式来启动 Apache，命令如下：

```
$ systemctl start httpd
==== AUTHENTICATING FOR org.freedesktop.systemd1.manage-units ====
Authentication is required to start 'httpd.service'.
Authenticating as: root
Password:
==== AUTHENTICATION COMPLETE ====
```

此外，Apache 也支持其他启动方式，如 CLI 方式。这类启动方式不在这里介绍。

8.14.3 访问 Apache 服务器的测试页面

在 Apache 启动后，即可使用浏览器访问 index.html，这个 HTML 文件就是服务器的测试页面。使用浏览器访问 index.html 的网址如下：

```
http://192.168.56.4
```

测试页面的效果如图 8-16 所示。

💡 注意：Apache 默认不监听 443 端口，这就意味着：在使用默认配置启动 Apache 时，浏览器无法使用以 https 开头的网址获取测试页面。

浏览器一旦成功获取测试页面，即代表 Apache 安装正确并且可以提供最基础的 Web 服务器功能。在此基础上即可进行 Apache 的进一步配置。

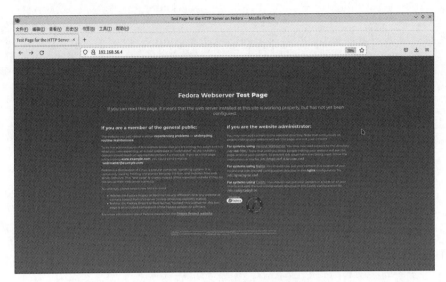

图 8-16　Apache 测试页面的效果

8.14.4　Apache 的配置文件位置

默认的 Apache 的主配置文件的位置如下：

```
/etc/httpd/conf/httpd.conf
```

此外，Apache 还允许在配置文件中导入分离的配置文件。

8.14.5　Apache 的 CGI 文件夹位置

默认的 Apache 的 CGI 文件夹的位置如下：

```
/var/www/cgi-bin
```

只需将 CGI 应用放置在此文件夹下，便可以通过 http://<域名或 IP >/cgi-bin/< CGI 应用名>的方式运行对应的 CGI 应用。

如果 Apache 提示 403 You don't have permission to access this resource.，则首先要检查 CGI 应用是否具有可执行权限，然后检查 Apache 配置，最后关闭 SELinux。关闭 SELinux 的命令如下：

```
# setenforce 0
```

8.15　Nginx

Nginx 是一款轻量级、性能优秀的 Web 服务器软件。在本章中，Nginx 主要是被作为一个 API 网关来使用的，将来自客户端的请求根据 API 的不同而进行可能的操作如下：

（1）将此请求转发到其他 Web 服务器上。

（2）直接响应此请求。

此外，Nginx 还支持反向代理、负载均衡、网址重写等功能，实现原理如下：

（1）Nginx 在反向代理时，会接收客户端的请求，然后将请求转发到其他服务器上，并将其他服务器的响应返回客户端。

（2）Nginx 在负载均衡时，会根据轮询等方式将客户端的请求分发到不同的服务器上，降低单台服务器的负载。

（3）Nginx 在网址重写时，会将客户端实际访问的网址以预定的方式替换为另一个网址。实际上，用户访问的是经过处理后的网址。

8.15.1　安装 Nginx

Nginx 的软件包名为 nginx。在 Web 服务器上安装 Nginx，命令如下：

```
# dnf install nginx
```

Nginx 的全部模块的软件包名为 nginx-all-modules，此组件整合了全部的 Nginx 模块（包括 nginx-lua 等模块），安装此软件包将免去 Nginx 加模块的重新编译过程。在 Web 服务器上安装 Nginx 的全部模块，命令如下：

```
# dnf install nginx-all-modules
```

Nginx 的图像处理模块的软件包名为 nginx-mod-http-image-filter，此组件可用于在 HTTP 的图像上实现格式变换或增加水印等功能。在 Web 服务器上安装 Nginx 的图像处理模块，命令如下：

```
# dnf install nginx-mod-http-image-filter
```

Nginx 的 XSLT 过滤器模块的软件包名为 nginx-mod-http-xslt-filter，此组件可使用 XSLT 过滤 HTTP 文档中的节点。在 Web 服务器上安装 Nginx 的 XSLT 过滤器模块，命令如下：

```
# dnf install nginx-mod-http-xslt-filter
```

Nginx 的邮件服务器模块的软件包名为 nginx-mod-mail，此组件可支持将 Nginx 配置为一个邮件服务器。在 Web 服务器上安装 Nginx 的邮件服务器模块，命令如下：

```
# dnf install nginx-mod-mail
```

Nginx 的 Naxsi 防火墙模块的软件包名为 nginx-mod-naxsi，此组件作为 Nginx 的防火墙运行。在 Web 服务器上安装 Nginx 的 Naxsi 防火墙模块，命令如下：

```
# dnf install nginx-mod-naxsi
```

Nginx 的监控模块的软件包名为 nginx-mod-vts，此组件可提供服务器的流量监控的配置。在 Web 服务器上安装 Nginx 的监控模块，命令如下：

```
# dnf install nginx-mod-vts
```

8.15.2　启动 Nginx

推荐用启动 nginx 服务的方式来启动 Nginx，命令如下：

```
[vagrant@fedora33 html]$ systemctl start nginx
==== AUTHENTICATING FOR org.freedesktop.systemd1.manage-units ====
Authentication is required to start 'nginx.service'.
Authenticating as: root
Password:
==== AUTHENTICATION COMPLETE ====
```

此外，Nginx 也支持其他启动方式，如 CLI 方式。这类启动方式不在这里介绍。

8.15.3 访问 Nginx 服务器的测试页面

在 Nginx 启动后，即可使用浏览器访问 index.html，这个 HTML 文件就是服务器的测试页面。使用浏览器访问 index.html 的网址如下：

```
http://192.168.56.2/index.html
```

测试页面的效果如图 8-17 所示。

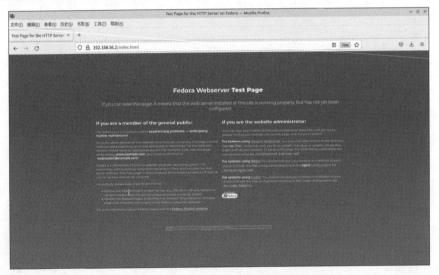

图 8-17 Nginx 测试页面的效果

💡 **注意**：Nginx 默认不监听 443 端口，这就意味着在使用默认配置启动 Nginx 时，浏览器无法使用以 https 开头的网址获取测试页面。

浏览器一旦成功获取测试页面，即代表 Nginx 安装正确并且可以提供最基础的 Web 服务器功能。在此基础上即可进行 Nginx 的进一步配置。

8.15.4 Nginx 的配置文件位置

默认的 Nginx 的主配置文件的位置如下：

```
/etc/nginx/nginx.conf
```

此外，Nginx 还允许在配置文件中导入分离的配置文件。

8.16 Caddy

Caddy 是一款基于 Go 语言编写的强大且可扩展的平台,可以给 Web 站点、服务和应用程序提供服务。大多数开发者将 Caddy 用作 Web 服务器或代理服务器,但本项目选用 Caddy 的原因是:Caddy 作为文件服务器时拥有强大、快速和配置简单的优点。

本项目中的表盘配置涉及几百 KB 的图像文件,而如果单纯地使用数据库存储这种大小的文件,则将导致上传文件和索引数据表的时间非常长。经实测,向 PostgreSQL 上传一个大小为 700KB、存储格式为 jsonb 的图像文件,耗时将超过 3min。这在商城项目中对应的场景是:一个用户需要等待 3min 以上的时间才能上传完成一张表盘配置,所以这种等待时间是不可接受的。为了解决图片这类大文件存储的问题,本项目使用 Caddy 作为 HTTP 文件服务器。

8.16.1 安装 Caddy

Caddy 的软件包名为 caddy。在 Web 服务器上安装 Caddy,命令如下:

```
# dnf install caddy
```

8.16.2 启动 Caddy

推荐用启动 caddy 服务的方式来启动 Caddy,命令如下:

```
$ systemctl start caddy
==== AUTHENTICATING FOR org.freedesktop.systemd1.manage-units ====
Authentication is required to start 'caddy.service'.
Authenticating as: root
Password:
==== AUTHENTICATION COMPLETE ====
```

此外,Caddy 也支持其他启动方式,如 CLI 方式。这类启动方式不在这里介绍。

8.16.3 访问 Caddy 服务器的测试页面

在 Caddy 启动后,即可使用浏览器访问服务器的测试页面,网址如下:

```
http://192.168.56.5
```

测试页面的效果如图 8-18 所示。

💡 注意:Caddy 默认不监听 443 端口,这就意味着在使用默认配置启动 Caddy 时,浏览器无法使用以 https 开头的网址获取测试页面。

浏览器一旦成功获取测试页面,即代表 Caddy 安装正确并且可以提供最基础的 Web 服务器功能。在此基础上即可进行 Caddy 的进一步配置。

8.16.4 Caddy 的配置文件位置

默认的 Caddy 的主配置文件的位置如下:

```
/etc/caddy/Caddyfile
```

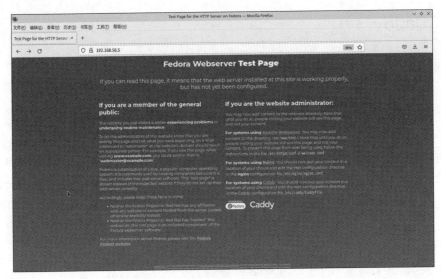

图 8-18　Caddy 测试页面的效果

此外,Caddy 还允许在配置文件中导入分离的配置文件。

8.16.5　Caddy 默认的站点文件夹位置

Caddy 默认的站点文件夹位置如下:

```
/usr/share/caddy
```

只需将 Web 资源放置在此文件夹下,便可以通过 http://<域名或 IP>/< URI>的方式访问对应的文件。

如果 Caddy 访问网址后得到的网页为空,则要关闭 SELinux。关闭 SELinux 的命令如下:

```
# setenforce 0
```

8.16.6　修改 Caddy 的站点文件夹位置

为了保证测试页面不会影响文件管理器的索引页面,建议修改 Caddy 站点文件夹位置,并且保证新的站点文件夹位置不会含有名为测试页面的文件。在配置文件中修改 Caddy 站点文件夹位置,配置如下:

```
# 第 8 章/vagrant_data/Caddyfile
root * /vagrant_data/image
```

在修改站点文件夹后,需要重载 Caddy 的配置使新的配置生效,命令如下:

```
$ systemctl reload caddy
==== AUTHENTICATING FOR org.freedesktop.systemd1.manage-units ====
Authentication is required to reload 'caddy.service'.
Authenticating as: root
Password:
==== AUTHENTICATION COMPLETE ====
```

8.16.7 启用 Caddy 的文件服务器的功能

在启用 Caddy 的文件服务器的功能后,Caddy 才能提供文件服务,配置如下:

```
#第8章/vagrant_data/Caddyfile
file_server
```

此外,Caddy 还可以同时提供文件的索引页面。开启索引页面可以方便地查看文件服务器的状态,配置如下:

```
#第8章/vagrant_data/Caddyfile
file_server browse
```

8.16.8 访问文件服务器的索引页面

在/vagrant_data/image 文件夹下放入一个测试文件 test.jpg,之后重新访问服务器的测试页面,此时原本的测试页面即变为文件服务器的索引页面,效果如图 8-19 所示。

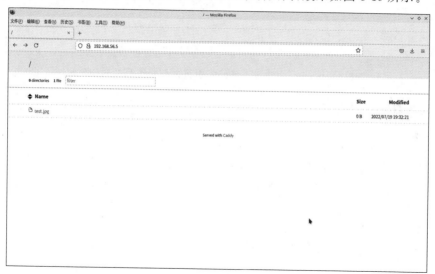

图 8-19 Caddy 文件服务器的索引页面的效果

如果可以访问文件服务器的索引页面,则说明当前的文件服务器已经可以提供文件的下载服务,并且通过文件服务器下载文件的方法和通过 Web 服务器访问 Web 资源的方法相同。

8.16.9 修改 Caddy 的端口

文件服务器除了需要访问静态文件外,还需要另一个服务器软件同时提供上传文件等服务。由于商店端口的 API 采用微服务方式部署,因此如果保证所有 Web 业务端口统一,则可以省去开发和维护上的很多麻烦。又由于 Web 业务端口均为 80 端口,因此需要将文件服务器的端口改为 4000,配置如下:

```
#第8章/vagrant_data/Caddyfile
:4000 {
```

在修改端口后,需要重载 Caddy 的配置使新的配置生效。修改后使用浏览器通过 4000

端口访问文件服务器,即可重新访问文件服务器的索引页面,并看到测试文件 test.jpg,效果如图 8-20 所示。

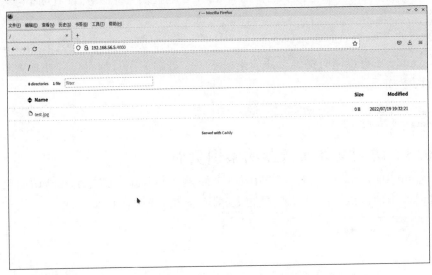

图 8-20　Caddy 文件服务器的索引页面在修改端口后的效果

8.17　换用 HTTPS

Nginx 默认的配置只使用 HTTP 来传输网页。然而,HTTP 是一种不加密的协议,在网络中使用 HTTP 传输数据非常不安全。建议将 HTTP 换为 HTTPS 来传输网页。在测试环境中可以自行生成 SSL 证书、SSL 证书自签名和生成 SSL 密钥,以满足服务器正常提供 HTTPS 的服务的要求。

1. 生成 SSL 证书

使用 OpenSSL 生成 SSL 证书,命令如下:

```
$ openssl req - newkey rsa:2048 - nodes - out example.csr - keyout example.key
```

此命令将在当前目录生成一个后缀为 csr 的证书签名请求文件。

2. SSL 证书自签名

使用 OpenSSL 对 SSL 证书进行自签名,命令如下:

```
$ openssl x509 - req - days 365 - in example.csr - signkey example.key - out example.crt
```

建议对在公网上提供的 Web 服务使用 CA 机构颁发的签名,否则浏览器有可能会警告此站点不受信任。

3. 生成 SSL 密钥

使用 OpenSSL 生成 RSA 私钥,命令如下:

```
$ openssl genrsa - out rsa_private_key.pem 1024
```

使用 OpenSSL 生成 PKCS♯8 格式的 RSA 私钥,命令如下:

```
$ openssl pkcs8 - topk8 - inform PEM - in rsa_private_key.pem - outform PEM - nocrypt
```

使用 OpenSSL 通过转换前的私钥生成 RSA 公钥,命令如下:

```
$ openssl rsa - in rsa_private_key.pem - pubout - out rsa_public_key.pem
```

在生成 SSL 证书、SSL 证书自签名和生成 SSL 密钥后,再修改服务器上的与 SSL 相关的配置,服务器即可正常向外提供 HTTPS 协议的服务。

8.18　备选的文件服务器方案

除了 Caddy 服务器之外,另一种常用的文件服务器方案是使用 FTP 服务器作为文件服务器,但是 FTP 服务器的缺点比较明显,就是访问 FTP 服务器要依赖 Linux 系统的用户。

以 Fedora 35 操作系统为例,此操作系统允许创建的用户受到 SYS_UID_MIN 和 SYS_UID_MAX 环境变量共同限制,而 SYS_UID_MIN 的值默认为 201,并且 SYS_UID_MAX 的值默认为 999,所以此操作系统默认允许创建至多 799 个不同 UID 的用户。创建在这个限制之外的 UID 的用户可能导致其他系统级应用无法正常工作,因此也建议严格按照这个限制创建用户。

FTP 服务器需要在 Linux 操作系统之内创建不同的用户,从而实现文件访问控制特性。那么,如果要访问这个 FTP 服务器的用户预计大于上文中限制的人数,就会存在文件误访问的问题。商店项目被设计为一个开放的系统,其预计的访问人数不应该含有限制,因此商店项目不适合使用 FTP 服务器。

1. 介绍 ProFTPD

ProFTPD(Professional FTP Daemon)是一款 FTP 服务器软件,具有配置方便的优势,并已经在红帽系 Linux 发行版上成为最受欢迎的 FTP 服务器软件。ProFTPD 的配置方法和 Apache、Tomcat 这类服务器软件的配置方法类似,因此也具有容易配置的优势。

2. 启动 ProFTPD

推荐用启动 proftpd 服务的方式来启动 ProFTPD,命令如下:

```
$ systemctl start proftpd
==== AUTHENTICATING FOR org.freedesktop.systemd1.manage-units ====
Authentication is required to start 'proftpd.service'.
Authenticating as: root
Password:
==== AUTHENTICATION COMPLETE ====
```

此外,ProFTPD 也支持其他启动方式,如 CLI 方式。这类启动方式不在这里介绍。

3. 使用终端登录 FTP 服务器

在 ProFTPD 启动后,对应的服务器即可提供 FTP 服务。一种方便的登录方式是使用终端登录 FTP 服务器。要使用终端登录 FTP 服务器,则需要先在终端中安装 FTP 软件,命令如下:

```
$ sudo dnf install - y ftp
```

安装好 FTP 软件之后,在终端中通过 ftp+FTP 服务器 IP 的格式来登录 FTP 服务器,命令如下:

```
$ ftp 192.168.56.3
Connected to 192.168.56.3 (192.168.56.3).
220 FTP Server ready.
Name (192.168.56.3:Linux): test_ftp_account
331 Password required for test_ftp_account
Password:
230 User test_ftp_account logged in
Remote system type is UNIX.
Using binary mode to transfer files.
ftp>
```

在登录 FTP 服务器的过程中,需要输入用于登录的账号和密码。这里的账号和密码指的是 FTP 服务器的账号和密码。创建一个账号为 test_ftp_account,并且家目录为/home/ftp_home 的用户的命令如下:

```
# useradd -d /home/ftp_home test_ftp_account
```

一个账号在刚刚创建好之后并不能用于正常登录,这是因为这个账号还没有设置密码。必须在这个账号设置好密码之后才能用登录。设置账号为 test_ftp_account 的用户的密码的命令如下:

```
# passwd test_ftp_account
Changing password for user test_ftp_account.
New password:
BAD PASSWORD: The password is a palindrome
Retype new password:
passwd: all authentication tokens updated successfully.
```

当看到 updated successfully 字样时,即代表密码设置成功。此时即可使用此账号登录 FTP 服务器。

4. ProFTPD 的配置文件位置

默认的 ProFTPD 的配置文件位置如下:

```
/etc/proftpd.conf
```

8.19　UUID

UUID 是通用唯一识别码(Universally Unique Identifier)的缩写,是一种软件建构的标准,亦为开放软件基金会组织在分布式计算环境领域的一部分。其目的是让分布式系统中的所有元素都能有唯一的辨识信息,而不需要通过中央控制端来做辨识信息的指定。如此一来,每个人都可以创建不与其他人冲突的 UUID。在这样的情况下,就不必考虑数据库创建时的名称重复问题。

1. UUID 在 Linux 操作系统中的生成方式

Linux 操作系统提供 UUID 软件包,安装了此软件包的 Linux 操作系统均可直接生成

UUID。在 Web 服务器上安装 UUID 软件包,命令如下:

```
# dnf install uuid
```

生成 UUID 的命令如下:

```
$ uuid
```

每次执行此命令都会生成一个新的 UUID。使用 UUID 软件包生成 3 个 UUID 的结果如下:

```
$ uuid
a9745b56 - 326e - 11ed - 9e8c - 0897988ad160
$ uuid
aa584960 - 326e - 11ed - bdc7 - 0897988ad160
$ uuid
ab207c5a - 326e - 11ed - 95db - 0897988ad160
```

2. UUID 在 Octave 中的生成方式

Octave 可以直接调用系统中的 uuid 命令生成 UUID,这种方式的效率最高。在 Octave 中调用的命令如下:

```
>> [status, output] = system('uuid')
status = 0
output = e4efe13e - 326c - 11ed - ac55 - 0897988ad160
```

这样便可生成一个 UUID。

此外,考虑到商店项目的兼容性,本项目在 Web 服务器上提供 UUID 微服务,和 Octave 配合完成 UUID 的生成步骤,即可避免在其他操作系统上无法正常生成 UUID 的问题。在这个过程中,Octave 依然作为 Web API 的执行器,然后在 CGI 应用中调用生成 uuid 命令的 API。这种方式对客户端的要求低,兼容性好。

在浏览器中访问用于生成 UUID 的 Web API 的效果如图 8-21 所示。

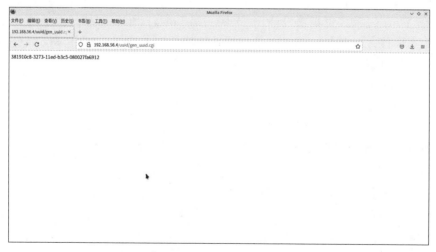

图 8-21　在浏览器中访问用于生成 UUID 的 Web API 的效果

3. UUID 在文件服务器中的应用

图片文件在上传到文件服务器的过程中，需要保证文件名不能和之前已经存在的文件名重复。为了保证文件名称不重复，可以用生成 UUID 的方式，即可在极低的重复概率下生成大量的文件名。每秒产生 10 亿笔 UUID，100 年后只产生一次重复的概率为 50%。在商城应用中，单纯使用 UUID 已经可以满足存储图片的需求。

8.20 使用 Octave 操作 PostgreSQL 数据库

要使用 Octave 操作 PostgreSQL 数据库，就必须在 Octave 上加载 database，代码如下：

```
>> pkg load database
```

8.20.1 安装 database 工具箱

安装 database 工具箱的命令如下：

```
octave:1> pkg install - forge database
```

此命令在执行时可能会失败多次，此时需要检查是否已经安装了 struct 工具箱。如果 Octave 中已经安装好了 struct 工具箱，但执行此命令时依然失败，则需要不断重试安装，直到 Octave 不再报错为止，然后才代表 Octave 已经安装好了 database 工具箱。

8.20.2 Octave 连接 PostgreSQL 的函数

Octave 和连接 PostgreSQL 相关的函数如下。

1. pq_connect()

调用 pq_connect() 函数可以建立一个 Octave 到 PostgreSQL 数据库服务器的连接。pq_connect() 函数需要传入一个参数，此时这个参数被认为是建立连接所使用的选项。调用 pq_connect() 函数后，Octave 将尝试和 PostgreSQL 数据库服务器建立连接，并返回 octave_pq_connection 类的一个实例，这个实例表示一个 Octave 到 PostgreSQL 数据库服务器的连接。

2. pq_close()

调用 pq_close() 函数可以断开一个 Octave 到 PostgreSQL 数据库服务器的连接。pq_close() 函数需要传入一个参数，此时这个参数被认为是一个 Octave 到 PostgreSQL 数据库服务器的连接。调用 pq_close() 函数后，Octave 将断开指定的连接。

3. pq_conninfo()

调用 pq_conninfo() 函数可以获得一个 Octave 到 PostgreSQL 数据库服务器的连接的信息。pq_conninfo() 函数需要传入两个参数，此时，第 1 个参数被认为是一个 Octave 到 PostgreSQL 数据库服务器的连接，第 2 个参数被认为是连接的标签。调用 pq_conninfo() 函数后，Octave 将按照标签返回连接信息。

8.20.3 向 PostgreSQL 执行 SQL 命令

调用 pq_exec_params() 函数可以在 PostgreSQL 中执行一条 SQL 命令。pq_exec_params() 函数至少需要传入两个参数，此时，第 1 个参数被认为是一个 Octave 到 PostgreSQL 数据库服务器的连接，第 2 个参数被认为是表示 SQL 命令的字符串。调用 pq_exec_params() 函数后,Octave 将按照标签返回连接信息。

pq_exec_params()函数还允许额外传入第 3 个参数,此时这个参数可以认为是由 SQL 命令中的参数组成的元胞。在表示 SQL 命令的字符串中,可以使用 $1/$2 等作为占位符表示 SQL 命令中的参数,然后 pq_exec_params()函数将使用元胞中的元素依次替换 SQL 命令的字符串中的占位符;这个参数也可以认为执行 SQL 命令所使用的选项。这里的选项是一种设置结构,可以通过 setdbopts 创建。

pq_exec_params()函数还允许传入第 4 个参数,此时第 3 个参数认为是由 SQL 命令中的参数组成的元胞,第 4 个参数认为执行 SQL 命令所使用的选项。

pq_exec_params()函数会缓存 PostgreSQL 的数据的类型,所以如果在建立连接之后定义了类型或删除了类型,或者 schema 的搜索路径发生了更改,则应该立即调用 pq_update_types()函数更新该类型。

pq_exec_params()函数不允许将数据 copy to stdout 存入 Octave 的变量。如果想要将数据存入 Octave 的变量,则需要改用 SELECT 命令。

pq_exec_params()函数的返回值和 SQL 命令的类型有关。

如果 SQL 命令是 query 命令,则 pq_exec_params()函数的返回值是由 data、columns 和 types 这些键参数组成的结构体,其中,

(1) data 的值包含一个由数据组成的元胞,其列数等于数据库返回的结果的列数,其行数等于数据库返回的 tuple 的个数。

(2) columns 的值包含数据库返回的结果的每列的列名。

(3) types 的值包含由数据库返回的结果的每列的类型组成的结构体,由 name、is_array、is_composite、is_enum 和 elements 这些键参数组成的结构体。

(4) types 中的 name 的值代表类型名。

(5) types 中的 is_array 的值代表数据是不是 array 类型。

(6) types 中的 is_composite 的值代表数据是不是复合类型。

(7) types 中的 is_enum 的值代表数据是不是 enum 类型。

如果数据 is_composite 是 true,则 elements 的值包含由数据库返回的结果的每列的类型组成的结构体,相当于 types。

如果 SQL 命令是 copy 命令,则 pq_exec_params()函数不返回任何值。

如果 SQL 命令是其他命令,则 pq_exec_params()函数返回数据库返回的结果的列数。

8.20.4 更新缓存的 PostgreSQL 的数据的类型

调用 pq_update_types()函数可以更新缓存的 PostgreSQL 的数据的类型。pq_update_types()函数需要传入一个参数,这个参数被认为是一个 Octave 到 PostgreSQL 数据库服务器的连接。调用 pq_update_types()函数后将手动更新缓存的 PostgreSQL 的数据的类型。

此外,每当 Octave 连接 PostgreSQL 成功时将自动更新 PostgreSQL 的数据的类型。

8.20.5 向 PostgreSQL 导入大对象

调用 pq_lo_import()函数可以从 Octave 导入一个文件,将文件中的内容当作大对象,并

将这个大对象导入 PostgreSQL 中。pq_lo_import()函数需要传入两个参数,此时,第 1 个参数被认为是一个 Octave 到 PostgreSQL 数据库服务器的连接,第 2 个参数被认为是文件的路径。调用 pq_lo_import()函数后,Octave 将返回大对象的 oid。

如果文件的路径以竖线(|)结尾,则这个路径会被认为是一个 shell 命令,其输出通过管道传输到一个大型对象中。

8.20.6 从 PostgreSQL 导出大对象

调用 pq_lo_export()函数可以从 PostgreSQL 导出一个大对象,并将这个大对象导出到 Octave 的文件路径中。pq_lo_export()函数需要传入 3 个参数,此时,第 1 个参数被认为是一个 Octave 到 PostgreSQL 数据库服务器的连接,第 2 个参数被认为是大对象的 oid,第 3 个参数被认为是用于导出文件的路径。

如果文件的路径以竖线(|)开头,则这个路径会被认为是一个 shell 命令,其输出通过管道传输到此 shell 命令中。

8.20.7 从 PostgreSQL 删除大对象

调用 pq_lo_unlink()函数可以从 PostgreSQL 删除一个大对象。pq_lo_unlink()函数需要传入两个参数,此时,第 1 个参数被认为是一个 Octave 到 PostgreSQL 数据库服务器的连接,第 2 个参数被认为是大对象的 oid。

8.20.8 查看 PostgreSQL 的大对象

调用 pq_lo_view()函数可以查看 PostgreSQL 的一个大对象。pq_lo_view()函数需要传入 3 个参数,此时,第 1 个参数被认为是一个 Octave 到 PostgreSQL 数据库服务器的连接,第 2 个参数被认为是大对象的 oid,第 3 个参数被认为是用于查看的 viewer。调用 pq_lo_view()函数后,Octave 将根据大对象的 oid 将大对象连接到一个临时文件上,并在后台启动 viewer 程序查看这个临时文件。在 viewer 终止后,pq_lo_view()函数将删除用于查看的临时文件。

8.20.9 连接 PostgreSQL 选项的可选参数

建立连接所使用的选项是一个结构体。此结构体支持的可选参数和含义如表 8-11 所示。

表 8-11　建立连接所使用的选项支持的可选参数和含义

可 选 参 数	含　　义
connect_timeout	连接超时时长
dbname	数据库名
host	主机名
hostaddr	主机的 IP 地址
krbsrvname	Kerberos 服务名
options	用于 PostgreSQL 命令行中的连接参数
password	密码
port	端口
service	在 pq_service.conf 中配置过的服务名
sslcert	SSL 证书

续表

可 选 参 数	含 义
sslcrl	SSL 证书撤销列表的文件名
sslkey	SSL 密钥所在的位置,可以是文件名/外部的 OpenSSL 引擎; 用冒号隔开引擎名称和引擎的密钥识别码
sslmode	SSL 模式; 可以是 disable/allow/prefer/require/verify-ca/verify-full
sslrootcert	SSL 根证书的文件名
user	用户名

调用 setdbopts()函数可以设置数据库的连接选项,调用 getdbopts()函数则可以获取当前连接所使用的连接选项。

8.20.10 在 PostgreSQL 中执行 SQL 命令选项的可选参数

执行 SQL 命令所使用的选项是一个结构体。此结构体支持的可选参数和含义如表 8-12 所示。

表 8-12 执行 SQL 命令所使用的选项支持的可选参数和含义

可 选 参 数	含 义
param_types	一维元胞,其中的元素作为 SQL 命令中的参数的规范作用于 SQL 命令中的参数; 如果 SQL 命令中的参数不需要规范,则将此参数留空; 用[]表示 PostgreSQL 的一个 array; 这里的规范可以使用 schema 限定的参数的规范,否则它们将直接引用数据的 visible 的类型
copy_in_path	指定 copy from stdin 在客户端侧的路径
copy_out_path	指定 copy from stdout 在客户端侧的路径
copy_in_from_variable	逻辑标量,默认值为 false; 如果此参数是 true,则 copy from stdin 将使用 Octave 的变量代替文件
copy_in_data	二维元胞; 按列读取数据; 数据必须满足 SQL 和 Octave 之间的数据类型的对应关系或 PostgreSQL 和 Octave 之间的数据类型的对应关系; 如果 copy_in_from_variable 是 true,则 copy from stdin 将使用此元胞代替文件
copy_in_types	如果在 copy_in_data 中的某些列需要满足 SQL 命令中的参数的规范,则此参数必须设置为由 SQL 命令中的参数的规范组成的元胞; 元胞的每列都需要有条目(条目允许为空)
copy_in_with_oids	如果想使用 oid 从 Octave 复制数据,则第 1 列的数据必须包含 oid 且此参数必须设为 true(默认值为 false); with oids 需要和 copy from stdin 共同在 SQL 命令中出现,否则 PostgreSQL 将忽略复制的 oid

8.20.11 SQL 和 Octave 之间数据类型的对应关系

SQL 和 Octave 之间的数据类型的对应关系如表 8-13 所示。

表 8-13　SQL 和 Octave 之间的数据类型的对应关系

SQL 的数据类型	Octave 的数据类型	是否可以自动判断
bool	逻辑标量	是
Bytea（变长二进制字符串）	uint8 矩阵	是
float8	double 标量	是
float4	single 标量	是
varchar	string	否
bpchar(char)	string	否
int2	int16 标量	是
int4	int32 标量	是
int8	int64 标量	是
timestamp	8 字节的时间数值，并且在 2000-01-01 00：00 前后区分数值的正负	否
timestamptz	和 timestamp 相同	否
time	8 字节的时间数值	否
timetz	由 8 字节的时间数值和 int32 的标量的时区组成的元胞	否
date	int32 的标量的时间数值，并且在 2000-01-01 00：00 前后区分数值的正负	否
interval	由 8 字节的时间数值、int32 的标量的天数和 int32 的标量的月数组成的 cell	否
bit	由 bitlen 和 bits 键参数组成的 struct。 bitlen 的值参数的类型是 int32，代表有效地位的数量； bits 的值参数的类型是 uint8 的数组； 每 8 位为一个数组元素； 位在数组中以左对齐的方式存放； 数组的最后一个元素存放的位可能少于 8 位	否
varbit	和 bit 相同	是
xml	string	否
任意的 array	由键参数 data 和 ndims(额外可选 lbounds)组成的 struct。 data 是保存具有与 SQL 元素类型对应的类型条目的单元格数组； ndims 是保存相应 SQL 数组的维数，因为不能在所有情况下从 Octave 单元数组的维数推导出这个数； lbounds 是所有维的枚举基的行向量；如不指定 lbounds，则 lbounds 默认为 ones (1,ndims)；； PostgreSQL 支持不是 1 的枚举基。数组元素可能不对应于 SQL 中的数组(此时可以使用附加维度解决这个问题)，但可能对应于复合类型，这允许导致任意深度的嵌套	否
任意的复合类型（row type）	一维 cell，其中包含与相应 SQL 类型对应的类型条目。 条目也可能对应于数组类型或复合类型，这允许导致任意深度的嵌套	否

8.20.12　SQL 和 Octave 之间数据类型的自动判断

Octave 支持某些数据类型的自动判断，规则如下：

（1）如果在某些 SQL 和 Octave 的数据类型之间可以自动判断，则从 Octave 发送到数据库的数据无须显式指定数据类型。

（2）如果在某些 SQL 和 Octave 的数据类型之间不可以自动判断，则从 Octave 发送到数据库的数据必须显式指定数据类型。

8.20.13　8 字节的时间数值

8 字节的时间数值根据数据库服务器的配置不同而拥有不同的定义，定义如下：

（1）int64 标量，表示微秒，如果数据库服务器配置为整数日期/时间。

（2）double 标量，表示秒，如果数据库服务器配置为浮点日期/时间。

如果 8 字节时间值的输入 Octave 变量的类型（整数或浮点数）与服务器配置不匹配，则不会自动转换，并且会抛出错误。

8.20.14　PostgreSQL 的 NULL

PostgreSQL 的 NULL 相当于 Octave 中的 NA，而不相当于 Octave 中的 NaN。后者将被 PostgreSQL 解释为浮点类型的值。

另外，PostgreSQL 也支持 NaN，而 PostgreSQL 的 NULL 和 PostgreSQL 的 NaN 的含义不同。

8.20.15　数据存储格式的转换策略

1．直接存储变量

如果某些 Octave 的变量类型有相应的 SQL 类型，则 Octave 可以直接将这种变量存储在数据库中，无须数据格式转换函数。

2．调用 var2Bytea() 函数存储变量

调用 var2Bytea() 函数可以将 Octave 的变量转换为 Octave 的二进制存储格式，转换后的结果是一个 Octave 的 uint8 数组。

var2Bytea() 函数需要传入一个或多个参数，此时第 1 个参数被认为是一个变量的值。调用 var2Bytea() 函数后，var2Bytea() 函数将第 1 个输入的变量进行转换，然后返回第 1 个输入的变量对应的 Octave 的二进制存储格式（对应于 SQL 的 Bytea）。

3．用二进制格式存储变量

如果某些 Octave 的变量类型没有相应的 SQL 类型，则可以考虑先将这种变量通过调用 var2Bytea() 函数的方式转换为 Octave 的二进制存储格式（对应于 SQL 的 Bytea），再将此 Bytea 存储在数据库中。

4．调用 Bytea2var() 函数存储变量

调用 Bytea2var() 函数可以将 Octave 的二进制存储格式转换为 Octave 的变量。

Bytea2var() 函数需要传入一个或多个参数，此时第 1 个参数被认为是一个使用 Octave 的二进制存储格式存储的变量。调用 Bytea2var() 函数后，Bytea2var() 函数将第 1 个输入的变量进行转换，然后返回第 1 个输入的变量对应的 Octave 的变量。

8.20.16 PostgreSQL 和 Octave 之间数据类型的对应关系

PostgreSQL 含有除一般 SQL 之外的更多数据类型,这些数据类型和 Octave 之间的对应关系如表 8-14 所示。

表 8-14 PostgreSQL 除一般 SQL 之外的更多数据类型和 Octave 之间的对应关系

PostgreSQL 的数据类型	Octave 的数据类型	是否可以自动转换
oid	uint32 标量	是
text	string	是
name	长度小于 NAMEDATALEN 的 string(通常为 64)	否
money	int64 标量,数值是货币值的 100 倍; 可以将"小货币"(例如分币)部分存储在最后两位数中,避免存储小数	否
point	一个几何的、点的数据	是
lseg	两个几何的、点的数据	是
line(在 postgresql-9.2.4 之前没有引入)	和 lseg 相同	否
box	和 lseg 相同	否
circle	由 3 个实数组成的数组(受到几何的、点的数据的类型限制,数组元素的类型是 uint8); 第 1 个和第 2 个数组元素代表圆心坐标,第 3 个数组元素代表半径	是
polygon	几何的、点的数据	否
path	由键参数 closed 和 path 组成的 struct。 closed 是逻辑值,代表路径是否闭合; path 是几何的、点的数据	否
inet	用 4 或 5 个元素组成的 uint8 数组代表 IPv4 地址,或者用 8 或 9 个元素组成的 uint16 数组代表 IPv6 地址。 第 5 个或第 9 个数组元素代表子网掩码位数; 如果不含有第 5 个或第 9 个数组元素,则代表子网掩码的所有位全为 1	否
cidr	和 inet 相同	否
macaddr	由 6 个实数组成的 uint8 数组	否
uuid	由 16 个实数组成的 uint8 数组	否
任意的 enum 类型	string	否

8.20.17 PostgreSQL 和 Octave 之间数据类型的自动判断

Octave 支持某些数据类型的自动判断,规则如下:

(1) 如果在某些 PostgreSQL 和 Octave 的数据类型之间可以自动判断,则从 Octave 发送到数据库的数据无须显式指定数据类型。

(2) 如果在某些 PostgreSQL 和 Octave 的数据类型之间不可以自动判断,则从 Octave 发送到数据库的数据必须显式指定数据类型。

8.20.18　几何的、点的数据

（1）如果将 Octave 的数据转换为 PostgreSQL 的数据，则任何具有偶数个元素的实数矩阵都可以视为几何的、点的数据，但如果这个数组是 uint8 类型的数组，则必须始终指定几何类型名称，否则 uint8 数组将被视为 Bytea。

（2）两个相邻的元素（只使用一个索引的元素被视为相邻）定义了一对二维点坐标。

（3）如果将 PostgreSQL 的数据转换为 Octave 的数据，则 Octave 的几何的、点的数据为一个尺寸是[2,<点坐标的对数>]的数组，并且数组元素的格式是 double。

8.21　表盘原型设计

本项目中的表盘概念是一种模仿机械手表的表盘外观，配合表盘配置文件对表盘内部的组件进行外观上的调整，最后通过表盘播放器播放出富有变化的效果。

对表盘进行原型设计，可确定表盘配置文件的各种组成元素，并且确定每种组成元素在技术上的实现方法及可以支持的配置范围。

8.21.1　表盘的框架

表盘采用 Octave 的、二维的轴对象作为框架，并将轴对象的位置作为框架的范围。原则上，表盘上的所有元素都应该显示在框架的范围之内。

在轴对象上可以添加与轴相关的其他对象，例如线对象、文本对象等。此外，在表盘上也允许显示与轴无关的其他对象，将这些对象独立进行设计，只是在播放器上被放置在轴对象的位置之内而已，最终在视觉上看起来同样可以显示在框架的范围之内。

8.21.2　表盘的背景

表盘采用 Octave 的图像对象作为背景。在轴对象上创建图像对象，以将图像对象显示在轴对象的位置中。

8.21.3　构成表盘的 6 种图形元素

表盘主要由 6 种图形元素组成，这图形元素如下：

（1）外部轮廓。

（2）内部轮廓。

（3）时针。

（4）分针。

（5）秒针。

（6）小时数字。

包含这 6 种图形元素的表盘原型如图 8-22 所示。

这 6 种图形元素在技术上的实现如下：

（1）表盘采用 Octave 的矩形对象作为外部轮廓，通过将 curvature 设置为[1,1]的方式将形状设置为圆形。在表盘原型中的大圆圈就可以代表外部轮廓。

（2）表盘采用 Octave 的线对象作为内部轮廓，通过

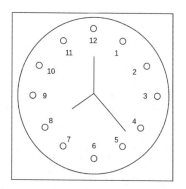

图 8-22　包含 6 种图形元素的表盘原型

设置 12 个数据点的方式将形状设置为 12 个均匀分布的点。在表盘原型中的 12 个小圆圈就可以代表内部轮廓。

（3）表盘采用 Octave 的线对象作为时针、分针和秒针，通过设置若干数据点的方式确定时针、分针和秒针的默认长度和旋转角度。在表盘原型中的最短的一段线段就可以代表时针；在表盘原型中的最长的一段线段就可以代表秒针；在表盘原型中的剩余的一段线段就可以代表分针。

（4）表盘采用 Octave 的文本对象作为小时数字，通过设置 12 个文本对象的方式将小时数字均匀地分布在内部轮廓的点的附近。在表盘原型中的 12 个数字就可以代表小时数字，分别代表 1 点到 12 点的 12 个整点。

8.22 表盘制作器客户端

表盘制作器客户端用于制作、编辑和保存表盘配置文件。通过表盘制作器客户端得到的表盘配置文件可以上传到表盘商店中，并作为一个商品供其他用户购买。

8.22.1 表盘制作器客户端原型设计

在总体的界面设计上，将表盘制作器客户端大致分为 4 个区域：

（1）菜单栏。菜单栏主要提供表盘制作器的表盘配置文件相关的操作、缓存表盘配置相关的操作及不经常改动的表盘配置的修改。

（2）编辑选项区域。编辑选项区域主要提供表盘的 6 种图形元素的编辑操作的选择。编辑选项区域起到一种侧边栏的效果，将实际的 6 种图形元素的编辑操作的控件折叠显示，使表盘制作器客户端的界面更加简洁。此外，在 6 种图形元素的编辑操作中存在较多含义相近的操作，如果将实际的 6 种图形元素的编辑操作的控件平铺显示，则用户误操作的概率较高。将实际的 6 种图形元素的编辑操作的控件折叠显示可以减小用户误操作的概率。

（3）编辑区域。编辑区域主要提供表盘的 6 种图形元素的编辑操作。当编辑选项区域的选项发生变化时，编辑区域中的内容也会发生变化。特殊地，如果编辑选项区域在当前没有选项，则编辑区域将隐藏。编辑区域提供了两种编辑方式，对于逻辑类型的选项（如是否显示外部轮廓），可以使用复选框编辑选项，否则只能使用选项键和选项值配合的方式编辑属性。

（4）表盘显示区域。表盘显示区域主要提供当前表盘配置在表盘上的实际播放效果。表盘显示区域采用实时刷新逻辑，当表盘的 6 种图形元素或表盘背景发生改变时，表盘显示区域都会立即根据修改后的表盘配置刷新表盘显示区域的内容。此外，如果因除手动更改编辑区域的选项值外的其他操作而更改了当前的表盘配置，则不但表盘显示区域会立即根据修改后的表盘配置刷新表盘显示区域的内容，而且编辑区域内的选项值也会根据新的表盘配置而刷新。

表盘制作器客户端的原型如图 8-23 所示。

8.22.2 制作界面

表盘制作器客户端的默认界面为制作界面，默认效果如图 8-24 所示。

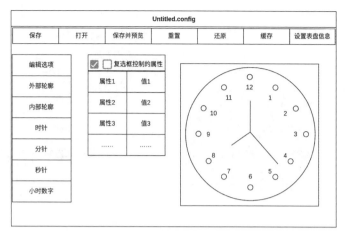

图 8-23　表盘制作器客户端的原型

在选中编辑选项区域之内的不同选项后，制作界面会对应展开不同的编辑选项控件。在选中外部轮廓时的效果如图 8-25 所示。

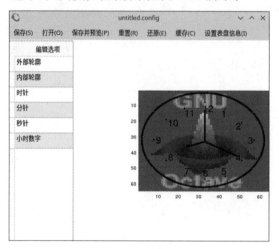

图 8-24　制作界面的默认效果

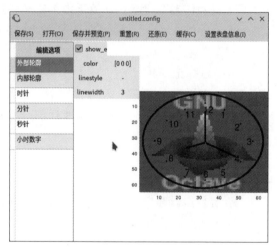

图 8-25　表盘制作器客户端选中外部轮廓的效果

在设置表盘信息时，要先在下拉菜单中选择需要编辑的选项。打开下拉菜单的效果如图 8-26 所示。

其中，如果需要编辑的选项是背景，则将弹出文件选择器用于选择一张图片；如果需要编辑的选项是品名、说明和价格，则将弹出输入框用于输入需要的字符串。弹出输入框的效果如图 8-27 所示。

8.22.3　表盘制作器客户端允许编辑的选项

表盘制作器客户端允许编辑外部轮廓的选项如下：

（1）是否显示。

（2）颜色。

（3）线型。

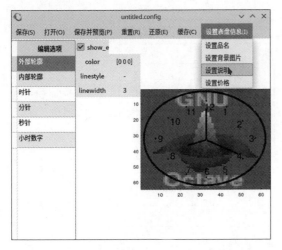

图 8-26　表盘制作器客户端打开下拉菜单的效果

图 8-27　表盘制作器客户端弹出输入框的效果

（4）线宽。

表盘制作器客户端允许编辑内部轮廓的选项如下：

（1）是否显示。

（2）颜色。

（3）点标记形状。

（4）点标记大小。

表盘制作器客户端允许编辑时针、分针和秒针的选项如下：

（1）颜色。

（2）点标记形状。

（3）点标记大小。

表盘制作器客户端允许编辑小时数字的选项如下：

（1）是否显示。

（2）字号。

8.22.4　表盘制作器客户端允许设置的表盘信息

表盘制作器客户端允许设置的表盘信息如下：

（1）品名。

（2）背景图片。

（3）说明。

（4）价格。

8.22.5　表盘制作器客户端对表盘配置的操作

表盘制作器客户端设计了表盘配置的缓存逻辑，以实现表盘配置的还原和缓存功能，降低了数据恢复的难度。

表盘制作器客户端可能操作表盘配置的情况如下：

（1）在单击"缓存"按钮时,表盘制作器客户端将当前的表盘配置刷新为缓存的表盘配置。

（2）在单击"还原"按钮时,表盘制作器客户端将缓存的表盘配置刷新为当前的表盘配置。

（3）在单击"重置"按钮时,表盘制作器客户端将默认的表盘配置刷新为当前的表盘配置。

（4）在单击"打开"按钮时,表盘制作器客户端将表盘在配置文件中的表盘配置刷新为当前的表盘配置。

（5）在单击"保存"按钮时,表盘制作器客户端将当前的表盘配置刷新为缓存的表盘配置,读取当前的表盘配置并存入表盘配置文件。

8.22.6　表盘配置验证逻辑

表盘配置验证逻辑可以保证能保存的表盘配置一定可以播放,需要设计一种用于验证有效性的逻辑。在表盘制作器客户端的主类和回调函数中设置选项检查标志位,并在表盘配置保存时重新检查所有选项的有效性,验证逻辑如下:

（1）只要发现无效选项,选项检查标志位就会将当前配置记录为无效配置。

（2）如果未发现无效选项,则选项检查标志位将当前配置记录为有效配置。

（3）不允许保存无效配置。

8.23　登录和注册组件

登录和注册功能是一种泛用的功能,在系统中的大量 GUI 应用中会被用到,因此在设计时将其设计为一个组件,用于对接需要用户登录的其他业务流程。登录和注册组件在技术上也按照 GUI 应用开发,其本质是一个不仅可以单独运行,还允许在登录成功后关闭自身并启动其他 GUI 应用的应用。

8.23.1　登录和注册组件原型设计

登录和注册组件需要支持登录和注册两个独立的功能,所以要设计登录界面和注册界面。此外,为了方便用户登录和注册,还需要设计导航界面,以允许用户切换登录界面和注册界面。绘制登录和注册组件的导航界面的原型,如图 8-28 所示。

登录界面需要提供用户名输入框和密码输入框,并提供确认登录和取消登录按钮。绘制登录和注册组件的登录界面的原型,如图 8-29 所示。

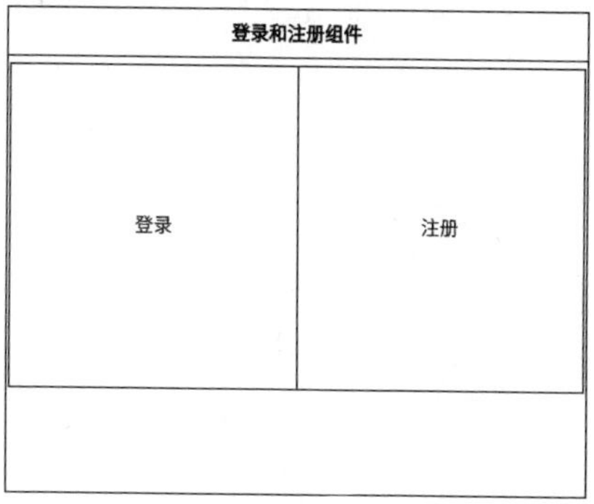

登录和注册组件	
登录	注册

图 8-28　登录和注册组件的导航界面的原型

用户登录	
确认登录	取消登录
用户名	值1
密码	值2
……	……

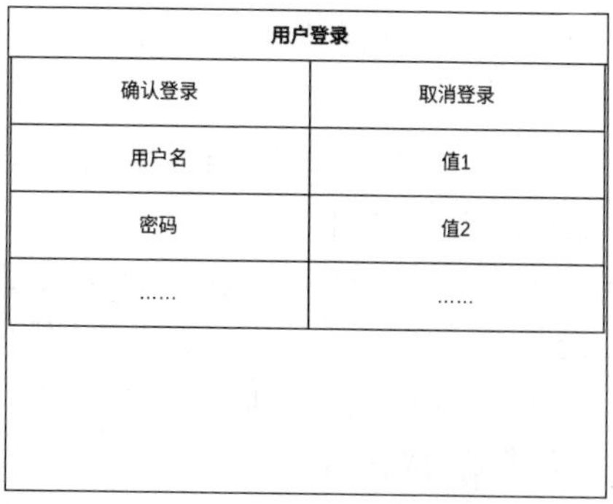

图 8-29　登录和注册组件的登录界面的原型

注册界面除了用户名输入框和密码输入框外，还需要提供更多的输入框作为注册选项，并提供确认注册和取消注册按钮。必填的选项在选项名之后使用星号进行标注。绘制登录和注册组件的注册界面的原型设计图，如图 8-30 所示。

8.23.2　导航界面

登录和注册组件的默认界面为导航界面，此界面包含登录按钮和注册按钮。导航界面的效果如图 8-31 所示。

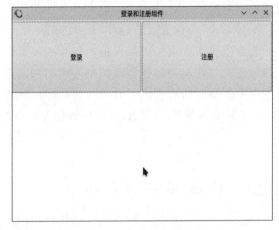

图 8-30　登录和注册组件的注册界面的原型　　　　图 8-31　导航界面的效果

8.23.3　登录界面

登录界面用于完成用户的登录。登录界面提供的选项如表 8-15 所示。

表 8-15　登录界面提供的选项

选　　项	是否必填	选　　项	是否必填
用户名	是	密码	是

登录界面的效果如图 8-32 所示。

在登录界面上单击"确认登录"或"取消登录"按钮可以确认登录或取消登录。登录和注册组件使用对话框提示登录或注册的结果，提示方式如下：

（1）如果登录成功，则登录和注册组件将弹出登录成功对话框。

（2）如果登录失败，则登录和注册组件将弹出登录失败对话框，并提供失败原因。

（3）如果注册成功，则登录和注册组件将弹出注册成功对话框。

（4）如果注册失败，则登录和注册组件将弹出注册失败对话框，并提供失败原因。

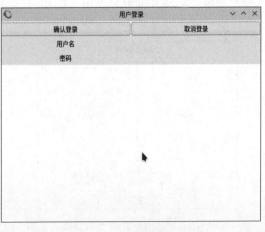

图 8-32　登录界面的效果

登录成功的对话框如图 8-33 所示。

因用户名或密码不正确而登录失败的对话框如图 8-34 所示。

因其他原因而登录失败的对话框如图 8-35 所示。

图 8-33　登录成功的
对话框

图 8-34　因用户名或密码不正确而
登录失败的对话框

图 8-35　因其他原因而登录
失败的对话框

8.23.4　注册界面

注册界面用于完成用户的注册。注册界面提供的选项如表 8-16 所示。

表 8-16　注册界面提供的选项

选　项	是 否 必 填	选　项	是 否 必 填
用户名	是	安全邮箱	否
昵称	否	安全手机号	否
密码	是		

登录和注册组件对非必填的参数的处理方式如下：

（1）如果用户在注册时输入的昵称为空，则将昵称设置为用户名。

（2）如果用户在注册时输入安全邮箱和/或安全手机号为空，则这些选项也将注册为空。

此外，在注册界面上单击"确认注册"或"取消注册"按钮可以确认注册或取消注册。

常见的登录失败和注册失败的原因如下：

（1）输入用户名为空。

（2）输入密码为空。

（3）输入的安全手机号不符合手机号的正确格式。

注册界面的效果如图 8-36 所示。

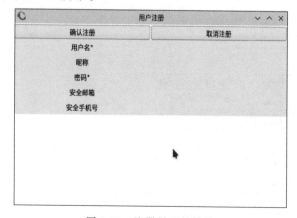

图 8-36　注册界面的效果

注册成功的对话框如图 8-37 所示。

因用户名已被占用而注册失败的对话框如图 8-38 所示。

因其他原因而注册失败的对话框如图 8-39 所示。

图 8-37　注册成功的　　图 8-38　因用户名已被占用而注册　　图 8-39　因其他原因而注册
　　　　　对话框　　　　　　　　　　失败的对话框　　　　　　　　　　失败的对话框

8.23.5　对接其他业务流程

有些业务流程需要用户登录后才能继续,例如商店和后台管理。登录和注册组件需要在启动时设置对应的回调函数对接这种业务流程。在登录成功后,登录和注册组件将退出自身,并启动回调函数指定的应用。这个回调函数也一并传递下一个应用需要的信息,如登录信息,因此下一个应用不再需要登录和注册组件,登录和注册组件也可以安全退出。

8.24　表盘上传器客户端

表盘上传器客户端用于将表盘配置和相关信息上传到系统中,其中的表盘配置是维持表盘播放的最低要求,而相关信息则用于表盘在商店中的搜索与详情的展示。表盘上传器客户端必须在用户先登录后才能使用,因此需要与登录和注册组件协作才允许启动。

8.24.1　表盘上传器客户端原型设计

表盘上传器客户端需要提供配置浏览界面,用于在上传表盘配置前再次浏览和确认表盘配置文件内的配置,但配置浏览界面和表盘制作器客户端的制作界面也在菜单栏上提供不同的选项。配置浏览界面提供的菜单栏选项如下:

(1) 打开。

(2) 上传。

绘制登录和注册组件的配置浏览界面的原型设计图,如图 8-40 所示。

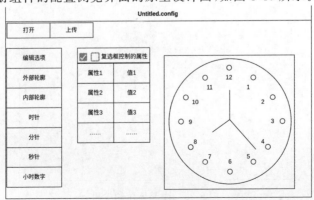

图 8-40　表盘上传器客户端的浏览界面的原型

　　表盘上传器客户端还需要提供上传界面,用于确认、修改并补充表盘信息,然后上传表盘。绘制表盘上传器客户端的上传界面的原型,如图 8-41 所示。

8.24.2　配置浏览界面

　　表盘上传器客户端的默认界面为配置浏览界面,此界面和表盘制作器客户端的制作界面外观类似,但不允许编辑而只允许浏览选项。表盘上传器客户端在启动时就要求打开一个表盘配置文件,打开的表盘在配置文件中的表盘配置将直接用于后续的上传流程。此外,表盘上传器客户端如果在启动时打开表盘配置文件失败,则允许用户稍后通过单击“打开”按钮的方式打开表盘配置文件,并继续后续的上传流程。

　　配置浏览界面的默认效果即表盘上传器客户端在启动时打开表盘配置文件失败的效果,如图 8-42 所示。

untitled.config	
当前无上传任务	用户信息
请确认上传的表盘信息	
配置文件	值1
品名	值2
价格	值3

推荐信息	值4	值5	值6	值7	值8

商品介绍	
	值9
确认上传	取消上传

图 8-41　表盘上传器客户端的上传界面的原型

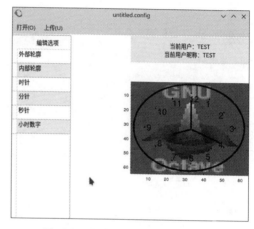

图 8-42　配置浏览界面的默认效果

　　由于在配置文件中的配置可能不同,因此配置浏览界面在打开配置文件后的效果也有可能不同。配置浏览界面在打开一个配置文件后的效果可能如图 8-43 所示。

　　用户允许在配置浏览界面上通过编辑选项控件查看 6 种图形元素的选项。在选中外部轮廓时的效果如图 8-44 所示。

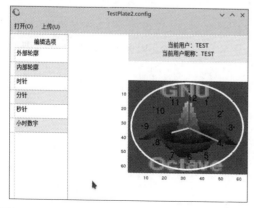

图 8-43　配置浏览界面在打开配置文件之后的效果

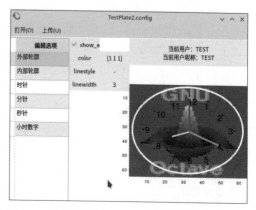

图 8-44　配置浏览界面在选中外部轮廓时的效果

8.24.3　表盘上传界面

在配置浏览界面上单击"上传"按钮即可切换到表盘上传界面。

表盘上传界面中默认包含配置文件中的部分基本信息,这些信息如果没有更改需求,则无须更改。

用户可以在表盘上传界面中添加表盘的额外信息,如推荐信息、商品简介等。

此外,用户可以在表盘上传界面中修改表盘的基本信息,如品名、价格等。表盘在上传时将按照输入框中的内容完成上传,因此用户可以在表盘上传界面中修改配置文件中的部分基本信息,避免因修改这些基本信息而重新保存配置文件。

表盘上传界面的默认效果如图 8-45 所示。

修改品名和价格,填写 5 个推荐信息,并且写 3 行商品介绍之后的表盘上传界面的效果如图 8-46 所示。

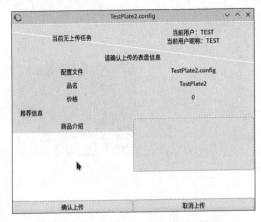

图 8-45　表盘上传界面的默认效果

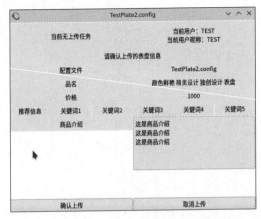

图 8-46　表盘上传界面在增加并修改表盘信息
之后的效果

在增加并修改表盘信息后,单击"确认上传"按钮后表盘上传器客户端就会分别将表盘配置和其他信息上传到系统中。

8.24.4　上传状态

在上传的过程中,数据库可能需要较长的时间处理数据,因此为避免用户等待时间过长,表盘上传界面需要设计上传状态的显示区域,实时显示当前上传流程的状态,用户也能把握每次上传的进度。

全部的上传状态如下:

(1)当前无上传任务。

(2)正在准备上传。

(3)正在上传表盘。

(4)正在上传表盘的额外信息。

(5)上传完成。

其中,无论表盘和表盘的额外信息上传的结果是否成功,对应的上传状态均为上传完成。

上传状态为正在上传表盘的效果如图 8-47 所示。

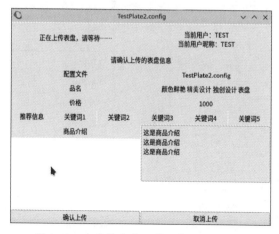

图 8-47　上传状态为正在上传表盘的效果

8.25　表盘审核器客户端

表盘审核器客户端专门供审核用户使用,用于控制已经上传完成商品信息的表盘是否可以上架。如果在这种状态的表盘通过审核,则它们将成功上架,在商店客户端中即可被搜索到;如果无法通过审核,则上架失败,也无法出现在商店客户端中。表盘审核器客户端必须在用户先登录后才能使用,因此需要与登录和注册组件协作才允许启动。

表盘审核器客户端需要提供的功能如下:

(1)商品列表展示。

(2)商品详情展示。

(3)商品搜索。

(4)通过审核。

(5)不通过审核。

8.25.1　表盘审核器客户端原型设计

绘制表盘审核器的商品信息界面的原型,如图 8-48 所示。

绘制表盘审核器的搜索选项界面的原型,如图 8-49 所示。

绘制表盘审核器的商品详情界面的原型,如图 8-50 所示。

8.25.2　商品信息界面

表盘审核器客户端的默认界面为商品信息界面,此界面含有商品列表、导航栏和其他按钮,和表盘商店客户端的商店界面的设计类似。此外,表盘审核器客户端的商店界面相比于表盘商店客户端的商店界面额外提供了和审核状态相关的搜索选项,搜索选项如下:

(1)显示不通过审核的商品。

(2)显示通过审核的商品。

这两个选项构成了 4 种选择状态,选择状态如下:

表盘审核器			
刷新			
☑ 显示不通过审核的商品	☑ 显示通过审核的商品	用户信息	
设置搜索选项	搜索		
商品1			
商品2			
商品3			
商品4			
商品5			
商品6			
商品7			
商品8			
商品9			
商品10			
<< 1 2 3 4 5 6 7 8 9 10 >>			

图 8-48　表盘审核器的商品信息界面的原型

表盘审核器			
确定	取消	当前的用户信息	
◉ 默认搜索		○ 自定义搜索	
按商品ID	◉ 不排序	○ 顺序	○ 倒序
按用户ID	◉ 不排序	○ 顺序	○ 倒序
按价格（或范围）	○ 不排序	◉ 顺序	○ 倒序
按时间（或范围）	○ 不排序	○ 顺序	◉ 倒序
按品名	○ 不排序	◉ 顺序	○ 倒序
按表盘属性	○ 不排序	◉ 顺序	○ 倒序

图 8-49　表盘审核器的搜索选项界面的原型

（1）当同时选中显示不通过审核的商品和显示通过审核的商品选项时，商品信息界面将显示状态为等待审核、等待下单（通过审核）和不通过审核的商品。

（2）当只选中显示不通过审核的商品选项时，商品信息界面将显示状态为等待审核和不通过审核的商品。

（3）当只选中显示通过审核的商品选项时，商品信息界面将显示状态为等待审核和等待下单（通过审核）的商品。

（4）当同时不选中显示不通过审核的商品和显示通过审核的商品选项时，商品信息界面将显示状态为等待审核的商品。

表盘审核器客户端的商品信息界面显示的商品和数据库中的商品表的数据有关，因此无法确定这个界面的默认效果。表盘审核器客户端的商品信息界面的一种效果如图 8-51 所示。

表盘审核器		
审核通过	审核不通过	
返回		
商品详情信息		

图 8-50　表盘审核器的商品详情界面的原型

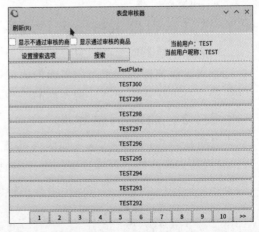

图 8-51　表盘审核器客户端的商品信息界面的一种效果

8.25.3 搜索选项界面

在商品信息界面上单击"设置搜索选项"按钮即可切换到搜索选项界面。

搜索选项界面用于设置搜索选项,并且允许保存搜索选项以用于下一次的搜索。可设置的搜索选项如下:

(1) 按商品 ID 搜索的关键字。

(2) 按商品 ID 搜索的排序顺序。

(3) 按用户 ID 搜索的关键字。

(4) 按用户 ID 搜索的排序顺序。

(5) 按价格(或范围)搜索的关键字。

(6) 按价格(或范围)搜索的排序顺序。

(7) 按时间(或范围)搜索的关键字。

(8) 按时间(或范围)搜索的排序顺序。

(9) 按品名搜索的关键字。

(10) 按品名搜索的排序顺序。

(11) 按表盘属性搜索的关键字。

(12) 按表盘属性搜索的排序顺序。

其他的搜索选项界面的设计方式详见表盘商店客户端的搜索选项界面的设计。

表盘审核器客户端的搜索选项界面的默认效果如图 8-52 所示。

表盘审核器客户端的搜索选项界面允许用户选择自定义搜索选项,并且在自定义搜索项中允许用户分别指定每个搜索项目的字段和排序顺序,效果可能如图 8-53 所示。

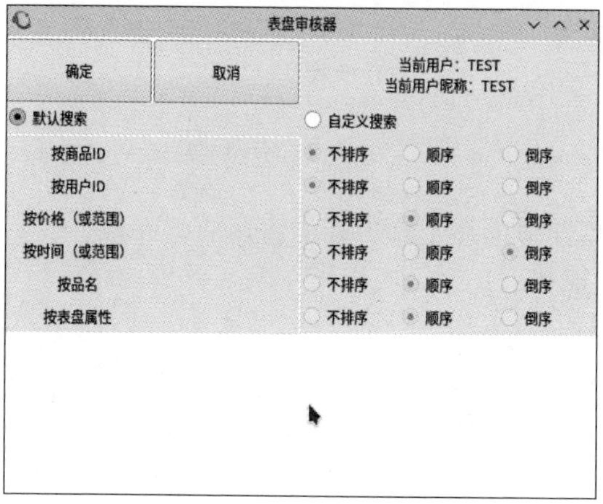

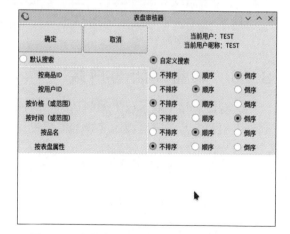

图 8-52 表盘审核器客户端的搜索选项界面 的默认效果

图 8-53 表盘审核器客户端的搜索选项界面的 自定义搜索效果

8.25.4 商品详情界面

在商品信息界面上单击某个商品的品名即可切换到商品详情界面。

商品详情界面用于展示商品的详细信息。此外,用户可以在商品详情界面上单击"审核通过"按钮将当前商品的状态设置为等待下单(通过审核),单击"审核不通过"按钮将当前商品的状态设置为不通过审核,而单击"返回"按钮则不做审核操作并返回商品信息界面。

表盘审核器客户端的商品详情界面显示的商品和数据库中的商品表的数据有关,因此无法确定这个界面的默认效果。表盘审核器客户端的商品详情界面的一种效果如图 8-54 所示。

8.25.5 审核权限控制

由于表盘审核器客户端专门供审核用户使用,所以在表盘审核器客户端初始化时需要判断当前登录的用户是否具有审核权限。如果当前登录的用户具有审核权限,就正常进行剩余的初始化步骤;如果当前登录的用户不具有审核权限,就停止初始化,并且弹出错误对话框。当前登录用户不具有审核权限的登录效果如图 8-55 所示。

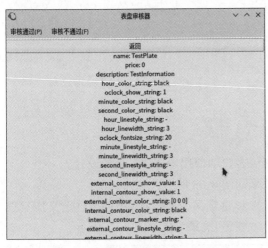

图 8-54 表盘审核器客户端的商品详情界面的一种效果

图 8-55 当前登录用户不具有审核权限的登录效果

8.26 表盘商店客户端

表盘商店用于展示已上架的商品,并且任何已注册的用户均可在表盘商店的界面上搜索到已上架的商品。表盘商店客户端需要提供的功能如下:

(1)商品列表展示。

(2)商品详情展示。

(3)商品搜索。

(4)下单。

(5)付款。

(6)退款。

(7)订单列表展示。

(8)订单详情展示。

(9)删除订单。

8.26.1 表盘商店客户端原型设计

绘制表盘商店客户端的商店界面的原型,如图 8-56 所示。

绘制表盘商店客户端的搜索选项界面的原型,如图 8-57 所示。

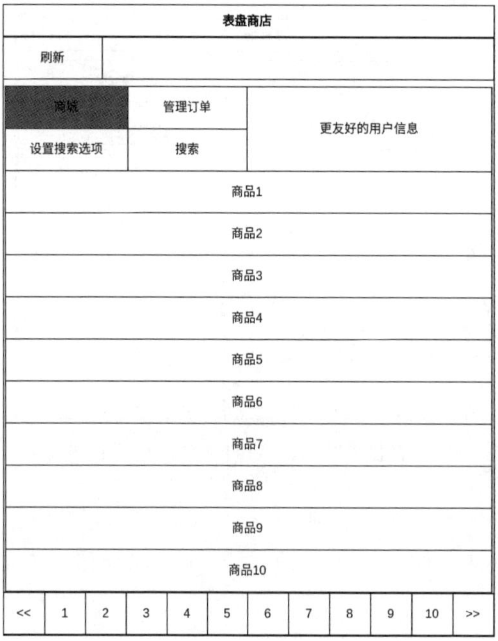

表盘商店		
刷新		
商城	管理订单	更友好的用户信息
设置搜索选项	搜索	
商品1		
商品2		
商品3		
商品4		
商品5		
商品6		
商品7		
商品8		
商品9		
商品10		
<< 1 2 3 4 5 6 7 8 9 10 >>		

图 8-56 表盘商店客户端的商店界面的原型

表盘商店						
确定	取消	更友好的用户信息				
◉ 默认搜索			○ 自定义搜索			
按价格(或范围)		○ 不排序		◉ 顺序		○ 倒序
按时间(或范围)		○ 不排序		○ 顺序		◉ 倒序
按品名		○ 不排序		◉ 顺序		○ 倒序
按表盘属性		○ 不排序		◉ 顺序		○ 倒序

图 8-57 表盘商店客户端的搜索选项界面的原型

绘制表盘商店客户端的商品详情界面的原型,如图 8-58 所示。

绘制表盘商店客户端的确认下单界面的原型,如图 8-59 所示。

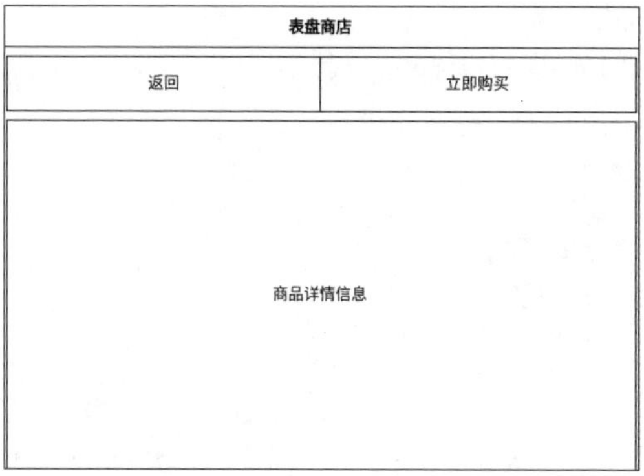

表盘商店	
返回	立即购买
商品详情信息	

图 8-58 表盘商店客户端的商品详情界面的原型

表盘商店	
立即付款	取消下单
商品详情信息	

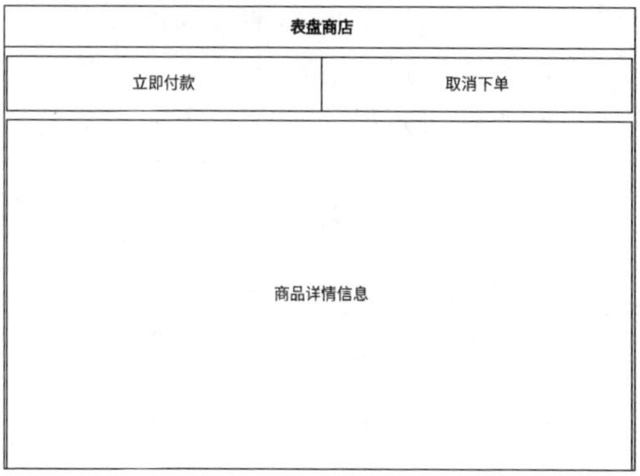

图 8-59 表盘商店客户端的确认下单界面的原型

绘制表盘商店客户端的订单管理界面的原型,如图 8-60 所示。

绘制表盘商店客户端的订单详情界面的原型,如图 8-61 所示。

绘制表盘商店客户端的付款界面的原型,如图 8-62 所示。

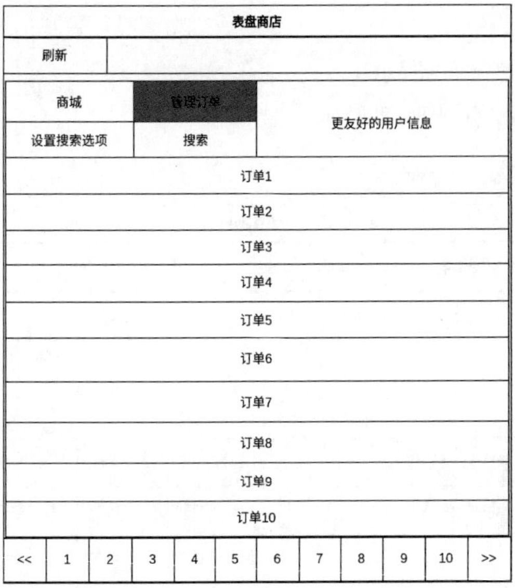

表盘商店			
刷新			
商城	管理订单		更友好的用户信息
设置搜索选项	搜索		
订单1			
订单2			
订单3			
订单4			
订单5			
订单6			
订单7			
订单8			
订单9			
订单10			
<< 1 2 3 4 5 6 7 8 9 10 >>			

图 8-60　表盘商店客户端的订单管理界面的原型

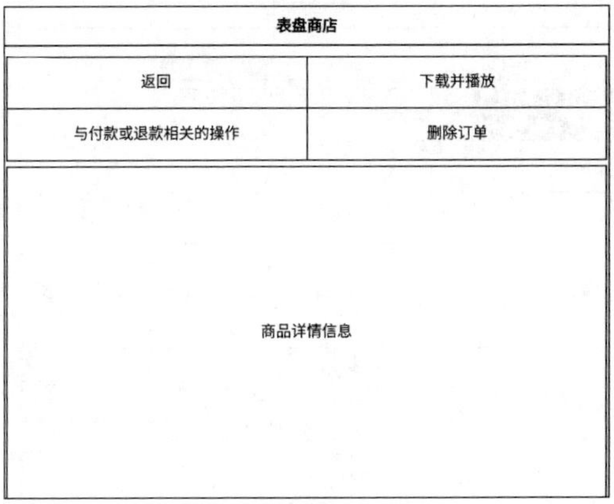

表盘商店	
返回	下载并播放
与付款或退款相关的操作	删除订单
商品详情信息	

图 8-61　表盘商店客户端的订单详情界面的原型

8.26.2　商店界面

表盘商店客户端的默认界面为商店界面,此界面含有商品列表、导航栏和其他按钮。商品列表采用分页设计:

(1)每一页商品列表可以显示 10 个商品的品名。

(2)每次搜索出来的商品结果可至多分为 10 页商品列表。

(3)如果单次搜索出来的商品结果不满足搜索要求,则还可以搜索出更多的商品。

此外,在导航栏上单击">>"按钮即可向数据库查询后面的至多 100 个商品结果,而单击"<<"按钮即可向数据库查询前面的至多 100 个商品结果。

表盘商店客户端的商店界面显示的商品和数据库中的商品表的数据有关,因此无法确定这个界面的默认效果。表盘商店客户端的商店界面的一种效果如图 8-63 所示。

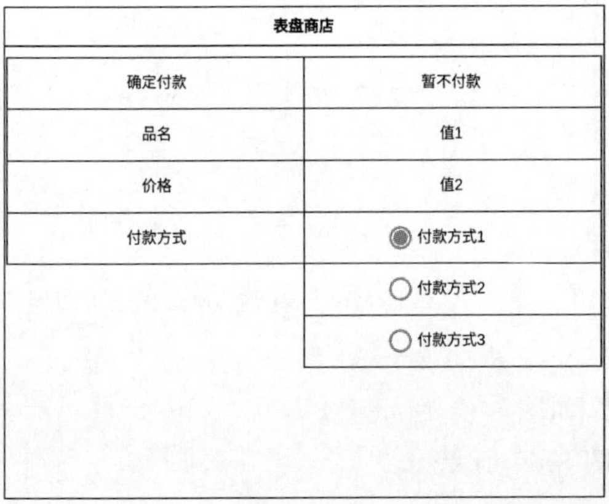

表盘商店	
确定付款	暂不付款
品名	值1
价格	值2
付款方式	◉ 付款方式1
	○ 付款方式2
	○ 付款方式3

图 8-62　表盘商店客户端的付款界面的原型

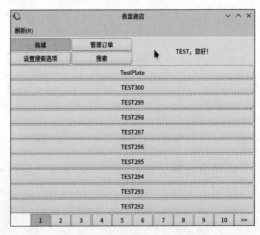

图 8-63　表盘商店客户端的商店界面的一种效果

8.26.3　搜索选项界面

在商店界面上单击"设置搜索选项"按钮即可切换到搜索选项界面。

搜索选项界面用于设置搜索选项,并且允许保存搜索选项以用于下一次的搜索。可设置的搜索选项如下:

(1) 按价格(或范围)搜索的关键字。

(2) 按价格(或范围)搜索的排序顺序。

(3) 按时间(或范围)搜索的关键字。

(4) 按时间(或范围)搜索的排序顺序。

(5) 按品名搜索的关键字。

(6) 按品名搜索的排序顺序。

(7) 按表盘属性搜索的关键字。

(8) 按表盘属性搜索的排序顺序。

单击"确定"按钮将保存搜索选项,这些选项将在下次进入搜索选项界面后同步刷新到GUI控件上,单击"取消"按钮将不保存搜索选项。如果保存过搜索选项,则GUI控件会在下次进入搜索选项界面后恢复上次保存的搜索选项;如果没有保存过搜索选项,则GUI控件会在下次进入搜索选项界面后恢复默认选项。

保存的搜索选项不会立刻触发搜索,需要在下次单击"搜索"按钮后才会重新按照新的搜索选项查询商品信息。

表盘商店客户端的搜索选项界面的默认效果如图 8-64 所示。

表盘商店客户端的搜索选项界面允许用户选择自定义搜索选项,并且在自定义搜索选项中允许用户分别指定每个搜索项目的字段和排序顺序,效果可能如图 8-65 所示。

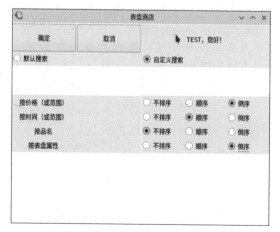

图 8-64　表盘商店客户端的搜索选项　　　　图 8-65　表盘商店客户端的搜索选项界面的
　　　　　　界面的默认效果　　　　　　　　　　　　　　自定义搜索效果

8.26.4　商品详情界面

在商店界面上单击某个商品的品名即可切换到商品详情界面。

商品详情界面用于展示商品的详细信息。此外,用户也可以在商品详情界面上单击"立即购买"按钮进行下单,单击"取消下单"按钮则直接返回商店界面。

表盘商店客户端的商品详情界面显示的商品和数据库中的商品表的数据有关,因此无法确定这个界面的默认效果。表盘商店客户端的商品详情界面的一种效果如图 8-66 所示。

此外,如果商品的推荐信息和商品介绍无法正常显示或者缺失,则商品详情界面中的推荐信息将显示为暂无推荐信息,并且推荐信息将显示为暂无商品介绍,效果如图 8-67 所示。

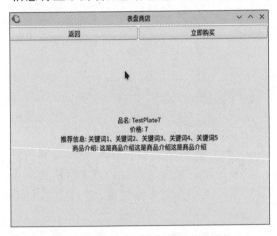

图 8-66　表盘商店客户端的商品详情
界面的一种效果

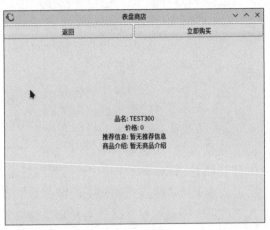

图 8-67　商品的推荐信息和商品介绍无法正常
显示或者缺失的效果

8.26.5　确认下单界面

在商品详情界面上单击"立即购买"按钮即可切换到确认下单界面。

确认下单界面用于在下单之前再次确认是否下单,防止因用户误操作而增加不需要的订单。确认下单界面同样会展示商品的详细信息,但会显示"立即付款"和"取消下单"的控制按钮。用户可以单击"立即付款"按钮生成订单,也可以单击"取消下单"按钮来取消下单。

表盘商店客户端的确认下单界面显示的商品和数据库中的商品表的数据有关,因此无法确定这个界面的默认效果。表盘商店客户端的确认下单界面的一种效果如图 8-68 所示。

图 8-68　表盘商店客户端的确认下单界面的一种效果

8.26.6　订单管理界面

在商店界面上单击"管理订单"按钮即可切换到订单管理界面。

订单管理界面用于管理用户的订单。每当用户下单一次商品,就会生成一个订单,生成的订单可以在订单管理界面中显示。

订单管理界面含有订单列表、导航栏和其他按钮。订单列表采用分页设计：

（1）每一页订单列表可以显示10个商品的品名。

（2）每次搜索出来的订单结果可至多分为10页订单列表。

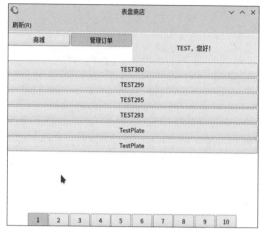

图8-69　表盘商店客户端的订单管理界面的一种效果

（3）如果单次搜索出来的订单结果不满足搜索要求，则还可以搜索出更多的订单。

在导航栏上单击">>"按钮即可向数据库查询后面的至多100个订单结果，而单击"<<"按钮即可向数据库查询前面的至多100个订单结果。

表盘商店客户端的订单管理界面显示的订单和数据库中的订单表的数据有关，因此无法确定这个界面的默认效果。表盘商店客户端的订单管理界面的一种效果如图8-69所示。

8.26.7　订单详情界面

在订单管理界面上单击某个订单对应的名称即可切换到订单详情界面。

订单详情界面用于展示订单的详细信息。用户也可以在订单详情界面上单击"删除订单"按钮删除此订单，单击"返回"按钮则直接返回订单界面。此外，订单详情界面根据订单状态的不同，还可能显示付款按钮、退款按钮和/或下载并播放按钮，显示规则如下：

（1）如果当前订单的状态是等待付款，则订单详情界面将显示删除订单按钮、返回按钮和付款按钮，并且付款按钮显示为立即付款。

（2）如果当前订单的状态是需要查询付款结果，则订单详情界面将显示删除订单按钮、返回按钮和付款按钮，此时付款按钮显示为正在查询付款结果，并且灰化付款按钮。

（3）如果当前订单的状态是等待下载，则订单详情界面将显示删除订单按钮、返回按钮、下载并播放按钮和退款按钮，并且退款按钮显示为申请退款。

（4）如果当前订单的状态是等待退款，则订单详情界面将显示删除订单按钮、返回按钮、下载并播放按钮和退款按钮，此时退款按钮显示为正在申请退款，并且灰化退款按钮。

（5）如果当前订单的状态是退款完成（商家支持退款要求），则订单详情界面将显示删除订单按钮、返回按钮和退款按钮，此时退款按钮显示为已退款，并且灰化退款按钮。

（6）如果当前订单的状态是退款完成（商家不支持退款要求），则订单详情界面将显示删除订单按钮、返回按钮、下载并播放按钮和退款按钮，此时退款按钮显示为商家不支持你的退款要求，并且灰化退款按钮。

（7）如果当前订单的状态是订单因付款超时而不再允许付款、订单因商品下架而不再允许付款或订单因其他原因而不再允许付款，则订单详情界面将显示删除订单按钮、返回按钮和付款按钮,此时付款按钮显示为订单超时,并且灰化付款按钮。

表盘商店客户端的订单详情界面显示的订单详情和数据库中的订单表的数据有关,因此无法确定这个界面的默认效果。表盘商店客户端的订单详情界面的一种效果如图 8-70 所示。

8.26.8 付款界面

在确认下单界面或订单详情界面单击"立即付款"按钮即可切换到付款界面。

付款界面用于付款一个订单。

表盘商店客户端的付款界面的默认效果如图 8-71 所示。

图 8-70　表盘商店客户端的订单详情
界面的一种效果

表盘商店客户端的付款界面允许用户修改付款方式,效果可能如图 8-72 所示。

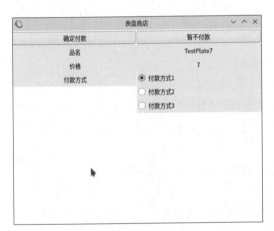

图 8-71　表盘商店客户端的付款界面的
默认效果

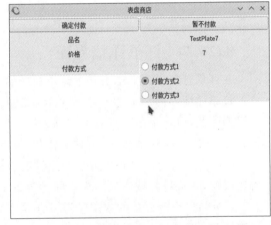

图 8-72　表盘商店客户端的付款界面的修改
付款方式的效果

8.26.9　手动刷新商品和订单

表盘商店客户端在商店界面和订单管理界面之上提供刷新按钮,单击此按钮可以一键刷新商品列表和订单列表。在网络出现波动或用户长时间没有操作客户端时,用户需要一种手动的、显式的刷新方式,以便于手动尝试重连服务器,并获得最新的商品数据和订单数据。

此外,用户可能因为搜索选项设置的问题而搜索不到商品数据,从而得到空的商品列表,此时单击刷新按钮将自动复原搜索选项为默认选项,并且重新获得最新的商品数据,这避免了用户浏览商品失败的问题。

8.26.10　商品和订单的刷新方式

商品的查询结果根据需要刷新的场景不同而采用不同的刷新方式,刷新方式如下:

（1）在启动表盘商店客户端时按照默认选项搜索商品结果，并刷新商品列表。

（2）在搜索商品时，如果当前搜索选项为默认选项，则按照默认选项搜索商品结果，并刷新商品列表。

（3）在搜索商品时，如果当前搜索选项为自定义选项，则按照自定义选项搜索商品结果，并刷新商品列表。

（4）在单击商店界面上的"<<"或">>"按键时，如果当前搜索选项为默认选项，则先指定搜索的分页，再按照默认选项搜索商品结果，并刷新商品列表。

（5）在单击商店界面上的"<<"或">>"按键时，如果当前搜索选项为自定义选项，则先指定搜索的分页，再按照自定义选项搜索商品结果，并刷新商品列表。

（6）在单击"刷新"按钮时先复原搜索选项为默认选项，再按照默认选项搜索商品结果，并刷新商品列表。

表盘商店客户端不提供针对订单的搜索选项，因此订单的刷新方式和查询结果只和搜索的分页有关。

8.27　商店后台管理系统

商店后台管理系统专门供上架过表盘的用户使用，这种用户也就是在商店中的商家，并且商家可使用此系统管理和自己有关的商品和订单。商店后台管理系统提供的管理功能包括批量商品下架、批量支持退款和批量不支持退款等功能。

用户如果没有上架过表盘，则一定不需要商店后台管理系统提供的管理功能，也无法通过商店后台管理系统访问商品数据和订单数据，因此商店后台管理系统无须权限控制，也不会出现类似于审核场景下的访问权限问题。

8.27.1　商店后台管理系统原型设计

在总体的界面设计上，将商店后台管理系统大致分为5个区域：

（1）查询区域。用户通过单击选择商品或订单这一下拉菜单选择需要查询的具体内容，然后单击"刷新"按钮即从数据库取回至多100条查询结果。

（2）用户信息区域。显示当前登录用户的用户信息。

（3）查询结果区域。显示当前查询出来的具体内容，以列表方式显示在区域中，并且列表的初始状态为空。特别地，如果查询结果为空，则列表的状态也为空。

（4）操作选项区域。显示需要对当前选中的具体内容进行操作的选项，如批量下架商品等。特别地，如果选择商品或订单的选项不同，则操作选项区域显示的选项也有可能不同。

（5）查询日志区域。显示最近一次操作的日志，如商品1下架成功、商品2下架失败等。日志功能可以使用户更容易查看每次批量操作的结果。

绘制商店后台管理系统的管理界面的原型，如图8-73所示。

8.27.2　后台管理界面

商店后台管理系统的默认界面为后台管理界面，其默认效果如图8-74所示。

查询区域还提供了不同的查询选项，查询选项如下：

图 8-73　商店后台管理系统的管理界面的原型

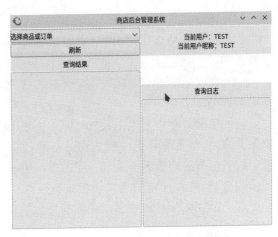

图 8-74　后台管理界面的默认效果

（1）选择商品和订单。

（2）选择已通过审核的商品。

（3）选择所有商品。

（4）选择正在申请退款的订单。

操作选项区域还根据查询选项的不同查询不同的结果，查询规则如下：

（1）只要用户没有单击"刷新"按钮，那么查询结果仍然会保持之前的状态。

（2）如果用户选择商品和订单，然后单击"刷新"按钮，则操作选项区域将不显示任何查询结果。

（3）如果用户选择已通过审核的商品，然后单击"刷新"按钮，则操作选项区域将查询自己上传的且已通过审核的商品，并刷新查询结果区域。

（4）如果用户选择所有商品，然后单击"刷新"按钮，则操作选项区域将查询自己上传的所有商品，并刷新查询结果区域。

（5）如果用户选择正在申请退款的订单，然后单击"刷新"按钮，则操作选项区域将查询自己上传的商品对应的正在申请退款的订单，并刷新查询结果区域。

此外，操作选项区域还根据查询选项的不同显示不同的控制按钮，显示规则如下：

（1）只要用户没有单击"刷新"按钮，则控制按钮仍然会保持之前的状态。

（2）如果用户选择商品和订单，然后单击"刷新"按钮，则操作选项区域将不显示任何选项。

（3）如果用户选择已通过审核的商品或选择所有商品，然后单击"刷新"按钮，则操作选项区域将显示批量下架商品选项。

（4）如果用户选择正在申请退款的订单，然后单击"刷新"按钮，则操作选项区域将显示批量同意退款请求选项和批量拒绝退款请求选项。

8.27.3　批量操作商品或订单

商店后台管理系统支持批量操作商品或订单。在查询结果区域中的列表支持多选功能，用户每次可以选择一个或多个商品或订单,然后操作选项将对选中的全部项目起作用。

只选中 1 个订单的效果如图 8-75 所示。

只支持 1 个退款请求的效果如图 8-76 所示。

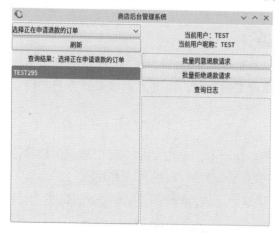

图 8-75　只选中 1 个订单的效果

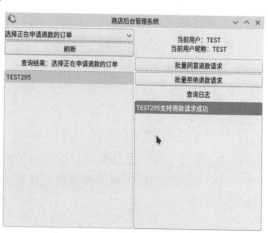

图 8-76　只支持 1 个退款请求的效果

同时选中 5 个商品的效果如图 8-77 所示。

批量下架 5 个商品的效果如图 8-78 所示。

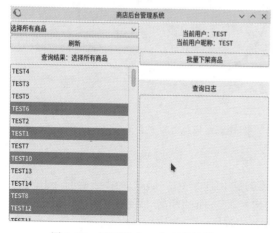

图 8-77　同时选中 5 个商品的效果

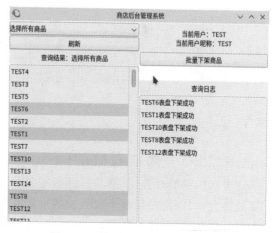

图 8-78　批量下架 5 个商品的效果

8.28　表盘播放器客户端

表盘播放器客户端用于播放一个表盘的配置文件。表盘播放器在启动时需要配置文件的路径,用于读取表盘的信息,然后表盘播放器客户端将按照读取的信息设置好表盘内部的控件属性,最后循环播放表盘动画。

表盘播放器客户端应用的场景如下:

(1) 在表盘制作器客户端中单击"预览"按钮时,启动一个表盘播放器客户端的示例,然后播放表盘播放器客户端的当前配置。

（2）在表盘商店客户端中单击"下载并播放"按钮时，启动一个表盘播放器客户端的示例，然后播放当前订单对应的表盘配置。

其中，当前订单对应的表盘配置通过表盘信息组件从服务器中下载，因此表盘播放器客户端在不提供联网功能的情况下也能实现表盘的在线播放功能。

8.28.1　表盘播放器客户端原型设计

表盘播放器客户端只需播放表盘动画，因此应避免设计无用的控件。此外，表盘播放器客户端的框架、背景和图形元素部分也必须遵守表盘原型的设计。绘制表盘播放器客户端的原型，如图 8-79 所示。

8.28.2　播放界面

表盘播放器客户端的默认界面为播放界面，此界面含有表盘需要的全部图形。播放界面的默认效果是使用默认配置在表盘制作器客户端中预览的效果，如图 8-80 所示。

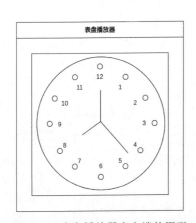

图 8-79　表盘播放器客户端的原型

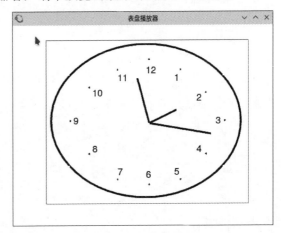

图 8-80　播放界面的默认效果

8.28.3　播放表盘动画

表盘内部的时针、分针和秒针都需要跟随时间的变化而变化。播放表盘动画时采用循环播放的方式，每次循环都读取当前的机器时间，然后按照当前的机器时间将时针、分针和秒针旋转一定角度，最终达到时针、分针和秒针连续转动的效果。

特别地，时针的角度不能按照整点进行设置，实际上的时针旋转角度是整点和当前的分共同决定的。

8.29　客户端的搜索选项

在商店项目中，需要搜索的是表盘商品，对应于数据库而言就是要在查询 product 表中的信息时加入搜索逻辑。

涉及查询 product 表中的信息的客户端包括表盘审核器客户端和表盘商店客户端。在这两种客户端上需要提供多种搜索选项，以满足不同用户的不同搜索需求。

8.29.1　搜索关键字

客户端的搜索选项可以分为两个维度：搜索关键字和搜索结果排序，其中，搜索关键字决定了搜索出来的表盘商品条目，搜索结果的顺序决定了搜索出来的表盘商品的顺序。此外，由于表盘管理者需要更细粒度的商品搜索规则，因此表盘审核器客户端支持的搜索关键字会比表盘商店客户端支持的搜索关键字要多。

在不同客户端上支持的搜索关键字和搜索引擎的对应关系如表 8-17 所示。

表 8-17　在不同客户端上支持的搜索关键字和搜索引擎的对应关系

搜索关键字	是否在表盘审核器客户端上支持	是否在表盘商店客户端上支持	是否需要搜索引擎
默认方式	是	是	否
按商品 ID	是	否	否
按用户 ID	是	否	否
按价格（或范围）	是	是	是
按时间（或范围）	是	否	是
按品名	是	是	是
按表盘属性	是	是	是

其中，

（1）表盘商店客户端不支持按商品 ID、用户 ID 或时间进行表盘商品的搜索。

（2）以默认方式搜索直接从 product 表中取出若干条表盘商品信息，不加任何搜索条件，因此这种方式效率最高，也应该采用这种方式作为默认的搜索方式。

（3）支持范围搜索的搜索方式需要使用搜索引擎，并要求用户在输入搜索字符串时按照 tsquery 操作符合理排列成最终的范围。

（4）支持模糊搜索的搜索方式需要使用搜索引擎，而不用 SQL 规范中的 LIKE 关键字，这样可以提高搜索效率。按品名和表盘属性搜索均支持模糊搜索。

此外，客户端将每个要查询的字段均视为一个搜索关键字。搜索关键字采用文本框方式显示，用户可以在一个或多个文本框中填入要查询的字符串，也可以不填；如果文本框留空，则代表该字段不参与查询。

8.29.2　搜索结果排序

客户端也将搜索结果作为选项，用户可以按照自己的需求指定一个排序方式。搜索结果排序的结果和搜索选项有关。

如果在数据库查询时指定了多个字段，则这些字段之间会按照设定好的组合顺序先后进行排序，所以要对搜索关键字的排序组合顺序进行设计。

在数据库查询时可以指定一个或多个字段，而对于每个字段均可分别指定排序方式，所以在客户端中可以只指定一个搜索关键字，也可以支持同时指定多个搜索关键字，并任意指定排序方式。根据每个搜索关键字的含义不同，默认排序方式也不同。

无论搜索关键字的文本框是否留空，对应的搜索关键字也要按默认排序方式进行排序。

数据库在每次查询时都可以按照当前的搜索关键字指定查询结果并按照不排序、顺序或倒序进行排序。客户端不限制排序方式，因此可将排序方式简化为不排序、顺序和倒序 3 种方式。

排序组合顺序、搜索关键字和默认排序方式的对应关系如表 8-18 所示。

表 8-18　排序组合顺序、搜索关键字和默认排序方式的对应关系

排 序 顺 序	搜 索 关 键 字	默 认 排 序 方 式
-	默认方式	不涉及排序方式
1	按商品 ID	不排序
2	按用户 ID	不排序
3	按价格（或范围）	顺序
4	按时间（或范围）	倒序
5	按品名	顺序
6	按表盘属性	顺序

其中，

（1）以默认方式搜索的结果不涉及排序，因此排序顺序和默认排序方式也没有意义。

（2）虽然数据库对单个字段的排序方式默认为顺序，但由于排序可能涉及多个字段共同作用，因此显式指定排序方式和不指定排序方式得到的顺序可能不同。

（3）表盘属性由多个键-值对组成，因此实际的排序也有可能涉及多个表盘属性的共同排序，而不一定只使用某个表盘属性完成表盘属性的排序。

8.30　商店项目框架

商店项目框架用于承载商店项目中的单个应用、将零散的应用整合到一起，并且可以控制这类应用的启动。

8.30.1　商店项目框架原型设计

商店项目框架按需要显示可供启动的应用，对具体的 GUI 控件类型没有严格的要求，因此原型可以非常简洁。绘制商店项目框架的原型如图 8-81 所示。

8.30.2　框架界面

商店项目框架的界面为框架界面。商店项目框架的框架界面显示的应用选项和配置文件有关，因此无法确定这个界面的默认效果。商店项目框架的框架界面的一种效果如图 8-82 所示。

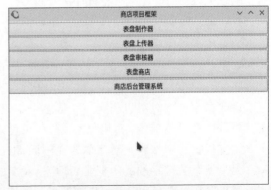

图 8-81　绘制商店项目框架的原型　　　　图 8-82　商店项目框架的框架界面的一种效果

在框架界面中单击某个应用选项即可启动对应的应用,例如单击"表盘制作器"按钮即可启动表盘制作器,效果如图 8-83 所示。

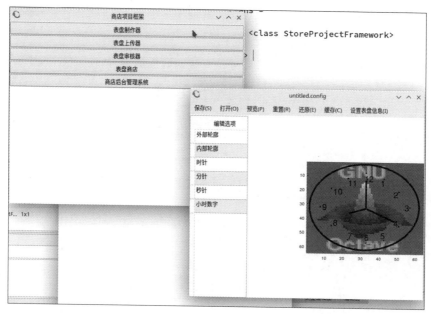

图 8-83　单击表盘制作器按钮并启动表盘制作器的效果

8.30.3　配置文件设计

商店项目框架以配置文件方式配置应用选项,以便于在不修改框架代码的情况下,通过修改配置文件的方式调整应用选项。配置文件的设计方案如下:

(1)一个总体的配置由一个或多个应用配置组成。

(2)一个应用配置由一个名称、一个入口和一个启用标志位组成,其中,名称代表这个应用选项在框架界面中显示的名称,入口代表这个应用选项在框架界面中被选中后的启动方式,启用标志位代表这个应用选项是否显示在框架界面中。

8.30.4　商店项目框架的初始化过程

商店项目框架在启动时初始化应用选项,过程如下:

(1)读取配置文件。

(2)将配置文件解析为结构体格式的总体的配置。

(3)将总体的配置按顺序解析为应用配置。

(4)如果应用配置中的启用标志位为是,并且初始化过程正常,则商店项目框架将初始化这项应用,然后配置为一个应用选项,并将此应用选项显示在框架界面上。

(5)如果应用配置中的启用标志位为是,但初始化过程出错,则对应的应用选项将不会显示在框架界面上。

(6)如果应用配置中的启用标志位为否,则商店项目框架将不初始化这项应用配置。

8.31 数据库集群

本节将单个的数据库扩展为数据库集群。数据库集群基于 Pgpool-II 进行管理。

8.31.1 数据库集群的 IP 配置

本节内容将配置一个由两个数据库服务器组成的数据库集群，IP 配置表如表 8-19 所示。

表 8-19 数据库集群的 IP 配置表

主 机 名	IP	虚拟 IP	备 注
vagrant	192.168.56.3	192.168.56.150	主机，可加 memcached 缓存或 Redis 缓存
vagrant	192.168.56.31		从机，可加 memcached 缓存或 Redis 缓存

不加缓存的数据库集群的架构图如图 8-84 所示。

加缓存的数据库集群的架构图如图 8-85 所示。

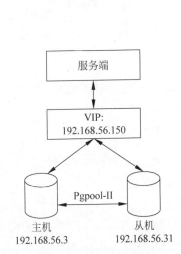

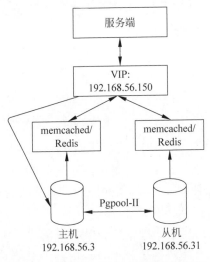

图 8-84　不加缓存的数据库集群的架构图　　图 8-85　加缓存的数据库集群的架构图

8.31.2 Pgpool-II 的版本和配置

Pgpool-II 的版本和配置表如表 8-20 所示。

表 8-20 Pgpool-II 的版本和配置表

版本或配置	值	备 注
Pgpool-II 版本	4.2.0	—
端口	9999	Pgpool-II 接受连接的端口
	9898	pcp 接受连接的端口
	9000	看门狗接受连接的端口
	9694	接收看门狗心跳信号的端口
配置文件	"/"etc"/"pgpool-II"/"pgpool.conf	Pgpool-II 的配置文件
Pgpool-II 启动用户	postgres	—
运行模式	流复制模式	—

续表

版本或配置	值	备　　注
看门狗	开启	使用心跳模式进行健康检查
自动启动	开启	—

8.31.3　Pgpool-II 配置文件的位置

如果 Pgpool-II 是从 DNF 软件源安装的,则 Pgpool-II 的配置文件的默认位置如下:

```
/etc/pgpool - II/
```

其中,pgpool.conf 是 Pgpool-II 的最主要的配置文件。下文中的主机和从机的 pgpool.conf 配置均使用相同的 pgpool.conf 文件,并且主机和从机的 pool_hba.conf 配置均使用相同的 pool_hba.conf 文件。

8.31.4　创建专门的用户

Pgpool-II 需要一个用户用于流复制的延迟检查、流复制和健康检查。为安全考虑,在数据库集群中的每台机器上都创建一个专门的用户,并授予有限的权限对数据库进行操作,代码如下:

```
# psql - U postgres - p 5432
postgres = # SET password_encryption = 'scram - sha - 256';
postgres = # CREATE ROLE pgpool WITH REPLICATION LOGIN;
postgres = # \password pgpool
```

8.31.5　配置客户端认证权限

Pgpool-II 也拥有和 PostgreSQL 类似的 hba 文件,用于配置客户端认证权限。在数据库集群中的每台机器上都需要修改 pool_hba.conf 文件,用于使数据库集群中的每台机器都可以被互相访问。pool_hba.conf 配置如下:

```
# 第 8 章/vagrant_data/pool_hba.conf
# 将此文件复制到主机的/etc/pgpool - II/pool_hba.conf 之下,并替换掉同名文件
# 将此文件复制到从机的/etc/pgpool - II/pool_hba.conf 之下,并替换掉同名文件
# TYPE      DATABASE      USER      CIDR - ADDRESS      METHOD

# "local" is for UNIX domain socket connections only
local      all           all                           trust
# IPv4 local connections:
host       all           all       128.0.0.1/32        trust
host       all           all       192.168.56.0/24     trust
```

8.31.6　配置后端连接

在基于 Pgpool-II 的数据库集群中,通常把 Pgpool-II 管理的服务称为前端,而将受到 Pgpool-II 管理的服务称为后端。配置后端连接的 pgpool.conf 配置如下:

```
# 第 8 章/vagrant_data/pgpool.conf
# 将此文件复制到主机的/etc/pgpool - II/pgpool.conf 之下,并替换掉同名文件
```

```
#将此文件复制到从机的/etc/pgpool-II/pgpool.conf之下,并替换掉同名文件
backend_hostname0 = '192.168.56.3'
backend_port0 = 5432
backend_weight0 = 1
backend_data_directory0 = '/var/lib/pgsql/data'
backend_flag0 = 'ALLOW_TO_FAILOVER'
backend_application_name0 = 'server0'
backend_hostname1 = '192.168.56.31'
backend_port1 = 5432
backend_weight1 = 1
backend_data_directory1 = '/var/lib/pgsql/data'
backend_flag1 = 'ALLOW_TO_FAILOVER'
```

8.31.7　配置负载均衡

Pgpool-II 支持数据库集群的负载均衡。启用此特性后,只要主机和从机进行了复制,Pgpool-II 即可根据主机和从机的负载情况在任意一台机器上执行 SELECT 查询,增强数据库集群的性能。启用负载均衡的 pgpool.conf 配置如下:

```
#第8章/vagrant_data/pgpool.conf
#将此文件复制到主机的/etc/pgpool-II/pgpool.conf之下,并替换掉同名文件
#将此文件复制到从机的/etc/pgpool-II/pgpool.conf之下,并替换掉同名文件
load_balance_mode = on
```

8.31.8　配置流复制

Pgpool-II 支持数据库集群的流复制。启用此特性后,从机将每隔一段时间重放主机的 WAL 日志。在这种条件下,即便主机宕机,从机也可以立即成为新的主机,并正常提供数据库服务,并且数据只会有极小的损失,从而实现数据库集群的高可用性。启用流复制的 pgpool.conf 配置如下:

```
#第8章/vagrant_data/pgpool.conf
#将此文件复制到主机的/etc/pgpool-II/pgpool.conf之下,并替换掉同名文件
#将此文件复制到从机的/etc/pgpool-II/pgpool.conf之下,并替换掉同名文件
sr_check_period = 10
sr_check_user = 'pgpool'
sr_check_password = '123456'
sr_check_database = 'postgres'
```

8.31.9　配置看门狗

为增强数据库集群的安全性,数据库集群中的每个节点上均配置看门狗(watchdog)。

在数据库集群中的每个节点上创建/etc/pgpool-II/pgpool_node_id 文件,并且在文件中写入唯一的编号,示例如下:

```
[server1]#cat /etc/pgpool-II/pgpool_node_id
0
[server2]#cat /etc/pgpool-II/pgpool_node_id
1
```

启用看门狗的 pgpool.conf 配置如下:

```
# 第 8 章/vagrant_data/pgpool.conf
# 将此文件复制到主机的/etc/pgpool-II/pgpool.conf 之下,并替换掉同名文件
# 将此文件复制到从机的/etc/pgpool-II/pgpool.conf 之下,并替换掉同名文件
use_watchdog = on
hostname0 = '192.168.56.3'
wd_port0 = 9000
pgpool_port0 = 9999
hostname1 = '192.168.56.31'
wd_port1 = 9000
pgpool_port1 = 9999
```

8.31.10 配置虚拟 IP

为解决主机和从机之间的 IP 漂移问题,数据库集群中的每个节点上均需配置虚拟 IP。配置虚拟 IP 后,数据库集群中的每个节点均使用虚拟 IP 对客户端提供服务,因此无论真实的主机 IP 如何变化都不会对提供服务的 IP 产生影响。启用虚拟 IP 的 pgpool.conf 配置如下:

```
# 第 8 章/vagrant_data/pgpool.conf
# 将此文件复制到主机的/etc/pgpool-II/pgpool.conf 之下,并替换掉同名文件
# 将此文件复制到从机的/etc/pgpool-II/pgpool.conf 之下,并替换掉同名文件
delegate_IP = '192.168.56.150'
```

8.31.11 配置存活情况检查

如果数据库集群中的每个节点都配置了看门狗,则在这些节点上就必须配置存活情况检查,否则看门狗将无法正常工作。存活情况检查的 pgpool.conf 配置如下:

```
# 第 8 章/vagrant_data/pgpool.conf
# 将此文件复制到主机的/etc/pgpool-II/pgpool.conf 之下,并替换掉同名文件
# 将此文件复制到从机的/etc/pgpool-II/pgpool.conf 之下,并替换掉同名文件
wd_lifecheck_method = 'heartbeat'
heartbeat_hostname0 = '192.168.56.3'
heartbeat_port0 = 9694
heartbeat_device0 = 'eth1'
heartbeat_hostname1 = '192.168.56.31'
heartbeat_port1 = 9694
heartbeat_device1 = 'eth1'
wd_life_point = 3
wd_lifecheck_query = 'SELECT 1'
wd_lifecheck_dbname = 'postgres'
wd_lifecheck_user = 'pgpool'
wd_lifecheck_password = '123456'
```

8.31.12 启动 Pgpool-II

直接启动 Pgpool-II 的命令如下:

```
# pgpool
```

带日志启动 Pgpool-II 的命令如下:

```
# pgpool - n &
```

带日志启动 Pgpool-Ⅱ 且将日志保存至/var/log/pgpool.log 的命令如下：

```
# pgpool - n > /var/log/pgpool.log 2 > &1 &
```

推荐使用第 3 种方式启动 Pgpool-Ⅱ，以方便保存和查看日志。

8.31.13　查看从机是否成功加入集群

在从机上启动 Pgpool-Ⅱ，并查看日志，命令如下：

```
# nano /var/log/pgpool.log
2022 - 09 - 16 07:23:49: pid 2802: LOG: memory cache initialized
2022 - 09 - 16 07:23:49: pid 2802: DETAIL: memcache blocks :64
2022 - 09 - 16 07:23:49: pid 2802: LOG: pool_discard_oid_maps: discarded memqcache oid maps
2022 - 09 - 16 07:23:49: pid 2802: LOG: health_check_stats_shared_memory_size: requested
size: 12288
2022 - 09 - 16 07:23:49: pid 2802: LOG: health_check_stats_shared_memory_size: requested
size: 12288
2022 - 09 - 16 07:23:49: pid 2802: LOG: waiting for watchdog to initialize
2022 - 09 - 16 07:23:49: pid 2804: LOG: setting the local watchdog node name to "192.168.56.31:
9999 Linux fedora35.localdomain"
2022 - 09 - 16 07:23:49: pid 2804: LOG: watchdog cluster is configured with 1 remote nodes
2022 - 09 - 16 07:23:49: pid 2804: LOG: watchdog remote node:0 on 192.168.56.3:9000
2022 - 09 - 16 07:23:49: pid 2804: LOG: interface monitoring is disabled in watchdog
2022 - 09 - 16 07:23:49: pid 2804: LOG: watchdog node state changed from [DEAD] to [LOADING]
2022 - 09 - 16 07:23:49: pid 2804: LOG: new outbound connection to 192.168.56.3:9000
2022 - 09 - 16 07:23:49: pid 2804: LOG: new watchdog node connection is received from "192.168.56.
3:16039"
2022 - 09 - 16 07:23:49: pid 2804: LOG: new node joined the cluster hostname:"192.168.56.3" port:
9000 pgpool_port:9999
2022 - 09 - 16 07:23:49: pid 2804: DETAIL: Pgpool - II version:"4.2.0" watchdog messaging version:
1.2
```

只要在日志中发现 new node joined the cluster 等字样，就说明从机成功加入集群，否则需要排查失败原因并调整在配置文件中的配置。

此外还可以查看主机上的日志，命令如下：

```
# nano /var/log/pgpool.log
2022 - 09 - 16 07:21:46: pid 2310: LOG: watchdog node state changed from [DEAD] to [LOADING]
2022 - 09 - 16 07:21:52: pid 2310: LOG: watchdog node state changed from [LOADING] to [JOINING]
2022 - 09 - 16 07:21:56: pid 2310: LOG: watchdog node state changed from [JOINING] to
[INITIALIZING]
2022 - 09 - 16 07:21:57: pid 2310: LOG: I am the only alive node in the watchdog cluster
2022 - 09 - 16 07:21:57: pid 2310: HINT: skipping stand for coordinator state
2022 - 09 - 16 07:21:57: pid 2310: LOG: watchdog node state changed from [INITIALIZING] to
[LEADER]
2022 - 09 - 16 07:21:57: pid 2310: LOG: I am announcing my self as leader/coordinator watchdog node
2022 - 09 - 16 07:22:01: pid 2310: LOG: I am the cluster leader node
2022 - 09 - 16 07:22:01: pid 2310: DETAIL: our declare coordinator message is accepted by all nodes
2022 - 09 - 16 07:22:01: pid 2310: LOG: setting the local node "192.168.56.3:9999 Linux fedora35.
localdomain" as watchdog cluster leader
2022 - 09 - 16 07:22:01: pid 2310: LOG: I am the cluster leader node but we do not have enough nodes
in cluster
```

```
2022 - 09 - 16 07:22:01: pid 2310: DETAIL: waiting for the quorum to start escalation process
2022 - 09 - 16 07:22:01: pid 2308: LOG: watchdog process is initialized
2022 - 09 - 16 07:22:01: pid 2308: DETAIL: watchdog messaging data version: 1.2
2022 - 09 - 16 07:22:01: pid 2310: LOG: new IPC connection received
2022 - 09 - 16 07:22:01: pid 2310: LOG: new IPC connection received
2022 - 09 - 16 07:22:01: pid 2308: LOG: Setting up socket for 0.0.0.0:9999
2022 - 09 - 16 07:22:01: pid 2312: LOG: 2 watchdog nodes are configured for lifecheck
2022 - 09 - 16 07:22:01: pid 2312: LOG: watchdog nodes ID: 0 Name:"192.168.56.3:9999 Linux
fedora35.localdomain"
2022 - 09 - 16 07:22:01: pid 2312: DETAIL: Host:"192.168.56.3" WD Port:9000 pgpool - II port:9999
2022 - 09 - 16 07:22:01: pid 2308: LOG: Setting up socket for :::9999
2022 - 09 - 16 07:22:01: pid 2312: LOG: watchdog nodes ID:1 Name:"Not_Set"
2022 - 09 - 16 07:22:01: pid 2312: DETAIL: Host:"192.168.56.31" WD Port:9000 pgpool - II
port:9999
```

从主机的日志中也能体现从机加入集群的全过程，以及主机成功识别出从机。

8.31.14　安装 pgmemcache 插件

首先用 Git 同步 pgmemcache 仓库，然后切换到源码目录的命令如下：

```
# cd ./pgmemcache - master
```

导入 libmemcached/memcached.h 头文件，命令如下：

```
# export PATH = /usr/include: $ PATH
```

在导入头文件后编译插件，命令如下：

```
# make
# make install
```

编译成功后，使用 postgres 用户登录数据库并安装插件的命令如下：

```
# psql - U postgres - p 5432
postgres = # create extension pgmemcache;
```

8.31.15　pgmemcache 的配置

插件安装成功后，修改 postgresql.conf 文件的配置，并将 pgmemcache 插件加入配置中，
配置如下：

```
# 第 8 章/vagrant_data/postgresql.conf
# 将此文件复制到主机的/var/lib/pgsql/data/postgresql.conf 之下，并替换掉同名文件
# 将此文件复制到从机的/var/lib/pgsql/data/postgresql.conf 之下，并替换掉同名文件
shared_preload_libraries = 'pgmemcache'      # (change requires restart)
```

在修改 postgresql.conf 文件的配置之后，需要重启 PostgreSQL 服务后才能使新的配置
生效。

在启动数据库的命令行中附带 pgmemcache 插件的 GUC 参数，配置如下：

```
pgmemcache.default_servers = '< memcached 的主机名>:< memcached 的端口号>'
```

其中，memcached 的端口号可以省略。

8.31.16　pgmemcache 的内置函数

调用 memcache_server_add()函数,用于增加服务器。如果在指定服务器地址时省略端口,则 memcache_server_add()函数将使用默认端口 11211,用例如下:

```
postgres = #memcache_server_add('128.0.0.1:11211'::TEXT);
postgres = #memcache_server_add('128.0.0.1'::TEXT);
```

调用 memcache_add()函数,用于向 memcached 缓存中以键-值对的方式插入数据,用例如下:

```
postgres = #memcache_add('k'::TEXT, 'v'::TEXT, 100::TIMESTAMPTZ);
postgres = #memcache_add('k'::TEXT, 'v'::TEXT, 100::INTERVAL);
postgres = #memcache_add('k'::TEXT, 'v'::TEXT);
```

调用 memcache_replace()函数,用于向 memcached 缓存中以键-值对的方式替换数据的值,用例如下:

```
postgres = #memcache_replace('k'::TEXT, 'v'::TEXT, 100::TIMESTAMPTZ);
postgres = #memcache_replace('k'::TEXT, 'v'::TEXT, 100::INTERVAL);
postgres = #memcache_replace('k'::TEXT, 'v'::TEXT);
```

调用 memcache_set()函数,用于向 memcached 缓存中以键-值对的方式插入数据或替换数据的值。如果指定的键存在,则 memcache_set()函数将替换数据的值;如果指定的键不存在,则 memcache_set()函数将插入数据,用例如下:

```
postgres = #memcache_set('k'::TEXT, 'v'::TEXT, 100::TIMESTAMPTZ);
postgres = #memcache_set('k'::TEXT, 'v'::TEXT, 100::INTERVAL);
postgres = #memcache_set('k'::TEXT, 'v'::TEXT);
```

调用 memcache_add()函数,用于将 memcached 缓存中的某个值减去一个值,然后返回新的值。如果指定的键不存在,则 memcache_add()函数向 memcached 缓存中增加这个键;如果不指定减去的值,则默认为减 1。用例如下:

```
postgres = #memcache_decr('k'::TEXT, '100'::INT8);
postgres = #memcache_decr('k'::TEXT);
```

调用 memcache_incr()函数,用于将 memcached 缓存中的某个值增加一个值,然后返回新的值。如果指定的键不存在,则 memcache_incr()函数向 memcached 缓存中增加这个键;如果不指定增加的值,则默认为加 1,用例如下:

```
postgres = #memcache_incr('k'::TEXT, '100'::INT8);
postgres = #memcache_incr('k'::TEXT);
```

调用 memcache_flush_all()函数,用于清除在 memcached 缓存中缓存的所有服务器上的数据,用例如下:

```
postgres = #memcache_flush_all();
```

调用 memcache_get()函数,用于向 memcached 缓存中获取数据的值。如果指定的键不存在,则 memcache_get()函数将返回 NULL,用例如下:

```
postgres = #memcache_get('k'::TEXT);
```

调用 memcache_multi() 函数,用于向 memcached 缓存中获取一组数据的值。如果指定的某些键不存在,则 memcache_multi() 函数对应的那些值将返回 NULL,用例如下:

```
postgres = #memcache_multi(['k']::TEXT[]);
postgres = #memcache_multi(['k']::BYTEA[]);
```

调用 memcache_stats() 函数,用于返回所有服务器的状态,用例如下:

```
postgres = #memcache_stats();
```

8.31.17　安装 redis_fdw 插件

首先用 Git 同步 redis_fdw 仓库,然后切换到源码目录的命令如下:

```
#cd ./redis_fdw
```

切换 Git 分支的命令如下:

```
#git checkout REL_13_STABLE
```

在 ./redis_fdw 文件夹下用 Git 同步 hiredis 仓库,然后切换到源码目录的命令如下:

```
#cd ./hiredis
```

编译 hiredis 库,并将 hiredis 库的安装位置指定为 /home/linux/hiredis,命令如下:

```
#make
#make PREFIX = /home/linux/hiredis install
```

切换回 redis_fdw 的源码目录,修改 Makefile 的配置如下:

```
#nano Makefile
#第8章/vagrant_data/redis_fdw/Makefile
LDFLAGS += -L/etc/hiredis/lib
```

编译 redis_fdw 插件,命令如下:

```
#export PATH = /usr/lib64/pgsql/postgresql-12/bin/:$PATH
#make USE_PGXS = 1
#make USE_PGXS = 1 install
```

编译成功后,使用 postgres 用户登录数据库并安装插件的命令如下:

```
#psql -U postgres -p 5432
postgres = #create extension redis_fdw;
```

8.31.18　redis_fdw 的用例

redis_fdw 的用例如下:

```
-- 第8章/sql/redis_fdw_example.sql
CREATE EXTENSION redis_fdw;
```

```
CREATE SERVER redis_server
    FOREIGN DATA WRAPPER redis_fdw
    OPTIONS (address '128.0.0.1', port '6379');

CREATE FOREIGN TABLE redis_db0 (key text, val text)
    SERVER redis_server
    OPTIONS (database '0');

CREATE USER MAPPING FOR PUBLIC
    SERVER redis_server
    OPTIONS (password 'secret');

CREATE FOREIGN TABLE myredishash (key text, val text[])
    SERVER redis_server
    OPTIONS (database '0', tabletype 'hash', tablekeyprefix 'mytable:');

INSERT INTO myredishash (key, val)
    VALUES ('mytable:r1','{prop1,val1,prop2,val2}');

UPDATE myredishash
    SET val = '{prop3,val3,prop4,val4}'
    WHERE key = 'mytable:r1';

DELETE from myredishash
    WHERE key = 'mytable:r1';

CREATE FOREIGN TABLE myredis_s_hash (key text, val text)
    SERVER redis_server
    OPTIONS (database '0', tabletype 'hash', singleton_key 'mytable');

INSERT INTO myredis_s_hash (key, val)
    VALUES ('prop1','val1'),('prop2','val2');

UPDATE myredis_s_hash
    SET val = 'val23'
    WHERE key = 'prop1';

DELETE from myredis_s_hash
    WHERE key = 'prop2';
```

8.32　Web 服务器集群

本节将单个的 Web 服务器扩展为 Web 服务器集群。Web 服务器集群基于 rsync 同步微服务，基于 keepalived 配置虚拟 IP 地址，并且基于 Nginx 实现负载均衡。

8.32.1　Web 服务器集群的 IP 地址配置

本节内容将配置一个由两个 Web 服务器组成的 Web 服务器集群，IP 地址配置表如表 8-21 所示。

表 8-21　Web 服务器集群的 IP 地址配置表

主 机 名	IP 地 址	备 注
vagrant	192.168.56.4	同步源
vagrant	192.168.56.41	其他 Web 服务器

Web 服务器集群的架构图如图 8-86 所示。

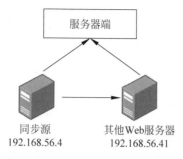

图 8-86　Web 服务器集群的架构图

8.32.2　使用 rsync 同步文件

在 Web 服务器上使用 rsync 直接同步文件,命令如下:

```
# rsync - avz admin@192.168.56.4:/var/www/cgi - bin /var/www/cgi - bin
The authenticity of host '192.168.56.4 (192.168.56.4)' can't be established.
ED25519 key fingerprint is SHA256:SxrjVQNhl0lVtiJkqIeik9FwPu9TICq89jJe9li4n9c.
This key is not known by any other names
Are you sure you want to continue connecting (yes/no/[fingerprint])? yes
Warning: Permanently added '192.168.56.4' (ED25519) to the list of known hosts.
admin@192.168.56.4's password:
receiving incremental file list
```

但这种同步方式需要在交互模式下输入用户 admin 的密码,因此不适合在写入自动化脚本中进行运维。如果想要向 rsync 命令中传入密码,则命令如下:

```
# sshpass - p '<用户 admin 的密码>' rsync - avz admin@192.168.56.4:/var/www/cgi - bin /var/www/
cgi - bin
```

如果 rsync 使用 daemon 模式启动,则还可以指定密钥文件,而不使用密码进行登录,命令如下:

```
# rsync - avz -- password - file = /etc/rsync.passwd admin@192.168.56.4:/var/www/cgi - bin /
var/www/cgi - bin
```

如果 rsync 没有使用 daemon 模式启动,则这条命令将报错如下:

```
The -- password - file option may only be used when accessing an rsync daemon.
rsync error: syntax or usage error (code 1) at main.c(1540) [Receiver = 3.2.4]
```

如果 rsync 使用 daemon 模式启动,则 rsync 将严格按照 rsyncd.conf 在配置文件中的配置同步文件,这样就丧失了 rsync 的灵活性。因此,在同步不固定的文件的场景下,rsync 不建议使用 daemon 模式启动。

8.32.3　同步微服务

Web 服务器集群中的每个节点可按需同步特定的微服务。不同的微服务对应的文件夹也不同,在使用 rsync 时按照文件夹区分同步的微服务。

在这个架构之下,Web 服务器集群需要一台机器作为同步源,用于提供微服务的同步服务。其他 Web 服务器按需从部署机器上同步微服务。

在一台 Web 服务器上同步商品微服务,命令如下:

```
#sshpass - p '<用户 admin 的密码>' rsync - avz admin@192.168.56.4:/var/www/cgi - bin/product /
var/www/cgi - bin/product
```

其他微服务的同步命令也可以参考此命令。

此外,Web 服务器还可以一次性同步全部微服务,这种方式也是 Web 服务器集群的常用
方式,命令如下:

```
#sshpass - p '<用户 admin 的密码>' rsync - avz admin@192.168.56.4:/var/www/cgi - bin /var/www/
cgi - bin
```

💡 **注意**:这里的同步命令用了 admin 用户,而不是常用的 root 用户。为了系统的安全
性,建议在同步源上配置一个专门用于同步的用户,以避免系统遭到黑客入侵,造成不必要的
损失。

8.32.4　配置 Web 服务器集群的虚拟 IP 地址

本节内容将 Web 服务器集群进行虚拟 IP 地址的扩展,IP 地址配置表如表 8-22 所示。

表 8-22　将 Web 服务器集群进行虚拟 IP 地址扩展的 IP 地址配置表

主 机 名	IP 地址	虚拟 IP 地址	备 注
vagrant	192.168.56.4	192.168.56.140	同步源
vagrant	192.168.56.41		其他 Web 服务器

加虚拟 IP 地址的 Web 服务器集群的架构图如图 8-87
所示。

在 Web 服务器集群中的每个节点上配置相同的虚拟
IP 地址,客户端即可通过相同的 IP 地址访问任意一个
Web 服务器集群中的节点。下文中的所有主机的 httpd.
conf 配置均使用相同的 httpd.conf 文件,但这个配置文件
在第 8 章 /vagrant_data/api_server 和第 8 章 /vagrant_
data_slave/api_server 文件夹下复制了两份。这只是为了
方便共享文件夹在主机和虚拟机之间共享文件,而不代表
这两个文件的内容有区别。

启用 mod_vhost_alias 的 httpd.conf 配置如下:

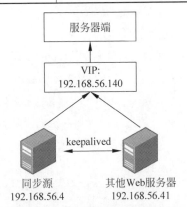

图 8-87　加虚拟 IP 地址的 Web
服务器集群的架构图

```
#第 8 章/vagrant_data/api_server/httpd.conf
#将此文件复制到主机的/etc/httpd/conf/httpd.conf 之下,并替换掉同名文件
#第 8 章/vagrant_data_slave/api_server/httpd.conf
#将此文件复制到从机的/etc/httpd/conf/httpd.conf 之下,并替换掉同名文件
LoadModule vhost_alias_module modules/mod_vhost_alias.so
```

虚拟 IP 地址节点的 httpd.conf 配置如下:

```
#第 8 章/vagrant_data/api_server/httpd.conf
#将此文件复制到主机的/etc/httpd/conf/httpd.conf 之下,并替换掉同名文件
#第 8 章/vagrant_data_slave/api_server/httpd.conf
#将此文件复制到从机的/etc/httpd/conf/httpd.conf 之下,并替换掉同名文件
<VirtualHost *:80>
    ServerAdmin root@localhost
    DocumentRoot "/var/www/html"
    ServerName 192.168.56.140
    #ServerAlias localhost
    ErrorLog "logs/error_log_vip"
    CustomLog "logs/access_log_vip" combined
</VirtualHost>
```

访问权限节点的 httpd.conf 配置如下:

```
#第 8 章/vagrant_data/api_server/httpd.conf
#将此文件复制到主机的/etc/httpd/conf/httpd.conf 之下,并替换掉同名文件
#第 8 章/vagrant_data_slave/api_server/httpd.conf
#将此文件复制到从机的/etc/httpd/conf/httpd.conf 之下,并替换掉同名文件
<Directory "/var/www/cgi-bin">
    AllowOverride None
    Options None
    Require all granted
</Directory>

<Directory "/var/www/cgi-bin/user">
    AllowOverride None
    Options None
    Require all granted
</Directory>

<Directory "/var/www/cgi-bin/product">
    AllowOverride None
    Options None
    Require all granted
    LimitRequestBody 0
</Directory>

<Directory "/var/www/cgi-bin/info">
    AllowOverride None
    Options None
    Require all granted
    LimitRequestBody 0
</Directory>

<Directory "/var/www/cgi-bin/order">
    AllowOverride None
    Options None
    Require all granted
</Directory>

<Directory "/var/www/cgi-bin/status">
    AllowOverride None
```

```
        Options None
        Require all granted
    </Directory>

    <Directory "/var/www/cgi-bin/check_payment">
        AllowOverride None
        Options None
        Require all granted
    </Directory>

    <Directory "/var/www/cgi-bin/audit">
        AllowOverride None
        Options None
        Require all granted
    </Directory>

    <Directory "/var/www/cgi-bin/pay">
        AllowOverride None
        Options None
        Require all granted
    </Directory>

    <Directory "/var/www/cgi-bin/manage_order">
        AllowOverride None
        Options None
        Require all granted
    </Directory>

    <Directory "/var/www/cgi-bin/manage_product">
        AllowOverride None
        Options None
        Require all granted
    </Directory>

    <Directory "/var/www/cgi-bin/image">
        AllowOverride None
        Options None
        Require all granted
    </Directory>

    <Directory "/var/www/cgi-bin/uuid">
        AllowOverride None
        Options None
        Require all granted
    </Directory>
</VirtualHost>

<Directory />
    AllowOverride none
    Require all granted
</Directory>
```

修改完 httpd.conf 配置后,需要重启 Apache 服务,命令如下:

```
# systemctl restart httpd
```

8.32.5　安装 keepalived

通过 DNF 软件源安装 keepalived,命令如下:

```
# dnf install keepalived
```

8.32.6　通过 keepalived 绑定虚拟 IP 地址

在 Web 服务器集群中的每个节点上按照 keepalived.conf 配置绑定相同的虚拟 IP 地址。
在主机上配置 keepalived,命令如下:

```
# nano /etc/keepalived/keepalived.conf
```

主机的 keepalived.conf 配置如下:

```
# 第 8 章/vagrant_data/keepalived.conf
# 将此文件复制到主机的/etc/keepalived/keepalived.conf 之下,并替换掉同名文件
vrrp_instance VI_1 {
    state MASTER
    interface eth1
    virtual_router_id 51
    priority 150
    advert_int 1
    authentication {
        auth_type PASS
        auth_pass 123456
    }
    virtual_ipaddress {
    192.168.56.140/24 dev eth1 label eth1:1
    }
}
```

在从机上配置 keepalived,命令如下:

```
# nano /etc/keepalived/keepalived.conf
```

从机的 keepalived.conf 配置如下:

```
# 第 8 章/vagrant_data_slave/keepalived.conf
# 将此文件复制到从机的/etc/keepalived/keepalived.conf 之下,并替换掉同名文件
vrrp_instance VI_1 {
    state BACKUP
    interface eth1
    virtual_router_id 51
    priority 150
    advert_int 1
    authentication {
        auth_type PASS
        auth_pass 123456
    }
    virtual_ipaddress {
    192.168.56.140 dev eth1 label eth1:1
    }
}
```

8.32.7　管理 keepalived 服务

启用 memcached 的自启动的命令如下：

```
# systemctl enable memcached
```

启动 memcached 服务的命令如下：

```
# systemctl start memcached
```

此后这些服务器即可响应从同一个虚拟 IP 地址发来的请求。绑定虚拟 IP 地址后，即可通过虚拟 IP 地址访问 Web 服务器上的 API。使用浏览器通过虚拟 IP 地址访问 Web 服务器上的测试 API 的效果如图 8-88 所示。

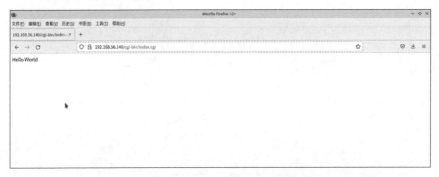

图 8-88　使用浏览器通过虚拟 IP 地址访问 Web 服务器上的测试 API 的效果

8.32.8　配置 Web 服务器集群的负载均衡

本节内容将 Web 服务器集群进行负载均衡的扩展，IP 地址配置表如表 8-23 所示。

表 8-23　将 Web 服务器集群进行负载均衡的扩展的 IP 地址配置表

主 机 名	IP 地 址	负载均衡的网关 IP 地址	备 注
vagrant	192.168.56.4	192.168.56.2	同步源
vagrant	192.168.56.41		其他 Web 服务器

加负载均衡的 Web 服务器集群的架构图如图 8-89 所示。

除虚拟 IP 地址外，Web 服务器集群还可以配置负载均衡。负载均衡通过网关的转发，也可以达到用同一个入口 IP 地址访问集群中的任一节点的目的。

upstream 节点的 nginx.conf 配置如下：

```
# 第 8 章/vagrant_data/nginx.conf
# 将此文件复制到网关服务器的/etc/nginx/nginx.conf 之下，并替
换掉同名文件
upstream proxy_rule{
        server 192.168.56.4:80;
        server 192.168.56.41:80;
    }
```

location 节点的 nginx.conf 配置如下：

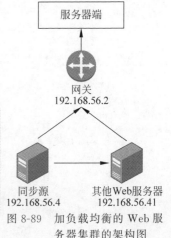

图 8-89　加负载均衡的 Web 服务器集群的架构图

```
#第8章/vagrant_data/nginx.conf
#将此文件复制到网关服务器的/etc/nginx/nginx.conf 之下,并替换掉同名文件
        location ~ ^/cgi - bin/ {
            rewrite /(. * )$ /$1 break;
            proxy_pass http://proxy_rule;
            proxy_set_header Host $ proxy_host;
            proxy_set_header X - Real - IP $ remote_addr;
            proxy_set_header X - Forward - For $ proxy_add_x_forwarded_for;
        }
```

这套 nginx. conf 配置除了实现负载均衡之外,还实现了 URL rewrite 和反向代理功能,因此实际代理后的网址的 URI 被成功保留,并且客户端解析到的地址也未发生 IP 等信息的变化。

此外,Nginx 还可以实现以微服务为单位的负载均衡,例如只配置商品微服务的负载均衡。在只配置商品微服务的负载均衡的场景下的 upstream 节点的 nginx_product. conf 配置如下:

```
#第8章/vagrant_data/nginx_product.conf
#将此文件复制到网关服务器的/etc/nginx/nginx.conf 之下,并替换掉同名文件
upstream proxy_rule_product{
        server 192.168.56.4:80;
        server 192.168.56.41:80;
    }
```

在只配置商品微服务的负载均衡的场景下的 location 节点的 nginx_product. conf 配置如下:

```
#第8章/vagrant_data/nginx_product.conf
#将此文件复制到网关服务器的/etc/nginx/nginx.conf 之下,并替换掉同名文件
        location ~ ^/cgi - bin/product/ {
            rewrite /(. * )$ /$1 break;
            proxy_pass http://proxy_rule_product;
            proxy_set_header Host $ proxy_host;
            proxy_set_header X - Real - IP $ remote_addr;
            proxy_set_header X - Forward - For $ proxy_add_x_forwarded_for;
        }
```

在配置负载均衡后,即可通过网关 IP 地址访问 Web 服务器上的 API。使用浏览器通过网关 IP 地址访问 Web 服务器上的测试 API 的效果如图 8-90 所示。

8.32.9　负载均衡和虚拟 IP 地址配合使用

本节内容将 Web 服务器集群进行负载均衡和虚拟 IP 地址的扩展,在此应用场景下的虚拟 IP 地址指的是主备网关的虚拟 IP 地址,而不是 Web 服务器集群的虚拟 IP 地址。IP 地址配置表如表 8-24 所示。

图 8-90　使用浏览器通过网关 IP 地址访问 Web 服务器上的测试 API 的效果

表 8-24　将 Web 服务器集群进行负载均衡和虚拟 IP 地址的扩展的 IP 地址配置表

主 机 名	IP 地 址	虚拟 IP 地址	备 注
vagrant	192.168.56.4	—	同步源
vagrant	192.168.56.41		其他 Web 服务器
vagrant	192.168.56.2	192.168.56.120	主网关
vagrant	192.168.56.21		备网关

加负载均衡和虚拟 IP 地址的 Web 服务器集群的架构图如图 8-91 所示。

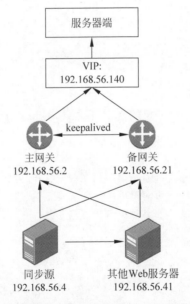

图 8-91　加负载均衡和虚拟 IP 地址的 Web 服务器集群的架构图

负载均衡和虚拟 IP 地址配合使用的方法如下：

（1）配置两个以上的用于负载均衡的网关服务器。

（2）每个用于负载均衡的网关服务器均对 Web 服务器集群中的每个节点做负载均衡。

（3）在所有用于负载均衡的网关服务器上配置虚拟 IP 地址。

8.33　文件服务器集群

本节将单个的文件服务器扩展为文件服务器集群。文件服务器集群基于 NFS 提供网络文件系统，对于后端的 Web API 则采用 Web 服务器集群的配置方式进行同步。

8.33.1　文件服务器集群的 IP 地址配置

本节内容将配置一个由两个文件服务器组成的文件服务器集群,IP 地址配置表如表 8-25 所示。

表 8-25　文件服务器集群的 IP 地址配置表

主 机 名	IP 地址	备 注
vagrant	192.168.56.5	文件服务的主机; Web 服务的同步源
vagrant	192.168.56.51	文件服务的从机; Web 服务的其他 Web 服务器

文件服务器集群的架构图如图 8-92 所示。

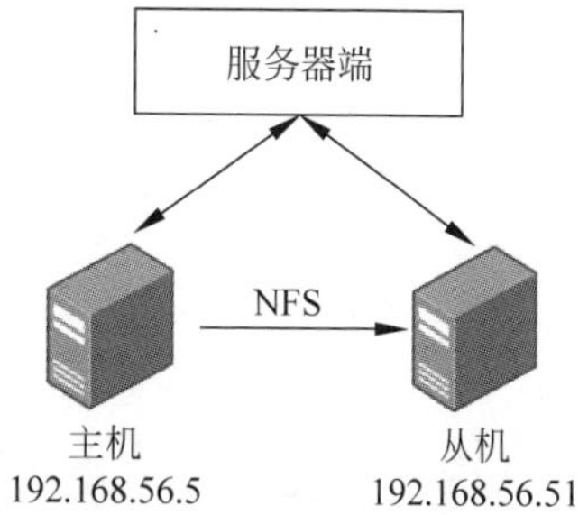

8.33.2　NFS 从安装到配置

在主机上安装 nfs-utils 和 rpcbind,命令如下:

```
#dnf install nfs-utils rpcbind
```

将 /vagrant_data/image 文件夹复制到根目录,命令如下:

```
#cp -r /vagrant_data/image/ /
```

图 8-92　文件服务器集群的架构图

在主机上配置共享文件夹,命令如下:

```
#nano /etc/exports
/image 192.168.56.5/24(rw,sync)
```

在主机上启动 NFS 相关的服务,命令如下:

```
#systemctl start rpcbind
#systemctl start nfs-server
```

在主机上配置 NFS 相关的服务自启动,命令如下:

```
#systemctl enable rpcbind
#systemctl enable nfs-server
```

在从机上安装 nfs-utils,命令如下:

```
#dnf install nfs-utils
```

从机挂载共享文件夹,命令如下:

```
#mount 192.168.56.5:/image /image
```

配置从机开机自动挂载共享文件夹,命令如下:

```
#nano /etc/fstab
192.168.56.5:/image /image nfs defaults,retry=3,bg 0 0
```

8.34　主备网关

本节将单个的网关服务器扩展为主备网关服务器。主备网关服务器基于 keepalived 配置虚拟 IP 地址,并且基于 Nginx 实现网关功能,IP 地址配置表如表 8-26 所示。

表 8-26 主备网关服务器的 IP 地址配置表

主 机 名	IP 地 址	虚拟 IP 地址	备 注
vagrant	192.168.56.2	192.168.56.120	主网关
vagrant	192.168.56.21		备网关

主备网关集群的架构图如图 8-93 所示。

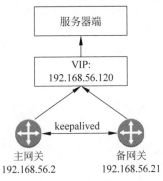

图 8-93 主备网关集群的架构图

配置方法详见 Web 服务器集群中的内容。

8.35 配置 memcached 缓存

1. 安装 memcached

通过 DNF 软件源安装 memcached，命令如下：

```
# dnf install memcached
```

通过 DNF 软件源安装 memcached 的头文件，命令如下：

```
# dnf install memcached-devel
```

通过 DNF 软件源安装 libmemcached 库，命令如下：

```
# dnf install libmemcached
```

💡**注意**：Fedora 35 的 libmemcached 库的软件包用了另一种实现：libmemcached-awesome。在实际安装 libmemcached 库时，也可以使用 # dnf install libmemcached-awesome-tools 命令进行安装。

通过 DNF 软件源安装 libmemcached 库的头文件，命令如下：

```
# dnf install libmemcached-devel
```

💡**注意**：Fedora 35 的 libmemcached 库的头文件的软件包用了另一种实现：libmemcached-awesome-devel。在实际安装 libmemcached 库的头文件时，也可以使用 # dnf install libmemcached-awesome-devel 命令进行安装。

2. 管理 memcached 服务

启用 memcached 自启动的命令如下：

```
# systemctl enable memcached
```

启动 memcached 服务的命令如下：

```
# systemctl start memcached
```

3. memcached 的配置文件位置

默认的 memcached 配置文件的位置如下：

```
/etc/sysconfig/memcached
```

在修改 memcached 的配置文件之后，需要重启 memcached 服务后才能使新的配置生效，命令如下：

```
# systemctl restart memcached
```

8.36　配置 Redis 缓存

1. 安装 Redis

通过 DNF 软件源安装 Redis，命令如下：

```
# dnf install redis
```

2. 管理 Redis 服务

启用 Redis 自启动的命令如下：

```
# systemctl enable redis
```

启动 Redis 服务的命令如下：

```
# systemctl start redis
```

3. Redis 的配置文件位置

默认的 Redis 配置文件的位置如下：

```
/etc/redis/redis.conf
```

在修改 Redis 的配置文件之后，需要重启 Redis 服务后才能使新的配置生效，命令如下：

```
# systemctl restart redis
```

图 书 推 荐

书　名	作　者
Flink 原理深入与编程实战——Scala＋Java(微课视频版)	辛立伟
HarmonyOS 应用开发实战(JavaScript 版)	徐礼文
HarmonyOS 原子化服务卡片原理与实战	李洋
鸿蒙操作系统开发入门经典	徐礼文
鸿蒙应用程序开发	董昱
鸿蒙操作系统应用开发实践	陈美汝、郑森文、武延军、吴敬征
HarmonyOS 移动应用开发	刘安战、余雨萍、李勇军 等
HarmonyOS App 开发从 0 到 1	张诏添、李凯杰
HarmonyOS 从入门到精通 40 例	戈帅
JavaScript 基础语法详解	张旭乾
华为方舟编译器之美——基于开源代码的架构分析与实现	史宁宁
Android Runtime 源码解析	史宁宁
鲲鹏架构入门与实战	张磊
鲲鹏开发套件应用快速入门	张磊
华为 HCIA 路由与交换技术实战	江礼教
深度探索 Go 语言——对象模型与 runtime 的原理、特性及应用	封幼林
深入理解 Go 语言	刘丹冰
剑指大前端全栈工程师	贾志杰、史广、赵东彦
深度探索 Flutter——企业应用开发实战	赵龙
Flutter 组件精讲与实战	赵龙
Flutter 组件详解与实战	〔加〕王浩然(Bradley Wang)
Flutter 跨平台移动开发实战	董运成
Dart 语言实战——基于 Flutter 框架的程序开发(第 2 版)	亢少军
Dart 语言实战——基于 Angular 框架的 Web 开发	刘仕文
IntelliJ IDEA 软件开发与应用	乔国辉
深度探索 Vue.js——原理剖析与实战应用	张云鹏
Vue＋Spring Boot 前后端分离开发实战	贾志杰
Vue.js 快速入门与深入实战	杨世文
Vue.js 企业开发实战	千锋教育高教产品研发部
Python 从入门到全栈开发	钱超
Python 全栈开发——基础入门	夏正东
Python 全栈开发——高阶编程	夏正东
Python 全栈开发——数据分析	夏正东
Python 游戏编程项目开发实战	李志远
Python 人工智能——原理、实践及应用	杨博雄 主编,于营、肖衡、潘玉霞、高华玲、梁志勇 副主编
Python 深度学习	王志立
Python 预测分析与机器学习	王沁晨
Python 异步编程实战——基于 AIO 的全栈开发技术	陈少佳
Python 数据分析实战——从 Excel 轻松入门 Pandas	曾贤志
Python 数据分析从 0 到 1	邓立文、俞心宇、牛瑶
FFmpeg 入门详解——音视频原理及应用	梅会东
FFmpeg 入门详解——SDK 二次开发与直播美颜原理及应用	梅会东
Python Web 数据分析可视化——基于 Django 框架的开发实战	韩伟、赵盼
Python 玩转数学问题——轻松学习 NumPy、SciPy 和 Matplotlib	张骞

书　名	作　者
Pandas 通关实战	黄福星
深入浅出 Power Query M 语言	黄福星
云原生开发实践	高尚衡
云计算管理配置与实战	杨昌家
虚拟化 KVM 极速入门	陈涛
虚拟化 KVM 进阶实践	陈涛
边缘计算	方娟、陆帅冰
物联网——嵌入式开发实战	连志安
动手学推荐系统——基于 PyTorch 的算法实现(微课视频版)	於方仁
人工智能算法——原理、技巧及应用	韩龙、张娜、汝洪芳
跟我一起学机器学习	王成、黄晓辉
深度强化学习理论与实践	龙强、章胜
自然语言处理——原理、方法与应用	王志立、雷鹏斌、吴宇凡
TensorFlow 计算机视觉原理与实战	欧阳鹏程、任浩然
计算机视觉——基于 OpenCV 与 TensorFlow 的深度学习方法	余海林、翟中华
深度学习——理论、方法与 PyTorch 实践	翟中华、孟翔宇
深度学习原理与 PyTorch 实战	张伟振
AR Foundation 增强现实开发实战(ARCore 版)	汪祥春
ARKit 原生开发入门精粹——RealityKit＋Swift＋SwiftUI	汪祥春
HoloLens 2 开发入门精要——基于 Unity 和 MRTK	汪祥春
巧学易用单片机——从零基础入门到项目实战	王良升
Altium Designer 20 PCB 设计实战(视频微课版)	白军杰
Cadence 高速 PCB 设计——基于手机高阶板的案例分析与实现	李卫国、张彬、林超文
Octave 程序设计	于红博
ANSYS 19.0 实例详解	李大勇、周宝
ANSYS Workbench 结构有限元分析详解	汤晖
AutoCAD 2022 快速入门、进阶与精通	邵为龙
SolidWorks 2020 快速入门与深入实战	邵为龙
SolidWorks 2021 快速入门与深入实战	邵为龙
UG NX 1926 快速入门与深入实战	邵为龙
Autodesk Inventor 2022 快速入门与深入实战(微课视频版)	邵为龙
西门子 S7-200 SMART PLC 编程及应用(视频微课版)	徐宁、赵丽君
三菱 FX3U PLC 编程及应用(视频微课版)	吴文灵
全栈 UI 自动化测试实战	胡胜强、单镜石、李睿
pytest 框架与自动化测试应用	房荔枝、梁丽丽
敏捷测试从零开始	陈霁、王富、武夏